W0095495

Triebkraft Evolution

Andreas Sentker, Frank Wigger (Hrsg.)

Triebkraft Evolution

Vielfalt, Wandel, Menschwerdung

Mit einem Nachwort von Josef H. Reichholf

Spektrum
AKADEMISCHER VERLAG

Herausgegeben von Spektrum Akademischer Verlag GmbH und Zeitverlag Gerd Bucerius GmbH & Co. KG

Wichtiger Hinweis für den Benutzer

Der Verlag, die Herausgeber und die Autoren haben alle Sorgfalt walten lassen, um vollständige und akkurate Informationen in diesem Buch zu publizieren. Der Verlag übernimmt weder Garantie noch die juristische Verantwortung oder irgendeine Haftung für die Nutzung dieser Informationen, für deren Wirtschaftlichkeit oder fehlerfreie Funktion für einen bestimmten Zweck. Der Verlag übernimmt keine Gewähr dafür, dass die beschriebenen Verfahren, Programme usw. frei von Schutzrechten Dritter sind. Die Wiedergabe von Gebrauchsnamen, Handelsnamen, Warenbezeichnungen usw. in diesem Buch berechtigt auch ohne besondere Kennzeichnung nicht zu der Annahme, dass solche Namen im Sinne der Warenzeichen- und Markenschutz-Gesetzgebung als frei zu betrachten wären und daher von jedermann benutzt werden dürften. Der Verlag hat sich bemüht, sämtliche Rechteinhaber von Abbildungen zu ermitteln. Sollte dem Verlag gegenüber dennoch der Nachweis der Rechtsinhaberschaft geführt werden, wird das branchenübliche Honorar gezahlt.

Bibliografische Information Der Deutschen Bibliothek

Die Deutsche Nationalbibliothek verzeichnet diese Publikation in der Deutschen Nationalbibliografie; detaillierte bibliografische Daten sind im Internet über http://dnb.d-nb.de abrufbar.

Springer ist ein Unternehmen von Springer Science+Business Media
springer.de

08   09   10   11   12   5   4   3   2   1

Planung und Lektorat: Frank Wigger, Andreas Sentker, Bettina Saglio
Redaktion: Dr. Petra Seeker, ps-redaktionsbüro Sinsheim
Copy-Editing: Dr. Christian Wolf
Herstellung: Katrin Frohberg
Umschlaggestaltung: Alexandra Kardinar und Volker Schlecht, www.drushbapankow.de
Grafiken: Vera Kassühlke
Satz: TypoDesign Hecker, Leimen
Druck und Bindung: Stürtz GmbH, Würzburg

Printed in Germany

ISBN 978-3-8274-2000-8

Inhalt

Vorwort

Es sind drei Faktoren, die die Evolution des Lebens vorantreiben: Zufall, Mangel und sehr viel Zeit. Und eben diese Faktoren haben einen großen Anteil daran, dass die Evolutionstheorie von Charles Darwin und Alfred Russell Wallace, die 2009 ihren 150. Geburtstag feiert, noch immer auf Zweifel und Widerstände stößt. Wie soll etwas so Wunderbares wie der Mensch in einer Kausalkette von Unwahrscheinlichkeiten entstanden sein? Wie soll das Leben zu seinem vielfältigen Reichtum gelangt sein, wenn nicht in einem Paradies unendlicher Ressourcen?

Selbst Baron Georges Cuvier (1769–1832), der Gründungsvater der Wirbeltierpaläontologie, mochte nicht an eine Entwicklung des Lebendigen glauben. Die Organismen seien so harmonisch konstruiert, dass jede Veränderung ihre Vollkommenheit zerstören würde. Der Baron vertrat eine ganz eigene Theorie: Die Lebewesen auf der Erde seien durch große Katastrophen vernichtet und immer wieder durch die Neuschöpfung verbesserter Formen ersetzt worden.

Seine Lehre teilt am Ende das Schicksal ihrer Untersuchungsobjekte: Sie stirbt aus. Was von ihr übrig bleibt, ist die Idee vom beständigen Fortschreiten der Tier- und Pflanzenwelt.

Fortschritt, Wandel, Verbesserung – mit diesen Schlagworten wird der Evolutionsgedanke seit den ersten Tagen seiner Anerkennung verbunden. Manche Biologen vertreten noch heute die Ansicht, das Leben sei so etwas wie ein Wettlauf, bei dem das Ziel, der Gral biologischer Perfektion, immer unerreichbar bleibt. Die Mehrzahl der Evolutionsforscher aber bestreitet, dass es so etwas wie ein Ziel, eine Richtung der Evolution, überhaupt geben kann.

Auch nach 150 Jahren sind nicht alle Fragen, die Darwins Theorie aufwirft, widerspruchsfrei geklärt. Unbestritten sind jedoch zentrale Punkte:

– Die physische Basis der biologischen Vielfalt bilden Mutationen, zufällige Veränderungen im Erbgut. Oft bleiben diese Varianten in den Bauplänen des Lebens ohne Folgen. Manchmal scheinen sie nützlich, meist aber schaden sie dem betroffenen Organismus nur.

– Das Überleben der Besten – Darwins *survival of the fittest* – ist nicht das Ergebnis eines Kampfes Individuum gegen Individuum. So haben ihn jene fehlgedeutet, die Darwins Theorie zu gern ideologisch ausgenutzt hätten. Wer überlebt, ist Ergebnis eines statistischen Prozesses, in dem auch einzelne vorteilhafte Mutationen wieder verlorengehen können. Dennoch wird ein Organismus, der besser für eine bestimmte Lebenssituation und Umwelt ausgerüstet ist, mit höherer Wahrscheinlichkeit mehr Nachkommen zeugen und so seine Gene erfolgreich in die nächste Generation tragen.

- Dieser Prozess kennt weder in seinen Teilen noch in seiner Gesamtheit so etwas wie Fortschritt. Sein Ergebnis ist Anpassung an eine Umwelt, die mit ihrem Wandel immer neue Herausforderungen bildet. Ändert sie sich dramatisch, sind es gerade die am perfektesten angepassten Spezialisten, die als erste vom Aussterben bedroht sind. In den „adaptiven Landschaften" der Evolution sind erreichte Gipfel kein Garant für dauerhaften Erfolg.

- Und die Evolution ist längst nicht beendet. Auch wir Menschen werden uns, wenn auch nicht zwangsläufig weiter, so doch unzweifelhaft weiterhin entwickeln. Dabei spielt neben unserer Natur unsere Kultur eine immer wichtigere Rolle.

„Das Elend des Historizismus" hatte der Wissenschaftstheoretiker Karl Popper das Dilemma der Geschichtswissenschaften genannt: das Bemühen der Forscher, Fakten und Vorgänge zu rekonstruieren, ohne je dabei gewesen zu sein oder gar einen Zeugen zu kennen. Die Evolutionsbiologen führen einen Indizienbeweis: Das Leben in seiner Vielfalt ist ein unermessliches Wunder, das am Ende aber doch auf strenge physikalische und biologische Gesetzmäßigkeiten zurückzuführen ist – ohne dabei auch nur einen Bruchteil seiner schöpferischen Kraft zu verlieren.

Triebkraft Evolution ist wie *Rätsel Ich, Planet Erde, Phänomen Mensch* und *Faszination Kosmos,* die ersten vier Bände der ZEIT WISSEN Edition, ein Buch mit einem einzigartigen Ansatz. Es vereint prominente Autoren der unterschiedlichen Fachrichtungen, macht zentrale Positionen der Wissenschaft verständlich und zeigt den aktuellen Stand dessen, was Evolutionsbiologen und Evolutionspsychologen, Zoologen und Chemiker, Paläontologen und Paläoanthropologen heute über das Leben und seine Geschichte wissen.

Ernst Mayr, der (im Februar 2005 verstorbene) große Biologe des 20. Jahrhunderts, versöhnt Darwin mit der modernen Genetik. Der belgische Nobelpreisträger Christian de Duve schildert die Anfänge der chemischen Evolution. Der britische Biologie und Essayist Richard Dawkins erklärt uns, warum wir in seinen Augen nur die körperliche Hülle für sehr egoistische Gene sind. Der amerikanische Paläoanthropologe Donald Johanson berichtet über seinen berühmtesten Fund, die *Australopithecus afarensis*-Frau mit dem Kosenamen Lucy. Gerd-Christian Weniger, Direktor des Neanderthal Museums, schreibt über die Erfindung der ersten Werkzeuge und die Entwicklung der Kultur. Der amerikanische Evolutionspsychologe Geoffrey Miller stellt die These auf, Menschen hätten nur deswegen ein so ausgeprägtes und leistungsfähiges Großhirn entwickelt, weil Frauen

Männer mit mehr Witz und Verstand bevorzugen. Der britische Zoologe Keith Harrison führt uns vor Augen, dass wir Menschen noch heute die Spuren uralter fischartiger Vorfahren in uns tragen.

Den Beiträgen der Wissenschaftler haben wir Reportagen, Analysen und Interviews namhafter Autoren von ZEIT und ZEIT WISSEN zur Seite gestellt. Sie ordnen die wissenschaftlichen Positionen in das Gesamtbild ein, zeigen ökonomische und gesellschaftliche Zusammenhänge auf, lassen Widersprüche und Dispute sichtbar und die Geschichte des Lebens im Wortsinn lebendig werden.

Im österreichischen Klagenfurt steht die mittelalterliche Skulptur eines Lindwurms. Der Drache, berichtet die Legende, habe den Bewohnern aufgelauert. Die unerschrockenen Klagenfurter bezwangen die Bestie; ein versteinerter Schädel galt als Beweis des Heldenmuts. Dieses Fossil lieferte dem Bildhauer Ulrich Vogelsang im 16. Jahrhundert die Vorlage für seine Lindwurmschöpfung. Die Paläontologen des 20. Jahrhunderts haben den Mythos entzaubert. Der fossile Fund ist – das zeigen ihre anatomischen Untersuchungen – kein Lindwurmhaupt, sondern der Schädel eines Wollnashorns.

Heute kämpfen Evolutionsforscher gegen die Entstehung neuer Mythen. Fundamentalisten, Kreationisten und in jüngster Zeit die Verfechter des „Intelligenten Designs" versuchen auch auf gesellschaftlich-politischer Ebene Einfluss zu gewinnen. Darwins Theorie hat heute vielleicht mehr Gegner denn je – aber selten zuvor bessere Argumente auf ihrer Seite gehabt. „Evolution ist keine Theorie mehr", schreibt Josef Reichholf in seinem Nachwort zu diesem Band. „Sie ist eine Gegebenheit."

Hamburg und Heidelberg,
August 2008

*Andreas Sentker
und Frank Wigger*

In diesem Buch werden Ihnen neben den Grundtexten verschiedene Arten von Zusatzinformationen begegnen, die meist in der Randspalte platziert oder auch als Kästen eingefügt sind: kurze Porträts wichtiger Forscher, Erläuterungen ausgewählter Fachbegriffe sowie Fotos, Grafiken und Tabellen, die einzelne Sachverhalte veranschaulichen, ergänzt um gelegentliche Literaturhinweise und Internet-Links. Diese Zusatzelemente treten im Buch immer nur einmal auf. Sie lassen sich aber leicht über den Index lokalisieren, denn alle in diesen Zusatzelementen enthaltenen Stichwörter sind dort durch kursive Seitenzahlen markiert (neben den steilen Seitenzahlen für die Grundtexte). Sollten Sie also in einem bestimmten Beitrag eine biographische Notiz und oder eine Worterläuterung vermissen, finden Sie sie wahrscheinlich an anderer Stelle des Buches.

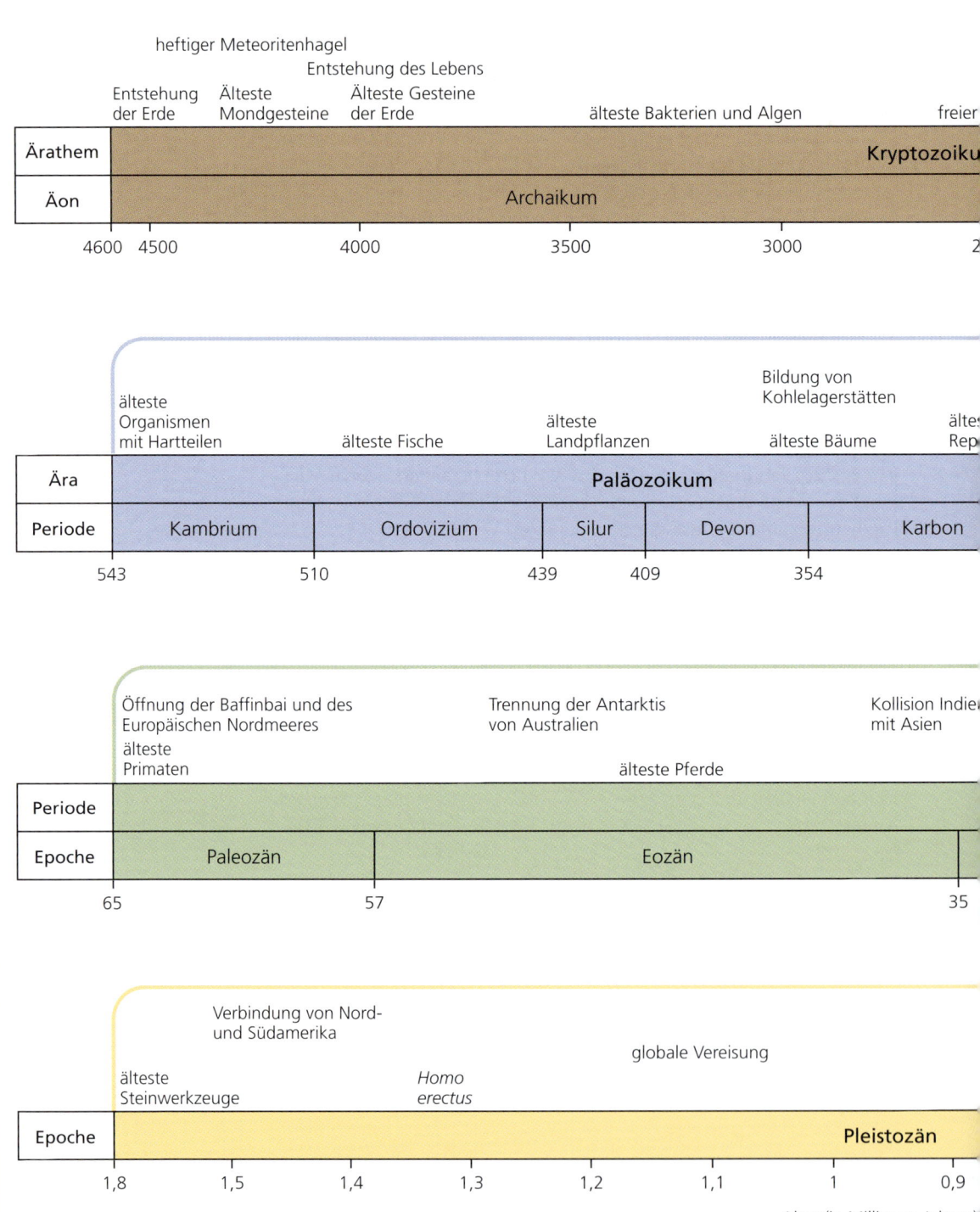

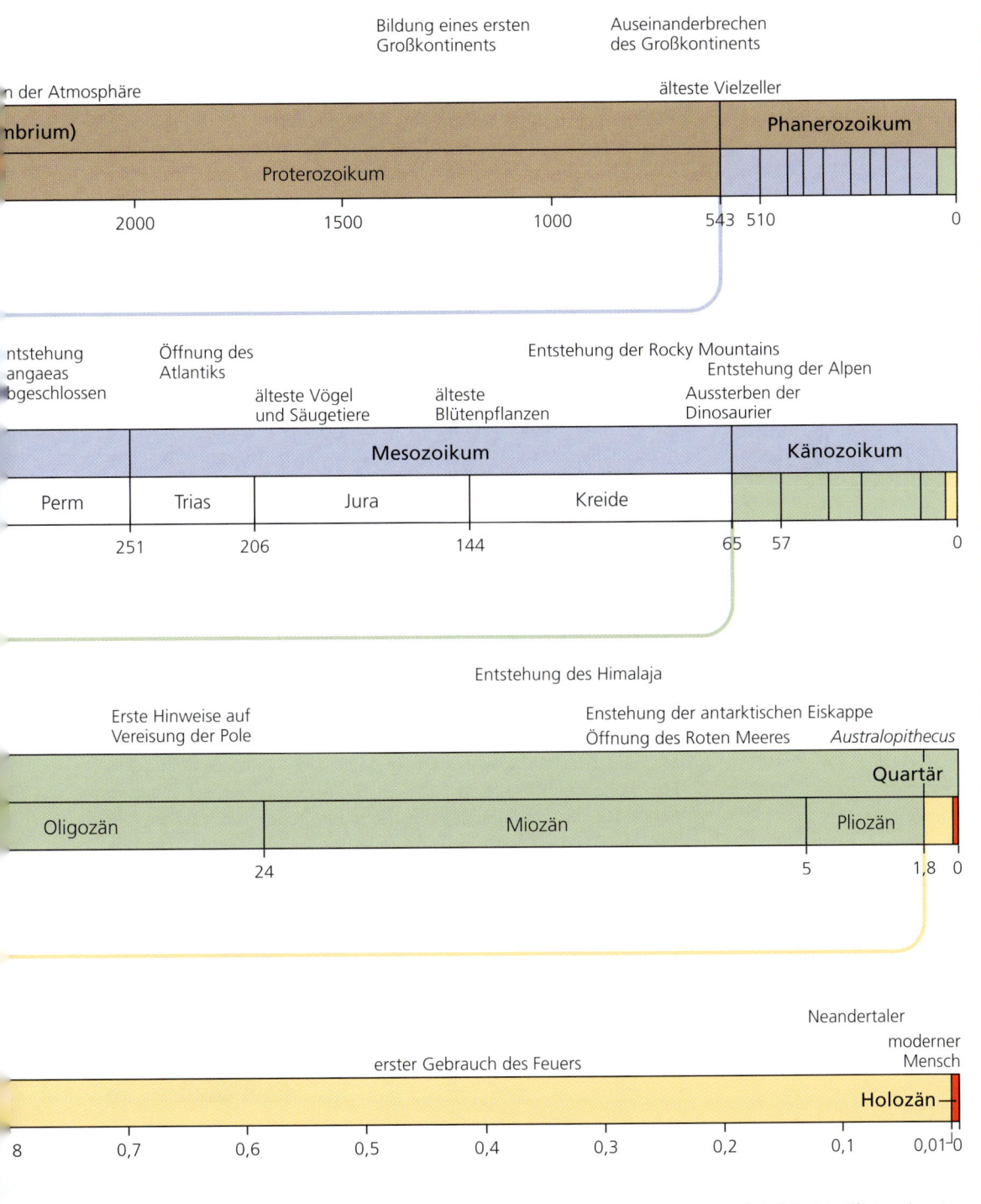

Bildung eines ersten
Großkontinents

Auseinanderbrechen
des Großkontinents

n der Atmosphäre

älteste Vielzeller

nbrium)

Phanerozoikum

Proterozoikum

2000   1500   1000   543 510   0

ntstehung
angaeas
bgeschlossen

Öffnung des
Atlantiks

Entstehung der Rocky Mountains

Entstehung der Alpen

älteste Vögel
und Säugetiere

älteste
Blütenpflanzen

Aussterben der
Dinosaurier

Mesozoikum

Känozoikum

Perm   Trias   Jura   Kreide

251   206   144   65   57   0

Entstehung des Himalaja

Erste Hinweise auf
Vereisung der Pole

Enstehung der antarktischen Eiskappe
Öffnung des Roten Meeres   *Australopithecus*

Quartär

Oligozän   Miozän   Pliozän

24   5   1,8 0

Neandertaler

moderner
Mensch

erster Gebrauch des Feuers

Holozän—

8   0,7   0,6   0,5   0,4   0,3   0,2   0,1   0,01 0

Peter Douglas Ward hat sich auf das Sterben spezialisiert, genauer gesagt: auf das Aussterben. Er ist Professor für Geowissenschaften an der University of Washington in Seattle und Kurator für Paläontologie am dortigen Thomas-Burke-Museum. Wards großes Thema sind die fünf großen Wellen des Artensterbens: Die erste fand vor 440 Millionen Jahren statt, vor 360 Millionen Jahren folgte eine zweite. Vor 250 Millionen Jahren ereignete sich das größte der bekannten Massenaussterben, bei dem 76 bis 96 Prozent aller Arten vom Erdboden verschwanden. Es folgten zwei kleinere Wellen vor 213 Millionen Jahren und in der späten Kreidezeit. Bei jeder Welle verschwanden unzählige Tiere und Pflanzen unwiederbringlich aus dem Bestandskatalog des Lebens.

Ward hat im Laufe seiner akademischen Karriere viele Stationen erlebt: die Ohio State University, das NASA Astrobiology Institute, die University of Calgary und nicht zuletzt das angesehene California Institute of Technology. Doch nahezu seine gesamte Forscherkarriere lang hat den Paläontologen ein faszinierendes Phänomen der Evolutionsgeschichte begleitet: das der lebenden Fossilien.

Lebende Fossilien sind – biologisch betrachtet – ziemlich einsam. Manchmal ist es nur eine einzelne Spezies, die heute noch geologisch uralte Daseinsformen repräsentiert. Die einstigen Verwandten sind längst tot. „Im Reich der Wissenschaft ist ein lebendes Fossil eine Art Zeitmaschine, die uns einen flüchtigen Blick zurück in eine versunkene biologische Welt gestattet", schreibt der amerikanische Paläobiologe Steven M. Stanley in seinem Vorwort zu Wards Buch *Der lange Atem des Nautilus*. Ward hat viele Bücher über Biodiversität und Fossilien geschrieben, im Mittelpunkt immer wieder seine Forschungsobjekte, die er liebevoll die Methusalems der Biologie nennt. Für die Originalausgabe des oben genannten Werkes, die den Titel *On Methuselah's Trail* trug, erhielt er den „Golden Trilobite Award" der Paleontological Association.

Nach Jahrzehnten intensiver Forschung kulminieren Wards Arbeiten heute in einer großen These: Nahezu alle großen Aussterbeereignisse der Erdgeschichte waren auf einen dramatischen Klimawandel zurückzuführen, wie wir ihn auch heute wieder erleben. Darum sollten wir, ist Ward überzeugt, aus der Geschichte der Lebewesen für die Gegenwart lernen.

Peter Douglas Ward

Das Phänomen der lebenden Fossilien

Von Peter Douglas Ward

Ich fahre in Südfrankreich auf der N 112 durch den späten Maisonnenschein nach Norden auf mein nächstes im Michelin-Straßenführer verzeichnetes geologisches Ziel in den Westpyrenäen zu. Das grüne Frankreich hält mich gefangen, hat die Vorlesungsmonate im grauen Seattle verdrängt, und ich bin auf einer spannenden Suche.

Ich fahre Schichtaufschlüssen entgegen, die gegen Ende der mesozoischen Ära abgelagert worden sind, und ich hoffe, etwas über die Ursachen und Konsequenzen der Aussterbevorgänge zu erfahren, die unsere Welt so sehr verändert haben. Nach meinem zuverlässigen Straßenführer gibt es zugängliche Gesteinspartien dieses Alters fünfzehn Kilometer entfernt in einer kleinen Stadt, die Bellecq heißt. Nachdem ich die Ausfahrt gefunden habe, wende ich mich einer von Bäumen gesäumten Allee zu. Die Straße schlängelt sich durch Felder, dann durch ein kleines Dorf und führt schließlich zum gesuchten Fluss. Ich parke meinen geliehenen Fiesta am Bordstein und schaue wieder in meinen Führer. Meine mehrtägige Erkundung von Aufschlüssen in den Pyrenäen war vom wissenschaftlichen Standpunkt bisher nicht besonders ergiebig. Ich möchte gerne weitere stratigraphische Profile auftun, in denen die Grenze zwischen den mesozoischen und den darüberliegenden tertiären Schichten freigelegt ist.

Schon über ein Jahrzehnt lang debattieren Wissenschaftler heftig über die Grenze zwischen diesen beiden großen geologischen Einheiten. Dinosaurier bevölkerten das Festland des Mesozoikums, und unsere direkten Vorfahren, die Ursäugetiere, fristeten als ängstliche rattenartige Wesen ein Außenseiterdasein. Könnten wir nur einen flüchtigen Blick auf das Meeresleben dieser Zeit werfen (die Zeitreise ist der heilige Traum des Paläontologen), käme uns vieles seltsam vor. Die Meere des späten Mesozoikums vor etwa 70 Millionen Jahren waren von wunderlichen, jetzt schon längst ausgestorbenen Tieren bewohnt: von aufgerollten Ammoniten, den Vettern des *Nautilus*, mit ihren tellerflachen, skulptierten Gehäusen; von riesigen, flachen Muscheln, die wie Schüsseln auf dem Meeresgrund lagen, sowie von Tintenschnecken und vorzeitlichen Fischen in hellen Scharen.

Aber, Geheimnis aller Geheimnisse, alle diese Wunderwesen starben ziemlich plötzlich vor etwa 65 Millionen Jahren aus und hinterließen eine fast leere Welt. Was verursachte dieses große Sterben? Hat sich das Meer von den Kontinenten zurückgezogen, und ist es dadurch zu

---

Was ist eigentlich ...

Aufschluss, Anriss, Stelle im Gelände, an der ein Gestein unverhüllt zutage tritt. Aufschlüsse können durch natürliche geologische Prozesse wie beispielsweise Abtragung (Steilufer, Schichtstufen) oder menschliche Tätigkeit (Bau-, Sand- und Kiesgruben, Bergbau, Straßeneinschnitte, Schurfgräben) entstehen.

Was ist eigentlich ...

Stratigraphie, Teilgebiet der Historischen Geologie, das die zeitliche und räumliche Ordnung der Gesteine unter Berücksichtigung aller physikalischen und chemischen Grundmerkmale (Fossilinhalt, Zusammensetzung) zum Ziel hat. Resultat ist eine Zeitskala zur Datierung geologischer Prozesse und Ereignisse. Die Stratigraphie ist somit Basis und Maßstab für die Klärung und Parallelisierung erdgeschichtlicher und regionalgeologischer Prozesse. Grundlage jeder Stratigraphie ist das einfache, erstmals von Nicolaus Steno (1638–1686) im Jahre 1669 formulierte Lagerungsgesetz („stratigraphisches Grundgesetz"). Es besagt, dass unter Voraussetzung ungestörter Lagerung stets die jüngeren Schichten den älteren auflagern.

1

a

Rückenlappen des Mantels...........
Kopfkappe.........................
Auge.............................
Tentakel.........................
Trichter.........................
Wohnkammer.......................

Sipho
Mantel
Septen
Schalenmuskel

b   c

Nautilus: a) Schemazeichnung eines *Nautilus* mit geöffnetem Gehäuse; b) ein *Nautilus* im Himeji Aquarium, Japan; c) Einblick in die rechte Hälfte des sagittal geöffneten Gehäuses mit Septen und Sipho.

einer weltweiten Abkühlung gekommen? Hat sich das Klima infolge plötzlicher intensiver Vulkantätigkeit gewandelt? Oder wurde unser Planet, wie viele Wissenschaftler heute glauben, von einem riesigen, die Erdbahn kreuzenden Asteroiden heimgesucht, der unsere *Terra* mit kataklysmischer Gewalt traf und 50 Prozent aller Arten auf dem Festland und im Meer auslöschte? Die Antwort auf das Rätsel des großen Sterbens liegt im Gestein dieser alten Zeiten begraben. Aber

■ Was ist eigentlich ... ■

Paläontologie [von griech. *palaios* = alt, bejahrt, ehemalig, früher, *ta onta* = das Seiende und *logos* = Kunde]. Die Paläontologie ist als Wissenschaft von den vorzeitlichen Lebewesen Teildisziplin der Biologie. Sie beschäftigt sich mit Fossilien und den sie umschließenden Gesteinen. Im Gegensatz zu lebenden Wesen sind Fossilien im Gestein konservierte Leichenreste von höchst unterschiedlichem chronologischen Alter und in verschiedener, meist noch nach dem Tode stark veränderter Erhaltung und Umgebung. Lebensort, Todesort und Fundort müssen nicht identisch sein. Die Arbeit der Paläontologie beginnt am Fundort mit der Ermittlung aller Daten zur Biostratigraphie und Fazieskunde. Im Ergebnis sollte die Ermittlung des relativen chronologischen Alters (Geochronologie) und gegebenenfalls der fossilen Umwelt stehen (Paläoökologie). Um die ursprüngliche Gestalt eines Fossils zu rekonstruieren, sind ferner jene Einflüsse zu ermitteln, die in der Phase zwischen postmortaler Einbettung in das Muttergestein und dem Endzustand bei der Bergung eingetreten sind (Fossildiagenese).

Gesteine, die den fraglichen kurzen Zeitabschnitt aus langer Vorzeit präsentieren, sind selten; es gibt nur ein paar Fundstellen in Nordamerika, eine in der Antarktis und mehrere andere über Westeuropa verstreut, die uns detaillierte Kunde geben können. Mein Ziel auf dieser Reise ist, weitere Plätze aufzuspüren, an denen der Übergang vom Mesozoikum zum nachfolgenden Känozoikum im Sedimentgestein verewigt ist, und ich hoffe, eine solche Stelle in dem verschlafenen französischen Ort Bellecq zu finden.

Meiner geologischen Karte zufolge müssen solche 65 Millionen Jahre alten Gesteine an der nächsten Biegung des Flusses erscheinen, falls es sie in dieser Gegend überhaupt gibt. Ich kehre zu meinem Auto zurück und winde mich durch die engen Straßen von Bellecq. Das Leben verläuft träge in dieser mittelalterlichen Ortschaft; der stetige Gang der Jahrhunderte spiegelt sich in den Steingebäuden und kopfsteingepflasterten Gassen wider. Ich wende mein Fahrzeug hinter einem hohen Steinwall, folge dann den Schildern zu irgendeinem Château und denke dabei nicht an Schlösser, sondern an Aufschlüsse. Als ich eine letzte Kurve passiert habe, kommt das Dorf außer Sicht. Helles Weiß tritt vor meine Augen und blendet mich nach dem Aufenthalt auf der schattigen Dorfstraße mit ihren hohen Mauern. Eine gewaltige steinerne Burg thront über einer breiten Flussbiegung; erbaut aus schimmernd weißem Kalkstein, gleißt das Gemäuer im Licht der trägen Nachmittagssonne. Die Burg scheint sehr alt zu sein, denn ihr hoher Turm ist voller Risse; hier und da klettern Weinranken an Spalten die massigen Mauern hoch. Aber das reine Weiß zwischen den Spuren des Verfalls scheint Erneuerung zu verkünden. Ich wandere zu Fuß bis an dieses große Monument; etwas eingeschüchtert lasse ich mein Handwerkszeug zurück, den kalten Stahl von Hammer und Meißel, die mir den Eintritt zurück in die Vergangenheit verschaffen sollen.

Das im 13. Jahrhundert erbaute Château ist schlecht zugänglich, das Gelände verwüstet. Obwohl ich gerade vom Frankreich des 20. Jahrhunderts heraufgestiegen bin, komme ich mir unmittelbar neben diesen gleißenden Wänden eigenartig vereinsamt vor; nur das Gezwitscher der vielen Rotkehlchen um mich herum ist zu vernehmen. Ich gehe an den Wänden der Burg entlang, bis ich endlich den Fluss erreiche. Die Ufer des träge dahinfließenden Gewässers haben an ihren Kanten dunkelbraune Schichten aufgeschlossen. Ich steige zu diesem moosbedeckten Lettengestein hinab und löse vorsichtig einige Stücke. Üblicherweise hacke ich mit dem Geologenhammer lustig drauflos, aber das erscheint mir jetzt neben den gewaltigen weißen Mauern, die über mir schimmern, nicht schicklich. Ich betrachte die Letten genauer, und schon finde ich die erhofften Anzeichen: kleine Bruchstücke fossiler Ammoniten übersäen die Schichtflächen – eindeutige Beweisstücke der mesozoischen Ära. Und auf diesen hinge-

Was ist eigentlich ...

Nautilus [von griech. *nautilos* = Seefahrer, Schiffer, Schiffsboot], Perlboot, Schiffsboot, neben *Allonautilus* eine von zwei noch lebenden Gattungen der Kopffüßer mit gekammertem, vom Mantel abgeschiedenem Außengehäuse (Ectocochlia, Nautiloidea). Als nächster rezenter Verwandter der formenreichen *Ammonoidea* gilt er als höchst bedeutsames lebendes Fossil. Das Tier bewohnt den vorderen, ontogenetisch jüngsten Teil (= Wohnkammer) des spiralig aufgerollten Gehäuses. Anatomisch gliedert man in Kopf, Fuß, Mantel, Eingeweidesack und Gehäuse. Der Trichter dient der Fortbewegung nach dem Rückstoßprinzip. *Nautilus* besitzt vier Kiemen (Tetrabranchiata) in paariger Anordnung. Das Perlboot lebt als nächtlicher Bodenjäger in Meerestiefen zwischen 50 und 650 m. Systematisch werden bis zu sieben Arten unterschieden, von denen *Nautilus pompilius* die bekannteste ist. Ihre Verbreitung beschränkt sich heute auf den indopazifischen Raum.

Was ist eigentlich ...

Letten, Lett, Latt, volkstümlicher Ausdruck für grauen, aber auch anders gefärbten, oft sandigen Ton mit geringem Kalkgehalt. Entsprechende Ausfüllungen, Hohlräume und Klüfte werden Kluftletten, Beläge auf Kluftflächen Lettenbesteg genannt.

Château Bellecq.

streckten dunklen Gesteinen am Fluss erhebt sich das Château mit seinen weißen Felswurzeln, die sich wie enorme Zähne in die Mauern und Türmchen aus hellen Kalksteinquadern über mir festbeißen. Es sind die ersten Gesteine überhaupt, die nach jener Sintflut am Ende des Mesozoikums abgelagert wurden. Ich wende meine Aufmerksamkeit von den dunklen Lettentonen des Flussufers den Mauern der Burg und dem Kalkstein zu, aus dem sie gebaut sind. Diesen Kalk habe ich schon an den Atlantikküsten Spaniens und Frankreichs gesehen, an magischen Orten wie Zumaya, Sopelana, Hendaye und Bidart – Stellen, an denen die letzten Sedimente der Kreide und die ersten des Tertiärs in sichtbarem Kontakt aufeinanderliegen. Aber dort ist dieser Übergang vom Erdmittelalter zur Neuzeit an Felskliffs aufgeschlossen und präsentiert sich nüchtern als eine weiße känozoische Kalkbank, die dunklen Schiefertonen des Mesozoikums aufliegt. Bei Bellecq aber hat die Hand des Menschen diese Kontaktschicht erschlossen und umgestaltet. Die Altvorderen von Bellecq verschmähten die dunklen Mergel der Kreidezeit und gaben dem jüngeren weißen Kalkstein den Vorzug als Baustoff für ihr Monument. Ich betrachte den Kalk näher, und die Mauerblöcke vor mir werden lebendig. Ich entdecke eingeschlossene rundliche Gebilde, etwas kleiner als Golfbälle, aber von so regelmäßiger Gestalt und Musterung, wie sie nur das Leben hervorbringt. Vorsichtig löse ich eines dieser runden Dinger aus einer Seitenwand des Burggemäuers heraus. Es ist ein Echinoid, ein Seeigel, 65 Millionen Jahre alt. Er ähnelt sehr den Seeigeln, die ich in den tropischen Gewässern des Westpazifik gesehen habe, aber er gleicht auch den Seeigeln der unterlagernden kreidezeitlichen Gesteine. Von allen Lebensformen, die man in den liegenden Schiefertonen der Kreidezeit findet, von Ammoniten über Riesenmuscheln bis zum einzelligen Plankton, hat nur jene kugelige

Gut sichtbare Schichtaufschlüsse an der spanischen Küste in Zumaya (Baskenland).

Echinoidenart die Sintflut auf diesem Fleck der Erde überlebt. Und wie die tiefsten Fundamente der Burg, die sich aus den bemoosten Lettengesteinen des Flussbettes erheben, gehört dieses Wesen zur Wurzel des großen neuen Lebensbaumes, der aus der Asche des versunkenen Erdmittelalters erwuchs. Das Tier lässt mich an Methusalem denken.

Versteinerung eines Turban-Seeigels.

Aussterben – das Schicksal jeder Art

Eine meiner liebsten Bemerkungen, die stets für Gelächter in meiner Paläontologieklasse sorgt, stammt von Norman Newell, einem Paläontologen der Columbia University, der einmal Massenaussterben in einer Weise definiert hat, gegen die es kaum einen Einwand gibt: „Der Tod hat größere Wahrscheinlichkeit als Unsterblichkeit." Newell bezog das natürlich nicht auf einen einzelnen Organismus, sondern auf die Lebensdauer einer Art.

Das moderne Artenkonzept hat schon der englische Naturforscher John Ray (1627–1705) im 17. Jahrhundert formuliert. Seiner Ansicht nach konnte man die Lebewelt nach Herkunft, Ähnlichkeit und Vererbbarkeit der Merkmale ordnen und gliedern. Diese Definition der „Arten" unterscheidet sich kaum von der moderneren Version des großen Biologen Ernst Mayr aus dem Jahre 1942: „Arten sind Gruppen von wirklich oder potenziell sich untereinander kreuzenden Populationen (von Organismen), die sich isoliert von anderen solchen Gruppen fortpflanzen." Der Kernpunkt ist also, dass verschiedene Arten sich untereinander nicht kreuzen können.

Diese Definition ist für die heute lebenden Organismen bestens geeignet, aber offensichtlich wertlos für jeden, der sich mit fossilem Leben beschäftigt. Wenn auch die Fossilüberlieferung manche Einsichten in die Lebensweise ausgestorbener Organismen bietet, so verweigert sie uns schlicht die intimen Einzelheiten darüber, wer sich damals im Mesozoikum mit wem verpaart hat. Gleichwohl betrachten die Paläontologen ihre Fossilien als Vertreter von Arten, womit sie unterstellen, dass die verschiedenen von ihnen zu einer Art gestellten Individuen sich zu Lebzeiten untereinander fortpflanzen konnten. Aber in Wahrheit werden Fossilien nur rein nach morphologischen Ähnlichkeiten in Arten gegliedert. Mit anderen Worten, diese Arten sind einander nach Gestalt und körperlichem Aufbau ähnlich.

Das Leben einer Art gleicht in vielerlei Hinsicht dem Leben eines Individuums: Eine Art wird von einem unmittelbaren Vorfahren, der „Mutter", geboren, und die Art erlischt schließlich durch Aussterben, wenn ihr letztes Individuum tot ist.

Was ist eigentlich ...

Fossilien [von latein. *fossilis* = ausgegraben], Petrefakte, Versteinerungen, im Gestein („Boden") erhaltene Reste fossiler Organismen und deren Lebensspuren (Spurenfossilien) in abgestufter Vollständigkeit und Erhaltung. Ein Körperfossil weist noch Weichteile (selten) oder körpereigene Hartteile auf. Nach deren Auflösung kann ein Abdruck, Steinkern oder Skultursteinkern entstehen. Fossilien benennt man vor allem nach ihrer absoluten Größe. Makrofossilien z. B. heißen solche Funde, die mit bloßem Auge sichtbar und noch von Hand aufgesammelt werden können. Mikrofossilien erhält man aus Mikroproben durch Schlämmen mit Sieben etwa zwischen 1–2 mm und 0,05 mm.

Aussterben – diese Vorstellung erscheint uns viel entsetzlicher als der simple Tod eines einzigen Organismus. Aussterben löscht einen vollständigen Genpool aus, die Summe aller genetischen Information, die eine Art erhält. Ob allmählich oder rasch, die Individuen der einzelnen Artpopulationen sterben dahin, und ihre Anzahl schwindet in dem Maße, wie die Fortpflanzungsrate hinter der Sterberate zurückbleibt. Der Genpool schwindet mit dem Schrumpfen der Population. Diese Verringerung der Individuenzahl kann ein langsamer Prozess sein, der Millionen von Jahren dauert, möglicherweise unterbrochen durch kurze Phasen des Wiederanstiegs, die den langfristigen Rückgang überdecken. Oder der Schwund ist scheinbar schlagartig (jedenfalls nach geologischen Zeitbegriffen), als ob alle Mitglieder einer Art in einer plötzlichen Feuersbrunst oder durch chemische Waffen umgekommen wären.

Aussterben ist das Schicksal jeder Art. Das ist keine Abstraktion. Irgendwann, in irgendeinem Moment, gab es nur noch einen einzigen Dinosaurier auf der Erde, und irgendwann schwamm ein letzter Ammonit im Weltmeer, genau wie es bald eine Zeit geben wird, in der nur noch ein einziger Kalifornischer Kondor über dem Land schwebt und vergebens einen Gefährten zur Paarung sucht. Und sobald dieses letzte Individuum stirbt, wird die einmalige genetische Information verschwinden, die seine Eigenart ausmacht. Selbst wenn wir Menschen aus unserem Sonnensystem ausbrechen und zeitweilig eine Million andere Welten bevölkern könnten, wird im geologischen Zeitmaßstab betrachtet der Tag nicht fern sein, an dem nur noch ein einziger Mensch übrig ist – der letzte Vertreter mit unserem aggressiven Erbgut, der letzte unserer Art, das Endglied unseres Genschatzes.

Der Tod eines Individuums hat vielerlei Ursachen. Die meisten irdischen Lebewesen fallen den Krallen oder Zähnen räuberischer Lebewesen oder Mikroben zum Opfer; nur sehr wenige Organismen sterben den Alterstod. Tatsächlich wären viele Geschöpfe relativ unsterblich, wenn man sie ließe; Seeanemonen zum Beispiel lassen keine Anzeichen von Altern erkennen, wenn man sie unter Laborbedingungen vor Räubern oder Umweltveränderungen abschirmt. Aber solche Bedingungen findet man in der Natur selten.

Und wie steht es mit den Arten? Kann eine Art den Alterstod sterben? Ist jemals eine Art ausgestorben, weil sie alt geworden und sozusagen friedlich eingeschlafen ist? Ähnlich wie das einzelne Lebewesen kann der Tod auch die Art aus einer ganzen Reihe von Ursachen treffen: Austrocknen eines Sees, Temperaturänderungen im Meerwasser, Vernichtung eines Regenwaldes, Verlust lebensnotwendiger Nahrungsquellen oder das Erscheinen neuartiger Räuber; die Liste der Möglichkeiten ist lang. Gleichwohl kann man Überalterung als Ursache wohl ausschließen. In der ersten Hälfte des vergangenen Jahrhunderts vertrat eine populäre Schule von Evolutionsdenkern die Ansicht, dass Arten auch durch Überalterung sterben können und dass die letzten Generationen einer Familie oder Ordnung oft deutliche Anzeichen von Altersverfall erkennen lassen. Dieses Konzept der „Rassenvergreisung", der alternden Genpools, die zu oft bizarren und schließlich lebensunfähigen Morphotypen führt, ist inzwischen stark in Misskredit geraten, und es ist wohl sicher, dass die bizarren Spätformen der Stammesgeschichte nicht von „nachteiligen Genen" verursacht wurden, sondern von „Evolutionsversuchen", das heißt von Bemühungen, neue Konstruktionen zu entwickeln, die vielleicht fähiger sind, einer sich wandelnden Umwelt zu widerstehen.

Es ist verlockend, die Analogien zwischen der Lebensgeschichte eines Individuums und einer Art miteinander zu vergleichen, was die variierende Lebensdauer anbetrifft. Menschen beispielsweise haben eine sehr charakteristische Lebensdauer. Wenn wir die frühzeitig durch Krankheit und Unglücke verursachten Todesfälle ausklammern, können wir das sogenannte charakteristische Todesalter ermitteln. Eine geringe Anzahl von Menschen erliegt bereits mit sechzig Lebensjahren dem Alterstod, viel häufiger sterben wir mit über siebzig. Wenige von uns kommen in die achtzig, und noch weniger erleben gar das neunte Jahrzehnt auf Erden. Eine höchst kleine Anzahl erreicht schließlich die Jahrhundertmarke. Wir feiern diese Hundertjährigen, gratulieren ihnen und bestürmen sie ständig mit der einen Frage: „Welchem Umstand verdanken Sie Ihr langes Leben?" Mir hat immer der Brustton der Überzeugung in den Antworten gefallen. „Ich habe nie einen Tropfen Alkohol angerührt", meinte ein alter Mann. „Einen halben Liter Whisky am Tag", sagte ein anderer. Zigaretten. Keine Zigaretten. Üppiges Essen. Spärliches Essen. Harte Arbeit. Keine Arbeit. Körperliche Betätigung. Viel Ruhe. Eine Menge Kinder. Keine Kinder. Verheiratet. Alleinstehend. Gläubig oder nicht gläubig. Seinen Kopf nicht mit solchem Zeug zu verwirren! Bemerkenswert wenige tippen auf den Faktor Glück. Diese Überlebenden faszinieren uns, und wir möchten ihnen irgendwie Glauben schenken, dass sie es aus eigener Kraft schafften, den Sensenmann so lange ausmanövriert zu haben. Aber auch diese langlebigen Individuen sterben irgendwann und gewöhnlich an denselben Ursachen, die auch die meisten von uns hinwegraffen: Herzattacken, Krebs, Lungenentzündung, Infektionskrankheiten. Man muss sich also fragen: Leben manche Leute wegen ihrer besonderen biologischen Anlage so lange, oder ist Langlebigkeit einfach Zufall? Manche Arten haben ebenfalls sehr lange existiert, viel länger als der Durchschnitt. Wir können die Langlebigkeit mancher Arten in der uns vorliegenden Fossilüberlieferung recht genau erkennen. Durch radiometrische Altersdatierung der Sedimentgesteine in der Geochronologie lassen sich die Fossilfunde zeitlich einstufen, und im Ergebnis kann man – natürlich *cum grano salis* – mit einiger Sicherheit feststellen, dass viele Arten über Jahrmillionen hinweg existiert haben müssen. Ha-

Was ist eigentlich …

Geochronologie [von griech. geō- = Erd- (zu gē = Erde), chronos = Zeit und logos = Kunde], geologische Altersbestimmung, die zeitliche Einstufung von Gesteinen durch die in ihnen vorhandenen Zeitmarken aller Art, z. B. Fossilien und radioaktive Elemente (Radionuklide), zur Rekonstruktion der Erdgeschichte. Geochronologische Einheiten sind in absteigender Reihenfolge Äon, Ära, Periode, Epoche, Alter, Chron. Die moderne Geochronologie stützt sich vor allem auf Methoden der radiometrischen Datierung, die vom natürlichen Zerfall radioaktiver Isotope in einer Zeiteinheit (Halbwertszeit in Jahren) und dem Mengenverhältnis radioaktiver und radiogener Isotope ausgehen.

ben wir genug Arten auf diese Weise untersucht und deren erstes und letztes Auftreten in der Fossilüberlieferung datiert, können wir daraus eine Tabelle zur Lebensdauer der Arten erstellen. Und wie die Individuen zeigen auch die Arten unterschiedliche Lebensdauer. Einige lebten nur kurze Zeit auf der Erde, andere dagegen viel länger. Innerhalb einer Familie oder Ordnung lassen die Arten ein charakteristisches Überlebensverhalten erkennen, und genau wie im Falle der Menschen wird deutlich, dass sich einige Arten in ihrer charakteristischen Lebenserwartung von anderen unterscheiden. Säugetierarten zum Beispiel überdauern höchstens fünf Millionen Jahre bis sie verlöschen, Muschelarten dagegen gewöhnlich die zehnfache Zeit. Aber selbst in sehr nahe verwandten Gruppen überleben einige Arten länger als andere. Damit kommen wir auf die bei den Individuen gestellte Frage zurück: Überleben gewisse Arten eine so lange Zeit, weil sie vorteilhafte Gene oder weil sie mehr Glück haben?

Darwins Dilemma

Was ist eigentlich ...

Evolutionstheorie, Theorie von der Entwicklung der Mannigfaltigkeit, der gemeinsamen Abstammung der Lebewesen und den Ursachen des evolutiven Wandels der belebten Welt. Die Evolutionstheorie von Charles R. Darwin hat sich gegenüber allen anderen als die einzig tragfähige und durch zahllose immer wieder überprüfte Beobachtungen echte und allgemein anerkannte Theorie durchgesetzt. Für die Entstehung lebendiger Mannigfaltigkeit sind die Randbedingungen von überragender Bedeutung, da von ihnen die Selektionsbedingungen ausgehen. Die Randbedingungen sind aber weder aus der Vergangenheit noch in der Zukunft mit hinreichender Genauigkeit bekannt. Daher lässt die Evolutionstheorie keine exakte Prognose zu. Dennoch ist die Evolutionstheorie die zentrale Theorie der Biologie. Sie ist eine synthetische Theorie. Sämtliche Teildisziplinen werden von den Phänomenen der Evolution berührt und liefern Beiträge, die durch die Evolutionstheorie einer Synthese zugänglich werden.

Unsere Ansichten über die Welt und das Weltgeschehen sind im Großen und Ganzen Glaubenssache. Es gibt heute nur noch wenige Menschen, die bestreiten, dass sich die Erde um die Sonne dreht und nicht umgekehrt; oder dass der Mond nicht nur eine Vorderseite hat, sondern auch eine Rückseite. Aber wer von uns könnte beweisen, dass beides auch wahr ist? Wir nehmen so viele Dinge als selbstverständlich hin. Auf unserem Planeten gibt es einen umfangreichen Wirtschaftszweig namens Elektronik, aber noch keiner hat je ein Elektron gesehen, und sicher wird nur eine kleine Anzahl von Menschen auf der Erde überhaupt sagen können, was ein Elektron ist. Die meisten von uns nehmen diese von der Wissenschaft eingeführten Fakten einfach als wahr hin. Nur wenige bestreiten das Gravitationsgesetz, obwohl keiner die Schwerkraft direkt sehen kann, sondern nur ihre Wirkungen: Der Apfel fällt vom Baum, wenn sein Stiel sich löst. Wir akzeptieren die Entdeckungen der modernen Physik. Eigenartigerweise hat unsere Gesellschaft aber weniger Vertrauen in die Evolutionswissenschaft. Eine vor kurzem durchgeführte Umfrage ergab, dass nur die Hälfte aller erwachsenen Amerikaner die Evolutionstheorie für einen durch Fakten begründeten Forschungszweig hält.

Als Nikolaus Kopernikus (1473–1543) behauptete, nicht die Erde stehe still und die Sonne umkreise sie, sondern umgekehrt, leitete er eine Revolution ein, durch die wir uns selbst und unsere Stellung im Universum neu einzuschätzen lernten. Das Werk von Charles R. Darwin hatte die gleichen weitreichenden Auswirkungen, und nach mehr als hundert Jahren fordert es uns noch immer dazu heraus, uns selbst und unseren Platz in der Schöpfung zu überdenken.

Wie alle welterschütternden Theorien kann man Darwins Lehre leicht und verständlich formulieren, denn sein ursprüngliches Konzept basiert auf nur zwei Thesen: Darwin nahm erstens an, dass alle heute auf der Erde lebenden und alle ausgestorbenen Lebewesen in allen ihren Abwandlungen von einem einzigen Vorfahren abstammten. Zweitens glaubte er, dass die Formenvielfalt vor allem von der unterschiedlichen Lebensdauer der Organismengruppen bestimmt wird und diese wieder von einem Faktor, den Darwin „natürliche Zuchtwahl" (nach anderen Übersetzungen auch „Auslese") genannt hat. Dieser Prozess wirkt ständig auf die Populationen ein. Der Biologe Douglas J. Futuyma (1986) sieht in der Evolutionstheorie Darwins, wie sie in *Über die Entstehung der Arten* (*On the Origin of Species*) dargelegt ist, den Ausfluss zweier verschiedener Gedankenströme, die beide gegen ältere konventionelle Ansichten Sturm laufen. Darwin zeigte, dass die Welt sich ändert und ständig geändert hat und dass Veränderung auch bei Organismen zur natürlichen Ordnung gehört. Darüber hinaus glaubte er nicht an eine schöpferische Ursache, einen Willen Gottes oder an irgendeinen Zweck oder ein Ziel der Evolution. Seiner Ansicht nach steuerten nur materielle Faktoren die biologischen und physikalischen Phänomene. Unter diesen beiden Gesichtspunkten trug er Beweis für Beweis zusammen und versuchte so, den Evolutionswandel und die Regeln, nach denen sich die Arten über die Zeit verändert haben, verständlich zu machen.

Das Erscheinen der ersten Ausgabe von *On the Origin of Species* war ein höchst bedeutsames wissenschaftliches Ereignis. Darwins Theorie, die übrigens auch sein Zeitgenosse Alfred R. Wallace unabhängig und gleichzeitig entwickelt und vorgetragen hatte, traf teils auf lauten Beifall, teils auf wütende Ablehnung. In späteren Ausgaben seines großen Werkes ging er auf die Einwände ein und versuchte, diese zu widerlegen. Mit einigen davon wurde er spielend fertig, andere aber konnte er nie zufriedenstellend ausräumen. Das größte Problem, mit dem er zu ringen hatte, galt wohl der Frage, wie die körperlichen Merkmale von Generation zu Generation vererbt werden, denn die Grundlagen der Genetik blieben bis zu seinem Tode unentdeckt. Ein weiteres ungelöstes Problem lag in der Eigenart der Fossilüberlieferung. Darwins Theorie forderte für das Evolutionsgeschehen eine langsame, schrittweise, von Generation zu Generation ablaufende Gestaltwandlung. Er betrachtete den Prozess, den er „natürliche Zuchtwahl" oder „das Überleben des Tüchtigsten" nannte, als die hauptsächliche Antriebsmechanik des Evolutionsgeschehens. Demzufolge musste nach Darwins Meinung jeder morphologische Wandel durch kontinuierliche Entwicklungsreihen fossil belegt sein, mit langsamen, aber stetigen Veränderungen von Generation zu Generation. Aber Fossilreihen, die solche „unmerklich abgestuften Serien" repräsentieren, waren zu Darwins Zeit selten und sind es auch heute noch.

Porträt

Darwin, *Charles Robert*, engl. Naturforscher und Biologe, * 12.2.1809 The Mount (bei Shrewsbury), † 19.4.1882 Down House (heute zu London-Bronley); mit seinen umwälzenden neuen Ideen einer der bedeutendsten Biologen der Geschichte, Begründer der auf natürlicher Selektion beruhenden Evolutionstheorie. Darwin studierte ab 1825 Medizin in Edinburgh und ab 1827 Theologie in Cambridge. Seine Überlegungen zur Evolution hielt er lange zurück. Ab 1837 hielt er in vier Notizbüchern seine Theorie fest. 1858 hatte Alfred R. Wallace (1823–1913) unabhängig von Darwin eine gleichartige Theorie (über die Veränderlichkeit und die Entstehung neuer Arten) entwickelt. Wallace erkannte letztlich Darwins Priorität an und prägte später (1889) den Begriff Darwinismus. 1859 veröffentlichte Darwin daraufhin sein berühmtes Werk *On the Origin of Species* (*Über die Entstehung der Arten*). Hauptpunkte in Darwins Theorie waren die erblich bedingte Variabilität, die Überproduktion von Nachkommen und die aufgrund von Umweltbedingungen erfolgende Auslese.

Unbestreitbar war Darwin ein großer Zoologe und auch in der Geologie gut bewandert. Er schätzte die Bedeutung der Fossilüberlieferung richtig ein, auch als Beleg zur Bestätigung seiner Evolutionsvorstellungen. Aber anstatt eine Hauptstütze seiner Theorie zu liefern, wurde der Fossilbefund zum ständigen Stein des Anstoßes, über den Darwin dann in den folgenden Ausgaben von *On the Origin of Species* auch laufend stolperte. Zu Darwins Bestürzung zeigten die Fossilien, wichtigste Anzeiger des Evolutionsgeschehens, nur sehr schwache Anzeichen für einen Wandel in kleinen Schritten. Aber Darwin hielt die Fossilüberlieferung und nicht seine Theorie für mangelhaft. Er beklagte die Fossilfunde als „armselig" und unvollständig und war sich sicher, dass irgendwo in den felsigen Buchseiten der Erdgeschichte unbekannte Belegstücke und „unmerkliche Abstufungen" des Gestaltwechsels vorkommen. Die Fossildokumentation steht aber nach wie vor in Widerspruch zu Darwins Evolutionstheorie, und Kritiker Darwins haben immer gerne auf diesen Schwachpunkt aufmerksam gemacht.

Andere Kritiker wiesen darauf hin, dass bei einer Evolution, wie sie Darwin darlegte, heute überhaupt keine „primitiven" Lebensformen vorkommen dürften, weil im Laufe der langen Evolutionsgeschichte alle Formen bestimmte Entwicklungsfortschritte gemacht haben müssten. Dieser Einwand unterstellt allerdings, dass jede Entwicklung von primitiven zu komplizierten Zuständen verläuft. Darwins Theorie unterstellt aber der Evolution kein einseitig gerichtetes Ziel, und der Forscher wusste diejenigen, die unbedingt einen Zweck oder eine Richtung in der Lebensgeschichte erkennen wollten, wortgewandt zu bekämpfen:

> Man könnte nun aber einwenden, wie es denn komme, dass, wenn hiernach alle organischen Wesen bestrebt sind, höher auf der Stufenleiter emporzusteigen, auf der ganzen Erdoberfläche noch eine Menge der unvollkommensten Wesen vorhanden sind, und warum in jeder großen Klasse einige Formen viel höher als die anderen entwickelt sind? Warum haben diese höherausgebildeten Formen nicht schon überall die mindervollkommenen ersetzt und vertilgt? ... Nach meiner Theorie dagegen bietet die fortdauernde Existenz niedrigorganisierter Tiere keine Schwierigkeit dar; denn die natürliche Zuchtwahl oder das Überleben des Passendsten schließt denn doch nicht notwendig fortschreitende Entwicklung ein; sie benützt nur solche Abänderungen, welche auftreten und für jedes Wesen in seinen verwickelten Lebensbeziehungen vorteilhaft sind. Und nun kann man fragen, welchen Vorteil (soweit wir urteilen können) ein Infusorium, ein Eingeweidewurm oder selbst ein Regenwurm davon haben könne, hochorganisiert zu sein? Wäre dies kein Vorteil, so würden diese Formen auch durch natürliche Zuchtwahl wenig oder gar nicht vervollkommnet werden und mithin für unendliche Zeiten auf ihrer niedrigen Organisationsstufe stehen bleiben.

Zum Weiterlesen ...

Darwin, Charles: *Über die Entstehung der Arten* (Wissenschaftliche Buchgesellschaft 2008)

Gleichwohl forderte Darwins zentraler Lehrsatz die ständige Veränderung der Organismen im Laufe der Zeit. Aber verändern sich alle im selben Tempo, oder sind die Veränderungsraten unterschiedlich? Für Darwin galt es sicher, dass sie variieren, denn er konnte viele Beispiele heutiger Lebewesen anführen, die bekannten Fossilien glichen, von denen manche sogar aus sehr alten Schichten stammen. Darwin hat sich wiederholt mit diesem Problem auseinandergesetzt. Obwohl er scheinbar mit der in *Über die Entstehung der Arten* gegebenen Erklärung zufrieden war, spricht die Tatsache, dass er seine Leser wiederholt auf die „lebenden Fossilien" aufmerksam macht, für seine Unzufriedenheit mit diesem Phänomen.

So schreibt er zum Beispiel:

> „In manchen Fällen ... scheinen sich niedrigorganisierte Formen bis auf den heutigen Tag an abgeschlossenen und besonderen Aufenthaltsorten erhalten zu haben, wo sie einem weniger harten Wettbewerb ausgesetzt waren, und durch ihre spärliche Anzahl die Chance hinausgezögert wurde, günstige Abarten entstehen zu lassen."

Jedenfalls bereitete ihm die Existenz der lebenden Fossilien, ein von ihm selbst geprägter Begriff, unablässiges Kopfzerbrechen; sie wurden zur Waffe seiner Kritiker, mit der sie auf ihn einschlugen.

Urschnecke (*Neopilina*)
440 Mio. Jahre

Quastenflosser (*Latimeria chalumnae*)
ca. 65 Mio. Jahre

Brückenechse (*Sphenodon punctatus*)
ca. 200 Mio. Jahre

Einige tierische Beispiele lebender Fossilien.

Evolutionsraten

Entwickeln sich die Lebewesen verschieden schnell? Und gibt es, falls das so ist, einen Grund dafür? Oder spielt Gott doch Würfel mit den Geschicken der Organismen wie mit jenen des Universums? Solche Fragen warf George Gaylord Simpson auf, einer der größten Paläontologen aller Zeiten und Vater der „modernen Synthese", einem Schmelztiegel aus Erkenntnissen der Genetik, der Paläontologie und der systematischen Biologie. Aus dieser Mischung goss Simpson zwischen den Jahren 1936 und 1947 ein neues „neodarwinistisches" Konzept zur Wirkungsweise der Evolution. Hauptthema der modernen Synthese ist die Wirkung der Evolution auf der Ebene der Population, also der Fortpflanzungsgemeinschaft eines Lebensraumes.

Simpson sah sich selbst in erster Linie als Wirbeltierpaläontologe, als Spezialist für die Geschichte der Chordaten, der Tiere mit Wirbelsäule oder der Anlage dazu. Aber er hatte eine umfassende Bildung und weitreichende Interessen, und war mit der Evolutionsgeschichte der Wirbellosen und Pflanzen genauso vertraut wie mit jener der Wirbeltiere. Er hatte im Jahre 1926 promoviert und veröffentlichte in den folgenden zehn Jahren die erstaunliche Anzahl von über hundert wissenschaftlichen Schriften. *Tempo and Mode of Evolution* erschien im

Porträt

Simpson, George Gaylord, amerikanischer Zoologe und Paläontologe, * 16.6. 1902 Chicago, † 6.10. 1984 Tucson; ab 1945 Professor an der Columbia University, ab 1959 an der Harvard University, ab 1967 an der University of Arizona; einer der einflussreichsten Paläontologen im 20. Jahrhundert. Simpson veröffentlichte bedeutende Beiträge zur Phylogenie (v. a. der Säugetiere), zur Evolutionsforschung und zu Tierwanderungen in der geologischen Vergangenheit; er war Experte für prähistorische Pinguine. Nach ihm ist der Simpson-Koeffizient benannt (statistische Methode). Simpson ist außerdem Mitbegründer der Synthetischen Evolutionstheorie.

Jahre 1944; es war das einflussreichste Buch, das jemals über Paläontologie geschrieben worden ist. 1953 erweiterte er in *The Major Features of Evolution* die in *Tempo and Mode* bearbeiteten Themenkreise und brachte sie auf den neuesten Stand. Beide Bücher setzen sich mit Evolutionsraten auseinander.

Simpson erkannte, dass „Evolutionsrate" eine Reihe von Begriffen beinhaltet, und man die beabsichtigte Bedeutung zunächst klären musste. Wie er feststellte, variiert der Zeitraum, in dem sich die einzelnen Genfrequenzen ändern – das sind die Anteile der verschiedenen Gene in der DNA einer sich entwickelnden Population. Diese könnten demnach als Maßstab der Evolutionsraten brauchbar sein. Aber in den 1940er-Jahren hatten die Genetiker gerade erst begonnen, die notwendigen Techniken zum Erkennen solcher Veränderungen zu entwickeln. Deshalb wandte er seine Aufmerksamkeit anderen Aspekten der Evolution zu. Er beschrieb dabei zwei sehr unterschiedliche Phänomene, die beide in der Fossilüberlieferung deutlich werden: Das erste nannte er „morphologische Raten" und meinte damit jene Zeiträume, in denen eine Abstammungslinie oder ein Organismus einzelne Merkmale oder Merkmalskomplexe verändert. Das zweite nannte er taxonomische Raten; das sind solche Zeiträume, in denen Taxa mit bestimmten Merkmalen durch andere ersetzt werden. Im einfachsten Fall beziehen sich die morphologischen Raten auf ein einziges Merkmal. Simpson nannte als einschlägiges Beispiel die Größenzu- oder -abnahme der Zähne in einer Entwicklungsreihe, also die Gebissevolution über erdgeschichtliche Zeit.

Die taxonomische Rate ist ein ganz andersartiges Phänomen. Simpson betrachtete eine Art wie ein Individuum, das geboren wird, lebt und stirbt, und definierte danach die taxonomische Rate als die Zeitspanne, in der eine Art verschwindet und durch eine andere abgelöst wird. Bei Gruppen, in denen sich die artspezifischen Merkmale rapide verändern, ist also die taxonomische Rate hoch; in diesem Falle ist die Lebensdauer jeder einzelnen Art kurz. Simpsons Einsicht in die Unterschiedlichkeit der Evolutionsraten geht teilweise auf sein Spezialgebiet, die Fossilgeschichte der tertiären Säugetiere, zurück. Aus dieser Quelle schöpfte er Beispiele, um seine Arbeit über die Evolutionsraten zu untermauern. Er erkannte zum Beispiel, dass die Lebensdauer einer bestimmten Pferdeart relativ kurz war und die Rate ihrer taxonomischen Evolution folglich hoch gewesen sein musste. Und verglichen mit der Lebensdauer anderer Organismenarten wie der Muscheln haben fast alle Säugetierarten tatsächlich nur sehr kurze Zeit gelebt.

Als Simpson anfing, die Evolutionsraten zu analysieren, steckte die radiometrische Altersdatierung noch in den Kinderschuhen; es gab nur Ansätze einer groben Chronologie, eine Datierung der hauptsächlichen Perioden in der geologischen Zeitskala. Aber noch zu

Was ist eigentlich ...

Evolutionsrate, Evolutionsgeschwindigkeit, Tempo evolutionärer Änderungen. Evolutionsraten beziehen sich auf unterschiedliche Vorgänge, z. B. das Entstehen neuer Arten (Artbildung) oder Gattungen innerhalb von Entwicklungslinien (taxonomische Evolutionsrate), die Änderung von Form und Größe einzelner Merkmale (phylogenetische Evolutionsrate) oder die Änderung von Aminosäuresequenzen (evolutionäre Uhr) und Nucleotidsequenzen (molekulare Evolution). Nach George Gaylord Simpson kann die taxonomische Evolutionsrate durch den Kehrwert der durchschnittlichen Existenzdauer einer Art oder Gattung grob bestimmt werden. Die genaueste Messung der Evolutionsgeschwindigkeit erfolgt durch die Bestimmung der Gesamtheit der genetischen Veränderungen innerhalb einer Entwicklungslinie in einer bestimmten Zeit.

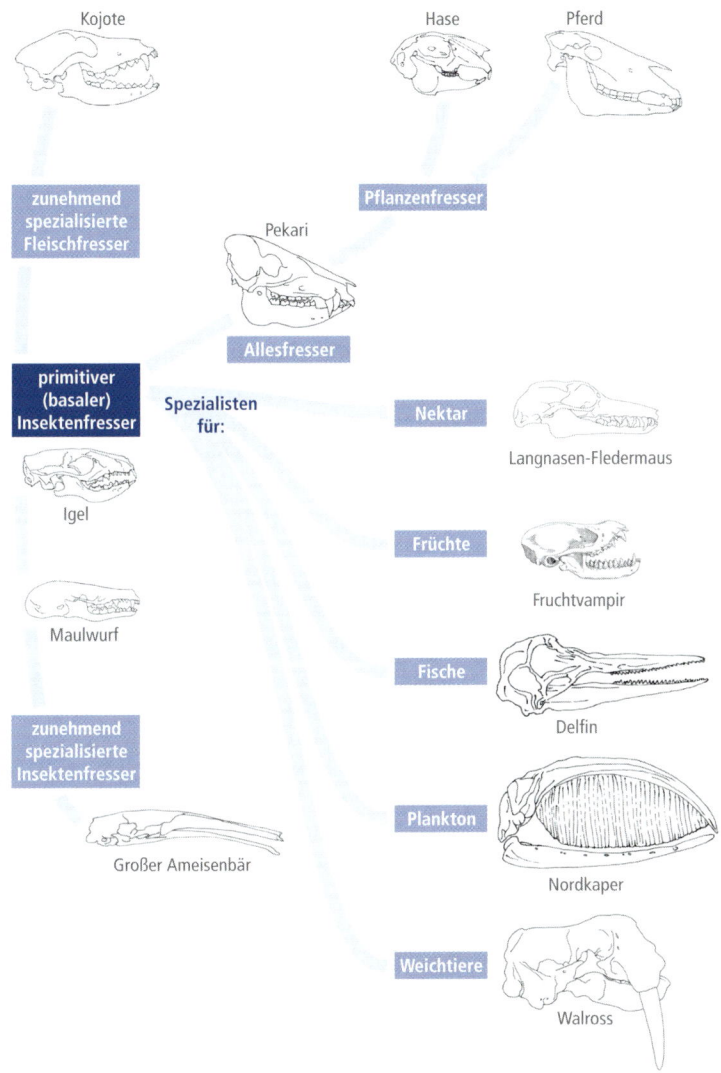

Gebissevolution der Säugetiere.

Simpsons Zeit begann die Zahl verlässlicher Daten zuzunehmen, und als er gegen 1953 *The Major Features of Evolution* veröffentlichte, verfügte er über die ungefähren Altersangaben für alle wichtigen Grenzen der geologischen Einheiten. Auf dieser Basis konnte er die Lebensdauer der Taxa einigermaßen abschätzen. Es gelang ihm zu zeigen, dass die Muscheln sich relativ langsam entwickelt hatten; jede ihrer Gattungen lebte durchschnittlich 80 Millionen Jahre lang. Säugetiere haben dagegen, wie oben erwähnt, weit höhere Evolutionsraten – etwa acht Millionen Jahre pro Gattung. Simpson wurde durch diese Ergebnisse angespornt, und bald hatte er eine beeindruckende Liste von Evolutionsraten für die verschiedensten taxonomischen Gruppen zusammengestellt. Für höhere taxonomische Einheiten wie Säugetierfamilien fand er heraus, was er die „drei Tempi der Evolution" nannte: Eine kleine Gruppe (von Familien) macht eine enorm schnelle Entwicklung durch, eine weitere, ebenso kleine Gruppe entwickelt sich sehr langsam, und die Mehrheit der Taxa schließlich liegt mit ihrer durchschnittlichen Rate zwischen diesen beiden. Unter den Langsamentwicklern gab es einige Formen, die von der Evolution ganz ausgespart zu sein schienen – Formen, die sich über unermessliche Zeiten kaum oder gar nicht verändert haben. Das waren die lebenden Fossilien.

Wie Darwin glaubten auch Simpson und die übrigen Begründer der modernen Synthese an einen allmählichen langperiodischen Wandel in der Evolution und führten das auf den kumulativen Effekt vieler winziger Veränderungen zurück, die sich von Generation zu Generation in der Stammreihe der Organismen addieren. Der Begriff Lebensdauer bezog sich dabei immer nur auf morphologische Veränderungen, denn in der Paläontologie ist eine Art nur durch ihre Morphologie, durch Gestalt und körperlichen Aufbau, definiert. Wenn die morphologische Änderungsrate hoch ist, so bedeutet das eine rasche Folge von Veränderungen, die groß genug sind, um einen kompetenten Taxonomen zu überzeugen, dass aus den bisherigen Formen etwas völlig anderes geworden ist – eine neue Art. Die Fossilien jedoch, die der Taxonom beim Aufsammeln aus einem ungestörten Schichtprofil in die Hände bekommt, muss er nach eigenem Ermessen in Arten gliedern. Heute lebende Organismen gelten als artgleich, wenn sie sich untereinander fortpflanzen können; das biologische Artkonzept geht also von der stillschweigenden Annahme aus, dass fruchtbare Kreuzung möglich ist, wenn zwei Individuen zusammentreffen, die zur selben Art gehören, auch wenn sie aus weit entfernten Populationen stammen. Aber wie steht es mit den ausgestorbenen Organismen? Wie können wir sicher sein, dass zwei längst tote Tyrannosaurier im Falle einer magischen Auferstehung sich fruchtbar paaren werden? Das Artkonzept bekommt also einen anderen Sinn, wenn man es auf Fossilien anwendet, denn dort ist der Ähnlichkeitsgrad die einzig mögliche Basis der Beurteilung. In einer zeitlichen Abfolge von Fossilien muss somit der Systematiker entscheiden, wann in der Stammeslinie sich so viele Unterschiede addiert haben, dass man eine neue Art aufstellen kann.

Wie Darwin erkannte auch Simpson, dass zwei Faktoren die Änderungsrate im Leben einer Art beeinflussen. Erstens die Artbildung selbst: Wenn sich in einer isolierten Population genügend abweichende Varianten (oder genetische Unterschiede) summiert haben, werden sie zu einer neuen ausdifferenzierten Art. Zweitens die Weiterentwicklung dieser neuen Art, bis sie wieder ausstirbt. Der erste

Vorgang war für Simpson die eigentliche Speziation (Artbildung), die er später auch „Splitting" (Aufspaltung) nannte. Die nachfolgende Weiterentwicklung der neuen Art nannte er phyletische Evolution (Stammesentwicklung). Simpson erkannte, dass die Raten der Artbildung und der nachfolgenden Stammesentwicklung voneinander unabhängig sind.

George Gaylord Simpson war besonders an Lebensformen interessiert, die langsame Evolutionsraten aufzuweisen schienen. In seinem Buch *The Major Features of Evolution* widmete er ein ganzes Kapitel diesem Phänomen. Aber jene Lebewesen mit den längsten Evolutionsraten, die lebenden Fossilien, galten ihm nur als Kuriositäten der Evolution – ein peinlicher Punkt in der Entwicklungslehre und sonst nichts weiter. Im Jahre 1972 erschien in einem sonst wenig beachteten Buch ein Artikel, der die lebenden Fossilien zu wissenschaftlichem Rang erhob. Jetzt wurden sie zum Stützpfeiler einer eleganten These zur Entstehung von neuen Arten.

Punktuelles Gleichgewicht

Die Saat einer wissenschaftlichen Revolution wird gewöhnlich in den Blättern einer wissenschaftlichen Zeitschrift ausgestreut; sie schlägt dann in den Bibliotheken und auf den Arbeitsplätzen der Forscher Wurzeln und gedeiht heran. Dem gedruckten Papier, das den Funken der Revolution überspringen lässt, gehen meist wissenschaftliche Vorträge und Gespräche voraus, aber stets ist es die gedruckte Seite, die das Alte vom Platz fegt.

Veröffentlichungen, die solche Umwälzungen erzeugen, erscheinen in häufig konsultierten Zeitschriften, in der „weißen Literatur". Für viele Wissenschaftler war es deshalb befremdend, dass ein Kapitel in einem als „graue Literatur" eingestuften Buch (wo die Manuskripte nicht von Gutachtern geprüft werden) die Fachwelt mit einer Neueinschätzung der Evolutionstheorie überraschte. Thomas Schopf, Paläontologe an der Universität Chicago, gab im Jahre 1972 das Buch *Models in Paleontology* heraus. Eines der Kapitel, das Niles Eldredge vom American Museum of Natural History und Stephen Jay Gould von der Harvard University verfasst hatten, hieß *Punctuated Equilibria* (unterbrochenes Gleichgewicht). Darin wurde eine neue Betrachtungsweise der fossilen Überlieferung präsentiert. Um es gleich zu sagen: Die Schrift krempelte die Art und Weise, in der die Paläontologen über die Evolution nachdachten, gründlich um. Sie hat die Evolutionsforscher 20 Jahre lang in Aufregung versetzt; viele von ihnen schworen einen heiligen Eid, dass die Vorstellung von Eldredge und Gould entweder falsch sei oder dass sie schon lange vorher dasselbe gesagt hatten.

Was ist eigentlich ...

Speziation, Artbildung, Prozess, der zu einer Zunahme der Artenzahl führt und erst dann vollständig abgeschlossen ist, wenn die entstandenen Arten coexistenzfähig sind. Speziation findet in aller Regel durch Artaufspaltung statt: Eine Ausgangsart (Stammart) löst sich dabei in ihre Tochterarten auf. Voraussetzung hierfür ist die Verhinderung des Genflusses zwischen Teilpopulationen, was in der Regel durch eine von außen auferlegte Trennung (Separation) geschieht. Bei der häufigen allopatrischen Speziation wirken geographische Barrieren (z. B. Gebirge, Wüste, Meer zwischen Inseln und Festland) separierend, sodass die Teilpopulationen in getrennten Gebieten, d. h. in Allopatrie, vorkommen.

Porträt

Gould, Stephen Jay, US-amerikanischer Paläontologe, Geologe und Evolutionsforscher, * 10.9.1941 New York; † 20.5.2002 New York; seit 1973 Professor für Geologie an der Harvard University; betätigte sich als Autor erfolgreicher populärwissenschaftlicher Bücher. Zusammen mit Niles Eldredge entwickelte er die Theorie des „unterbrochenen Gleichgewichts" (Punktualismus), mit deren Hilfe diskontinuierliche Änderungsraten bei Fossilien erklärt werden sollten. Nach dieser Theorie vollzieht sich die Evolution nicht in kontinuierlichen kleinen Schritten (Gradualismus), sondern es wechseln sich kurze Phasen rascher Veränderung mit größeren Zeiträumen ohne Veränderung (Stasis) ab.

Eldredge und Gould gingen von Darwins Ausführungen zur Lücken-haftigkeit der Fossilüberlieferung aus. Darwin war sicherlich über den eklatanten Mangel an fossilen Übergangsformen zwischen den Arten beunruhigt, aber er glaubte, den Grund zu kennen:

> Die geologische Überlieferung ist extrem unvollständig, und diese Tatsache kann in hohem Maße erklären, warum wir nicht endlos vie-le Varianten finden, die alle die ausgestorbenen und jetzigen Formen des Lebens in allerfeinst abgestuften Schritten miteinander verbin-den. Wer diese Ansicht über die Natur der geologischen Überliefe-rung zurückweist, wird mit Recht meine ganze Theorie ablehnen.

Eldredge und Gould hatten die Kühnheit, Darwins Ansicht über die geologische Überlieferung zu korrigieren, ohne aber seine ganze Theorie abzulehnen. Sie behaupteten, dass der Mangel an Über-gangsformen die Wirklichkeit widerspiegelt und nicht die Lücken-haftigkeit der Fossilvorkommen. Man müsse davon ausgehen, dass in einer isolierten Population die eigentliche Artbildung mit ihrem morphologischen Wandel sehr schnell vor sich gehe. Also ist in rela-tiv kurzer Zeit eine völlig neue Art fertig, die sich dann nicht mehr mit der Ausgangsart kreuzen kann. Nach dieser rapiden Umwand-lungsperiode wäre die neue Art dann nur noch sehr geringen morpho-logischen Veränderungen unterworfen. Also könnten keine Über-gangsformen in der geologischen Überlieferung vorkommen, weil es sie einfach nicht gibt.

Einer der interessantesten Aspekte dieser Ansicht betrifft die lebenden Fossilien. Wenn Eldredge und Gould Recht haben, ändert sich eine Art nach dem Speziationsprozess nur noch wenig. Das Ausmaß an mor-phologischer Wandlung in einer Stammesreihe hängt also von der Zahl der Speziationsvorgänge ab. Wenn eine Gruppe zwischen ihrem ersten und letzten Auftreten sehr starke morphologische Veränderungen auf-weist, muss diese Gruppe auch zahlreiche Speziationsvorgänge durch-gemacht und sich in eine relativ große Anzahl von Arten aufgespalten haben. Ist jedoch seit Erscheinen der Ahnenform nur geringe oder kei-ne Abwandlung erkennbar, war die Gruppe keiner solchen Evolution unterworfen. Die Beziehung ist damit klar: Lebende Fossilien, also Ar-ten, die sehr lange Zeit unverändert weitergelebt haben, gehören aus ir-gendeinem Grund zu Abstammungslinien, die kaum jemals Speziation durchgemacht haben. Der Paläontologe Steven Stanley hat lebende Fossilien folgendermaßen charakterisiert: 1) Sie müssen bei geringer Artenvielfalt relativ lange geologische Zeiten überdauert haben (zu je-der gegebenen Zeit ist eine solche Gruppe also nur durch eine oder we-nige Arten vertreten), oft als letzte Überlebende eines ehemals großen Artenbestands. 2) Sie müssen morphologisch urtümliche Merkmale aufweisen, denn sie waren ja nur geringem morphologischem Wandel unterworfen, nachdem ihre Vielfalt irgendwann in der Vergangenheit geschwunden ist. Stanley konnte aufzeigen, dass dieses Phänomen nur im Rahmen des von Eldredge und Gould formulierten Modells des punktuellen Gleichgewichts erklärbar ist.

Wenn wir diesen Gedanken weiterverfolgen, ändert sich die Fragestellung, unter der wir die lebenden Fossilien zu betrachten haben. Wir fragen uns nicht länger nur, warum diese sich lange Zeit hindurch nicht verändert haben, sondern warum sie so lange keine Speziation durchgemacht haben.

Nach Stanleys Meinung stützt die Existenz lebender Fossilien die These vom punktuellen Gleichgewicht maßgeblich. Die Tatsache, dass die meisten als lebende Fossilien bezeichneten Wesen zu Gruppen gehören, die nur wenige Arten umfassen und viele Millionen Jahre unverändert weitergelebt haben, lässt sich nach dem Prinzip des unterbrochenen Gleichgewichts gut erklären, aber nicht mit dem von Darwin und Simpson befürworteten Gradualismus.

In den 1970er-Jahren publizierten Evolutionsforscher Tausende von Artikeln mit Prüfbeispielen beider Modelle. In den 1980er-Jahren beherrschte ein neues Thema die Evolutionsliteratur: das Phänomen des Massenaussterbens. Die Forscher begannen zu begreifen, dass dieses Aussterben in großer Zahl zu den Ereignissen allergrößten Maßstabs in der Evolution gehört. Nach einem Massenaussterben war die Biosphäre auf der Erde vom Leben entblößt. Unter den wenigen überlebenden Arten herrschte nur geringe Konkurrenz, und so konnte sich neuer Artenreichtum entfalten – als Nachsaat zum Massenaussterben; in rascher Folge entstanden also viele neue Arten. Ihr Grundbauplan war festgelegt durch jenen ihrer Vorfahren, die das Ereignis des Massenaussterbens überlebt hatten.

Die geologische Zeit

Zoologen und Paläontologen betrachten Arten auf sehr verschiedene Weise. Für einen Zoologen existiert eine Art hier und jetzt; sie ist definiert durch ihre Fähigkeit, sich mit ihresgleichen zu kreuzen. Die Zeit hat bei Zoologen keinen Einfluss auf die Interpretation. Für den Paläontologen dagegen ist die Zeit das wichtigste Element: die Zeit, in der die Art entstand, ihre Lebensdauer und der Moment, in dem sie verlöschte. Heutzutage können wir mit den modernen Methoden der Altersdatierung, die hauptsächlich auf den Zerfallsraten radioaktiver Gesteinsbestandteile beruhen, diesen Ereignissen reale Alterswerte zuordnen. Wir sind zwar nicht in der Lage, von jedem einzelnen Fossil das absolute Alter festzustellen, aber in vielen Fällen können wir sagen, vor wie viel Millionen Jahren sich eine Art gebildet hat, wie lange sie lebte und wann sie verschwand. Geologen haben immer al-

Was ist eigentlich ...

Gradualismus [von latein. *gradus* = Schritt, Stufe], die herkömmliche, bereits von Charles Darwin vertretene Vorstellung, dass der mikroevolutionäre Artwandel allmählich und nicht sprunghaft (durch das plötzliche Entstehen neuer Typen) abgelaufen ist. Große Merkmalsänderungen im Phänotyp müssen hiernach über jeweils sich nur schwach unterscheidende Zwischenformen (Bindeglieder, *missing links*) evoliviert sein. Gegensatz: Saltationismus (Saltation).

les in Zeiteinheiten berechnet, selbst als sie noch keine Ahnung hatten, wie viele Jahre genau ihre Formationseinheiten umfassten. Die gebräuchliche geologische Zeitskala wurde zunächst im Relativmaßstab entwickelt; sie arbeitet auch heute noch tadellos. Geologen, die eine Gesteinsschicht untersuchen, können anhand der Fossilien sagen, ob dieses Gestein älter oder jünger als eine Bezugseinheit ist.

Die heute gebräuchlichsten geologischen Zeiteinheiten wie Ära, Periode und Alter waren ursprünglich nicht als Zeitbegriff, sondern als bestimmte Profilabschnitte definiert, die man durch ihre Merkmale von höheren und tieferen Schichten abgrenzen konnte. Die meisten noch heute benutzten Zeiteinheiten – die paläozoische, mesozoische und känozoische Ära, das Kambrium, das Tertiär und andere Perioden – haben europäische Geologen in der ersten Hälfte des 19. Jahrhunderts eingeführt, als ein Hilfsmittel, um bestimmte Gesteinsabfolgen zu untergliedern. Die englische Bezeichnung *cretaceous period* für die Kreidezeit ist zum Beispiel von dem französischen Wort *craie* für Kreide abgeleitet. Diesen Begriff benutzte man, um Kreideschichten zu beschreiben, die man an den Küsten von Nordfrankreich und Südengland, in den Niederlanden und Teilen von Skandinavien vorfand. Zufällig wurden alle diese weit auseinanderliegenden Kreidefelsen, wie die White Cliffs von Dover und die eindrucksvollen Klippen der Normandieküste, etwa zur gleichen Zeit abgelagert. Ihre Bedeutung als Zeiteinheit wurde später allerdings modifiziert, als die Geologen merkten, dass ein bestimmter Gesteinstyp nicht notwendigerweise nur auf eine bestimmte Bildungszeit beschränkt sein muss. Kreide zum Beispiel kann auch zu irgendeiner anderen Zeit als ausgerechnet in der Kreideperiode abgelagert worden sein, genau wie Sandstein, Letten oder Kalkstein. Die Bildungsbedingungen für Kreideablagerungen werden von der Umwelt diktiert, nicht von der Zeit. Eine allein auf dem Gesteinstyp basierende geologische Zeittafel ist zum Scheitern verurteilt, wie die Geologen des 19. Jahrhunderts auch bald herausfanden. Sie brauchten also echte Zeitmarken, die auf das Alter der Gesteine Bezug nehmen. Solche fanden sie in den Pflanzen- und Tierfossilien, die in den Sedimentgesteinen vorkommen. Gegen Mitte des 19. Jahrhunderts wurde es zur festen Wissensgrundlage, dass man große geologische Zeitabschnitte am besten anhand von Fossilien festlegen kann, die man in den Gesteinen findet. Obwohl die Kreidezeit ihren Namen beibehielt, ist sie später weit mehr durch ihre Fossilien definiert worden als durch den Gesteinstyp. Sogar die größten erdgeschichtlichen Einheiten sind durch Fossilien charakterisiert. Paläozoikum, Mesozoikum und Känozoikum haben unterschiedliche Fossilgemeinschaften erzeugt und hinterlassen, mit deren Hilfe man die überlieferten Sedimentgesteine diesen drei Ären zuordnen kann. Eine vierte, vorausgehende Ära, das Präkambrium, umfasst einen Zeitraum von fast vier Milliarden Jahren und ist damit der größte Zeitabschnitt. Dort sind die Schichten

Pflanzen- und Tierfossilien. a) Neokomsandstein mit fertilem Wedel von *Hausmannia kohlmanni* (Farn) aus der subherzynen Kreide von Quedlinburg; maximale Breite 5 cm; b) Blattabdruck von *Credneria triacuminata* (Platanengewächse) aus der Oberkreide von Blankenburg (Harz); Länge 18 cm; c) *Paradoxides gracilis* (Trilobit), ein Leitfossil des Mittelkambriums im Barrandium Böhmens; Länge 9 cm; d) *Eurypterus lacustris* (Gliederfüßer) aus dem Silur Nordamerikas; Gesamtlänge 24 cm.

durchweg fossilfrei; denn damals war das Leben vorwiegend auf winzige einzellige Organismen beschränkt, die in Faulschlämmen am Grund flacher Seen und Meere vegetierten. Solche Lebewesen ohne Hartteile sind selten als Fossilien erhalten, weshalb sie nur äußerst spärliche Spuren von ihrer irdischen Existenz hinterlassen haben. Erst gegen Ende des Präkambriums, dieses langen Zeitabschnitts, beginnen vielzellige Lebewesen in der Überlieferung aufzutauchen. Die folgende paläozoische Ära, die vor 590 Millionen Jahren begann, ist vom Präkambrium durch das Erscheinen zahlreicher großkörperlicher Fossilien geschieden; die Funde zeigen an, dass sich die Einzeller zu vielzelligen Lebewesen weiterentwickelt haben. Auch das Mesozoikum und Känozoikum sind durch ihren Fossilbestand voneinander abgegrenzt.

Massenaussterben und lebende Fossilien

Die Zeiteinheiten Paläozoikum, Mesozoikum, und Känozoikum sind im Jahre 1840 von dem Geologen John Phillips (1800–1874) definiert worden. Die Ären stimmen mit den drei großen Lebensabschnitten auf der Erde überein; die Tiere und Pflanzen einer Ära sind in vieler Hinsicht von denen der anderen Ären verschieden. Die Übergänge vollziehen sich aber nicht kontinuierlich; vielmehr ist das Ende einer Ära durch das plötzliche Verschwinden Tausender Arten gekennzeichnet, und an ihre Stelle treten in der nachfolgenden Zeit eine weitgehend neuartige Flora und Fauna. Paläozoikum und Mesozoikum schließen jeweils mit den größten Faunenumbrüchen (Faunenschnitte) ab, die in der Erdgeschichte überliefert sind. In diesen großen Krisen verschwand die Mehrheit der damals an Land und im Meer lebenden Arten mit einem Schlag.

Diese beiden großen Aussterbeereignisse, wie sie das Paläozoikum und Mesozoikum beendeten, waren von einer solchen Größenordnung, dass sie schon den alten Geologen aufgefallen waren. Bei der nachfolgenden Erforschung der Gesteinsfolgen konnten die Geologen und Zoologen des 19. Jahrhunderts noch weitere Aussterbeereignisse aufspüren und dokumentieren. Diese Umbrüche sind in den Gesteinen weltweit so ausgeprägt, dass viele Geologen und Biologen sie als Katastrophen deuteten, die wiederholt die Erde betroffen haben müssen. Ein berühmter Verfechter dieser Theorie war der französische Anatom Baron Georges de Cuvier. Auch ein anderer berühmter Zeitgenosse dieses Denkers, der französische Stratigraph Alcide d'Orbigny, vertrat ähnliche Ansichten. Seine sorgfältigen Untersuchungen zur Stratigraphie der Jura- und Kreidefossilien brachten ihn zu der Überzeugung, dass seinerzeit überall auf der Erde ganze Lebensgemeinschaften gleichzeitig verschwunden sind. Wir wissen heute, dass diese Interpretation der Überlieferung unzutreffend ist, aber viele seiner anderen Beobachtungen und Daten haben sich als zuverlässig erwiesen und bilden heute noch die Grundlage der gebräuchlichen Zeitskala in Jura und Kreide. Bisher ist aber kein Fall bekannt geworden, kein Einzelereignis der Erdgeschichte, das alles Leben total ausgelöscht und danach neue Arten erschaffen hat, wie es d'Orbigny glaubte. Gleichwohl ist es wahr, dass die stratigraphische Überlieferung wiederholt durch eine Reihe von Aussterbeereignissen unterschiedlicher Dauer und Intensität gegliedert ist.

Aussterben ist das Schicksal jeder Art. Da alle höheren Taxa (Gattungen, Familien, Ordnungen und so weiter) sich jeweils aus mehreren Arten zusammensetzen können, werden möglicherweise alle taxonomischen Einheiten irgendwann einmal verschwunden sein. Weil Aussterben unvermeidlich ist, werden im Laufe eines Zeitabschnitts stets einige Arten verschwinden. Das Aussterben einer Art hat immer

Was ist eigentlich ...

Faunenschnitt, Fauneninzision, scheinbares oder tatsächliches, gleichzeitiges Aufblühen oder Aussterben vieler Taxa des Tierreichs, insbesondere von Großgruppen, zu einem bestimmten Zeitpunkt in der Erdgeschichte. Faunenschnitte werden jedoch dann vorgetäuscht, wenn ein geologischer Zeitraum weltweit überwiegend als Schichtlücke ausgebildet ist und somit die paläontologische Überlieferung fehlt oder das allmähliche Aussterben von Taxa durch zu großmaßstäbliche Betrachtung als plötzlich erscheint. Tatsächliche Faunenschnitte betreffen z. B. die Grenze Perm/Trias und Kreide/Tertiär. Betrifft ein solches Aufblühen oder Aussterben Pflanzen, spricht man von Florenschnitt.

eine bestimmte Ursache, beispielsweise der Verlust des Lebensraumes, der Nahrungsquellen, oder Nachstellungen durch neuartige Räuber. Aber weil solche Bedingungen immer und überall herrschen können, ist ein derartiges Aussterben ein seltenes Phänomen. Dieses permanente Hintergrundaussterben, wie man es genannt hat, trifft jeweils in einem gegebenen Zeitintervall eine durchschnittliche Anzahl von Arten. Diese Aussterberate scheint über die Milliarden Jahre seit Beginn des Lebens relativ konstant gewesen zu sein. Aber gegen diesen Hintergrund heben sich kurzzeitige Episoden ab, in denen die Aussterberate weit über den Durchschnitt anwächst. Das ist es, was man gemeinhin als Massenaussterben bezeichnet. Den Begriff Massenaussterben hat man auf verschiedene Weise interpretiert. Der Paläontologe Jack Sepkoski von der Universität Chicago definiert ihn als „Zeitabschnitt, der je nach Ausmaß der Ereignisse etwa eine Million bis 15 Millionen Jahre dauert und in dem eine ungewöhnlich große Anzahl von Arten und höheren Taxa ausstarb". Was dem Forscher dabei besonders auffiel, war das gleichzeitige Verschwinden größerer Einheiten sowie verschiedener und voneinander unabhängiger Gruppen in ganz unterschiedlichen Lebensräumen, im Meer wie auf dem Festland. Im Laufe solcher Ereignisse verlöschen nicht nur Arten, sondern auch die Individuenzahl der überlebenden Gruppen verringert sich drastisch. Nach einem Massenaussterben signalisiert die Fossilüberlieferung also einen merklichen Rückgang an Arten und Individuen. Man nimmt an, dass in jedem der größeren Aussterbereignisse mindestens die Hälfte aller damals lebenden Arten verschwand.

Die fünf allgemein anerkannten Umbrüche mit Massenaussterben ereigneten sich wie folgt: Im späten Ordovizium, vor 440 Millionen Jahren, verschwanden 22 Prozent der 450 damals vorhandenen Familien; im späten Devon, vor 360 Millionen Jahren, kam eine ähnlich hohe Anzahl von Familien um; am Ende des Perm, vor 250 Millionen Jahren, im größten aller Massenaussterben, ging von den 400 damals lebenden Familien die Hälfte zugrunde; in der späten Trias, vor 213 Millionen Jahren, starben 20 Prozent von 300 Familien aus; und schließlich verlöschten in der späten Kreidezeit 15 Prozent von 650 Familien. Das Massenaussterben der Perm-Trias-Wende war das bei Weitem katastrophalste: Man schätzt, dass damals 76 bis 96 Prozent aller Arten von der Erde verschwanden. Entsprechende Ereignisse geringeren Ausmaßes sind von mehreren anderen Zeitabschnitten bekannt geworden: vier oder fünf vom Kambrium, je eines von der Tithon- und Toarc-Stufe des Jura, eines von der Cenoman-Stufe der Kreide und schließlich eines vom späten Eozän und eines vom Pliozän der Erdneuzeit. Einige Forscher glauben, Anzeichen für ein Massenaussterben in der Eiszeit der Pleistozänepoche zu erkennen, weil damals viele Großsäugetiere verschwanden; aber da dieses Er-

Porträt

Cuvier, Georges Baron de, franz. Zoologe, Paläontologe und Anatom, * 23.8.1769 Montbéliard, † 13.5.1832 Paris; ab 1795 Professor für Naturgeschichte und für vergleichende Anatomie. Cuvier schuf eine der größten anatomischen Sammlungen Europas. Er war Begründer der wissenschaftlichen Paläontologie und vergleichenden Anatomie, rekonstruierte fossile Tiere, vertrat die Unveränderlichkeit der Arten und erklärte die Verschiedenheit fossiler und rezenter Lebewesen durch seine „Katastrophentheorie", wonach in jeder Erdperiode durch Naturereignisse sämtliche Lebewesen ausgestorben und danach neu erschaffen worden sein sollten.

Porträt

Orbigny, Alcide-Charles-Victor Dessalines de, franz. Paläontologe, * 6.9.1802 Couëron (Dép. Loire-Atlantique), † 30.6. 1857 Paris; ab 1853 Professor am Musée d'Histoire Naturelle (Jardin des Plantes) in Paris, 1826–1834 Forschungsreisen in Südamerika. Orbigny war Gegner der Deszendenzlehre und Anhänger der Katastrophentheorie nach de Cuvier. Außerdem gilt er als Mitbegründer der Mikropaläontologie.

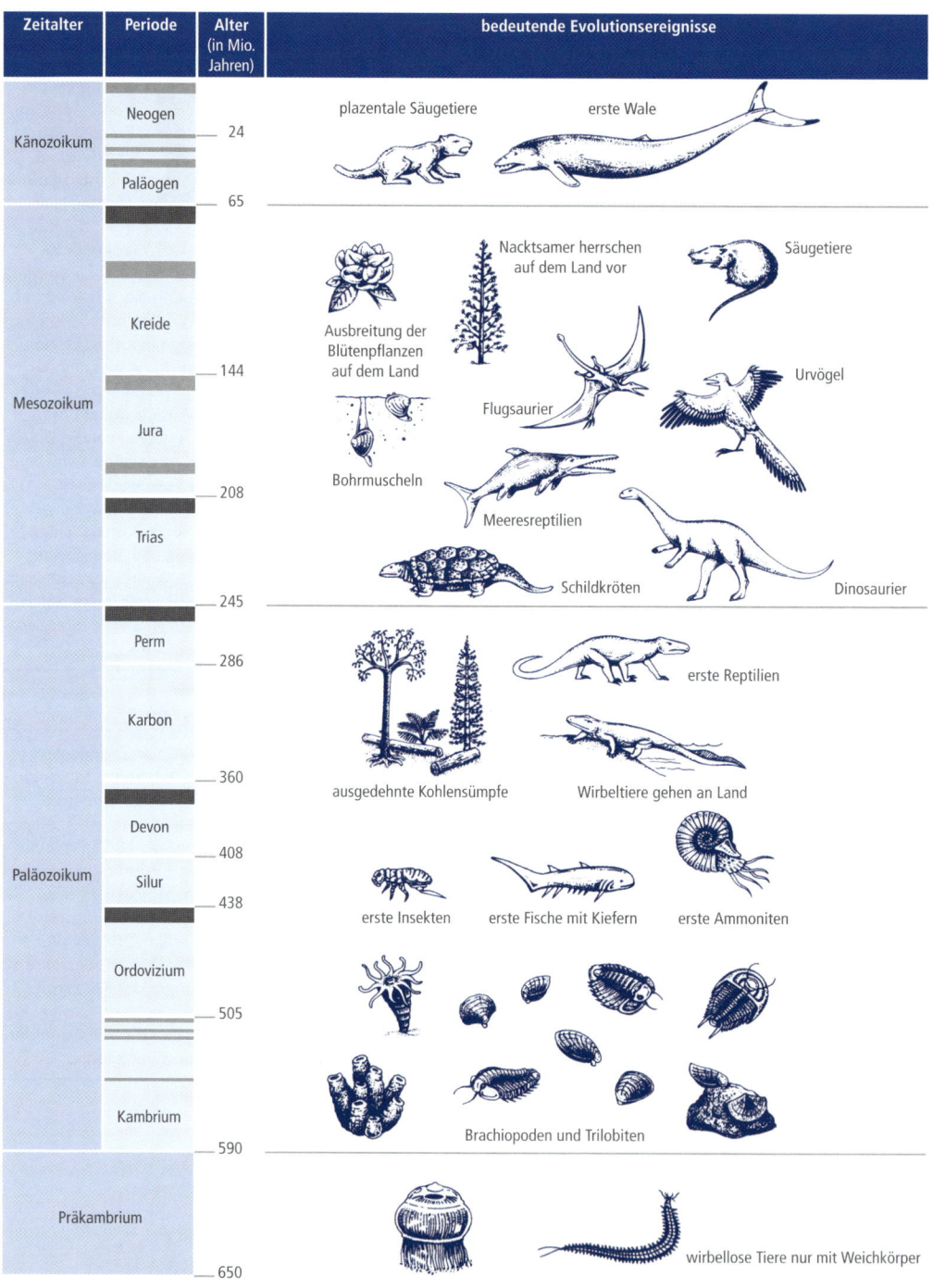

Zeitalter	Periode	Alter (in Mio. Jahren)	bedeutende Evolutionsereignisse
Känozoikum	Neogen	24	plazentale Säugetiere — erste Wale
	Paläogen	65	
Mesozoikum	Kreide	144	Nacktsamer herrschen auf dem Land vor — Säugetiere; Ausbreitung der Blütenpflanzen auf dem Land — Urvögel; Flugsaurier
	Jura	208	Bohrmuscheln — Meeresreptilien
	Trias	245	Schildkröten — Dinosaurier
Paläozoikum	Perm	286	erste Reptilien
	Karbon	360	ausgedehnte Kohlensümpfe — Wirbeltiere gehen an Land
	Devon	408	erste Insekten — erste Fische mit Kiefern — erste Ammoniten
	Silur	438	
	Ordovizium	505	Brachiopoden und Trilobiten
	Kambrium	590	
Präkambrium		650	wirbellose Tiere nur mit Weichkörper

Zeittafel der Erdgeschichte mit den wichtigen Evolutionsereignissen und den großen Massenaussterben (dunkelgraue Querbalken). Massenaussterben ist ein seltenes, aber verheerendes Ereignis im Laufe der Erdgeschichte, das innerhalb eines relativ kurzen Zeitraums (wenige 1 000 bis 100 000 Jahre) zum Tod eines signifikanten Teils der Biomasse sowie zum Aussterben zahlreicher Arten führt.

eignis überwiegend nur Landtiere heimgesucht hat, ist dafür die Bezeichnung „Massenaussterben" umstritten.

Können die Umbrüche als Evolutionsmechanismus im großen Maßstab wirksam gewesen sein? Sind es Phänomene, die maßgeblichen Einfluss auf die irdische Lebensgeschichte gehabt haben? Stephen Jay Gould hat diese Denkmöglichkeit weiterverfolgt. Im Jahre 1982 entwickelte er die These, dass die Prozesse, die das Erscheinungsbild des Lebens auf diesem Planeten formen, auf drei getrennten Ebenen wirksam sind – jede von ihnen hat ihren eigenen Einfluss auf die Lebensgeschichte. Gould nannte diese Ebenen *ranges* oder „Ränge". Der unterste Rang, den Gould als ökologische Zeit bezeichnet, entspricht dem Alltagsleben der Organismen, also dem Leben, das sie mit Nahrungssuche und Ähnlichem verbringen. Das ist seiner Meinung nach die Evolution, wie Darwin sie konzipiert hat: eine schrittweise Summierung kleiner Veränderungen über lange Perioden hinweg. Diese Art von Evolution in der ökologischen Zeit wird oft „Mikroevolution" genannt. Nach der Theorie des unterbrochenen Gleichgewichts von Eldredge und Gould summieren sich so in der ökologischen Zeit die Veränderungen langsam und sind von so geringer Auswirkung, dass sie selten zu einer Speziation führen, also neue Arten hervorbringen. Die Artbildung selbst läuft demgegenüber vergleichsweise schnell ab, als morphologischer Umbruch, dem dann wieder eine stagnante Periode folgt. Welches Modell auch immer korrekt sein mag – viele Evolutionsforscher glauben zurzeit, dass beide Typen des entwicklungsgeschichtlichen Wandels wirksam sind.

Goulds zweite Zeitschwelle bezieht sich auf Trends über Jahrmillionen, die durch die Summierung von Speziationsschritten zustande kommen. Diese Trends haben wenig mit dem alltäglichen Leben der Arten zu tun; sie sind vielmehr auf die Artbildungsprozesse selbst und ihre ständigen morphologischen und ökologischen Wirkungen zurückzuführen. Die hinter diesen Wandlungen stehende treibende Kraft wird manchmal Makroevolution genannt. Genau von dieser Ebene aus können wir das Konzept des Hintergrundaussterbens verstehen. Nach Goulds Ansicht muss man die Langzeittrends in der Evolution mehr auf die Eigenschaften der Arten selbst beziehen und weniger auf die akkumulierte Geschichte der vielen Individuen, die eine bestimmte Art ausmachen. Solche Eigenschaften schließen die Fähigkeit, neue Arten hervorzubringen, mit ein, wobei anscheinend einige Arten leicht und häufig neue Arten erzeugen können, während andere selbst über Jahrmillionen nur wenig Neues hervorbringen. So reagieren einige Gruppen auf Katastrophen mit hohen Aussterberaten, wogegen andere diese Zeit einigermaßen überstehen. Zu dieser letzten Gruppe gehören die lebenden Fossilien.

Was ist eigentlich ...

Evolutionsmechanismus, Vorgang, in der die Selektion allen zufällig zustandekommenden phänotypischen Änderungen, die eine genetische Grundlage haben, eine den Randbedingungen entsprechende Richtung verleiht. In sämtlichen Bereichen der belebten Welt sind dieselben Evolutionsfaktoren und damit derselbe Evolutionsmechanismus wirksam. Die gängige Unterscheidung zwischen Mikroevolution (infraspezifische Evolution), als Evolution von Rassen und Arten, und Makroevolution (transspezifische Evolution), als Evolution neuer Organisationstypen, dient lediglich dazu, die Ebene zu kennzeichnen, auf der Evolutionsvorgänge diskutiert werden.

Nach Gould gehört der dritte und oberste Rang zur Ebene des Massenaussterbens; auch dieser ist von den beiden anderen unabhängig. Gould schreibt:

> Neue Deutungen der Massenaussterben besagen, dass diese unabhängig vom Geschehen auf der zweiten Ebene stattfinden, und dass sie in ihrer Wirkung hinreichend häufig, intensiv und destruktiv sind, um das überkommene Schöpfungsmuster, wie es davor in normalen Zeiten durch Akkumulation zustande gekommen ist, ungeschehen und rückgängig zu machen. Demzufolge stellen Massenaussterben eine Erscheinung dar, die sich ganz abweichend vom Modus evolutiver Wandlungen vollzieht, wie sie normalerweise auf die Biota der Erde einwirken.

Wir irren, so glaubt Gould, wenn wir versuchen,

> Massenaussterben mit der übrigen Geschichte des Lebens in Einklang zu bringen und sie nur als quantitativ verschieden anzusehen, sie also nach Häufigkeit und Tempo definieren, anstatt den qualitativen Unterschied in Dauer und Auswirkung zu erkennen.

Viele Wissenschaftler sind mit Gould uneins. Einige zweifeln sogar daran, dass es so etwas wie ein Massenaussterben überhaupt je gegeben hat, und weisen auf die lückenhafte Überlieferung hin, auf die Probleme der Probenentnahme und die unterschiedlichen taxonomischen Praktiken. Dennoch müssen die großen Umbrüche der erdgeschichtlichen Überlieferung, die bereits einige Geologen des 19. Jahrhunderts zu überzeugten Katastrophisten gemacht haben, irgendwie mit unserem modernen Weltbild in Einklang gebracht werden. Als d'Orbigny stratigraphische Grenzen beschrieb, nahm er an, dass diese jeweils das Ergebnis eines weltweiten totalen Massenaussterbens seien. Er mag der Wahrheit ziemlich nahegekommen sein, wenn er die Grenzlinien als „Narben, von der Natur mit kühnen Hieben überall in der Welt eingemeißelt" bezeichnete.

Grundtext aus: Peter Douglas Ward *Der lange Atem des Nautilus*; Spektrum Akademischer Verlag (amerikanische Originalausgabe: *On Methuselah's Trail*; W. H. Freeman and Company; übersetzt von Rudolf Birenheide).

Glückspilze der Evolution

Ginkgos oder Quastenflosser galten als lebende Fossilien. Doch sie entpuppen sich als Meister der Anpassung

Matthias Glaubrecht

Die Sensation wäre kaum perfekter gewesen, wenn plötzlich jemand einen quicklebendigen Dinosaurier aufgestöbert hätte. Australische Botaniker stießen 1994 westlich von Sydney in den Schluchten des Wollemi-Nationalparks auf ein „lebendes Fossil": Die Wollemi-Kiefer gedeiht dort als letzte Überlebende einer rund 150 Millionen Jahre alten Evolutionslinie, deren Vertreter – so dachte man bis dahin – vor 50 Millionen Jahren ausgestorben sind. Nur wenig später entdeckten Botaniker im nordöstlichen Queensland einen weiteren Zeugen der Urzeit. Ein urtümlicher Nussbaum erwies sich als Verwandter der rund 110 Millionen Jahre alten Familie der Silberbaumgewächse (Proteaceae). Australien – ohnehin bekannt für seine einzigartige Flora und Fauna – erweist sich damit einmal mehr als Heimat einer urzeitlichen, anderswo ausgestorbenen Welt.

Lebende Fossilien gelten Forschern als ideale Zeitzeugen der Evolution: Denn durch den Vergleich mit den überlebenden Verwandten versuchen die Paläontologen, die Lebensweise ausgestorbener Arten zu rekonstruieren. Typisch für solche Museumsstücke der Natur ist – neben ihren altertümlichen Merkmalen –, dass sie heute meist nur noch in Schrumpfarealen vorkommen, wie beispielsweise die letzten 39 Exemplare der Wollemi-Kiefer oder der in Ostasien beheimatete Tempelbaum (*Ginkgo biloba*). Er gilt als einziger lebender Vertreter einer im Erdmittelalter weitverbreiteten Pflanzengruppe und hat sich nur noch in Südostasien gehalten. (Als beliebter Parkbaum hat es der Ginkgo allerdings heute dank der Hilfe des Menschen wieder zu weiter Verbreitung gebracht.) Die Brückenechse *Sphenodon punctatus* dagegen hat nur auf Neuseeland überdauert und ist die einzige noch lebende Art einer vor knapp 200 Millionen Jahren weitverbreiteten Reptilienordnung der Schnabelköpfe.

Im System des Lebens sind die Überlebenden meist isoliert

Systematiker wissen oft nicht so recht, zu welcher anderen rezenten Gruppe sie lebende Fossilien stellen sollen. Deshalb stehen sie im System der Pflanzen und Tiere meist isoliert. Doch die evolutiven Dauerläufer werden allzu leicht mit dem schlagzeilenträchtigen Etikett „lebende Fossilien" beklebt, als Vorfahren, die scheinbar seit Millionen von Jahren evolutionär auf der Stelle treten. Seitdem etwa Zoologen zunehmend kritisch das Konzept der angeblichen Überbleibsel der Naturgeschichte überprüfen, zeigt sich immer häufiger, dass keineswegs alle Merkmale und Eigenheiten angeblich lebender Fossilien altertümlich sind.

Als das von der Evolution verschonte Relikt *par excellence* galt bisher der Quastenflosser *Latimeria*. Der bis heute noch immer irrigerweise als „Urfisch" titulierte Bewohner der Tiefsee wurde 1938 als zoologische Sensation gefeiert: Damals zogen Fischer das erste Exemplar dieser vermeintlich vor rund achtzig Millionen Jahren ausgestorbenen Fischgruppe vor der Küste Südafrikas aus dem Wasser. Doch in der Euphorie über den Fund übersah man lange, dass dieser Quastenflosser körperbauliche Spezialisierungen aufweist, die seine Vorfahren nicht besaßen. Diese lebten im flachen Meerwasser, manchmal sogar im Süßwasser; *Latimeria* dagegen gedeiht heute in 200 Meter Tiefe rund um die Komoren. Und des Quastenflossers Tauchgang verlief nicht ohne Anpassungen an die ewige Finsternis in der Tiefsee. Auch genetische Studien minderten den Ruhm *Latimerias*: Nicht Quastenflosser, sondern Lungenfische sind die nächsten lebenden Verwandten der landlebenden Wirbeltiere.

Eine Korrektur der Lehrbücher ist auch im Fall eines anderen lebenden Fossils nötig geworden: 1952 waren vor der Küste Costa Ricas die ersten lebenden Vertreter sogenannter Urmützenschnecken entdeckt worden. Diese *Neopilina* getauften Weichtiere mit mützenförmiger Schale ähnelten auf verblüffende Weise dem aus den Erdzeitaltern Silur und Devon bekannten Fossil *Pilina*. Jene vermeintlich vor 350 Millionen Jahren ausgestorbenen Napfschaler hatten offenbar lebende Nachfahren. *Neopilina galathea* ging als Stammform aller Weichtiere – als eine Art Urmolluske – in sämtliche Lehrbücher ein, aufgrund irrtümlicher Beschreibung körperbaulicher Merkmale, wie man heute weiß. Feinanatomische Untersuchungen an zwischenzeitlich entdeckten weiteren Urmützenschnecken, etwa aus der Antarktis und von der Küste Nordwestspaniens, ergaben, dass die Evolution dieser vermeintlich ursprünglichen Mollusken gänzlich anders verlaufen sein muss als bisher angenommen. So besitzen Urmützenschnecken seriell angeordnete innere Organe wie Kiemen, Nieren und Geschlechtsdrüsen. Diese dürften anfangs in einfacher Ausfertigung vorgelegen haben. Lange hatte man jedoch angenommen, dass die Serialität ein ursprüngliches Merkmal sei, das die Urmützenschnecken in die Nähe der Ringelwürmer und damit zugleich an die Basis aller Weichtiere stellt.

Doch die heute lebenden Urmützenschnecken wie *Neopilina* kommen weder als Modell für die Urmollusken infrage, noch sind sie lebende Fossilien. Vielmehr haben sich die Vorfahren dieser Tiere vor rund 450 Millionen Jahren als eigenständiger Seitenzweig der Weichtiere von der Stammgruppe abgespalten und seitdem eine eigene Evolution durchlaufen.

Ist das Okapi ein evolutionärer Eremit?

Auch die in Neuseeland heimische Brückenechse *Sphenodon* geriet offenbar zu Unrecht in den exklusiven Kreis lebender Fossilien. Denn das Tier hat zwanzig Merkmale entwickelt, die bei fossilen Schnabelköpfen der Urzeit nicht vorkommen. Auf ähnlich wackeligem Boden gründet sich auch der Ruf der noch immer geheimnisvollen Waldgiraffe Okapi, eines angeblichen Relikts aus dem Kongo-Regenwald. Bereits als die Kurzhalsgiraffe 1901 im Ituri-Wald entdeckt wurde, fragten sich die Zoologen, ob das Okapi möglicherweise ein Überlebender aus dem rund zehn Millionen Jahre zurückliegenden Zeitalter des Miozäns sein könnte – ein evolutionärer Eremit, den der Kongo-Wald, als museale Freistatt, für die Neuzeit aufbewahrt hat. Denn unter längst ausgestorbenen Steppentieren, die damals im Süden Europas und in Vorderindien gelebt hatten, waren ähnlich kurzhalsige Giraffenvorfahren wie das Okapi, die sogenannten Paleotraginae, entdeckt worden.

Bis in unsere Zeit hat die zoologische Literatur die Vorstellung, das Okapi sei ein lebendes Fossil, immer wieder kolportiert. Doch jene kurzhalsigen Giraffenvorfahren waren niemals Regenwaldbewohner: Paleotraginae lebten während des Miozäns ebenso in offenen Busch- und Savannenlandschaften wie ihre langhalsigen Vettern heute in Ostafrika. Während indes Langhalsgiraffen in Afrika als Savannenformen bis heute überdauerten, starben die Okapi-Ahnen in Eurasien am Ende des Miozäns aus.

Das zweite Argument, das die Regenwaldrelikt-Theorie zu Fall bringt: Die Kongo-Wälder haben sich wegen Klimaveränderungen mehrfach ausgedehnt und sind später wieder zusammengeschrumpft. Das Okapi aber wurde erst zur Waldgiraffe, als sich der Regenwald in Afrika vor rund 4,5 Millionen Jahren enorm auszudehnen begann. Das Okapi muss daher als ein sekundärer Regenwaldbewohner angesehen werden, dessen Körperbau neben Neuentwicklungen noch viele Merkmale der einstigen Steppenverwandten aufweist. *Okapia johnstoni* hat die offene Savanne erst spät verlassen, um in den Regenwald einzudringen.

Sollte sich bestätigen, dass auch andere Reliktformen ähnliche evolutive Veränderungen durchgemacht haben, dann muss das liebgewonnene, aber offensichtlich zu grobe Bild vom lebenden Fossil neu gezeichnet werden. Mit der Widerlegung der bequemen Definition von den stammesgeschichtlichen Dauerläufern, die scheinbaren evolutiven Stillstand verkörpern, beginnen Biologen erst jetzt die richtigen Fragen zu stellen.

Dank welcher besonderen Fähigkeiten und Eigenschaften überlebten ausgerechnet diese Abkömmlinge früherer Lebewesen ihre Sippschaft und passten sich den offenkundigen Veränderungen ihrer Umwelt an? Warum wurden andererseits etliche Arten tatsächlich zu Fossilien? Vielleicht hatten Quastenflosser, Okapi und *Neopilina* unter den Tieren ebenso wie Ginkgo, Mammutbaum und Wollemi-Kiefer unter den Pflanzen nur das Glück der Tüchtigsten.

Möglicherweise haben jene Vorfahren nur deswegen überlebt, weil sie just im richtigen Augenblick der Erdgeschichte in eine ökologische Nische vorstießen, die ihnen ein Überleben sicherte. Solche evolutiven „Glücksmomente" und die damit gekoppelten körperbaulichen, physiologischen oder verhaltensbedingten Veränderungen herauszufinden, wird Evolutionsbiologen noch eine Weile beschäftigen. Derweil dürfte noch so manch anderer Zeitzeuge der Evolution seinen Abschied nehmen – und mit ihnen schließlich das Konzept der lebenden Fossilien.

Aus: DIE ZEIT Nr. 24, 7. Juni 1996

Der Biologe **Ernst Mayr** ist eine absolute Ausnahmeerscheinung unter den Forschern. Unter Kollegen gilt er als einer der bedeutendsten Biologen unserer Zeit. „Aber er ist auch ein ungemein philosophischer Kopf", sagt der Konstanzer Philosoph Jürgen Mittelstraß.

Ernst Mayr wird am 5. Juli 1904 in Kempten im Allgäu geboren und wächst in Sachsen auf. „Ich bin schon fast so lange Naturforscher, wie ich laufen kann, und durch meine Liebe zu Tieren und Pflanzen näherte ich mich der belebten Welt auf ganzheitlichem Wege", erinnert sich Mayr an diese Zeit. „Glücklicherweise beschäftigte sich der Biologieunterricht an dem deutschen Gymnasium, welches ich um das Jahr 1920 besuchte, mit dem gesamten Organismus und seinen Wechselbeziehungen mit der belebten und unbelebten Umwelt. Heute würden wir sagen, der Schwerpunkt lag auf der Geschichte des Lebens, dem Verhalten und der Ökologie."

1923 beginnt Mayr an der Universität Greifswald Medizin zu studieren. Er wechselt bald zur Zoologie und arbeitet am Zoologischen Museum in Berlin. 1926 promoviert er im Alter von 21 Jahren. Fünf Jahre später geht er nach New York an das American Museum of Natural History. 1953 wird er an die Harvard University berufen. Nach seiner Emeritierung 1975 arbeitet der mit vielen großen Preisen ausgezeichnete Forscher bis zu seinem Tod weiter am dortigen Museum für vergleichende Zoologie.

Berühmt wird Mayr als Hauptvertreter der „Synthetischen Theorie der Evolution", die Darwins Konzept der Evolution mit den Erkenntnissen der modernen Genetik vereint. Er entwickelt eine neue Definition der biologischen Art als einer Fortpflanzungsgemeinschaft. Auf die Arbeiten von Mayr gründet auch die heute allgemein akzeptierte Vorstellung, nach der die Aufspaltung einer Art in zwei Tochterarten durch geographische Trennung der Ausgangspopulation ausgelöst werden kann.

Doch bei allen Regeln im Evolutionsgeschehen, die Mayr zum Teil selbst entdeckt und beschreibt, ist dies die vielleicht wichtigste Regel des wichtigsten Evolutionsbiologen im 20. Jahrhundert: In der Evolutionsbiologie sind weitgehende Verallgemeinerungen nur selten richtig. „Selbst wenn etwas für gewöhnlich geschieht, heißt das nicht, dass es immer geschehen muss."

Ernst Mayr

Die Evolution der Organismen oder die Frage nach dem Warum

Von Ernst Mayr

Im Mittelalter und fast bis in Darwins Zeit glaubte man, die Welt sei konstant und existiere noch nicht lange. Doch die Glaubwürdigkeit dieser christlichen Weltsicht hatte durch einige wissenschaftliche Entwicklungen bereits teilweise gelitten. Die erste davon war die Kopernikanische Wende, welche die Erde und ihre menschlichen Bewohner aus dem Mittelpunkt des Kosmos gerückt und dabei bewiesen hatte, dass nicht jede Aussage der Bibel wörtlich zu nehmen ist. Zweitens hatten geologische Forschungen das hohe Alter der Erde enthüllt, und drittens hatte die Entdeckung ausgestorbener fossiler Faunen die Theorie widerlegt, dass sich die Biota der Erde seit der Schöpfung nicht verändert hatte.

Trotz dieser und anderer Beweise, welche die Theorie von einer konstanten Welt geringen Alters untergruben, herrschte doch bis 1859 die mehr oder weniger biblische Weltsicht vor. Sie war nicht nur unter Laien verbreitet, sondern auch unter den meisten Naturforschern und Philosophen. Es brauchte eine lange Reihe von Entwicklungen, bis sich das Evolutionsdenken – das von einer ständig im Wandel begriffenen Welt hohen Alters ausgeht – ganz durchgesetzt hatte. Heute mag uns dies seltsam erscheinen, doch das Konzept der Evolution war der westlichen Welt fremd.

Die vielen Bedeutungen von „Evolution"

Charles de Bonnet führte das Wort „Evolution" im Zusammenhang mit der Präformationstheorie der Embryonalentwicklung in die Naturwissenschaft ein, aber die Entwicklungsbiologie benutzt das Wort nicht mehr in diesem Sinne. Man gebrauchte „Evolution" aber auch für drei Konzepte der Geschichte des Lebens auf der Erde; eines davon ist noch heute gebräuchlich.

Die sprunghafte Evolution (Transmutationismus) bezieht sich auf das plötzliche Entstehen eines neuen Individuentyps durch eine größere Mutation oder Saltation (Typensprung); ein solches Individuum wird über seine Nachkommen zum Vorfahren einer neuen Art. Vorstellungen von Saltation waren, wenn auch nicht unter der Bezeichnung Evolution, schon von der griechischen Antike bis zu Pierre L. M. de Maupertuis (1698–1759) geäußert worden. Selbst

Porträt

Bonnet, *Charles de*, schweizerischer Naturforscher und Philosoph, * 13.3. 1720 Genf, † 20.5.1793 Landgut Genthod (bei Genf); nach Belletristik- und Jurastudium Privatgelehrter für Naturstudien in Genf, Mitglied der Académie des sciences in Paris; entdeckte 1739 die parthenogenetische Fortpflanzung bei Blattläusen und wertete diese als Beweis für die Präformation; Bonnet war entschiedener Gegner der Linnéschen Systematisierung, die von der Veränderlichkeit der Arten ausging; seine Weltordnung und somit die Ordnung der Organismen war auf der *Scala naturae* statisch und seit Schöpfungsbeginn gleichbleibend.

Porträt

Huxley, *Thomas Henry*, engl. Zoologe, * 4.5. 1825 Ealing (heute zu London), † 29.6. 1895 London; reiste 1846–50 als Schiffsarzt nach Australien, ab 1855 Professor in London, 1881–85 Präsident der Royal Society; arbeitete über vergleichende Anatomie von Wirbellosen und Wirbeltieren; einer der ersten Verfechter der Selektionstheorie von Charles Darwin (dehnte die Abstammungslehre auf den Menschen aus), wobei er allerdings die Möglichkeit einer natürlichen Selektion bei graduellen, kleinen, individuellen Unterschieden verneinte und stattdessen von drastischen Sprüngen (*saltations*, Saltationen) in der Evolution ausging.

nach der Veröffentlichung von Darwins *Die Entstehung der Arten* übernahmen noch viele Evolutionsforscher, die das Konzept der natürlichen Selektion nicht akzeptieren konnten – darunter auch Darwins Freund Thomas H. Huxley –, saltationistische Theorien.

Die transformationelle Evolution (Transformationismus) dagegen bezieht sich auf die allmähliche Veränderung eines Objekts, wie die Entwicklung eines befruchteten Eies zu einem adulten Individuum. Alle Sterne durchlaufen eine transformationelle Evolution, etwa von einem gelben Stern zu einem roten Riesen. Fast alle Veränderungen in der unbelebten Welt, wie die Erhebung einer Bergkette durch tektonische Kräfte oder ihre anschließende Zerstörung durch Erosion, sind dieser Art, wenn sie überhaupt gerichtet sind. Was die belebte Welt anbetrifft, so war Lamarcks Evolutionstheorie, die der Darwins vorausging, transformationell. Nach Lamarck besteht die Evolution in der spontanen Entstehung eines einfachen neuen Organismus, einem Infusorium, und seiner allmählichen Wandlung zu einer höheren, vollendeteren Art. Lamarcks Theorie von der transformationellen Evolution, wie er sie in seiner *Philosophie Zoologique* (*Zoologische Philosophie*) aus dem Jahre 1809 darstellte, war zwar früher weitverbreitet, wurde aber fast überall auf der Welt von Darwins Theorie verdrängt.

Das Konzept der Variationsevolution schließlich liegt Darwins Theorie der Evolution durch natürliche Selektion zugrunde. Nach dieser Theorie entsteht in jeder Generation eine enorme genetische Vielfalt, doch nur wenige Überlebende der zahlreichen Nachkommen werden zur Fortpflanzung gelangen. Die am besten an ihre Umwelt angepassten Individuen haben die größten Aussichten, zu überleben und die nächste Generation zu erzeugen. Aufgrund 1) der anhaltenden Selektion (oder dem unterschiedlichen Überleben) von Genotypen, die am besten mit Umweltveränderungen zurechtkommen, 2) der Konkurrenz unter den neuen Genotypen der Population und 3) stochastischer (zufälliger) Vorgänge hinsichtlich der Häufigkeit von Genen wird sich die Zusammensetzung jeder Population beständig verändern, und diese Veränderung nennt man Evolution. Da alle Veränderungen in Populationen von genetisch einzigartigen Individuen stattfinden, muss die Evolution während der genetischen Umstrukturierung von Populationen allmählich und kontinuierlich erfolgen.

In seinen früheren Werken (den *Notebooks*) war sich Darwin durchaus der beiden evolutionären Dimensionen bewusst: Zeit und Raum. Eine Umwandlung in der Zeit (phyletische Evolution) hat mit Anpassungsveränderungen zu tun, etwa wenn eine bestimmte Art neue Merkmale erwirbt. Dieses Konzept allein kann jedoch niemals die enorme Vielfalt organischen Lebens erklären, denn es lässt keine Zunahme der Artenzahl zu. Eine Umwandlung in der räumlichen Di-

Phyletische Evolution. Artumwandlung zeigen die fünf Stadien aus einer kontinuierlichen evolutiven Abwandlungsreihe der Gehäuseform der Wasserschnecke *Vivi-
parus*, wie sie fossil in übereinanderliegenden Schichten des Pliozäns gefunden
wurden. Das älteste Schneckenhaus (ganz links) sieht vollkommen anders aus als
das jüngste (ganz rechts), die Zwischenformen aber stellen einen lückenlosen Zusammenhang zwischen den Extremformen her.

mension (Speziation und Vervielfachung der Stammlinien) ist die
Folge der Gründung zahlreicher neuer Populationen außerhalb des
Verbreitungsgebiets der ursprünglichen Population und mit deren
Veränderung zu neuen Arten und schließlich zu höheren Taxa. Diese
Vervielfachung der Arten nennt man Speziation.

Lamarck äußerte sich überhaupt nicht zum geographischen (Spezi-
ations-)Aspekt der Evolution, und als Transformationist, der an spontane Entstehung glaubte, war er sich offenbar gar nicht bewusst, dass
man die Frage „Wie vervielfachen sich Arten?" stellen musste. Selbst
Darwin vernachlässigte dieses Thema in seinen späteren Werken.
Die Paläontologen hingen zu Darwins Zeiten und noch Jahrzehnte
später dem Glauben an, die phyletische Evolution sei die einzig nennenswerte Form von Evolution. Erst in den 1930er- und 1940er-Jah-
ren wurde schließlich in den Werken von Theodosius Dobzhansky
und Mayr hervorgehoben, dass die Evolution eine räumliche wie
zeitliche Umwandlung ist und dass die Entstehung organischer Vielfalt durch Speziation ebenso sehr Sache der Evolutionsbiologie ist
wie die adaptiven Veränderungen innerhalb einer Stammlinie.

Darwins *Die Entstehung der Arten* stellte fünf Haupttheorien bezüglich der verschiedenen Aspekte der Variationsevolution auf:

1) Organismen entwickeln sich im Laufe der Zeit ständig weiter
   (was wir als Theorie von der Evolution als solche bezeichnen
   könnten).

2) Verschiedene Organismenarten stammen von einem gemeinsamen Vorfahren ab (die Theorie der gemeinsamen Abstammung).

Porträt

Lamarck, *Jean-
Baptiste Antoine
Pierre de Mo-
net, Chevalier
de*, franz. Zoo-
loge und Bota-
niker, * 1.8.
1744 Bazentin-le-Petit (Somme),
† 18.12.1829 Paris; Studium
der Medizin und der Botanik;
ab 1779 Mitglied der Pariser
Akademie der Wissenschaften,
ab 1792 Professor der Naturgeschichte der Niederen Tiere am
Jardin des Plantes in Paris; Anhänger der Stufenleitertheorie
des Lebendigen (*Scala naturae*)
in dem Sinne, dass die beobachteten Ähnlichkeiten und Übergänge zwischen verschiedenen
Formen Resultat aufeinanderfol-
gender Urzeugungen sind; gilt
wegen der Ansicht, welche die
Kontinuität der Formen in eine
zeitliche Abfolge umdeutet, als
Begründer bzw. Wegbereiter
der Deszendenztheorie (Abstammungslehre). Lamarck sah die
Ursachen für die Umgestaltung
der Arten (den evolutiven Wandel) v. a. im Gebrauch und
Nichtgebrauch von Organen,
die zur Anpassung der Organismen an die Umwelt führen
(Lamarckismus).

■ Was ist eigentlich ... ■

Evolutionsbiologie, Teilgebiet der Biologie, das aus der Verknüpfung zahlreicher biologischer Disziplinen, ursprünglich speziell der Populationsbiologie, mit der Darwinschen Evolutionstheorie hervorgegangen ist. Forschungsrichtungen und Konzepte wie *life history*-Theorie (Lebensgeschichte), Adaptation und Coevolution, aber auch Artbildung, Arthybridisierung (Artbastarde, Bastardierung) und bestimmte Aspekte der Parasitologie sind traditionelle Bereiche der Evolutionsbiologie. Während die ursprüngliche Aufgabe der Evolutionstheorie (die daher zunächst auch korrekter Deszendenztheorie genannt wurde) vor allem eine Begründung für das Auftreten organismischer Evolution zu liefern hatte und auch die Abwandlungen von Form und Funktion anhand von paläontologischen sowie rezent-biologischen Reihen beleuchtete, setzt Evolutionsbiologie diese Erkenntnis gleichsam voraus. Sie beschreibt und untersucht biologische Prozesse unter Einbezug der Selektionstheorie und Neutralitätstheorie, der molekularbiologischen Grundlagen von Form- und Funktionsveränderung und der gesamten übrigen „organismischen" Biologie sowie der paläobiologischen Befunde und der Kenntnisse der Erdgeschichte sowie des Paläoklimas. Im weitesten Sinne zählt man heute in der Biologie selbst Probleme der Stammbaumentwicklung und der Evolution von Entwicklungsgenen zur Evolutionsbiologie (d. h. Bereiche, die nichts mit der Populationsbiologie zu tun haben). Soweit speziell Probleme der Wechselwirkungen zwischen verschiedenen Arten sowie zwischen Arten und abiotischer Umwelt untersucht werden, ist eine enge Verzahnung zur Evolutionsökologie gegeben.

Porträt

Dobzhansky, *Theodosius,* ukrainisch-amerikan. Zoologe und Genetiker, * 25.1.1900 Nemirow, † 18.12.1975 Davis (Calif.); nach Emigration in die USA ab 1929 Professor in Pasadena (Calif.) und in New York; arbeitete über experimentelle Genetik (v.a. Taufliege *Drosophila melanogaster*) und Evolutionsforschung; wies auf die fundamentale Bedeutung der reproduktiven Isolation von Populationen für den Artbildungsprozess sowie auf die Vielfalt von Isolationsmechanismen hin; mitbeteiligt an der Entwicklung der synthetischen Evolutionstheorie.

3) Arten vervielfachen sich im Laufe der Zeit (Theorie von der Vervielfachung der Arten oder Speziation).

4) Die Evolution erfolgt in Form allmählichen Wandels (Theorie des Gradualismus).

5) Der Evolutionsmechanismus besteht in der Konkurrenz unter zahlreichen einzigartigen Individuen um begrenzte Ressourcen, die zu Unterschieden in Überleben und Fortpflanzung führt (Theorie der natürlichen Selektion).

Darwins Theorie von der Evolution als solcher

In *Die Entstehung der Arten* lieferte Darwin sehr viele Beweise für die Theorie, dass sich Tiere im Laufe der Zeit weiterentwickeln. In den darauffolgenden Jahrzehnten suchten und fanden Biologen zahlreiche Beweise dafür, dass Evolution als solche stattgefunden hat – und keine dagegen. In den anderthalb Jahrhunderten seit Darwin wurden diese Beweise so überwältigend, dass die Biologen von der Evolution nicht mehr als Theorie sprechen, sondern sie als Tatsache betrachten – ebenso gesichert wie die Tatsache, dass sich die Erde um die Sonne dreht und keine flache Scheibe, sondern kugelförmig ist. Wie Dobzhansky sagte: „Nichts in der Biologie ergibt Sinn außer im Lichte der Evolution." Da jeder die Evolution als erwiesene Tatsache betrachtet, verschwendet kein Evolutionsforscher mehr seine Zeit auf die Suche nach weiteren Beweisen dafür.

Darwins Theorie von der gemeinsamen Abstammung

Nachdem Darwin im Jahre 1836 von seiner Reise auf der *Beagle* zurückgekehrt war, kam er zu dem Schluss, dass die drei Spottdrosselarten der Galapagos-Inseln sich von einer einzigen Spottdrosselart des südamerikanischen Festlandes abgeleitet haben mussten. Eine Art konnte also mehrere Arten als Nachkommen hervorbringen. Von dieser Entdeckung war es nur ein kleiner Schritt zu dem Postulat, dass alle Spottdrosseln und mit ihnen alle Singvögel, Vögel, Wirbeltiere, Tiere und schließlich auch alles Leben von einem gemeinsamen Vorfahren abstammen. Jede Organismengruppe stammte von einer gemeinsamen Vorfahrenart ab. Neuartig war an Darwins Theorie, dass er einen sich verzweigenden Stammbaum vorschlug, anders als die einzelne, gerade Stufenleiter der *scala naturae*, die im 18. Jahrhundert so viele Verfechter hatte.

Darwins Theorie überzeugte, weil sie eine Erklärung für zahlreiche biologische Phänomene bot, die man bis dahin nur als einfache Kuriositäten der Welt oder als Beweise für das planvolle Handeln des Schöpfers angesehen hatte. Darwins Theorie von der gemeinsamen Abstammung lieferte zunächst einmal die Erklärung für Befunde der vergleichenden Anatomen, besonders Georges Baron de Cuvier (1769–1832) und Sir Richard Owen, dass nämlich Organismen wohldefinierte Gruppen bilden, die nach einem gemeinsamen Bauplan (auch Struktur- oder Morphotyp genannt) konstruiert sind und

Die Stationen von Charles Darwins Weltumsegelung an Bord der *HMS Beagle*. Die Reise dauerte vom 27.12.1831 bis zum 2.10.1836 und führte über die Kapverdischen Inseln, entlang der Ost- und der Westküste Südamerikas, zu den Galápagos-inseln, nach Tahiti, Neuseeland, Tasmanien, Mauritius, Kapstadt, nochmals Südamerika und über die Azoren zurück nach England.

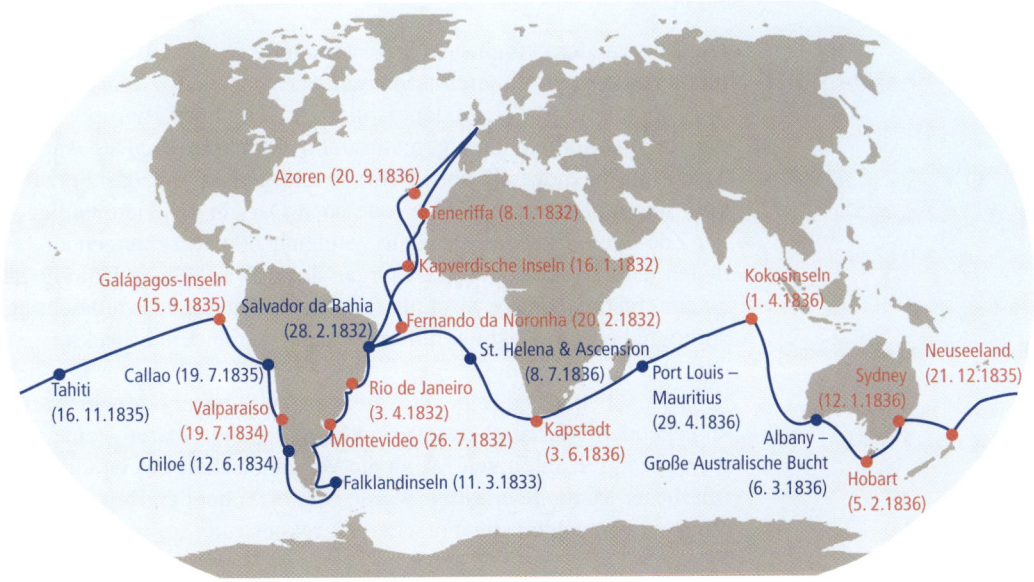

Azoren (20.9.1836)
Teneriffa (8.1.1832)
Kapverdische Inseln (16.1.1832)
Kokosinseln (1.4.1836)
Galápagos-Inseln (15.9.1835)
Salvador da Bahia (28.2.1832)
Fernando da Noronha (20.2.1832)
Neuseeland (21.12.1835)
Callao (19.7.1835)
St. Helena & Ascension (8.7.1836)
Port Louis – Mauritius (29.4.1836)
Sydney (12.1.1836)
Tahiti (16.11.1835)
Rio de Janeiro (3.4.1832)
Valparaíso (19.7.1834)
Montevideo (26.7.1832)
Kapstadt (3.6.1836)
Albany – Große Australische Bucht (6.3.1836)
Hobart (5.2.1836)
Chiloé (12.6.1834)
Falklandinseln (11.3.1833)

Porträt

Owen, *Sir Richard*, engl. Anatom, Zoologe und Paläontologe, * 20.7.1804 Lancaster, † 18.12.1892 Sheen Lodge (bei Richmond upon Thames); ab 1835 Professor in London; bedeutende vergleichend-anatomische Untersuchungen an fossilen Tieren; prägte 1847 die Begriffe Analogie und Homologie, ohne sie jedoch phylogenetisch zu interpretieren und zu benutzen, da er Gegner der Darwinschen Lehre und von der Konstanz der Arten überzeugt war („Alle existierenden Tiere sind Varietäten der von Gott geschaffenen idealen Form"); schlug 1842 den Begriff Dinosaurier vor und erkannte 1863 die Bedeutung des Urvogels *Archaeopteryx*; wertete neben zahlreichen anderen Wissenschaftlern die Funde der Weltumsegelung Darwins aus und gehörte einer Kommission zur Ordnung der zoologischen Nomenklatur im Sinne Carl von Linnés an.

die Rekonstruktion eines bestimmten Archetypus für jede Gruppe gestatten. Die Theorie von der Evolution, ausgehend von einer gemeinsamen Abstammung, erklärte auch den Ursprung des Linnéschen Systems; und sie erklärte sehr überzeugend das geographische Verteilungsschema der Biota entsprechend der allmählichen Ausbreitung von Organismen auf alle Kontinente und ihre adaptive Radiation in den neu besiedelten Gebieten.

Die gemeinsame Abstammung ist seit der Veröffentlichung von *Die Entstehung der Arten* das theoretische Rückgrat des Darwinschen Evolutionsdenkens, was angesichts ihres außerordentlichen Erklärungspotenzials nicht überrascht. Die Manifestationen der gemeinsamen Abstammung, wie sie vergleichende Anatomie, vergleichende Embryologie, Systematik und Biogeographie zum Vorschein brachten, waren sogar so überzeugend, dass schon zehn Jahre nach Veröffentlichung von *Die Entstehung der Arten* die meisten Biologen von der Evolution durch gemeinsame Abstammung überzeugt waren.

Wie weit sich die Theorie vom gemeinsamen Ursprung ausdehnen ließ, war zunächst umstritten, obwohl sogar Darwin selbst postuliert hatte, „dass alle Tiere und Pflanzen von einer einzigen Urform abstammen", der als erstes Leben eingehaucht wurde. Und wirklich entdeckte man schon bald Protisten, die Tier- und Pflanzenmerkmale in sich vereinten, und zwar in einem Maße, dass die Klassifikation mancher dieser Zwischenformen noch heute umstritten ist. Der Theorie der gemeinsamen Abstammung wurde in unserem Jahrhundert von den Molekularbiologen die Krone aufgesetzt, als sie entdeckten, dass selbst bei Bakterien, die ja keinen Kern besitzen, der genetische Code derselbe ist wie bei Protisten, Pilzen, Tieren und Pflanzen.

Die Theorie der gemeinsamen Abstammung wirkte auf die Taxonomie ungeheuer stimulierend. Sie regte die Suche nach dem nächsten Verwandten aller – besonders isolierter – Organismengruppen und die Rekonstruktion ihrer gemeinsamen Vorfahren an. Das war bei Tieren aufregender als bei Pflanzen, und gewiss war das Erstellen von Stammbäumen in der Periode nach Darwin das Hauptanliegen der Zoologen. Es regte vor allem vergleichende Forschungen an, bei denen jede Struktur und jedes Organ auf eine mögliche Homologie zu der entsprechenden Struktur eines verwandten oder vielleicht ursprünglichen Organismus hin untersucht wurde. Eine Struktur galt dann als homolog zu der eines anderen Organismus, wenn sich beide phylogenetisch aus einer entsprechenden Struktur oder einem entsprechenden Merkmal des vermutlichen unmittelbaren gemeinsamen Vorfahren ableiteten. Wenn die Verwandtschaft zweier Gruppen mit dieser Methode ermittelt wurde, wie etwa bei den Reptilien und Vögeln, versuchten die Forscher zu rekonstruieren, wie das Zwischenglied wohl ausgesehen haben mochte. Der Jubel war groß, wenn man ein solches *missing link* in der Fossildokumentation fand, wie im Jahre 1861 den *Archaeopteryx*, ein Fossil, das halb Vogel, halb Reptil war. Nicht dass der *Archaeopteryx* unbedingt ein direkter Vorfahr sein musste, aber er verdeutlicht doch, über welche Stadien die Umwandlung abgelaufen sein könnte.

Diese Forschungen wurden auch auf die vergleichende Untersuchung von Embryonen ausgedehnt, und schon bald fand man heraus, dass die Individualentwicklung (Ontogenese) – wie besonders Ernst Haeckel betonte – oft Stadien durchlief, die entsprechenden Stadien einer ursprünglichen Gruppe ähnelten. Daher machen beispielsweise alle landbewohnenden Vierfüßer in ihrer Ontogenese ein Kiemenbogenstadium durch und rekapitulieren sozusagen auf diese Weise die Entwicklung von Kiemen bei ihren Fischvorfahren. An einer gemilderten Version der Rekapitulationstheorie ist vieles richtig; falsch ist aber zu behaupten, dass Tiere in ihrer Ontogenese die Erwachsenenstadien ihrer Vorfahren rekapitulieren.

Schon bald war es möglich, einen glaubwürdigen phylogenetischen Stammbaum der Tiere zu rekonstruieren; und die Botaniker sind heute dabei, mithilfe molekularer Belege dasselbe für Pflanzen zu tun. Schließlich wendete man diese Methode auch bei den Prokaryoten (zelluläre Lebewesen ohne Zellkern) an, für die nachgewiesen werden konnte, dass sie aus zwei Hauptzweigen bestehen: *Eu-* und *Ar-*

Was ist eigentlich ...

missing links, werden theoretisch erwartete, aber fossil noch nicht nachgewiesene Arten genannt, die im „Übergangsfeld" zwischen zwei systematischen Großgruppen entstanden sind. Solche Arten sind dadurch charakterisiert, dass sie noch nicht alle evolutiven Neuheiten erworben haben, durch die die „jüngere" der beiden Großgruppen gekennzeichnet ist.

Porträt

Haeckel, *Ernst Heinrich Philipp August*, deutscher Mediziner, Zoologe und Naturphilosoph, * 16.2. 1834 Potsdam, † 9.8.1919 Jena; 1862–1909 Professor für Zoologie in Jena; 1862 bekannte sich erstmals zur Theorie von Charles Darwin, deren stärkster Verfechter in Deutschland er nun wurde; deutete in seinem Werk *Generelle Morphologie der Organismen* (2 Bände, 1866) die Morphologie als Ergebnis phylogenetischer und ontogenetischer Entwicklung; erkannte 1866, dass die phylogenetische Entwicklung der Organismen in Phasen verläuft und führte zahlreiche weitere Begriffe in die Biologie ein, z. B. Phylogenie, Ontogenie, Ökologie, Protisten, Anthropogenie und Herrentiere; interpretierte die schon zuvor erkannten Beziehungen zwischen Individual- und Stammesentwicklung in seiner Biogenetischen Grundregel, wonach die Ontogenie eine Rekapitulation der Phylogenie ist.

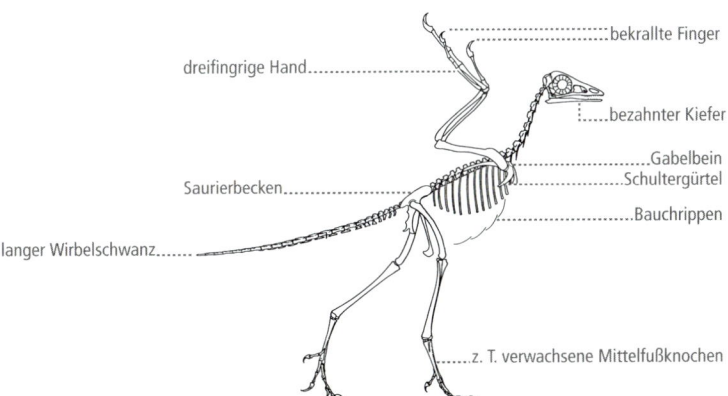

Skelett des *Archaeopteryx*. Im Vergleich zu Dinosauriervertretern wie dem zweifüßig laufenden *Compsognathus* zeigt der Urvogel wesentlich längere Vorderextremitäten, gegenüber den heutigen Vögeln fehlen ihm im Brustschulterapparat die Anpassungen an den Schlagflug (z. B. ein verknöchertes Brustbein mit hohem Kamm) sowie das verlängerte Becken und das Pygostyl, die rückgebildete Schwanzwirbelsäule der Vögel. Statt des Brustbeins besitzt er noch Bauchrippen – grätenförmige Knochenspangen ohne Verbindung zum übrigen Skelett; dafür hat er aber bereits ein Gabelbein entwickelt.

chaebacteria. Diese Befunde ermöglichten es, eine neue Klassifikation für alle Organismen zu entwerfen.

Die wichtigste Konsequenz aus der Theorie von der gemeinsamen Abstammung war wohl die veränderte Stellung des Menschen. Für Theologen wie Philosophen war der Mensch ein Geschöpf, das sich von allen anderen Lebewesen abhob. In *Die Entstehung der Arten* begnügte sich Darwin mit der vorsichtig-vieldeutigen Bemerkung, „Licht wird auch fallen auf den Menschen und seine Geschichte". Aber Haeckel (1866), Huxley (1863) und auch Darwin selbst (1871) wiesen schlüssig nach, dass sich der Mensch aus einem affenähnlichen Vorfahren entwickelt haben musste, und fügten so unsere Art in den phylogenetischen Stammbaum des Tierreiches ein. Dies beendete die anthropozentrische Tradition, die von der Bibel und den meisten Philosophen vertreten worden war.

Darwins Theorie von der Vervielfachung der Arten

Das biologische Artkonzept definiert Arten als reproduktiv voneinander isolierte Gruppen von Populationen. Diese reproduktive Isolation wird durch bestimmte Artmerkmale erzeugt, etwa Sterilitätsbarrieren oder Unvereinbarkeiten im Verhalten, die man üblicherweise als Isolationsmechanismen bezeichnet. Sie verhindern, dass sich verschiedene Arten dort, wo sich ihre Verbreitungsgebiete überschneiden, miteinander kreuzen. Die Schwierigkeit bei der Speziation besteht darin zu erklären, wie Populationen sich solche Isolationsmechanismen aneignen und wie diese sich allmählich entwickeln können. Man ist sich heute weitgehend darin einig, dass neue Arten vor allem durch geographische (allopatrische) Speziation entstehen – das genetische Divergieren von geographisch isolierten Populationen. Sie tritt in zwei Formen auf: der dichopatrischen und der peripatrischen Speziation.

Bei der dichopatrischen Speziation wird ein vorher zusammenhängendes Verbreitungsgebiet von Populationen durch eine neu entstehende Barriere (einen Gebirgszug, einen Meeresarm oder eine Zusammenhangsunterbrechung der Vegetation) geteilt. Die beiden getrennten Populationen werden sich mit der Zeit genetisch immer mehr voneinander unterscheiden, entweder rein zufällig (wie im Falle chromosomaler Inkompatibilitäten), durch einen Funktionswandel im Verhalten infolge sexueller Selektion oder als zufälliger Nebeneffekt einer ökologischen Verschiebung. Im Zusammenhang damit werden sie Isolationsmechanismen erwerben, aufgrund derer sie sich später, wenn sie wieder in Kontakt miteinander treten, wie zwei verschiedene Arten verhalten werden. Es ist heute so gut wie sicher, dass sich die meisten Isolationsmechanismen entwickeln, bevor die neu-

Was ist eigentlich ...

Isolationsmechanismen [von ital. *isolare* = absondern], Gesamtheit aller artspezifischen Merkmale, die dazu führen, dass eine genetische Vermischung verschiedener Arten unterbleibt. Solche Bastardierungssperren können nach der Kopula (metagam, postzygotisch) oder vor der Kopula (progam, präzygotisch) wirksam werden. Metagame Isolationsmechanismen sind u.a.: die Bastardsterblichkeit, die Bastardsterilität und der Bastardzusammenbruch. Progame Isolationsmechanismen verhindern bereits eine Paarung durch jahreszeitliche, mechanische (dieses Prinzip ist umstritten) oder ethologische Isolation. Progame Isolationsmechanismen sind nach heutigem Verständnis Folge eines spezifischen Partnererkennungssystems, das auf eine Optimierung der Partnerwahl abzielt und damit der sexuellen Selektion unterliegt.

Zeit

Eine einzelne Art ist über ein großes Gebiet verbreitet.

Der Meeresspiegel steigt an und trennt zwei Populationen voneinander ab. Die Populationen auf den beiden Seiten der Barriere passen sich an unterschiedliche Umwelten an.

Wenn die Barriere wieder wegfällt, können die Populationen das dazwischenliegende Gebiet wieder besiedeln und gemischte Bestände bilden, sich aber nicht mehr kreuzen.

Überlappungszone

Allopatrische Speziation. Zur allopatrischen Artbildung (Speziation) kann es kommen, wenn eine Population durch eine physikalische Barriere wie etwa einen Anstieg des Meeresspiegels in zwei getrennte Populationen unterteilt wird.

en Arten wieder Kontakt zueinander haben. Danach mag noch eine weitere Feinabstimmung der Isolierung erfolgen; der eigentlich isolierende Faktor aber entstand vor dem Kontakt.

Bei der peripatrischen Speziation entsteht eine Gründerpopulation jenseits des ursprünglichen Verbreitungsgebiets der Art. Eine solche Population, die von nur einem einzigen trächtigen Weibchen oder wenigen Individuen gegründet wurde, wird nur wenige Gene der parentalen Art enthalten, und diese oft in ungewöhnlicher Kombination. Gleichzeitig wird sie entsprechend ihrer veränderten physikalischen und biotischen Umwelt neuen und häufig extremen Selektionsdrücken ausgesetzt sein. Eine solche Gründerpopulation kann eine drastische genetische Veränderung durchmachen und sich rasch zu einer neuen Art entwickeln. Außerdem bietet sie aufgrund ihrer eng begrenzten genetischen Grundlage und der drastischen genetischen Neustrukturierung besonders günstige Voraussetzungen für neue evolutionäre Abweichungen, auch für solche, die vielleicht zu makroevolutionären Entwicklungen führen.

Darwins Theorie vom Gradualismus

Sein ganzes Leben lang betonte Darwin die allmähliche, graduelle Natur des evolutionären Wandels. Allmählichkeit folgte nicht nur zwingend aus Charles Lyells (1797–1875) Uniformitarianismus, sondern ein plötzliches Entstehen neuer Arten wäre Darwin auch zu sehr wie ein Zugeständnis an den Kreationismus erschienen. Jede Art war zwar an einem bestimmten Ort scharf gegen andere Arten abgegrenzt, aber der Vergleich geographisch repräsentativer Populationen, Varietäten oder Arten ließ Darwin überall Beweise für Allmählichkeit erkennen.

Letztlich wurde – vielleicht noch mehr für uns als für Darwin – deutlich, dass Evolution notwendigerweise in Populationen stattfindet und dass Populationen mit sexueller Fortpflanzung sich nur allmählich und niemals durch eine plötzliche Saltation verändern können. Zwar gibt es einige Ausnahmen, etwa die Polyploidie, aber diese spielten in der Makroevolution nie eine größere Rolle.

Einer der häufigsten Einwände gegen Darwins Gradualismus war, dass dieser nicht die Entstehung vollkommen neuer Organe, Strukturen, physiologischer Fähigkeiten und Verhaltensmuster erklären könne. Wie kann beispielsweise ein rudimentärer Flügel durch natürliche Selektion vergrößert werden, bevor er zum Fliegen dienen kann? Darwin schlug zwei mögliche Wege des Erwerbs einer solchen evolutionären Neuheit vor. Nehmen wir die Entstehung von Augen als Beispiel. Wie konnte ein so komplexes Organ durch natürliche Selektion geschaffen werden? Schließlich wies man nach, dass die ersten Fotorezeptororgane einfache lichtempfindliche Flecken in der Epidermis waren und dass das Pigment, eine linsenähnliche Verdickung der Epidermis, und all die anderen Komponenten des Auges im Laufe der Evolution nach und nach hinzukamen. Noch heute kommen viele der Übergangsformen bei verschiedenen Wirbellosen vor. Eine solche Intensivierung der Funktion führte, um ein weiteres Beispiel zu nennen, auch bei den Säugetieren zu den verschiedenen Modifikationen der Vordergliedmaßen von Maulwürfen, Walen und Fledermäusen.

Was ist eigentlich ...

Kreationismus [von lat. *creare* = erschaffen], die Auffassung, dass die wörtliche Auslegung des biblischen Schöpfungsberichtes (v. a. das 1. Buch Mose) die wirkliche Entstehung von Leben und Universum beschreibt. Wissenschaftliche Entstehungs- und Entwicklungstheorien wie die Evolutionstheorie Darwins werden als nicht beweisbar abgelehnt. Der Zeitpunkt der Schöpfung wird von Anhängern häufig auf das Jahr 4004 v. Chr. datiert, das Alter von Erde und Weltall wird mit maximal einigen 10 000 Jahren angenommen. Der Kreationismus ist im 19. Jahrhundert in Opposition zu frühen naturwissenschaftlichen Ideen zur Evolution entstanden. In seiner heutigen Form entwickelte er sich v. a. in den USA und findet dort auch seine größte Verbreitung.

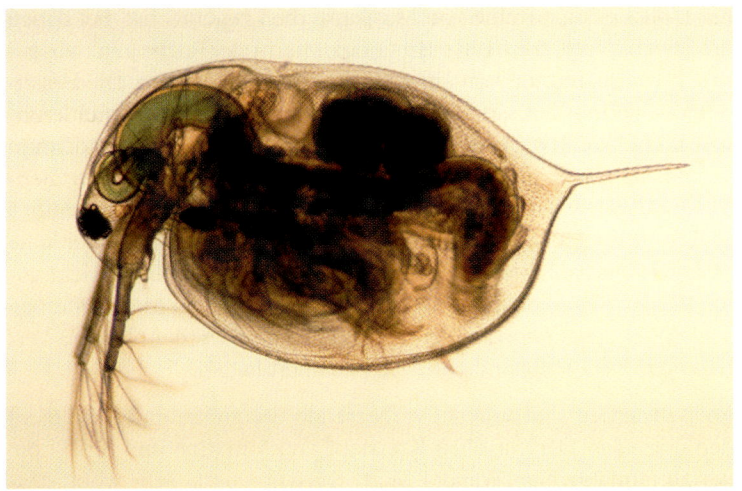

Daphnia magna.

Eine vollkommen andere und weitaus dramatischere Möglichkeit des Erwerbs evolutionärer Neuheiten aber ist die durch die Funktionsveränderung einer Struktur. Dabei erwirbt eine vorhandene Struktur, beispielsweise die Antennen von *Daphnia* („Wasserfloh"), die zusätzliche Funktion eines Schwimmpaddels und wird, unter neuem Selektionsdruck, größer und modifiziert. Die Vogelfedern waren ursprünglich wahrscheinlich modifizierte Reptilschuppen, die der Wärmeregulierung dienten, übernahmen an den Vordergliedmaßen und Schwänzen der Vögel aber im Zusammenhang mit dem Fliegen eine neue Funktion.

Während eines Funktionswechsels durchläuft eine Struktur stets ein Stadium, in dem sie beide Aufgaben erfüllen kann. Die Antennen von *Daphnia* sind gleichzeitig Sinnesorgan und Schwimmpaddel.

Einige der interessantesten Beispiele von Funktionsverschiebung hängen mit Verhaltensmustern zusammen, etwa wenn das Putzen des Federkleides in das Balzgehabe bestimmter Enten aufgenommen wird. Bei Tieren entstanden viele Isolationsmechanismen im Verhalten wahrscheinlich über sexuelle Selektion in isolierten Populationen und erhielten ihre neue Funktion erst, als die Art in Kontakt zu einer verwandten Art getreten war.

Massensterben

Die Entdeckung von Massensterben war der zweite Einwand, der gegen Darwins Theorie des Gradualismus erhoben wurde. Vor Darwin hatten die Vertreter der Katastrophentheorie seit Cuvier darauf be-

Was ist eigentlich ...

Katastrophentheorie [von griech. *katastrophe* = Zerstörung], Katastrophismus, der Versuch, die historische Entwicklung des Sonnensystems oder der Erde mithilfe von Naturkatastrophen zu erklären. Derartige Vorstellungen sind in den Mythen vieler Völker verwurzelt. Auch das christliche Weltbild war bis weit in das 19. Jahrhundert hinein vom biblischen Bericht über die Sintflut geprägt und hat das naturwissenschaftliche Verständnis stark beeinflusst. Dies gilt auch für Georges de Cuvier (1769–1832), mit dessen Namen der Begriff Katastrophentheorie meist verknüpft wird. In seinen bahnbrechenden Arbeiten drückt Cuvier die Überzeugung aus, dass der rasche vertikale Wechsel von Land- und Meeresfaunen im Pariser Tertiärbecken durch katastrophale Meereseinbrüche bedingt gewesen sei; nach einem Meeresrückzug habe das trockengefallene Neuland von zuwandernden Landtieren neu besiedelt werden können. – Auch in modernen Erwägungen über erdgeschichtliche „Faunenschnitte" nehmen angebliche „Katastrophen" erneut breiten Raum ein (z. B. Aussterben der Dinosaurier).

harrt, dass es eine Reihe von Massensterben gegeben hat, bei denen die jeweils vorherrschende Biota dezimiert oder sogar ganz ausgelöscht wurde, nur um von einer neuen ersetzt zu werden. Die Fossildokumentation ließ auf zahlreiche solcher drastischen Veränderungen schließen, etwa vom Perm zur Trias oder von der Kreide zum Tertiär. Das Hauptanliegen von Charles Lyells *Grundsätze der Geologie* war, die Katastrophentheorie zu widerlegen und James Huttons (1726–1797) These des allmählichen Wandels in der Erdgeschichte zu untermauern. Darwins Gradualismus spiegelte Lyells Ansicht wider. Daher war es eine unerwartete Entwicklung, als Massensterben schließlich genau dort eindeutig dokumentiert wurden, wo die Vertreter der Katastrophentheorie sie postuliert hatten.

Massensterben sind seltene, verheerende Ereignisse und überlagern den normalen Darwinschen Kreislauf von Variation und Selektion, der zu allmählichem Wandel führt. Darwin wusste sehr wohl, dass das Aussterben einzelner Arten und ihr Ersatz durch neue während der gesamten Geschichte des Lebens kontinuierlich erfolgt. Aber neben diesem „normalen Aussterben" gab es bestimmte Perioden – die durchweg der Abgrenzung geologischer Zeitalter dienten –, in denen ein Großteil der Biota gleichzeitig ausgelöscht wurde.

Diejenigen Arten, welche eine Katastrophe mit nachfolgendem Massensterben glücklich überlebt haben, kommen Mitgliedern einer Gründerpopulation gleich. Ihre biotische Umwelt ist vollkommen verändert, und sie können neue evolutionäre Wege beschreiten. Das spektakulärste Beispiel dafür findet sich am Beginn des Tertiärs, als sich die Säugetiere – die es schon mehr als 100 Millionen Jahre vor dem Aussterben der Dinosaurier auf der Erde gab –, eine explosionsartige Radiation durchliefen.

Darwins Theorie der natürlichen Selektion

Noch lange, nachdem sich Darwins Theorie der allmählichen Evolution der Arten aus einem gemeinsamen Vorfahren allgemein durchgesetzt hatte, bemühten sich einige konkurrierende Theorien, den Mechanismus des evolutionären Wandels anders zu erklären. Die drei hauptsächlichen nicht- oder antidarwinistischen Theorien waren Saltationismus, teleologische Theorien – diese gehen davon aus, dass der Natur ein Prinzip innewohnt, das alle evolutionären Stammlinien zu immer größerer Perfektion führt – und Lamarcksche Theorien. Etwa 80 Jahre lang lagen die Verfechter dieser Theorien miteinander im Streit, bis während der evolutionären Synthese alle nichtdarwinistischen Erklärungen so gründlich widerlegt wurden, dass Darwins Theorie der natürlichen Selektion praktisch konkurrenzlos übrigblieb.

So wird die Darwinsche natürliche Selektion heute von fast allen Biologen als der für den evolutionären Wandel verantwortliche Mechanismus akzeptiert. Sie lässt sich am besten als Vorgang in zwei Schritten darstellen: Variation und eigentliche Selektion.

Der erste Schritt ist, dass in jeder Generation durch genetische Rekombination, Genfluss, Zufallsfaktoren und Mutationen eine große genetische Variation entsteht. Die Erklärung dieser Variation war eindeutig der schwächste Punkt in Darwins Denken. Trotz zahlreicher Untersuchungen und Hypothesen erfasste er nie, woraus die Variation entsprang. Er hatte einige eindeutig falsche Ansichten über das Wesen der Variation – Irrtümer, die später von dem Zoologen August Weismann (1834–1914) und der Genetik nach 1900 berichtigt wurden. Wir wissen heute, dass das genetische Material „hart" ist und nicht „weich", wie Darwin annahm. Wir wissen auch, dass die Mendelsche Vererbung partikulär ist – dass sich also die genetischen Beiträge der beiden Elternteile bei der Befruchtung des Eies nicht vermischen, sondern vielmehr diskret und konstant bleiben. Und schließlich wissen wir seit 1944, dass das genetische Material (zusammengesetzt aus Nucleinsäuren) nicht direkt in den Phänotyp umgesetzt wird, sondern lediglich die genetische Information (den Plan oder das Programm) darstellt, die in Proteine und andere Moleküle des Phänotyps übersetzt wird.

Die Erzeugung von Variation erwies sich als komplexer Vorgang. Nucleinsäuren können mutieren (durch Veränderungen in der Zusammensetzung der Basenpaare) und tun das auch oft. Während der Bildung der Gameten (Meiose) bei sich sexuell fortpflanzenden Organismen werden außerdem die elterlichen (parentalen) Chromosomen gebrochen und neu zusammengesetzt. Die so entstehende sehr umfangreiche genetische Rekombination der parentalen Genotypen stellt sicher, dass jeder Nachkomme einzigartig ist. Bei diesem Rekombinationsvorgang folgt alles, wie bei der Mutation, allein dem Zufall. Bei einer ganzen Reihe anschließender Schritte während der Meiose erfolgt die Zusammensetzung der Gene vorwiegend nach keinerlei Gesetzmäßigkeiten und bringt so in den Prozess der natürlichen Selektion eine große Zufallskomponente ein.

Der zweite Schritt bei der natürlichen Selektion besteht in der eigentlichen Auslese, also Unterschieden in Überleben und Fortpflanzung der neugebildeten Individuen (Zygoten). In jeder Generation wird bei den meisten Organismenarten nur ein sehr geringer Prozentsatz von Individuen überleben, und bestimmte Individuen werden aufgrund ihrer Genkonstellation unter den bestehenden Bedingungen eine größere Überlebens- und Fortpflanzungswahrscheinlichkeit haben als andere. Selbst bei Arten, bei denen die Eltern während ihrer reproduktiven Phase Millionen von Nachkommen hervorbringen (wie beispielsweise Austern und andere marine Organismen), wer-

Porträt

Mendel, Gregor (Ordensname), eigentlich Johann, österr. Botaniker, Genetiker und Augustinermönch, * 22.7.1822 Heinzendorf (bei Odrau, heute Tschech. Republik), † 6.1.1884 Brünn; ab 1849 Lehrer für Naturwissenschaft, seit 1868 Prior des Augustinerklosters in Brünn; entdeckte im Verlauf einer achtjährigen Forschungsarbeit anhand von mehr als 10 000 Kreuzungsversuchen mit künstlicher Bestäubung an Erbsen und Bohnen die grundlegenden Gesetze (Mendel-Gesetze, Mendelsche Regeln) der Vererbung (1865). Die ausbleibende wissenschaftliche Anerkennung und weitere Kreuzungsversuche mit der Gattung Hieracium (Habichtskraut), die aufgrund einer speziellen, cytogenetisch komplexen Eigenart nicht zu den gleichen Ergebnissen führten, bedingten die erst posthum eingetretene Würdigung seiner Arbeit.

den im Durchschnitt nur zwei davon benötigt, um das Populationsgleichgewicht zu erhalten. Und selbst wenn hauptsächlich Zufallsfaktoren das Überleben dieser wenigen Vorläufer der nächsten Generation beeinflussen, steht es außer Frage, dass auf lange Sicht vor allem genetische Eigenschaften zum Überleben beitragen. So wird die Anpassung der Population über die Generationen bewahrt, und die Population kann mit Umweltveränderungen zurechtkommen, weil bestimmte Genotypen unter den äußerst variationsreichen Nachkommen begünstigt werden.

Zufall oder Notwendigkeit?

Von der griechischen Antike bis in das 19. Jahrhundert herrschte große Uneinigkeit über die Frage, ob Veränderungen in der Welt durch Zufall oder Notwendigkeit bedingt sind. Darwin fand für dieses alte Rätsel schließlich eine brillante Lösung: Beides trifft zu! Bei der Erzeugung von Variation dominiert der Zufall, während die Selektion selbst vorwiegend der Notwendigkeit entsprechend wirkt. Doch Darwins Wahl des Begriffs „Selektion" war unglücklich, da dieser nahelegt, dass etwas in der Natur bewusst auswählt. Die „ausgewählten" Individuen sind aber einfach diejenigen, welche noch am Leben sind, nachdem all die weniger gut angepassten oder weniger glücklichen Individuen aus der Population verschwanden. Man hat daher vorgeschlagen, den Begriff „Selektion" durch „nichtzufällige Eliminierung" zu ersetzen. Auch wer weiterhin das Wort Selektion gebraucht, und das sind wohl die meisten Evolutionsbiologen, sollte nie vergessen, dass es in Wirklichkeit nichtzufällige Eliminierung meint und dass es in der Natur keine selektive Kraft gibt. Wir gebrauchen diesen Begriff einfach für die Summe nachteiliger Umstände, die zur Eliminierung mancher Individuen führen. Und eine solche „selektive Kraft" setzt sich natürlich aus Umweltfaktoren und phänotypischen Tendenzen zusammen. Für Darwinisten ist dies selbstverständlich, aber ihre Gegner greifen oft eine wörtliche Interpretation dieser Begriffe an.

Es ist noch gar nicht so lange her, dass die Evolutionsbiologen ganz erfasst haben, wie sehr sich Darwins Theorie von der Evolution durch natürliche Selektion von früheren essentialistischen oder teleologischen Theorien unterschied. Als Darwin *Die Entstehung der Arten* veröffentlichte, hatte er keinen Beweis für die Existenz der natürlichen Selektion; er postulierte sie allein aufgrund von Folgerungen. Darwins Theorie beruhte auf fünf Tatsachen und drei Folgerungen (siehe Diagramm). Die ersten drei Tatsachen sind das möglicherweise exponentielle Populationswachstum, das beobachtete Populationsgleichgewicht und die Begrenztheit der Ressourcen. Daraus leitet sich die Folgerung ab, dass es unter Individuen Konkurrenz (ei-

Tatsache 1	Folgerung 1
mögliches exponentielles Populations-wachstum (Überfruchtbarkeit) (Quelle: Paley, Malthus u. a.)	Kampf ums Dasein unter Individuen (Urheber der Folgerung: Malthus)

Tatsache 2	Tatsache 4	Folgerung 2	Folgerung 3
beobachtetes Populations-gleichgewicht (Quelle: allgemeine Beobachtungen)	Einzigartigkeit des Individuums (Quelle: Tierzüchter, Taxonomen)	unterschiedliches Überleben, d. h. natürliche Selektion (Urheber der Folgerung: Darwin)	über mehrere Generationen hinweg: Evolution (Urheber der Folgerung: Darwin)

Tatsache 3	Tatsache 4
Begrenztheit der Ressourcen (Quelle: von Malthus bekräftigte Beobachtungen)	Erblichkeit eines Großteils der individuellen Variation (Quelle: Tierzüchter)

Darwins Erklärungsmodell zur Evolution durch natürliche Selektion.

nen Kampf ums Dasein) geben muss. Zwei weitere Tatsachen, die genetische Einzigartigkeit jedes Individuums und die Erblichkeit eines großen Teiles der individuellen Vielfalt, führen zu der zweiten Folgerung, nämlich unterschiedlichem Überleben (also natürlicher Selektion), und zu der dritten Folgerung, dass eine Fortsetzung dieses Vorganges über viele Generationen in Evolution resultiert.

Darwin war begeistert, als Bates (1862) die große Ähnlichkeit und parallele geographische Variation essbarer Schmetterlinge und ihrer giftigen oder zumindest ungenießbaren Vorbilder nachwies. Diese Batesche Mimikry war der erste eindeutige Beweis für natürliche Selektion. Heute gibt es Hunderte, wenn nicht Tausende gut fundierter Beweise, darunter so bekannte wie Insektizidresistenz bei landwirtschaftlichen Schädlingen, Antibiotikaresistenz bei Bakterien, Industriemelanismus, die Attenuierung (Abschwächung) des Myxomatosevirus bei australischen Kaninchen und das Sichelzellgen und andere Blutgene im Zusammenhang mit Malariaresistenz, um nur einige spektakuläre Beispiele zu nennen.

Das Prinzip der natürlichen Selektion ist so logisch und offensichtlich, dass es heute praktisch außer Frage steht. Man kann, ja muss aber in jedem Einzelfall prüfen, inwieweit die natürliche Selektion zu den Merkmalen eines bestimmten phänotypischen Bestandteiles

Was ist eigentlich ...

Batessche Mimikry, nach dem engl. Naturforscher Henry Walter Bates (1825–1892) benannte Form der Mimikry. Ahmt eine Tierart (Signalsender 2), die für einen Räuber (Signalempfänger) eine potenzielle und genießbare Beute darstellt, auffällige Signale nach, durch die eine andere wehrhafte oder ungenießbare oder nur unter sehr hohem Energieaufwand zu erbeutende Art (Signalsender 1) gekennzeichnet ist, spricht man von Batesscher Mimikry. Damit allein dieses Warnsignal Schutz bieten kann, muss der Empfänger in einem individuellen Lernprozess eine Assoziation zwischen Signal und der ihm unangenehmen Eigenschaft des Senders 1 geknüpft haben. – H. W. Bates erkannte das Phänomen der Batesschen Mimikry an brasilianischen Schmetterlingen der Familien Heliconiidae und Pieridae und beschrieb es als Erster. Beispiele sind besonders aus dem Bereich optischer Signale bekannt.

beigetragen hat. Bei jedem Merkmal sind folgende Fragen zu stellen: War das evolutionäre Auftreten dieses Merkmals durch die natürliche Selektion begünstigt, und welchen Nutzen hatte es für das Überleben, der dazu führte, dass es durch die natürliche Selektion bevorzugt wurde? Dies ist das sogenannte adaptionistische Programm.

Sexuelle Selektion

Zu den Merkmalen, die ein Überleben begünstigen, zählen höhere Toleranz gegenüber widrigen Klimabedingungen (Kälte, Hitze, Trockenheit), bessere Nahrungsverwertung, größere Konkurrenzfähigkeit, höhere Resistenz gegen Krankheitserreger und bessere Fähigkeit, Feinden zu entgehen. Das Überleben allein sichert jedoch noch nicht den genetischen Beitrag eines Individuums zur nächsten Generation. Vom evolutionären Standpunkt aus könnte ein Individuum erfolgreicher sein, nicht weil es überlegene Eigenschaften für das Überleben hat, sondern einfach, weil es in der Fortpflanzung produktiver ist. Darwin nannte die Bevorzugung von Individuen aufgrund ihrer Fortpflanzungseigenschaften „geschlechtliche Zuchtwahl" (sexuelle Selektion).

Ihn beeindruckten besonders die männlichen sekundären Geschlechtsmerkmale wie etwa die prächtigen Federn der Paradiesvogelmännchen, der Pfauenschwanz und die imposanten Geweihe der Hirsche. Heute wissen wir, dass die Fähigkeit der Weibchen, ihren Partner nach diesen Merkmalen auszuwählen (die sogenannte „sexuelle Zuchtwahl durch Weibchen"), ein wichtiger Bestandteil der se-

Balzender männlicher Pfau.

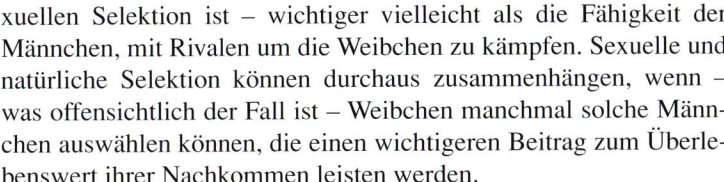
xuellen Selektion ist – wichtiger vielleicht als die Fähigkeit der Männchen, mit Rivalen um die Weibchen zu kämpfen. Sexuelle und natürliche Selektion können durchaus zusammenhängen, wenn – was offensichtlich der Fall ist – Weibchen manchmal solche Männchen auswählen können, die einen wichtigeren Beitrag zum Überlebenswert ihrer Nachkommen leisten werden.

Darüber hinaus gibt es in der Geschichte des Lebens andere Phänomene wie Geschwisterrivalität und elterliche Fürsorge, die sich mehr auf den Fortpflanzungserfolg als auf das Überleben auswirken.

Die Selektion auf Fortpflanzungserfolg ist also offenbar von größerem Belang, als der Begriff sexuelle Selektion vermuten lässt.

Die evolutionäre Synthese und die Zeit danach

Nachdem Darwin *Die Entstehung der Arten* veröffentlicht hatte, tobte 80 Jahre lang der Streit zwischen seinen Anhängern und Gegnern. Nach der Wiederentdeckung der Mendelschen Regeln im Jahre 1900 hätte man aufgrund von deren Erklärungspotenzial für die Variation eine Einigung erwarten können; tatsächlich brachten sie aber noch mehr Uneinigkeit. Den frühen Mendelisten wie William Bateson (1861–1926), Hugo de Vries (1848–1935) und Wilhelm L. Johannsen (1857–1927) lag das Populationsdenken fern, und sie lehnten allmähliche Evolution und natürliche Selektion ab. Ihre Gegner, die Naturforscher und Biometriker, waren keinen Deut besser. Sie glaubten eher an Mischvererbung als an die von Mendel nachgewiesene partikuläre Vererbung und schwankten zwischen natürlicher Selektion und Vererbung erworbener Merkmale. Noch in den 1930er-Jahren kamen mehrere Beobachter zu dem Schluss, dass in der näheren Zukunft keine Hoffnung auf eine Einigung bestünde. Doch das Fundament für einen Konsens war bereits gelegt. Genetiker wie Naturforscher hatten das Verständnis für die Entstehung von Anpassung und biologischer Vielfalt jeweils sehr vorangebracht, wenn auch keines der Lager so recht um die Leistungen des anderen wusste. Beide hatten sogar vollkommen falsche Vorstellungen von der anderen Hälfte der Evolutionsbiologie. Es wurde eine Brücke benötigt, und Theodosius Dobzhansky baute sie im Jahre 1937 mit der Veröffentlichung von *Genetics and the Origin of Species* (*Die genetischen Grundlagen der Artbildung*, 1939). Dobzhansky war sowohl Naturforscher als auch Genetiker. In seiner Jugend in Russland war er Käfertaxonom gewesen, hatte die reichhaltige europäische Literatur zum Thema Arten und Speziation kennengelernt und sich das Populationsdenken gründlich zu eigen gemacht. Nachdem er im Jahre 1927 in die USA gegangen war, um im Labor von Thomas Hunt Morgan zu arbeiten, lernte er die Leistungen und die Denkweise der Genetiker von Grund

Porträt

Morgan, *Thomas Hunt*, amerikan. Genetiker, * 25.9. 1866 Lexington (Ky.), † 4.12. 1945 Pasadena (Calif.); ab 1904 Professor in New York, ab 1928 in Pasadena, wo er das Department für Biologie am California Institute of Technology gründete; führte 1907 die Taufliege *Drosophila melanogaster* als Versuchstier in die Genetik ein; entdeckte die Geschlechtschromosomen-gebundene Vererbung sowie die lineare Anordnung der Gene auf den Chromosomen und ermittelte ihre relative Lage zueinander mit der Methode des Crossing-over (Morgan-Gesetze); veröffentlichte 1911 die erste Chromosomenkarte (Genkartierung) von *Drosophila*; erhielt 1933 den Nobelpreis für Medizin; versuchte, die Erkenntnisse der Genetik mit der Abstammungslehre zu verbinden und gilt als Mitbegründer der Synthetischen Evolutionstheorie.

auf kennen. So konnte er in seinem Buch beiden Hauptzweigen der Evolutionsbiologie gleichermaßen gerecht werden: dem Bewahren (oder der Verbesserung) der Anpassung durch den Austausch von Genen im Genpool und den Populationsveränderungen, die zu neuer biologischer Vielfalt, vor allem zu neuen Arten, führen.

Bis zur evolutionären Synthese war die Erforschung der Makroevolution – der Evolution oberhalb der Artebene – im Wesentlichen Sache der Paläontologen, die weder zur Genetik noch zu Forschungen zur Speziation in wirksamer Verbindung standen. Kaum ein Paläontologe war reiner Darwinist; die meisten neigten entweder zu Saltationismus oder einer Art finalistischer Autogenese. Sie hielten makroevolutionäre Vorgänge allgemein für etwas Besonderes, etwas ganz anderes als die Phänomene auf der Populationsebene, mit denen sich Genetiker und Erforscher der Speziation befassten. Die bei höheren Taxa so oft gefundene Diskontinuität schien das zu bestätigen – ein Befund, der scheinbar in vollkommenem Widerspruch zu Darwins Prinzip der Allmählichkeit stand. Alles in der Makroevolution schien ganz anders zu sein als das, was bei der Mikroevolution zu beobachten war.

Schreitet die Evolution voran?

Die meisten Darwinisten erkennen in der Geschichte des Lebens auf der Erde ein Element des Fortschrittes, das sich widerspiegelt in der Entwicklung von den Prokaryoten (welche die belebte Welt mehr als zwei Milliarden Jahre lang dominierten) zu den Eukaryoten mit ihren gut organisierten Zellkernen, Chromosomen und cytoplasmatischen Organellen; von den einzelligen Eukaryoten (Protisten) zu den Pflanzen und Tieren mit der strengen Arbeitsteilung ihrer hochspezialisierten Organsysteme; bei den Tieren von den Wechselwarmen (Poikilothermen), die dem Klima ausgeliefert sind, zu den Warmblütern (Homoiothermen); und bei den Warmblütern von Typen mit kleinem Gehirn und geringer sozialer Organisation zu Typen mit einem sehr großen Zentralnervensystem, hochentwickelter elterlicher Fürsorge und der Fähigkeit zur Informationsweitergabe von einer Generation zur nächsten.

Ist es zulässig, diese Veränderungen während der Geschichte des Lebens als Fortschritte zu bezeichnen? Das hängt davon ab, welchen Begriff, welche Definition von Fortschritt man hat. Für das Konzept der natürlichen Selektion kommt praktisch nur diese Art von Wandel infrage, denn die vereinten Kräfte von Konkurrenz und natürlicher Selektion lassen kaum anderes zu als entweder Aussterben oder evolutionäre Fortentwicklung.

Diesem Wandel in der Geschichte des Lebens gleichen bestimmte Veränderungen in der industriellen Entwicklung. Warum sind Automobile heute so erstaunlich viel besser als vor 75 Jahren? Nicht, weil Autos selbst die Tendenz haben, sich zu verbessern, sondern weil die Hersteller ständig mit verschiedenen Neuerungen experimentierten, während die Konkurrenz um die Konsumentennachfrage enormen Selektionsdruck erzeugte. Weder in der Automobilindustrie noch in der belebten Welt gibt es irgendwelche finalistischen Kräfte oder irgendwelchen mechanistischen Determinismus. Evolutionärer Fortschritt resultiert einfach zwangsläufig aus dem schlichten Darwinschen Prinzip von Variation und Selektion. Ihm fehlt vollkommen die ideologische Komponente, wie man sie beim Progressionismus der Teleologen (wie Herbert Spencer, 1820-1903) und bei den Anhängern der Orthogenese findet.

Es ist seltsam, wie vielen Menschen es offenbar schwerfällt, einen rein mechanistischen Weg zum Fortschritt wie die Darwinsche Evolution zu verstehen, bei dem die Entwicklungen in jeder phyletischen Stammlinie verschieden sind. Manche Stammlinien wie die Prokaryoten haben sich seit Jahrmilliarden kaum verändert. Andere haben sich extrem spezialisiert, ohne irgendwelche Zeichen von Fortschritt zu zeigen, und wieder andere wie die meisten Parasiten und Bewohner besonderer Nischen haben scheinbar eine rückwärtige Entwicklung durchgemacht. In der Geschichte des Lebens findet sich einfach kein Hinweis auf eine universale Tendenz oder Fähigkeit zu evolutionärem Fortschritt. Was Fortschritt zu sein scheint, ist lediglich ein Nebenprodukt von Veränderungen durch natürliche Selektion.

Warum Organismen nicht vollkommen sind

Wenn natürliche Selektion nicht zwangsläufig zu evolutionärem Fortschritt führt, dann führt sie, wie Darwin hervorhob, auch nicht zu Perfektion. Die begrenzte Wirksamkeit der natürlichen Selektion wird durch die Allgegenwart des Aussterbens deutlich: Über 99,9 Prozent aller evolutionären Linien, die einmal auf der Erde existierten, sind ausgestorben. Massensterben machen uns eindringlich bewusst, dass Evolution – anders als in der Vorstellung von transformationeller Evolution – keine stetige Annäherung an immer größere Vollkommenheit ist, sondern ein unvorhersehbarer Prozess, bei dem „der Beste" plötzlich durch eine Katastrophe ausgelöscht und dann die evolutionäre Kontinuität von Stammlinien übernommen werden kann, die vor der Katastrophe scheinbar nichts Besonderes und ohne Zukunftsaussichten waren.

Obwohl Darwin darauf hinwies, „die natürliche Zuchtwahl sei täglich und stündlich dabei, allüberall in der Welt die geringsten Veränderungen aufzuspüren", ist ihre Fähigkeit, Veränderung herbeizuführen, begrenzt oder Einschränkungen unterworfen.

Was ist eigentlich ...

Orthoevolution [von griech. *orthos* = gerade, aufrecht; richtig, recht und latein. *evolutio* = Abwickeln (einer Buchrolle)], rektilineare Evolution, am Ende des 19. Jahrhunderts zunächst als Orthogenese eingeführter Begriff für „gerichtete" oder gar „zielstrebige" Evolution, die nicht Folge üblicher Selektion sei, sondern auf irgendwelchen „inneren Bedingungen" („immanenten Kräften") beruhe und oft über das Zweckmäßige hinausgehe und durch „Überspezialisierung" zum Aussterben führe.

Zunächst einmal tritt die zur Perfektion eines bestimmten Merkmals benötigte genetische Variation vielleicht gar nicht auf. Zweitens kann im Laufe der Evolution die Wahl einer von mehreren möglichen Lösungen für eine neue Umweltgegebenheit die Möglichkeiten späterer Evolution stark einschränken; darauf machte schon Cuvier aufmerksam. Als sich beispielsweise unter den Vorfahren der Wirbeltiere und der Arthropoden ein Selektionsvorteil für ein Skelett entwickelte, hatten die Vorfahren der Arthropoden Voraussetzungen für ein Außenskelett, die der Wirbeltiere für ein Innenskelett. Die gesamte spätere Geschichte dieser beiden großen Gruppen wurde durch die verschiedenen Wege beeinflusst, die ihre entfernten Vorfahren eingeschlagen hatten. Die Wirbeltiere mit ihrem Innenskelett konnten so riesenhafte Kreaturen wie Dinosaurier, Elefanten und Wale hervorbringen, während eine Riesenkrabbe den größten Typus darstellt, den die Arthropoden entwickeln konnten.

Eine weitere Einschränkung für die natürliche Selektion sind die Wechselwirkungen in der Entwicklung. Die verschiedenen Bestandteile des Phänotyps sind nicht voneinander unabhängig, und keiner reagiert auf Selektion, ohne dabei mit den anderen in Wechselwirkung zu treten. Die ganze Maschinerie der Entwicklung ist ein einziges System von Wechselwirkungen. Organismen sind Kompromisse zwischen konkurrierenden Ansprüchen. Wie weit eine bestimmte Struktur, ein bestimmtes Organ auf die Selektionskräfte reagieren kann, hängt weitgehend vom Widerstand anderer Strukturen und anderer Teile des Genotyps ab.

Eine andere Einschränkung der natürlichen Selektion stellt die Fähigkeit zur nichtgenetischen Modifikation dar. Je plastischer der Phänotyp (durch Flexibilität in der Entwicklung) ist, desto geringer wird die Kraft widrigen Selektionsdruckes. Pflanzen und vor allem Mikroorganismen haben eine viel größere Fähigkeit zu phänotypischer Modifikation (eine vielfältigere Reaktionsnorm) als Tiere.

Selbstverständlich ist natürliche Selektion auch an diesem Phänomen beteiligt, denn die Fähigkeit zur nichtgenetischen Anpassung wird ausschließlich genetisch gesteuert. Wechselt eine Population in eine neue, spezialisierte Umwelt, so werden in den anschließenden Generationen Gene selektiert, welche die Fähigkeit zur nichtgenetischen Anpassung verstärken und letztlich vielleicht auch ersetzen.

Und schließlich sind unterschiedliches Überleben und unterschiedliche Fortpflanzung in einer Population zum guten Teil ein Ergebnis des Zufalls; auch das beschränkt die Kraft der natürlichen Selektion. Der Zufall wirkt auf jeder Stufe des Fortpflanzungsprozesses – vom Crossing-over zwischen parentalen Chromosomen während der Meiose bis zum Überleben der neu gebildeten Zygoten. Außerdem werden möglicherweise vorteilhafte Genkombinationen oft durch blinde Naturgewalten wie Unwetter, Überschwemmungen, Erdbeben oder Vulkanausbrüche zerstört, ohne dass die natürliche Selektion Gelegenheit hatte, diese Genotypen zu bevorzugen. Doch auf lange Sicht spielt die relative Fitness für das Überleben der paar Individuen, die zu Vorläufern späterer Generationen werden, stets eine wichtige Rolle.

Wissenschaftliche Kontroversen

Die evolutionäre Synthese bestätigte vollkommen Darwins grundlegendes Prinzip, dass Evolution auf genetische Vielfalt und natürliche Selektion zurückgeht. Aber selbst in diesem Rahmen ist noch Raum für beträchtliche Uneinigkeit. Jahrelang tobte ein Streit über die „Selektionseinheit". Wenn es um die Frage geht, ob Gen, Individuum oder Art Zielscheibe der Selektion ist, dann ist der Begriff „Einheit" ungeeignet. Will der Evolutionsforscher bezeichnen, was selektiert wird (Gen, Individuum, Art), so eignet sich zweifellos der Begriff „Zielobjekt, Zielscheibe" in den meisten Fällen besser. Aber selbst dies umfasst nicht alle Bedeutungen, die der Begriff „Selektionseinheit" abdecken soll. Dieses Gebiet bedarf eindeutig einer klareren Konzeptionierung und begrifflichen Präzisierung.

Die meisten Genetiker gehen zur Vereinfachung ihrer Berechnungen vom Gen als Zielscheibe der Selektion aus und tendieren dazu, die Evolution als Veränderung von Genfrequenzen zu betrachten. Die Naturforscher beharren weiterhin darauf, dass das Individuum als Ganzes Hauptzielobjekt der Selektion und Evolution als doppelter Prozess aus adaptiver Veränderung und Entstehung von Vielfalt zu betrachten ist. Da ein Gen niemals der Selektion direkt ausgesetzt ist, sondern nur im Zusammenhang seines gesamten Genotyps, und da ein Gen in unterschiedlichen Genotypen verschiedene Selektionswerte haben kann, erscheint es doch als Zielobjekt der Selektion höchst ungeeignet.

Die Anhänger der „neutralen Evolution" zählen zu den stärksten Verfechtern des Gens als Zielobjekt der Selektion. Die Erforschung von Allozymen mithilfe der Elektrophorese in den 1960er-Jahren enthüllte eine viel größere genetische Variabilität als erwartet. Die Wissenschaftler folgerten daraus und aus anderen Beobachtungen, dass die genetische Vielfalt zum großen Teil „neutral" sein müsse, dass also das neu mutierte Allel nicht den Selektionswert des Phänotyps verändert. Es ist sehr umstritten, ob neutrale Mutationen tatsächlich so häufig sind wie behauptet. Noch umstrittener ist jedoch die Bedeutung neutraler Allelaustausche für die Evolution. Die Vertreter der Neutralitätstheorie betrachten das Gen als Zielscheibe der Selektion und halten die neutrale Evolution deshalb für ein sehr wichtiges Phänomen. Die Naturforscher dagegen bestehen darauf, dass das Individuum als Ganzes

Was ist eigentlich ...

neutrale Evolution, Auftreten und Ansammlung vererbbarer Mutationen, welche die Fitness (Adaptationswert) des Individuums oder seiner Nachkommen nicht verändern.

Was ist eigentlich ...

Allozyme [von griech. *allos* = ein anderer und *zymè* = Sauerteig], Alloenzyme, Allotypen, Enzyme, die von einem Genlocus (Genort) codiert werden, für den es mehrere Allele gibt. Allozyme sind durch Gelelektrophorese voneinander zu trennen. Gegensatz: Isoenzyme.

Zielobjekt der Selektion ist und Evolution nur dann stattfindet, wenn sich Eigenschaften des Individuums verändern. Für sie ist ein Austausch neutraler Gene bloß evolutionäres „Rauschen" und für die phänotypische Evolution nicht relevant. Wird ein Individuum aufgrund der gesamten Qualität seines Genotyps von der Selektion begünstigt, ist es irrelevant, wie viele neutrale Gene es als „blinde Passagiere" mit sich führt. Für die Naturforscher steht die sogenannte neutrale Evolution in keinerlei Widerspruch zu Darwins Theorie.

Gruppenselektion

In der jüngeren Literatur besteht beträchtliche Unsicherheit darüber, ob außer Individuen auch ganze Populationen oder sogar Arten Zielobjekt der Selektion sein könnten. Diese Kontroverse fand zum großen Teil unter der Überschrift „Gruppenselektion" statt. Die Frage war, ob eine Gruppe als Ganzes, unabhängig von den Selektionswerten ihrer Individuen, Zielscheibe der Selektion sein könne. Um sich der Frage angemessen zu nähern, sollte man zwischen weicher und harter Gruppenselektion unterscheiden.

Weiche Gruppenselektion tritt auf, wann immer eine bestimmte Gruppe in der Fortpflanzung einfach deswegen erfolgreicher (oder weniger erfolgreich) ist als andere Gruppen, weil dieser Erfolg durch den mittleren Selektionswert der Individuen dieser Gruppe bestimmt wird. Da jedes Individuum bei sich sexuell fortpflanzenden Arten Teil einer Fortpflanzungsgemeinschaft ist, ist jede individuelle Selektion auch eine weiche Gruppenselektion; man gewinnt also nichts, wenn man den Begriff „weiche Gruppenselektion" dem deutlicheren traditionellen Begriff „individuelle Selektion" vorzieht.

Harte Gruppenselektion tritt auf, wenn die Gruppe als Ganzes über bestimmte adaptive Gruppenmerkmale verfügt, die nicht einfach die Summe der Beiträge sind, die einzelne Mitglieder zur Fitness leisten. Der Selektionsvorteil einer solchen Gruppe ist größer als das arithmetische Mittel der Selektionswerte der einzelnen Mitglieder. Solch harte Selektion tritt nur dann auf, wenn sich die Gruppenmitglieder sozial beeinflussen oder die Gruppe, wie die menschliche Art, eine Kultur hat, die den durchschnittlichen Fitness-Wert der Mitglieder der Kulturgruppe erhöht oder vermindert. Bei Tieren findet man harte Selektion dann, wenn Arbeitsteilung oder Zusammenarbeit der Mitglieder vorliegt. So kann sich beispielsweise eine Gruppe mit Wächtern, die vor Raubfeinden warnen, mehr Sicherheit verschaffen; eine andere Gruppe kann ihre Überlebensrate durch Zusammenarbeit bei der Nahrungssuche, der Suche nach sicheren Ruheplätzen oder durch andere Kooperationen im Gemeinschaftsleben erhöhen. In solchen Fällen harter Selektion ist die Anwendung des Begriffs „Gruppenselektion" gerechtfertigt.

Die Kontroverse veränderte auch den Status der sogenannten Artselektion völlig. Das Auftauchen einer neuen Art scheint sehr oft am Aussterben einer anderen mitzuwirken. Der Erfolg bestimmter neuer Arten wird als Artselektion bezeichnet. Dieser Begriff hat einige Berechtigung, denn vom Standpunkt des Erfolges aus betrachtet hat die neue Art offenbar eine größere Überlebensfähigkeit als die alte. Da der Ersatz von Arten aber durch den Mechanismus der individuellen Selektion bewirkt wird, ist die Verwirrung vielleicht geringer, wenn man die doppelte Verwendung des Begriffs „Selektion" vermeidet. Ich ziehe daher die Begriffe „Artenumsatz" oder „Artenaustausch" vor. Unabhängig von dem verwendeten Begriff steht es außer Zweifel, dass dies ein auffälliger Aspekt evolutionären Wandels ist, der für die Makroevolution besondere Bedeutung hat. Er verläuft nach strengen Darwinschen Prinzipien.

Molekularbiologie

In der jüngeren Vergangenheit wurde auch die Frage heiß diskutiert, inwieweit die neuen Befunde der Molekularbiologie eine Revision der gegenwärtigen Evolutionstheorie notwendig machen. Gelegentlich heißt es, die Befunde der Molekularbiologie erforderten eine Modifizierung der Darwinschen Theorie. Das ist falsch. Die für die Evolution relevanten molekularbiologischen Befunde haben mit Wesen, Ursprung und Umfang der genetischen Vielfalt zu tun. Manche dieser Befunde, etwa die Existenz von Transposonsen, sind überraschend, doch die gesamte von diesen molekularen Neuentdeckungen hervorgerufene Vielfalt unterliegt letztlich der natürlichen Selektion und ist somit Teil des Darwinschen Prozesses.

Folgende Entdeckungen der Molekularbiologie haben die größte Bedeutung für die Evolution:

1) Das genetische Programm (DNA) liefert nicht selbst das Baumaterial für einen neuen Organismus, sondern ist lediglich der Plan (Information) für die Bildung des Phänotyps.

2) Der Weg von den Nucleinsäuren zu den Proteinen ist eine Einbahnstraße. Möglicherweise von den Proteinen erworbene Information wird nicht wieder in Nucleinsäuren übersetzt; es gibt keine „weiche Vererbung".

3) Nicht nur der genetische Code, sondern eigentlich alle grundlegenden molekularen Mechanismen sind bei allen Organismen – angefangen mit den primitivsten Prokaryoten – dieselben.

Was ist eigentlich ...

Transposons, [von latein. *transponere* = versetzen], prokaryotische und eukaryotische transponierbare Elemente, die in der Lage sind, spontan einen Genort zu verlassen und an anderer Stelle des gleichen Moleküls (intramolekulare Transposition) oder eines anderen Moleküls (intermolekulare Transposition) in die Erbinformation zu integrieren (springende Gene) und so das betroffene Genom strukturell zu verändern.

Mehrere Ursachen, mehrere Lösungen

Viele seit Darwin entstandene Kontroversen konnten beigelegt werden, weil die Denkweise der Evolutionsbiologen zwei wichtige Veränderungen erfahren hat. Die erste ist das Erkennen der Bedeutung mehrerer gleichzeitig wirkender Ursachen. Immer wieder schien ein evolutionäres Problem widersprüchlich, solange man nur die unmittelbare oder nur die evolutionäre Ursache berücksichtigte, während es in Wirklichkeit das Resultat beider war. Auch andere Kontroversen wurden erst beendet, als man erkannte, dass Zufallsphänomene und Selektion gleichzeitig wirken oder dass Geographie und genetische Veränderungen von Populationen zusammen den Speziationsprozess beeinflussen.

Fast alle evolutionären Herausforderungen haben nicht nur mehrere Ursachen, sondern auch mehrere mögliche Lösungen; dank dieser Erkenntnis konnten ebenfalls viele Meinungsverschiedenheiten beendet werden. Während der Speziation treten beispielsweise bei manchen Gruppen zuerst präzygotische, bei anderen zuerst postzygotische Isolationsmechanismen auf. Manchmal sind geographische Rassen phänotypisch so verschieden wie echte Arten und doch keineswegs reproduktiv isoliert; andererseits können phänotypisch nicht unterscheidbare Arten (Geschwisterarten) reproduktiv vollkommen isoliert sein. Polyploidie oder asexuelle Fortpflanzung spielen in manchen Organismengruppen eine große Rolle, treten in anderen aber gar nicht auf. Die Neukonstruktion von Chromosomen scheint bei manchen Organismengruppen ein wichtiger Bestandteil der Speziation zu sein, bei anderen tritt sie gar nicht auf. Manche Gruppen bilden viele Arten, bei anderen ist Speziation offenbar ein seltenes Ereignis. Der Genfluss ist bei manchen Arten sehr stark, bei anderen sehr schwach. Eine Stammlinie mag sich sehr rasch entwickeln, während bei anderen, nahe verwandten Linien möglicherweise über viele Jahrmillionen Stase herrscht.

Kurz gesagt, gibt es viele mögliche Lösungen für viele evolutionäre Herausforderungen, doch sie alle lassen sich mit dem Darwinschen Paradigma vereinbaren. Aus dieser Vielfalt müssen wir lernen, dass in der Evolutionsbiologie weitgehende Verallgemeinerungen nur selten richtig sind. Selbst wenn etwas „für gewöhnlich" geschieht, heißt das nicht, dass es immer geschehen muss.

Grundtext aus: Ernst Mayr *Das ist Biologie*; Spektrum Akademischer Verlag (amerikanische Originalausgabe: *This is Biology*; Harvard University Press; übersetzt von Jorunn Wissmann).

Im Paradies der Luftmatratzen

Bevor die ersten Tiere entstanden, lebten rätselhafte Wesen auf der Erde. Waren die Ediacara-Fossilien Vorfahren der heute bekannten Tierarten oder seltsame Sonderlinge, die vor 540 Millionen Jahren ohne Erben ausstarben? Eine Spurensuche auf einer Fossilienfarm in Namibia

Ulf von Rauchhaupt

Die Farm ist abgelegen, ihr genauer Standort geheim. „Wir sind nicht gerade erpicht auf Reportagen über den Fundort", gesteht Gabi Schneider. Die Direktorin des Geological Survey of Namibia hat Grund zur Vorsicht: Wertvolle Versteinerungen sind in dem dünn besiedelten Land im südlichen Afrika am besten durch Diskretion zu schützen. Die hilft allerdings wenig bei professionellen Fossiljägern mit akademischer Immunität – mit ihnen hat Schneider den meisten Ärger. Gerade hat sie eine Sammlung wieder nach Namibia geholt, die einem Professor aus Hessen in den 1970er-Jahren leihweise überlassen wurde. „Erst nach einem zähen Streit willigte er ein, die Fossilien zurückzugeben", klagt sie. „Und ich bin nicht sicher, ob er nicht die schönsten Stücke für sich behalten hat." Andere scherten sich erst gar nicht um staatliche Erlaubnis: „Der krasseste Fall war der eines Professors aus Los Angeles", erinnert sich Schneider. „Der versuchte, Fossilien unter seinem Hut vom Gelände zu schmuggeln. Der Farmer erkannte jedoch die seltsame Körperhaltung und riss ihm den Hut vom Kopf."

Was sind das für Fossilien, die bei respektablen Forschern Anfälle von Kleptomanie auslösen? Nur unter dem Siegel der Verschwiegenheit erfährt man Näheres über die Farm mit den Fossilvorkommen. Sie liegt in einer unspektakulären, rotbraunen Landschaft, deren Farbe von einem Gestein namens Quarzit herrührt. Scharfkantige Brocken davon müssen immer wieder von der Fahrbahn geräumt werden, kaum hat das Auto das Farmtor passiert. Das Haus ist erst nach mühsamen Kilometern über karges Weideland erreicht. Eine junge Farmerin führt uns zu einem Schuppen. Zwischen Schlangen in Spiritus und getrockneten Skorpionen lagert dort eine Fossiliensammlung, für die in Europa wohl schon längst ein eigenes Museum errichtet worden wäre. Ein Kabinett steinerner Schatten aus der Frühzeit des Lebens – unheimliche Asservate in einer der heftigsten Kontroversen der Paläontologie. Um sie wird derzeit ein ebenso spektakulärer wie mühsamer Indizienprozess mit lauter toten Zeugen ungeklärter Identität geführt.

Im Farmmuseum erinnern die Fossilien an Fischfilets

Die Corpores Delicti sind weder Urmenschenkiefer noch Saurierknochen. Auf den ersten Blick sind die Stücke unscheinbar. Doch sieht man genauer hin, bemerkt man eine fast gruselige Fremdartigkeit. Hier im „Farmmuseum" sind es meist blattartige, gerippte Gebilde, die an Fischfilets erinnern. Mitunter finden sich ganze „Beete" davon: Einige Kilometer vom Farmhaus entfernt liegt eine große Felsplatte mit einem guten Dutzend Exemplaren. *Pteridinium*, „gewundener Farn", haben die Paläontologen diese Art genannt. Das gelehrte Griechisch täuscht: Ein Farn war das sicher nicht – aber das ist auch fast schon alles, was man über diese Lebensform weiß.

Pteridinium lebte vor einer halben Milliarde Jahren im Vendium, der letzten geologischen Epoche vor Anbruch des Kambriums. Damals war dieser Teil Namibias von einem flachen Meer bedeckt, dessen sandiger Grund später zu jenem harten Quarzit wurde, der heute Autoreifen malträtiert. In diesem Sand lebten, starben und versteinerten diese Organismen. Ähnlich erging es einigen Dutzend anderer Lebensformen, deren Fossilien sich rund um den Globus in versteinerten Sanden etwa gleichen Alters finden. Sie werden unter dem Begriff „Ediacara-Fauna" zusammengefasst nach ihrem bekanntesten Fundort, den Ediacara-Hügeln in Südaustralien. Entdeckt wurden die ersten Ediacara-Fossilien allerdings 1908 hier auf der namibischen Farm – von Geologen der deutschen Kolonialverwaltung. Doch erst seit den australischen Funden weiß man, womit man es zu tun hat: den ältesten mit bloßem Auge sichtbaren Organismen der Erdgeschichte.

Aus älteren geologischen Schichten als denen des Vendiums sind eindeutige fossile Reste bisher nur von Mikroorganismen bekannt. Diese finden sich dafür schon in grauer Vorzeit: Die ältesten Lebensspuren sind mit 3,8 Milliarden Jahren nur wenig jünger als die Erde selbst. Trotz dieses frühen Starts scheint das Leben die meiste Zeit seiner Geschichte nicht über das Stadium von zähem Schleim hinausgekommen zu sein.

Sind die Ediacara nun Tiere, Algen oder Bakterien?

Niemand weiß, wann die Evolution darauf verfiel, es einmal mit Komplexerem zu versuchen. Die allerersten Vielzeller dürften zu klein und zu weich gewesen sein, um fossile Spuren zu hinterlassen. Sicher ist, dass vielzellige Tiere vor etwa 540 Millionen Jahren, am Beginn des Kambriums, plötz-

lich einen ungeheuren Boom erlebten: Die „kambrische Explosion" revolutionierte die Biosphäre. In nur wenigen Millionen Jahren entwickelten sich sämtliche bekannten Körperbaupläne der Tierwelt: die Vorfahren der Schnecken und Muscheln, der Würmer, der Seesterne, der Krebse und Insekten. Alle heutigen Tierstämme waren plötzlich da – auch die Chordaten, zu denen die Wirbeltiere und damit wir Menschen gehören. Zwar weisen Genvergleiche neuerdings darauf hin, dass die Tierstämme sich zumindest genetisch schon deutlich früher entwickelt haben könnten. Aber erst im Kambrium wurden die Tiere plötzlich groß und begannen harte Körperteile auszubilden, die gut versteinern.

Doch bevor es dazu kam, tauchten aus dem Nebel der Urzeit die enigmatischen Ediacara-Organismen auf. 40 oder 50 Millionen Jahre lang bevölkerten sie die Meeresböden und verschwanden schlagartig in der ersten Morgendämmerung des Kambriums. Begann die kambrische Explosion bereits mit den Ediacara? Oder hatten diese Lebensformen nichts mit den späteren Tieren und den (noch späteren) Pflanzen zu tun, sondern waren nur ein gigantisches, aber letztlich fehlgeschlagenes „Experiment" der Natur?

Die Frage ist, ob die Evolution bereits auf so fundamentaler Ebene herumexperimentierte – und wenn ja, unter welchen Bedingungen. Dies ist nicht nur eine Grundfrage der wissenschaftlichen Naturgeschichte, sondern auch eine, die spekulierende Gemüter fesselt. Etwa solche, die sich für die Wahrscheinlichkeit höheren Lebens auf fremden Planeten interessieren, oder für die Debatten über Zufall und Notwendigkeit in der Natur. Mögliche Antworten dazu hängen nicht zuletzt an der Einordnung der Ediacara in den Stammbaum des Lebens. Doch die ist so heftig umstritten wie sonst nur bei Frühmenschen.

„Im Moment gibt es unter den Wissenschaftlern berechtigte Uneinigkeit darüber, was die Ediacara eigentlich waren", gesteht Simon Conway Morris, Professor für evolutionäre Paläobiologie an der Cambridge University. „Die Mehrheit von uns denkt, dass es sich bei den meisten um primitive Tiere handelte." Einige Forscher halten sie allerdings auch für Algen, wieder andere für Flechten. Äußerlich ähneln die meisten Ediacara tatsächlich späteren Tieren: *Pteridinium* zum Beispiel erinnert ein wenig an die Seefeder, eine heute im Pazifik verbreitete Korallenart.

Ernietta gleicht einem aus Würmern zusammengenähten Sack

„Nur weil ihre Form ähnlich ist, heißt das noch nicht, dass sie miteinander verwandt sind", warnt Jim Gehling vom South Australian Museum in Adelaide und verweist auf das in der Biologie weitverbreitete Phänomen der Konvergenz: Oft ähneln Lebewesen einander, weil sie an dieselbe Umgebung angepasst sind, und nicht, weil sie dieselben Vorfahren haben. Dennoch gibt es zu den meisten Tierstämmen entsprechende Ediacara-Formen: Einige gleichen Quallen, andere Würmern, wieder andere könnten primitive Schnecken gewesen sein. Für einige der Ediacara hingegen lassen sich beim besten Willen keine tierischen Verwandten ausmachen – sie sind einfach zu bizarr. *Ernietta* zum Beispiel, ein anderes Exponat im „Farmmuseum" in Namibia, gleicht einem aus Würmern zusammengenähten Sack.

Allen gemeinsam ist dagegen ihre besondere Art der Versteinerung – ein weiteres Rätsel der Ediacara. Denn offenbar bestanden sie nur aus weichem Fleisch ohne Skelett oder Schale und lebten zudem in grobkörnigem Sand, in dem Weichteile eigentlich nicht hätten überdauern dürfen. Forscher wie Jim Gehling – und mit ihm viele andere Ediacara-Experten – glauben, dass bei ihrer Versteinerung flächendeckende Bakterienkolonien mithalfen. Diese sogenannten Biomatten verklebten den Meeresboden zu einer ledrigen Oberfläche. Starb ein Ediacara-Lebewesen, wurde es unter bestimmten Bedingungen von einer Biomatte bedeckt und vor rascher Fäulnis geschützt. Mineralabscheidungen der Mattenbakterien hätten dann Zeit gehabt, dem Körper eine dauerhafte „Totenmaske" abzunehmen.

Bakterienmatten-Biotope gibt es heute noch in abgestandenen Regentümpeln. Dass einst ganze Meeresböden davon bedeckt waren, ist gewiss eine absonderliche Vorstellung. Aber vielleicht war die Welt der Ediacara in Wirklichkeit ja noch viel fremdartiger. Das glaubt jedenfalls Adolf Seilacher, Professor an den Universitäten Tübingen und Yale und Träger des Crafoord-Preises – einer Art Nobelpreis für Urzeitforscher. Seit Jahren hält der Paläobiologe aus dem Schwabenland die internationale Szene mit einer provozierenden Hypothese in Atem.

Für „Dolf" Seilacher waren die meisten Ediacara schlicht überdimensionale Einzeller, die ihre bis zu ein Meter großen Zellen durch Aufteilung in Kammern stabilisierten. „Durch diese Kompartimentierung konnten die Zellen viel größer werden, als es eigentlich möglich wäre", erklärt er. Solche Lebensformen hätten dann aber nicht das Geringste mit den Tieren zu tun und auch nichts mit den anderen beiden Reichen vielzelligen Lebens, den Pflanzen und den Pilzen.

Forscher sehen in den Funden riesige gesteppte Einzeller

Wenn wir wissen wollen, wie Leben auf fernen Planeten aussehen könnte, so Seilacher, brauchen wir uns nur die Ediacara anzusehen. Nach seiner Interpretation hat man sich die meisten dieser Wesen als flache, wie Luftmatratzen gesteppte Beutel vorzustellen, flüssigkeitsgefüllt, aber ohne Muskelgewebe. Innere Organe fehlten. „Energie könnten sie durch Symbiose mit Bakterien gewonnen haben, die imstande waren, Sonnenlicht oder Methan zu verwerten", vermutet Seilacher.

Das völlige Fehlen von Bissspuren an den Fossilien rundet sein Bild der Ediacara-Welt ab. Es gleicht in der Tat einer extraterrestrischen Szenerie – aber noch mehr einem Arkadien für Veganer: Als lebende Solarzellen oder Biogasverwerter sonnten sich diese Wesen auf grünen Biomatten, umspült von lichtdurchflutetem Wasser. Sie fraßen nicht und wurden nicht gefressen. Der Uranfang des höheren Lebens als friedlicher, streng vegetarischer Garten Eden.

„Ich mag die Idee – teilweise", kommentiert Simon Conway Morris Seilachers Hypothese. Bei einigen der Ediacara-Formen, besonders denen aus Namibia, stimmt er dem Schwaben zu. „Das waren möglicherweise wirklich so etwas wie Rieseneinzeller." Doch was die meisten anderen angeht, bleibt der Brite skeptisch: „Da ist zum einen die große Ähnlichkeit vieler Ediacara mit späteren Fossilien, die in viel feinkörnigerem Sediment erhalten sind. Deren Feinstruktur weist darauf hin, dass es sich dabei um Tiere handelt. Außerdem haben wir auch bei Ediacara-Fossilien klare Anzeichen von Muskelkontraktionen." In einem Fall, einem schneckenartigen Wesen namens *Kimberella*, ist die Fähigkeit zur Fortbewegung unstrittig.

„Ich sage ja nicht, dass keine der Ediacara-Formen zu den Tieren gehört", kontert Seilacher. „Ich glaube nur, dass die häufigsten und größten, die herrschende Klasse, etwas anderes waren. In ihrem Schatten lebten damals schon die wirklichen Tiere. Nur ging es ihnen wie den Säugern im Schatten der Dinosaurier – sie waren winzige nächtliche Wesen und spielten ökologisch keine Rolle." Damit sieht Seilacher einen Zusammenhang zwischen dem Verschwinden der Ediacara und der kambrischen Revolution: Die Stunde der Tiere schlug mit dem Untergang der „einzelligen Dinosaurier" in ihren Gärten aus Biomatten.

Was zerstörte das Paradies von Ediacara?

Was aber verwüstete den Garten von Ediacara? Es war wohl kein Meteoriteneinschlag wie jener, der 480 Millionen Jahre später den Sauriern den Garaus machte. Vermutlich war es schlicht die Machtübernahme der frühen Tiere. Denn kaum hatte die Evolution sie mit harten Körperteilen ausgestattet, begannen sie, auf andere Jagd zu machen – oder sich der Jäger durch Panzerung zu erwehren. Ein allgemeines Wettrüsten setzte ein, das für die plötzliche Formenvielfalt des Kambriums mitverantwortlich sein dürfte.

Laut Seilacher darf man sich das plötzliche Verschwinden der Ediacara aus der fossilen Überlieferung nicht nur als großes Gemetzel vorstellen. „Als das Fressen und Gefressenwerden losging und der Garten von Ediacara geschlossen wurde, begann auch die Flucht in den Schutz des Sediments." Die Tiere begannen den Meeresboden zu durchlöchern, die Biomatten abzugrasen und unterzupflügen. Es kam zu einer „agronomischen Revolution", wie Seilacher es in Analogie zu menschengemachten Prozessen der Gegenwart nennt. Mit dem Tod der Biomatten war es aber auch mit der Ediacara-typischen Versteinerung vorbei. Aus Sicht der Ediacara ein ökologisches Desaster mit doppelter Tragik: Mit ihren Gärten nahm man ihnen auch ihre Gräber.

Doch nicht überall. Mancherorts, etwa in Australien, hielten sich Ediacara-Organismen noch bis ins Kambrium. Und vielleicht gab es sie sogar noch viel länger. Simon Conway Morris untersucht zurzeit ein Fossil, das vor Jahren im US-Bundesstaat New York gefunden wurde. „Es zeigt die Ediacara-typische Erhaltungsweise und sieht den Ediacara verblüffend ähnlich." Doch dieses Stück stammt aus dem Devon und ist damit mindestens 130 Millionen Jahre jünger als die bisher bekannten Ediacara-Fossilien.

Schon die Entdeckung von Ediacara im Kambrium werteten viele Forscher als Hinweis darauf, dass diese Lebewesen doch eher Tiere waren. Noch spätere Funde werden sie in dieser Meinung bestärken. Nicht jedoch Dolf Seilacher: „Wenn Simon nun Ediacara im Devon gefunden hat – wunderbar! Aber wenn er daraus schließt, es müsse sich daher um Tiere gehandelt haben, dann mache ich da nicht mehr mit. Das können genauso gut lebende Fossilien gewesen sein."

Schade, dass sie nicht noch ein paar Hundert Millionen Jahre länger durchhielten, denkt sich der Besucher ihres versteinerten Gartens irgendwo in Namibia. Die untergehende Sonne lässt die Totenmasken im Quarzit besonders deutlich hervortreten. Wie sich *Pteridinium* wohl zu Hause im Aquarium machen würde? Besser gar nicht erst dran denken.

Aus: DIE ZEIT Nr. 5, 25. Januar 2001

Christian de Duve ist ein Mann mit festen Überzeugungen. „Leben und Geist entstehen nicht als exotische Unfälle, sondern als natürliche Erscheinungsformen der Materie, die der Struktur des Universums innewohnen", sagt der belgische Biochemiker. „Für mich ist dieses Universum kein kosmischer Gag, sondern ein bedeutungstragendes Gebilde, das so beschaffen ist, dass es Leben und Geist hervorbringt; es muss zwangsläufig denkende Wesen entstehen lassen, die Wahrheit erkennen, Schönheit schätzen, Liebe empfinden, sich nach dem Guten sehnen, das Böse verachten und Geheimnisse erleben." Das sind starke Worte für einen faktenverliebten Naturwissenschaftler.

Christian de Duve wird am 2. Oktober 1917 im britischen Thames-Ditton geboren. De Duves Eltern, die aus Belgien stammen, sind während des Ersten Weltkrieges nach England geflüchtet und kehren erst drei Jahre nach seiner Geburt mit ihm nach Antwerpen zurück. 1941 schließt de Duve sein Medizinstudium in Löwen mit dem Doktortitel ab. Nach Studienaufenthalten in Stockholm und Washington wird er 1951 Professor in Löwen. Elf Jahre später wird er an die Rockefeller University in New York berufen.

Christian de Duve entdeckt zwei neue Zellbestandteile: die Lysosomen und die Peroxisomen. Lysosomen sind Bläschen in der Zelle, in denen Enzyme defekte oder überflüssig gewordene Zellbestandteile oder von der Zelle aufgenommene Stoffe abbauen. Auch die Peroxisomen haben eine Entgiftungsfunktion für die Zellen. 1974 erhält de Duve zusammen mit Albert Claude und George E. Palade den Medizinnobelpreis.

Trotz seines Glaubens an die schöpferische Struktur des Kosmos ist de Duve weder Wundergläubiger noch Esoteriker: „Ich bin stets von der Hypothese ausgegangen, dass das Leben, sein Ursprung, seine Evolution und seine Erscheinungsformen bis hin zur Spezies Mensch als natürliche Vorgänge anzusehen sind, die den gleichen Gesetzmäßigkeiten unterliegen wie unbelebte Prozesse. Damit schließe ich drei ‚Ismen' aus: den Vitalismus, demzufolge die Materie der Lebewesen von einem ‚Lebensgeist' beseelt ist; den Finalismus, auch Teleologie genannt, der in biologischen Abläufen die Wirkung zielgerichteter Ursachen erkennt; und den Kreationismus, der den biblischen Schöpfungsbericht wörtlich nimmt."

Christian de Duve

Aus Staub geboren – die Geschichte des Lebens auf der Erde

Von Christian de Duve

Die Einheit des Lebendigen

Es gibt nur ein Leben. Diese Tatsache spiegelt sich eigentlich schon darin wider, dass wir mit einem einzigen Wort so unterschiedliche Gebilde wie Bäume, Pilze, Fische und Menschen bezeichnen, aber heute ist sie ohne jeden Zweifel erwiesen. Alle Fortschritte im Auflösungsvermögen unserer Hilfsmittel, von den zögerlichen Anfängen der Mikroskopie vor mehr als drei Jahrhunderten bis zu den ausgefeilten Methoden der Molekularbiologie, haben immer mehr zu der Überzeugung beigetragen, dass alle heute lebenden Organismen aus den gleichen Materialien aufgebaut sind, nach den gleichen Prinzipien funktionieren und sogar tatsächlich verwandt sind. Sie alle sind die Nachkommen einer einzigen Urform des Lebens.

Dass diese Tatsache heute erwiesen ist, verdanken wir der vergleichenden Sequenzanalyse bei Proteinen und Nucleinsäuren. Die Verbindungen dieser beiden Klassen, die wichtigsten Bestandteile aller Lebensformen, sind chemisch ganz unterschiedlich gebaut, aber beide sind lange Molekülketten, die durch die Verknüpfung vieler Molekülbausteine entstehen – bei Proteinen sind es bis zu ein paar Hundert, bei den Nucleinsäuren oft noch bedeutend mehr. Man kann sie sich wie Ketten aus verschiedenfarbigen Perlen vorstellen oder wie Eisenbahnzüge mit verschiedenartigen Waggons oder – eigentlich zutreffender – als sehr lange Wörter aus verschiedenen Buchstaben. Die Perlen, Waggons oder Buchstaben, aus denen sich die Proteine zusammensetzen, nennt man Aminosäuren; die Bausteine der Nucleinsäuren heißen Nucleotide. Die „Wörter" der Proteine bestehen aus zwanzig verschiedenen Aminosäure-„Buchstaben"; das Alphabet der Nucleinsäure-„Wörter" umfasst vier Nucleotid-„Buchstaben".

Man kann heute mit sehr leistungsfähigen Methoden die genaue Reihenfolge der Bausteine dieser natürlichen Makromoleküle in einer bestimmten Molekülkette ermitteln. Mit solchen Verfahren ermitteln die Wissenschaftler sehr exakt die Reihenfolge (Sequenz) der Aminosäuren in den Proteinen und der Nucleotide in den Nucleinsäuren: Sie „buchstabieren" gewissermaßen die molekularen Wörter. So können wir heute das Kleingedruckte im Buch des Lebens lesen.

Was ist eigentlich ...

Aminosäuresequenz, die schriftartige Reihenfolge der 20 proteinbildenden (proteinogenen) Aminosäuren in Peptiden und Proteinen. 1953 gelang dem britischen Chemiker Frederick Sanger erstmals die Ermittlung einer vollständigen Aminosäuresequenz (des Insulins), wofür er 1958 den Chemienobelpreis erhielt. Unter ständiger Verfeinerung der Methoden sind seitdem Tausende von Aminosäuresequenzen analysiert worden, sodass die Aminosäuresequenzanalyse heute eine der wichtigsten Methoden der Proteinforschung darstellt. Die Aminosäuresequenz ist genetisch festgelegt durch die Nucleotidsequenz der betreffenden Gene bzw. der von den Genen transkribierten mRNA (messenger-RNA). Die Aminosäuresequenz als rein lineare Verknüpfung der einzelnen Aminosäuren ist identisch mit der Primärstruktur von Peptiden und Proteinen. Durch sie sind letztlich auch die höheren, dreidimensionalen Strukturen und damit auch die verschiedensten Funktionen der Proteine determiniert. Durch Vergleich von Aminosäuresequenzen möglichst ubiquitär vorkommender Proteine lassen sich Verwandtschaftsbeziehungen (molekularer Stammbaum, Sequenzstammbaum) auf molekularer Ebene ableiten.

Was ist eigentlich …

Nucleotidsequenz, die schriftartige Reihenfolge der Nucleotide in Desoxyribonucleinsäuren bzw. Ribonucleinsäuren. Die Nucleotidsequenz als rein lineare Verknüpfung der Nucleotideinheiten ist identisch mit der Primärstruktur von DNA bzw. RNA. Da die Ribose-Phosphat-Einheiten der Nucleotidbausteine immer gleich sind, andererseits der schriftartige Charakter durch die Verschiedenheit der in den Nucleotiden enthaltenen Nucleinsäurebasen bedingt ist, ist der Begriff Nucleotidsequenz bezüglich des Informationsgehalts von Nucleinsäuren identisch mit Basensequenz.

Aus dieser neugewonnenen Fähigkeit, molekular zu lesen, erwuchs eine Erkenntnis von gewaltiger Bedeutung: Die unterschiedlichsten Lebewesen – wie beispielsweise Mikroorganismen, Maispflanzen, Schmetterlinge und Menschen – enthalten ähnliche Proteine und Nucleinsäuren. Diese Ähnlichkeiten sind viel zu groß, als dass man sie allein mit dem Zufall erklären könnte. Sie zwingen unausweichlich zu der Schlussfolgerung, dass alle diese Moleküle und damit auch alle Lebewesen miteinander verwandt sind und von einem gemeinsamen Vorfahren abstammen. Ein analoges Beispiel ist der Vergleich des englischen Wortes *garden* und des deutschen Begriffs Garten, die das gleiche bedeuten. Offensichtlich sind diese Wörter in den beiden Sprachen nicht unabhängig voneinander entstanden, sondern sie sind verwandt, weil sie beide von einem gemeinsamen früheren Wort abstammen. Dennoch sind sie nicht genau gleich, denn seit sie sich von ihrem gemeinsamen Vorläufer getrennt haben, wurden sie in unterschiedlicher Weise verändert. Das gleiche gilt für verwandte Makromoleküle. Ihre Sequenzen unterscheiden sich, denn sie haben Veränderungen – Mutationen – durchgemacht, die von Generation zu Generation weitergegeben werden, und auf diese Weise entwickelten

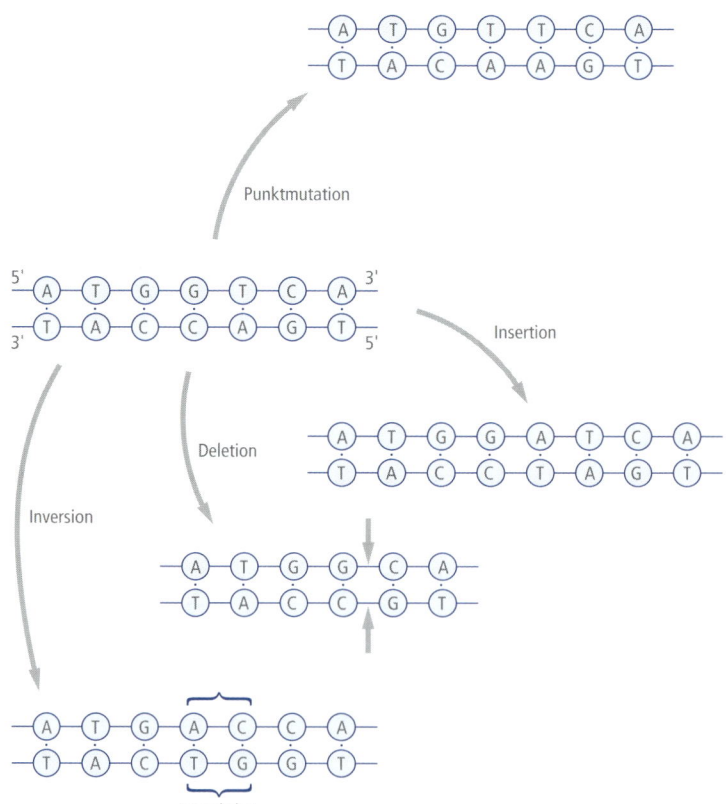

Verschiedene Arten von DNA-Sequenzveränderungen durch eine Mutation. Verglichen sind hier nur die ursprünglichen („Wildtyp") und mutierten DNA-Moleküle, ohne Rücksicht darauf, welche Schritte für die Umwandlung erforderlich sind.

sich nach der Trennung von dem gemeinsamen Vorfahren die unterschiedlichen Lebewesen.

Diese Einheit in der Vielfalt macht unser Vorhaben einfacher. Wir versuchen, die Geschichte des Lebens nachzuzeichnen, nicht die einzelner Lebewesen. Der gemeinsame Vorfahre teilt unseren Weg in zwei Etappen. Als erstes müssen wir rekonstruieren, wie dieser Urahn aus den Stoffen entstand, die vor dem Beginn des Lebens auf der Erde vorhanden waren. Und zweitens müssen wir herausfinden, wie alle heute lebenden Organismen aus dem gemeinsamen Vorfahren hervorgehen konnten.

Der Baum des Lebens

Wie allgemein bekannt ist, hat das Leben versteinerte Zeugen seiner Vergangenheit hinterlassen. Durch geduldiges Entschlüsseln dieser Überreste konnten die Paläontologen die Geister früherer Pflanzen und Tiere aus der entfernten Vergangenheit heraufbeschwören und in groben Umrissen die Geschichte der Lebewesen herauslesen, die heute die Erde bevölkern. Aber die Fossilfunde sind sehr unvollständig. Oft hat man nur einen einzigen Knochen oder Zahn, den Abdruck eines Blattes oder die Hohlform eines Wurms, um daraus einen ganzen Organismus zu rekonstruieren. Außerdem reichen die allermeisten Fossilfunde gerade einmal 600 Millionen Jahre zurück; aus früherer Zeit gibt es nur sehr spärliche Überreste. Es müssen zahllose Arten gelebt haben, von denen keinerlei Spuren zurückgeblieben sind oder deren Spuren wir noch nicht ausgegraben haben. Allein auf der Grundlage von Fossilien, so zahlreich und gut erhalten sie auch sein mögen, könnte man keine vollständige Geschichte des Lebens schreiben, ja man könnte sie sich nicht einmal ausdenken. Unsere heutigen Kenntnisse verdanken wir zum größten Teil nicht toten Überresten, sondern lebenden Geschöpfen. Die gesamte Geschichte des Lebens ist in den heutigen Lebewesen niedergeschrieben. Um diese Geschichte zu rekonstruieren, müssen wir nur in der Lage sein, den Text zu lesen.

Zu diesem Zweck können wir die Sequenzen verwandter Makromoleküle aus verschiedenen biologischen Arten vergleichen. Mit solchen Analysen kann man abschätzen, wie weit zwei Arten entwicklungsgeschichtlich voneinander entfernt sind – ob es sich um Geschwister, Vettern ersten Grades oder Cousins um zehn Ecken handelt. Der Maßstab ist dabei die Zahl der Unterschiede zwischen den Sequenzen, die man vergleicht. Je mehr es sind – so jedenfalls die Annahme, die allerdings nur mit Vorsicht zu genießen ist und einer ganzen Reihe von Einschränkungen unterliegt – desto länger ist der Zeitraum, in dem sich die Moleküle getrennt entwickelt haben, das heißt, desto länger liegt der Zeitpunkt zurück, seit sich die Arten, die diese Moleküle besitzen, von ihrem letzten gemeinsamen Vorfahren auseinanderentwickelt haben. Wenn man über genügend derartige Befunde verfügt, kann man im Prinzip anhand der Eigenschaften heutiger Lebewesen den gesamten Baum des Lebens rekonstruieren.

In Analogie zur Linguistik könnte man dieses Verfahren als molekulare Etymologie bezeichnen. Man stelle sich einen Sprachwissenschaftler vor, der nur zeitgenössische Texte in Französisch, Italienisch, Spanisch und Rumänisch vor sich hat. Auch ohne etwas über die Vergangenheit zu wissen, würde dieser Forscher die Ähnlichkeit vieler Wörter mit gleicher Bedeutung erkennen und daraus schließen, dass die vier Sprachen verwandt sind. Durch sorgfältige vergleichende Untersuchungen unter der Annahme, dass sich Wörter im Laufe der Zeit nur allmählich verändern, könnte es ihm sogar gelingen, das klassische Latein zu rekonstruieren und die Wege nachzuzeichnen, auf denen sich daraus diese vier Sprachen entwickelt haben. Eine solche Rekonstruktion wäre anfangs recht ungenau, fehlgeleitet durch zufällige Ähnlichkeiten, Lehnworte aus anderen Sprachen und was der Fallstricke mehr sind. Je mehr Wörter man aber untersucht, analysiert und vergleicht, desto sicherer wird das Bild.

Eines der ersten Beispiele für diese molekulare Etymologie ist heute schon ein Klassiker. Es geht um das Cytochrom c, ein kleines Protein aus etwa 100 Aminosäuren, das bei vielen Lebewesen an der Sauerstoffverwertung beteiligt ist. Die beim Menschen vorkommende Form des Cytochrom c unterscheidet sich nur in einer einzigen Aminosäure von der des Rhesusaffen, und zu den entsprechenden Proteinen von Hund, Klapperschlange, Ochsenfrosch, Thunfisch, Seidenraupe, Weizen und Hefe beträgt der Unterschied (in der gleichen Reihenfolge) 11, 14, 18, 21, 31, 43 und 45 Aminosäuren. Solche Zahlen ermöglichen eine Abschätzung der immer weiter zurückliegenden Zeitpunkte, seit sich diese verschiedenen Arten von dem letzten Vorfahren trennten, den sie mit uns gemeinsam haben. Solche Schätzungen stimmen für die Tiere gut mit den Fossilfunden überein, aber sie reichen weiter zurück, bis zu Verwandtschaftsbeziehungen, für die es aus den Fossilien keine Anhaltspunkte gibt. Es ist schon bemerkenswert: Selbst die Cytochrom-c-Moleküle von Weizen und Hefe haben untereinander und mit dem Molekül des Menschen noch über 50 Aminosäuren gemeinsam – ein unwiderlegbarer Beweis, dass diese drei höchst unterschiedlichen Arten einen gemeinsamen Vorfahren haben.

Die vergleichende Sequenzanalyse des Cytochrom c wurde vor über 30 Jahren vorgenommen. In ähnlicher Weise hat man seither viele Proteine und auch Nucleinsäuren verglichen, und tagtäglich werden weitere analysiert. Solche Daten sind nicht leicht zu interpretieren. Es bleiben noch viele Unsicherheiten und strittige Fragen, aber lang-

Was ist eigentlich ...

Cytochrome [von griech. *kytos* = Höhlung, Bauch, Gefäß und *chroma* = Farbe], Gruppe von Chromoproteinen, die aufgrund der farbgebenden Komponente, der eisenhaltigen Häm-Gruppe, neben den verwandten Hämoglobinen und Myoglobinen eine Untergruppe der Hämoproteine bildet. Cytochrome sind gekennzeichnet durch den reversiblen Valenzwechsel des Häm-Eisenatoms vom zweiwertigen zum dreiwertigen Zustand, wobei ein Elektron freigesetzt (bzw. bei der Umkehrreaktion gebunden) wird. Die einzelnen Cytochrome unterscheiden sich durch die Seitengruppen des Eisen-Porphyringerüsts durch die Art der chemischen Bindung des Eisenporphyringerüsts an die Proteinkette, durch die Aminosäuresequenz der Proteinketten und ihre Absorptionsspektren. Nach diesen Kriterien werden sie in die drei Hauptgruppen *a*, *b* und *c* eingeteilt. Aufgrund ihrer zentralen Funktion als Elektronenüberträger in der Atmungskette und Photosynthese kommen Cytochrome in allen Tieren, Pflanzen, allen aeroben und den meisten anaeroben Mikroorganismen vor. Bei den Cytochromen gibt es sowohl wasserlösliche Formen (Cytochrom c, Cytochrom c6) als auch Cytochrome, die membranassoziiert oder als Teile integraler Membranproteine vorliegen.

Nur eine Aminosäure von uns entfernt: Rhesusaffen in Agra (Indien). Die beim Menschen vorkommende Form des Cytochrom c unterscheidet sich nur in einer einzigen Aminosäure von der des Rhesusaffen.

sam erkennen wir ein wenig genauer und mit einer gewissen Verlässlichkeit, wie die heutigen Lebensformen durch immer weitere Verzweigungen des Lebensbaums aus dem gemeinsamen Vorfahren hervorgegangen sind. In seinem oberen Teil stimmt der molekulare Baum mit dem überein, den die Paläontologen anhand der Fossilfunde gezeichnet haben, abgesehen von etlichen Einzelheiten, die mithilfe der neuen Befunde hinzugefügt oder richtiggestellt wurden. Der untere Teil des Baums aber ist neu für uns, und er birgt etliche Überraschungen.

Wie alt ist das Leben?

Die Form des Baums wird allmählich klar, aber wie sieht es mit dem Zeitrahmen aus? In der paläontologischen Forschung ergibt sich der zeitliche Zusammenhang aus umfassenden geologischen und geochemischen Untersuchungen, mit denen man das Alter einer Gesteinsformation abschätzen kann. Wenn man ein Fossil in einem Gebiet findet, das nach Einschätzung der Geologen 200 Millionen Jahre alt ist, dann wissen wir, dass der Organismus, dessen Überreste wir vor uns haben, vor 200 Millionen Jahren lebte, mit einer Schwankungsbreite von ein paar Millionen Jahren. Bei den molekularen Stammbäumen ist die Maßeinheit nicht die Zeit, sondern die Zahl der Mutationen, jener Veränderungen, die die Moleküle im Verlauf der Evolution durchgemacht haben und die von Generation zu Generation weitervererbt werden. Oder genauer gesagt: die Zahl der Mutati-

Was ist eigentlich ...

molekularer Stammbaum, die Darstellung von Verwandtschaftsbeziehungen der Organismen unter Zuhilfenahme biochemischer Ähnlichkeiten bei lebenswichtigen Molekülen des Primärstoffwechsels. Hierzu bieten sich Sequenzvergleiche von konservativen Primärstrukturen biologisch wichtiger Makromoleküle wie z. B. der Cytochrome oder der rRNA-Untereinheiten (ribosomale RNA) an.

onen, die mit Überleben und Fortpflanzung vereinbar sind (der „tolerierbaren" Mutationen), denn andere Veränderungen werden von der natürlichen Selektion ausgemerzt und hinterlassen in den verbleibenden Molekülen keine Spuren. Um diese Maßeinheit in Zeiträume umzurechnen, muss man die Häufigkeit tolerierbarer Mutationen kennen. Die Zeitachse des Stammbaums wird sehr unterschiedlich aussehen, wenn man annimmt, dass tolerierbare Mutationen zum Beispiel alle Million, alle zwei Millionen oder alle zehn Millionen Jahre stattfinden. Dies ist eine der größten Unsicherheiten der molekularen Methode. Am besten löst man das Problem, indem man molekulare und paläontologische Stammbäume vergleicht. Das klappt beim oberen Teil des Baums, für den es paläontologische Befunde gibt. Aber wie steht es mit dem unteren Abschnitt? Die Lösung erwuchs gerade in den letzten Jahrzehnten aus Fossilien von Bakterien.

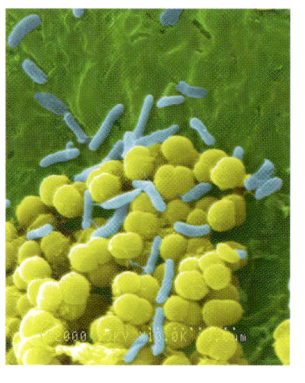

Elektronenmikroskopische Aufnahme kugel- und fadenförmiger Bakterien.

Bakterien sind sehr kleine Geschöpfe, meist nicht größer als ein paar Zehntausendstel Millimeter; das Formenspektrum reicht von kugel- bis fadenförmig, und sehen kann man sie nur mit einem guten Mikroskop. Heute gibt es auf der Erde eine Fülle von Bakterien. Für die meisten Menschen beschwört das Wort „Bakterien" die Gespenster von Pest, Cholera, Tuberkulose, Lepra, Diphtherie und anderen bedrohlichen Leiden herauf. Die krankheitserzeugenden Bakterien sind aber nur eine kleine Minderheit in der Vielfalt harmloser oder nützlicher Formen, die praktisch alle nur denkbaren Lebensräume besiedeln, von der geschützten Wärme des menschlichen Darms über die Salzlake austrocknender Meere bis zum kochenden Wasser der Vulkanquellen. Das reichhaltigste Reservoir für Bakterien ist der Boden: Dort sorgen diese unsichtbaren Organismen für die überaus wichtige Zersetzung abgestorbener Pflanzen und Tiere, sodass die Bausteine des Lebens der Wiederverwendung zugeführt werden.

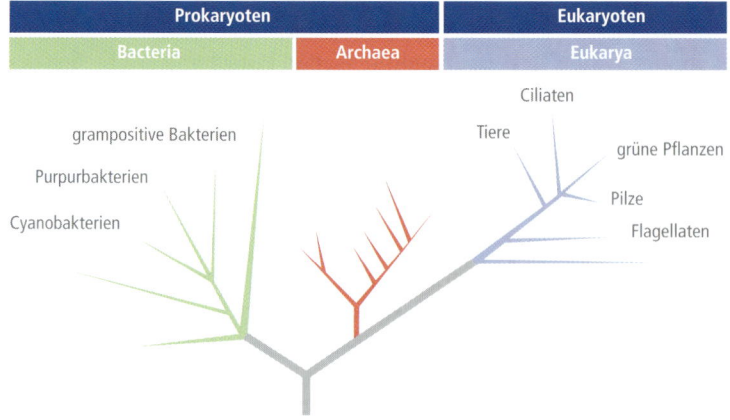

Molekularer Stammbaum.

Bakterien sind die einfachsten Lebensformen, und was man lange vermutet hatte, ist inzwischen Gewissheit: Sie sind auch die ältesten. Versteinerte Spuren dieser Organismen wären also von unschätzbarem Wert, um den unteren Abschnitt im Lebensbaum zu rekonstruieren und zeitlich einzuordnen. In den letzten Jahrzehnten hat man solche Spuren tatsächlich gefunden. Es gibt sie in zwei verschiedenen Größenordnungen. Die mit bloßem Auge sichtbaren Indizien sind besondere Schichtgesteine, Stromatolithen genannt. Diese Formationen sind durch Versteinerung großer Bakterienkolonien entstanden und setzen sich aus übereinandergelagerten Schichten zusammen, die jeweils aus einer anderen Bakterienart bestehen. In den obersten Schichten einer solchen Kolonie leben Bakterien, die man als „phototroph" bezeichnet, weil sie ihre Zellbestandteile mithilfe des Sonnenlichts aufbauen; wenn sie später absterben, dienen sie den darunterliegenden Schichten als Nahrung. Solche Kolonien überziehen in manchen Küstenabschnitten große Flächen, so zum Beispiel auf der Halbinsel Baja California im Nordwesten Mexikos. Im Laufe der Zeit versteinern die Kolonien zu Stromatolithen, ein Vorgang, der in allen Stadien durch entsprechende Gesteinsformen belegt ist. Man hat Stromatolithen in sehr unterschiedlichem Gelände und in vielen Teilen der Erde gefunden. Sie decken alle geologischen Epochen ab: Manche reichen in ihrem Alter fast 3,5 Milliarden Jahre zurück, also in eine Zeit, die unter praktischen Gesichtspunkten die Grenze für brauchbare geologische Befunde darstellt. Möglicherweise gab es Kolonien, die zu Stromatolithen wurden, sogar noch früher, aber ihre Spuren können die geologischen Umwandlungen nicht überlebt haben.

Zur zweiten Gruppe gehören die mikroskopischen Indizien. Die meisten Bakterien sind in eine feste Kapsel eingehüllt, die Zellwand. Sie war der Grund, dass Bakterien früherer Zeiten im Schlamm ihre

Was ist eigentlich ...

Stromatolith, eine feinlaminierte organosedimentäre Struktur, die durch sedimentfangende und sedimentbindende Prozesse und Kalkfällung infolge mikrobieller Lebensaktivitäten entsteht. Die Feinschichtung der Stromatolithen entsteht in Tag-Nacht-Rhythmen, wobei sich tagsüber infolge photosynthetischer Aktivität aus vertikal wachsenden Cyanobakterien-Filamenten mikrobielle Matten bilden, die während der Nacht überwiegend von Sedimentpartikeln überzogen werden. Sie werden am folgenden Tag erneut von den Filamenten durchwachsen. Die für die Bildung verantwortlichen Mikroben sind fossil selbst nicht erhalten und nur indirekt durch ihre Lebenstätigkeit nachgewiesen. Stromatolithen zählen zu den ältesten nachgewiesenen Lebensformen und sind seit dem frühen Archaikum, etwa seit 3,5 Mrd. Jahren, bekannt.

Stromatolithen im Ross River Canyon (Australien).

Spuren hinterlassen konnten; diese Spuren verfestigten sich später im Gestein, genau wie längst ausgestorbene Farne zarte Abdrücke zurückließen, nur mit dem Unterschied, dass man raffinierte technische Mittel und eine gesunde Dosis kritischen Urteilsvermögens braucht, um ein echtes bakterielles Mikrofossil von falschen Spuren und Verunreinigungen aus späterer Zeit zu unterscheiden. Man kennt heute eine Reihe echter Abdrücke. Interessanterweise findet man diese Hinterlassenschaften der Bakterien oft in Stromatolithen – ein weiterer, eigentlich aber nicht mehr erforderlicher Beweis für den bakteriellen Ursprung dieser Gesteine. Einige solche Mikrofossilien gehen ebenfalls auf Zeiten vor bis zu 3,5 Milliarden Jahren zurück.

Das Leben ist also mindestens 3,5 Milliarden Jahre alt – diese verblüffende Erkenntnis liefern die Stromatolithen und die Mikrofossilien. Vergleicht man diesen Zeitraum mit den 600 Millionen Jahren, jenseits derer man praktisch keine Spuren von Pflanzen oder Tieren

Was ist eigentlich ...

Mikrofossilien [von griech. *mikros* = klein, gering und latein. *fossilis* = ausgegraben], fossile Reste überwiegend einzelliger Organismen, die mit bloßem Auge meist nicht oder kaum noch sichtbar bzw. bearbeitbar sind und eine Größe zwischen etwa 0,01 und 3 mm aufweisen; sie sind Forschungsgegenstand der Mikropaläontologie. Der Übergang sowohl zu den noch kleineren Nannofossilien als auch zu den mit bloßem Auge erkennbaren Makrofossilien ist fließend. Unter den autotrophen Organismen sind als Mikrofossilien vor allem Diatomeen (Kieselalgen), die Oogonien der Charophyceae und die Sammelgruppe der Kalkalgen (Haptophyceae) zu nennen. Sporen (Sporae dispersa) und Pollen sind Untersuchungsgegenstand der Palynologie (Pollenanalyse). Die Gewinnung von Mikrofossilien aus festen Gesteinen und ihre Darstellung bedürfen oft spezieller Methoden. Der praktische Nutzen der Mikrofossilien für die Stratigraphie resultiert vor allem aus ihrer großen Zahl auf geringstem Raum, z. B. in Bohrkernen bei der Erdölsuche. Von besonderer Bedeutung sind sie als Leitfossilien für die relative Altersbestimmung (Geochronologie) bzw. Biostratigraphie.

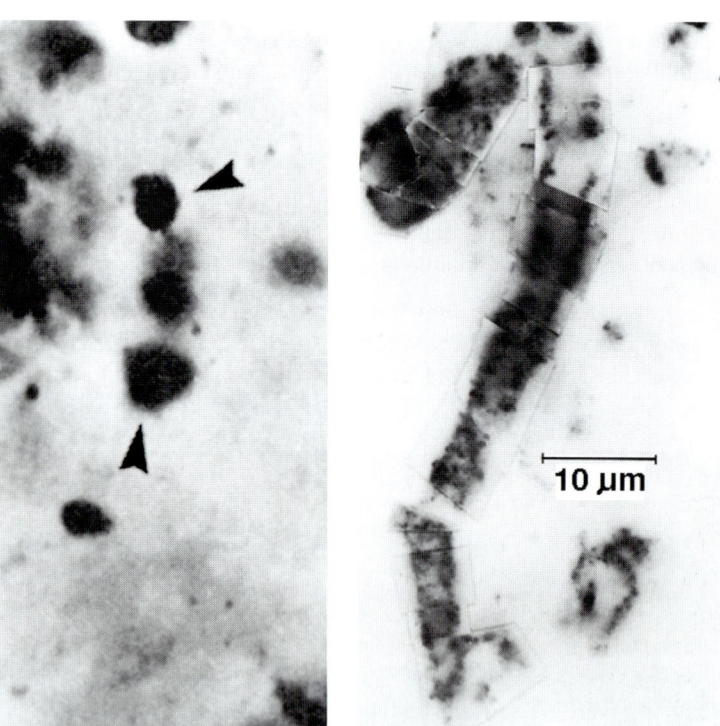

Links: Die ältesten bakterien- und algenähnlichen Mikrofossilien wurden bisher in den Fig-Tree- und Onverwacht-Schichten in Südafrika gefunden; sie sind etwa 3,5 Milliarden Jahre alt. Hier zwei über drei Milliarden Jahre alte Mikrofossilien (Cyanobakterien oder Bakterien) aus dem untersten Bereich der Fig-Tree-Serie in Südafrika.
Rechts: Fossiles Filament aus Westaustralien (North Pole), das mit einem Alter von 3,4–3,5 Milliarden Jahren ein Zeugnis der ältesten bekannten Zellen von Cyanobakterien darstellen dürfte.

gefunden hat, dann kann man ermessen, welche gewaltige Größe der verborgene untere Teil des Lebensbaums hat: Er ist etwa vier- bis fünfmal so groß wie der obere, der die gesamte Entwicklungsgeschichte der Pflanzen und Tiere umfasst. In der unglaublich langen Zeit von drei Milliarden Jahren, die dem Auftauchen der ersten aus Fossilien bekannten Pflanzen und Tiere vorausgingen, scheint das Leben fast auf der Stelle getreten zu haben. Stromatolithen und Mikrofossilien sehen nicht sehr unterschiedlich aus, ob sie nun eine oder drei Milliarden Jahre alt sind. Aber dieser Eindruck von Stillstand ist irreführend. Im Schatten der Stromatolithen spielten sich Ereignisse von grundlegender Bedeutung ab; sie bereiteten die große, explosionsartige Vermehrung der Lebensformen vor, die vor 600 Millionen Jahren eintrat.

Nach den versteinerten Spuren zu schließen, waren die Bakterien vor 3,5 Milliarden Jahren vielgestaltig und hochentwickelt. Möglicherweise gehörten zu ihnen schon Vertreter der vollkommensten phototrophen Organismen, die wir heute kennen. Diesen frühen Lebensformen gingen sicher andere, einfachere voraus, und noch früher gab es den gemeinsamen Vorläufer allen Lebens. Wann entstand dieses Urlebewesen? Vielleicht schon vor 3,8 Milliarden Jahren – diese Vermutung ergibt sich aus physikalischen Analysen versteinerter Kohlenstoffablagerungen (Kerogen), die sich auf diese Zeit datieren lassen. Solche Ablagerungen zeigen eine Anreicherung von Kohlenstoffatomen mit der Atommasse 12 (das heißt, mit der zwölffachen Masse eines Wasserstoffatoms) im Vergleich zu den Atomen mit der Masse 13. Diese Anreicherung des leichteren Isotops im Vergleich zu der schwereren Variante ist ein charakteristisches Merkmal biologischer Kohlenstoffaufnahme. Eine Obergrenze von vier Milliarden Jahren für das Alter der ersten Lebensformen ergibt sich aus den Bedingungen, die vermutlich auf der Erde zu Beginn ihrer Geschichte herrschten. Nach Aussagen der Fachleute kondensierte die Erde vor etwa 4,5 Milliarden Jahren aus einer Gas- und Staubwolke. Während der dann folgenden 500 Millionen Jahre eignete sich der junge Planet, der von Asteroideneinschlägen erschüttert und von gewaltigen Vulkanausbrüchen zerrissen wurde, noch nicht als Heimat für Leben.

Der gemeinsame Vorfahre aller Lebewesen tauchte wahrscheinlich vor etwa 4,0 bis 3,8 Milliarden Jahren auf der Erde auf. Auch wenn wir wissen, dass solche Zahlen unsicher sind, wollen wir sie übernehmen, denn es sind die besten Schätzungen, die man nach dem derzeitigen Stand des Wissens abgeben kann.

Was ist eigentlich ...

Kerogen, Kerabitumen, in herkömmlichen organischen Lösungsmitteln und wässerigen alkalischen Lösungen unlöslicher Bestandteil der organischen Materie des Sedimentgesteins. Der Großteil der organischen Materie liegt weltweit in Form des Kerogens vor. Seine chemischen und physikalischen Eigenschaften sind stark von der Art der Komponenten, aus denen es gebildet wurde, und von diagenetischen Umwandlungen dieser Komponenten abhängig. Kerogen wird während der Diagenese aus unterschiedlichen organischen Ausgangsmaterialien wie Bakterien, Plankton und Pflanzen gebildet. Durch diagenetische Umwandlung kann aus Kerogen Erdöl und Erdgas entstehen.

Was ist eigentlich ...

Isotope, Atome des gleichen Elements mit unterschiedlicher Atommasse. Sie besitzen dieselbe Zahl an Protonen und Elektronen, unterscheiden sich aber durch die Zahl der Neutronen im Atomkern. Das Kohlenstoffisotop ^{12}C hat in der Hülle sechs Elektronen und im Kern jeweils sechs Protonen und Neutronen, bei ^{13}C sind es dagegen sechs Protonen und sieben Neutronen. Bei der Kohlenstoffassimilation durch phototrophe Organismen wird das leichtere Isotop bevorzugt eingebaut. Durch Messungen der Mengenverhältnisse der beiden Isotope in alten Kohlenstoffablagerungen kann man also Rückschlüsse darauf ziehen, ob zu der Zeit, als die Ablagerungen entstanden, biologische Aktivität vorhanden war.

Die Wiege des Lebens

Wo nahm das Leben seinen Anfang? Die naheliegende Antwort, dass das Leben auf der Erde entstanden ist, ist nicht unumstritten, vor allem aus Zeitgründen. Nach den gerade beschriebenen Befunden sieht es so aus, als hätten höchstens 200 Millionen Jahre zur Verfügung gestanden, damit der gemeinsame Vorfahre der Lebewesen aus den Materialien entstehen konnte, die der zuvor leblose Planet anzubieten hatte. Das ist zwar wenig im Vergleich zur gesamten Geschichte des Lebens auf der Erde, aber absolut gesehen ist es dennoch ein langer Zeitraum. Wenn man die ganze christliche Epoche von 2 000 Jahren als einen Zentimeter darstellt, dann ist die Zeit, die für die Entstehung des Lebens zur Verfügung stand, einen Kilometer lang. Dennoch ist dies in den Augen mancher Menschen zu wenig für die Entstehung eines so komplexen Gebildes wie einer Bakterienzelle. Diese Ansicht geht auf eine frühere Überzeugung zurück, die die meisten Fachleute heute nicht mehr teilen: Danach entstand das Leben in einem äußerst langwierigen und langsamen Prozess, vielleicht zu langwierig und zu langsam für unseren Planeten. Diese Meinung ist einer der Gründe für die Vermutung, das Leben könne aus dem Weltraum auf die Erde gekommen sein.

Die Möglichkeit, das Leben könne außerirdischen Ursprungs sein, wurde immer wieder durchgespielt. Aufgestellt und mit fast fanatischem Eifer vertreten wurde die Theorie um die Jahrhundertwende von Svante Arrhenius, einem schwedischen Chemie-Nobelpreisträger; er prägte den Begriff „Panspermie" für seine Überzeugung, dass Samen des Lebens überall im Weltraum vorhanden sind und ständig auf die Erde regnen. Ebenso energisch traten Fred Hoyle (1915–2001), ein berühmter britischer Astronom, und sein Kollege Chandra Wickramasinghe, ein Astronom aus Sri Lanka, in jüngerer Zeit für eine abgewandelte Form dieser Theorie ein; sie behaupteten, Viren und Bakterien entstünden ständig in den Schweifen der Kometen und fielen mit den Teilchen des Kometenstaubes auf die Erde. Manche dieser Keime sind danach Krankheitserreger und können Epidemien auslösen, die nach Ansicht der beiden Wissenschaftler entscheidend zur Entwicklung der Menschheitsgeschichte beigetragen haben. Sie spekulierten sogar, die Nase könne in der Evolution des Menschen als Schutz gegen solche Krankheiten entstanden sein, deren außerirdische Erreger mit Regentropfen eingeatmet werden. Eine andere Theorie mit der Bezeichnung „gerichtete Panspermie" stammt von Francis Crick (1916–2004), der mit der Doppelhelix berühmt wurde, und Leslie Orgel (1927–2007), einem Pionier der präbiotischen Chemie. Die beiden in Großbritannien geborenen amerikanischen Wissenschaftler äußerten die Vermutung, die ersten Keime des Lebens könnten mit einem Raumschiff auf die Erde gelangt sein, das von einer weit entfernten Zivilisation geschickt wurde.

Porträt

Arrhenius, *Svante August,* schwedischer Physichochemiker, * 19.2. 1859 Gut Wijk, † 2.10. 1927 Stockholm; ab 1895 Professor in Stockholm, seit 1905 Direktor des Nobelinstituts für physikalische Chemie in Stockholm; Entdecker der Gesetze der elektrolytischen Dissoziation (1887); Begründer der Lehre der chemischen Reaktionen in wässriger Lösung (Ionentheorie), ferner Arbeiten zur Reaktionskinetik (Arrhenius-Gleichung, 1889); begründete 1906 die Panspermie-Lehre, nach der das Leben durch Meteorite auf die Erde gelangt sein soll (Kosmozoentheorie); erhielt 1903 den Nobelpreis für Chemie für seine Arbeiten zur Dissoziation.

Angesichts derart angesehener Befürworter kann man die Panspermie kaum abtun, ohne diese wenigstens anzuhören. Die Kritiker der Theorie führten an, Lebewesen könnten unmöglich der starken Strahlung widerstehen, der sie im Weltraum ausgesetzt wären. Aber diese Behauptung ist umstritten. Nach Ansicht der Befürworter kann das Leben aus Zeitmangel nicht auf der Erde entstanden sein. Wie sie allerdings zu der Einschätzung gelangen, dass 200 Millionen Jahre für die Entwicklung von Leben nicht ausreichen, ist nicht ganz klar. Die eigentliche Frage lautet: Haben wir handfeste Indizien, auf die sich eine solche Vermutung gründen könnte? Für ein Raumschiff oder seine Entsender gibt es solche Indizien nicht. Anders sieht es bei Kometen und anderen Himmelskörpern, wie Meteoriten, aus.

Solche Objekte enthalten organische Moleküle, wie man sie auch in Lebewesen findet. Nach Ansicht der meisten Fachleute entstehen diese Verbindungen durch einfache chemische Reaktionen, die sich „da draußen" abspielen. Sie stammen nicht von Lebewesen. Bisher

Zum Weiterlesen ...

Die Hypothese der gerichteten Panspermie vertritt Francis H. Crick in *Das Leben selbst. Sein Ursprung, seine Natur* (München 1983)

Der Willamette-Meteorit im American Museum of Natural History in New York City.

69

gibt es keine auch nur annähernd überzeugenden Hinweise, dass solche Lebewesen existieren.

Fairerweise müssen wir die Frage offenlassen, bis die Meinungsverschiedenheiten beigelegt sind. Gesunder Menschenverstand und begrenzter Platz legen allerdings nahe, sie in der weiteren Erörterung zu übergehen. Die beste Begründung dafür lautet: Selbst wenn man annimmt, dass das Leben aus dem Weltraum auf die Erde kam, bleibt immer noch die Frage, wie es entstanden ist. Deshalb gehe ich davon aus, dass das Leben genau da geboren wurde, wo es sich auch heute befindet: auf der Erde.

Wie wahrscheinlich ist das Leben?

Wie ist das Leben entstanden? Würde es wieder geschehen, wenn es gelänge, die Zeit zurückzudrehen, sodass die Ereignisse vor dem gleichen Hintergrund noch einmal ablaufen könnten, oder wenn die gleichen Voraussetzungen auf einem anderen Planeten noch einmal gegeben wären? Und wenn ja, wäre es dann Leben, wie wir es kennen, oder wäre es ganz anders? Auf diese Fragen hat die Wissenschaft bisher keine Antwort gefunden. Stattdessen gibt es eine Fülle von Theorien, die geprägt sind von den wissenschaftlichen Spezialgebieten, philosophischen Einstellungen oder ideologischen Vorurteilen ihrer Urheber. Zwei Denkschulen gehen sogar soweit zu behaupten, der Ursprung des Lebens sei keine echte Frage, die man wissenschaftlich untersuchen könne. Sie führen für diese Meinung sehr unterschiedliche Gründe an, aber in beiden Fällen wurzelt die Begründung in der Überzeugung, dass Leben ein äußerst unwahrscheinliches Phänomen ist. In den Augen der Kreationisten ist es so unwahrscheinlich, dass nichts außer unmittelbarem göttlichem Eingreifen auch nur die Entstehung der einfachsten Lebewesen erklären könnte. Die vernunftbetonteren Fachleute, die von der Unwahrscheinlichkeit des Lebens überzeugt sind, lehnen diese Behauptung ab und weisen darauf hin, dass der Zufall ständig sehr unwahrscheinliche Ereignisse hervorbringt. Aber gerade weil solche Ereignisse sehr unwahrscheinlich sind, sind sie auch einzigartig und nicht wiederholbar, und deshalb entziehen sie sich der wissenschaftlichen Untersuchung. Zur Erklärung dieser Ansicht möchte ich ein Beispiel aus dem Bridgespiel heranziehen.

Bridge ist ein Kartenspiel für vier Spieler; man spielt es mit einem Blatt von 52 Karten, jeweils 13 Pik, Herz, Karo und Kreuz. Die Karten werden gemischt und einzeln rund um den Tisch verteilt. Angenommen, ein Spieler bekommt alle 13 Pik-Karten. Das würde er natürlich als unglaubliches Glück bezeichnen, zu Recht. Die Wahrscheinlichkeit, alle 13 Pik-Karten zu erhalten, beträgt eins zu

635 Milliarden. Ganze Heerscharen von Bridgespielern könnten Jahrhunderte lang Tag und Nacht spielen, ohne dass auch nur ein einziges Mal alle Pik-Karten bei einem Spieler landen. Soweit ich weiß, ist dieser Fall in den gesamten Annalen des Bridgespiels nicht verzeichnet. Der erste, dem ein solcher erstaunlicher Zufall widerfährt, wird Weltruhm erlangen. Sein Name wird in jeder Bridgespalte und in jedem Bridgebuch erscheinen. Das ist alles sehr richtig und verständlich, nur besteht für jede andere Kartenkombination genau die gleiche Wahrscheinlichkeit – eins zu 635 Milliarden. Meist ist das Blatt nur nicht so aufsehenerregend, dass es in die Geschichte eingeht.

Dabei gilt es zu beachten, dass ich in meine Schätzung noch nicht die Karten der anderen Spieler einbezogen habe. Wenn es um die gesamte Kartenverteilung geht, liegt die Wahrscheinlichkeit für eine bestimmte Kombination bei 50 Milliarden Milliarden Milliarden (5×10^{28}). Selbst wenn alle Menschen, die es jemals gegeben hat, während ihres ganzen Lebens nichts anderes getan hätten, als Tag und Nacht Bridge zu spielen, wäre die Wahrscheinlichkeit, dass die Verteilung von heute Abend schon einmal vorgekommen ist, sehr gering. Dennoch geraten die Spieler in keinem Bridgeclub in Aufregung über das außerordentlich unwahrscheinliche Ereignis, das sie bei jedem Austeilen der Karten miterleben.

Dieses Beispiel macht eine einfache Tatsache deutlich, derer man sich nicht immer bewusst ist: Einzelne höchst unwahrscheinliche Ereignisse finden ständig statt, und niemand schenkt ihnen Beachtung, es sei denn, an dem Ereignis ist etwas Besonderes. Die Entstehung des Lebens, so wurde gesagt, war ein solches Ereignis, ein unglaublicher Zufall, so als wenn man alle 13 Pik-Karten bekommt, aber die Gesetze der Wahrscheinlichkeit verletzt es nicht.

Wäre das der Fall, würden wir unsere Zeit verschwenden, wenn wir versuchen, den Ursprung des Lebens wissenschaftlich zu erklären. Eine ganze Reihe anerkannter Fachleute hat diese Behauptung erhoben. Manche haben sie bis zur logischen Schlussfolgerung weitergetrieben: Wenn Leben ein höchst unwahrscheinliches Zufallsprodukt ist, dann hat es in keiner wie auch immer gearteten kosmologischen Sichtweise einen Platz. Dann könnten Milliarden Planeten die gleiche Geschichte durchmachen wie die Erde, ja es könnten sogar Milliarden Urknalle Milliarden Universen wie unseres entstehen lassen, und nirgendwo gäbe es Leben. Seine Entstehung wäre ein *lusus naturae*, eine Laune der Natur. Oder mit den Worten Jacques Monods, eines der größten französischen Biologen: „Das Universum trug das Leben nicht in sich."

Diese Aussage hat tief greifende philosophische Folgen, wobei ich an dieser Stelle nur die wissenschaftliche Haltbarkeit des Wahr-

Porträt

Monod, Jacques Lucien, franz. Biochemiker, * 9.2.1910 Paris, † 31.5. 1976 Cannes; ab 1946 Laborleiter, seit 1971 Direktor des Institut Pasteur in Paris, ab 1955 Professor für Stoffwechselchemie in Paris; Forschungen über stoffwechselchemische Vorgänge und die Kinetik des Bakterienwachstums; entdeckte mehrere Enzyme; grundlegende Arbeiten zum Mechanismus der Genexpression, der Genregulation und der allosterischen Umwandlung von Proteinen; erhielt 1965 zusammen mit François Jacob und André Lwoff (1902–1994) den Nobelpreis für Medizin für die Erforschung der Genregulationsvorgänge (speziell bei der Enzymsynthese von Viren).

scheinlichkeitsarguments untersuchen möchte. Seine Logik ist nicht zu widerlegen, vorausgesetzt, wir haben es wirklich mit einem Einzelereignis zu tun. Aber das Auftauchen des Lebens kann vermutlich kein Einzelereignis gewesen sein. Um diese Aussage zu verdeutlichen, verwendet Hoyle den Vergleich mit einer Boeing 747, die flugfertig aus einem vom Sturm verwüsteten Schrottplatz entsteht. Die Möglichkeit, dass eine lebende Zelle in einem Schritt zusammenkommt, ist noch unendlich viel weniger wahrscheinlich als die Selbstmontage einer Boeing 747 – wenn man bei Unmöglichem überhaupt noch von Abstufungen reden kann. Nur durch Spontanentstehung – also ein Wunder – könnte so etwas zustande kommen, und Wunder liegen definitionsgemäß außerhalb des Bereichs wissenschaftlicher Untersuchungen. Sie sind die letzte Rettung, wenn alle Versuche einer vernünftigen Erklärung fehlgeschlagen sind – und ob das der Fall ist, kann man meist nicht sicher sagen, denn vielleicht fehlen für eine Erklärung nur die Kenntnisse, wie so oft in der Vergangenheit. Aber was den Ursprung des Lebens angeht, sind wir noch weit von diesem Punkt entfernt. Auf diesem Gebiet blüht eine Fülle, ja fast sogar ein Übermaß, an aufschlussreichen Erkenntnissen und reizvollen Ideen.

Allein das Cockpit einer Boeing 747 ist aus zahlreichen Bauteilen zusammengesetzt.

Eine Boeing 747 wird Stück für Stück in sehr vielen Schritten zusammengesetzt. Zuerst werden die Rohstoffe veredelt oder synthetisch hergestellt und zu einer Vielzahl von Teilen verarbeitet. Diese Teile werden dann zu Baugruppen zusammengefügt, sodass Triebwerke, Rumpf und Tragflächen, Leitwerk, Fahrwerk, elektronische Schaltkreise und alle anderen Teile des Flugzeugs entstehen. Erst in der Endmontage setzt man schließlich alle Teile zusammen. Beim Aufbau einer lebenden Zelle laufen andere Schritte ab, aber das Prinzip ist das gleiche. Da das Endprodukt ein höchst komplexes Gebilde ist, muss es notwendigerweise in einer ganzen Reihe von Schritten entstehen, und vielfach verläuft der Zusammenbau über Baugruppen.

Diese Überlegung lässt die Wahrscheinlichkeitsabschätzung völlig anders aussehen. Wir bekommen die 13 Pik-Karten nicht einmal, sondern Tausende von Malen hintereinander! Das ist schlicht unmöglich, es sei denn, die Karten sind gezinkt. Und Zinken bedeutet im Zusammenhang mit dem Aufbau der ersten Zelle, dass für die meisten Schritte *unter den jeweils herrschenden Bedingungen eine sehr hohe Wahrscheinlichkeit bestanden haben muss*. Würden sie nur mäßig unwahrscheinlich, müsste der Vorgang abbrechen, gleichgültig wie oft er beginnt, einfach aufgrund der Zahl der beteiligten Einzelschritte. Mit anderen Worten: Im Gegensatz zu Monods Behauptung trug das Universum doch das Leben in sich – und tut es wahrscheinlich immer noch.

Für mich ist diese Schlussfolgerung unausweichlich. Sie gründet sich auf Logik und nicht auf eine vorgefasste philosophische Lehrmeinung. Das heißt aber nicht, dass die Entstehung des Lebens einen festen, vorgezeichneten Verlauf nahm. Und noch weniger bedeutet es, dass nur eine Art von Leben möglich war oder ist. Auch ein deterministischer Weg hat Raum für Abzweigungen, Umleitungen, Unfälle und sogar für Chaos, genau wie Regenwasser auf vielen Wegen einen Berg hinunterfließen kann. Was zählt, sind die Gegebenheiten des Geländes. Eine glatte Oberfläche kann in viele Richtungen führen. Schon ein Kiesel kann den Verlauf eines Rinnsals ändern. Eine Felswand dagegen, die in eine Schlucht führt, zwingt das Wasser, in eine einzige Richtung zu fließen.

Vorsehung ausgeschlossen

Beim Bau einer Boeing 747 ist jeder einzelne Schritt nach einem genauen Entwurf des fertigen Produkts beabsichtigt, vorgeplant und organisiert. So kann es bei der Entstehung der ersten Zelle nicht gewesen sein. Damals musste jeder Schritt für sich allein sinnvoll sein – als Vorbereitung auf Kommendes kann man ihn nicht ansehen. Diese Objektivität lässt sich nur schwer durchhalten, denn wir kennen das Endergebnis, und unser ganzes Nachdenken über das Leben ist durch das Zweckprinzip bestimmt. Zellen sind offenkundig dazu vorgesehen, sich auf bestimmten Wegen zu entwickeln, Organe haben sich an bestimmte Funktionen angepasst, und Lebewesen eignen sich für bestimmte Umweltbedingungen – da drängt sich der Gedanke an einen Plan förmlich auf. Diese scheinbare Planmäßigkeit ließ eine ganze Denkschule entstehen, die behauptete, Lebewesen würden von einer letzten Ursache im aristotelischen Sinne des Wortes geprägt. Diese Lehre, der Finalismus, ähnelt dem Vitalismus, der glaubte, Lebewesen seien von einem Lebensprinzip beseelt. Beide Ansichten sind heute im Wesentlichen verworfen. Die Planung hat der natürlichen Selektion Platz gemacht, und das Lebensprinzip liegt neben Äther und Phlogiston auf dem Friedhof der überholten Vorstellungen.

Heute erklärt man das Leben streng nach den Gesetzen von Physik und Chemie. Und unter ähnlichen Gesichtspunkten muss man auch seine Entstehung beschreiben.

Die Zeitalter des Lebens

Geschichte ist ein ununterbrochener Ablauf, den wir im Nachhinein in Epochen, wie Stein-, Bronze- und Eisenzeit, unterteilen; jedes dieser Zeitalter war von einer wichtigen Neuerung geprägt, die zu den

Zeitalter	Millionen Jahre
Entstehung der Erde	4 550 vor heute
1. Chemie 2. Information } 3. Protozelle	4 000–3 800 vor heute
4. Einzeller	3 800–3 700 vor heute
5. Vielzeller	700–600 vor heute
6. Geist	6 vor heute
7. unbekannt	heute
Ende der Erde	5 000 nach heute

Die sieben Zeitalter des Lebens auf der Erde.

zuvor erworbenen Errungenschaften hinzukam. Das gleiche Prinzip gilt auch für die Geschichte des Lebens, die bisher sechs immer höhere Komplexitätsebenen durchlaufen hat.

Am Anfang stand das Zeitalter der Chemie. Es umfasste die Entstehung mehrerer wichtiger Bausteine des Lebens bis hin zu den ersten Nucleinsäuren und wurde ausschließlich von den allgemeingültigen Prinzipien beherrscht, die über das Verhalten der Atome und Moleküle bestimmen.

Als nächstes folgte das Zeitalter der Information. Jetzt entwickelten sich die besonderen, informationstragenden Moleküle, die die neuen Vorgänge der Darwinschen Evolution und der natürlichen Selektion in Gang setzten, zwei Mechanismen, die es ausschließlich in der Welt des Lebendigen gibt.

Die dritte Epoche in der Geschichte des Lebens war das Zeitalter der Protozelle, jenes ersten lebenden Gebildes, das von einer Membran umgeben war und im Zusammenhang mit diesem Merkmal mehrere weitere wichtige Eigenschaften erwerben konnte. Dieses Zeitalter endete mit dem Auftauchen des gemeinsamen Vorfahren aller Lebewesen der Erde.

Was ist eigentlich ...

Einzeller, 1) i. w. S. (und umgangssprachlich) Sammelbezeichnung für alle aus nur einer Zelle bestehenden eukaryotischen und prokaryotischen Organismen (also auch die Bakterien); 2) i. e. S. (und fachwissenschaftlich) die einzelligen *Eucaryota*, die ursprünglichsten Eukaryoten. Aus letzteren haben sich sowohl die vielzelligen Pflanzen, Pilze als auch Tiere entwickelt.

Anschließend kam das Zeitalter der Einzeller, das mehr als zwei Milliarden Jahre dauerte. Es lässt sich in zwei große Phasen unterteilen, eine prokaryotische, die zu den heutigen Bakterien führte, und eine eukaryotische, die von einem viel höheren Organisationsgrad gekennzeichnet war und heute durch die Protisten vertreten ist, eine vielgestaltige Gruppe von Mikroorganismen.

Die eukaryotische Zelle läutete das Zeitalter der Vielzeller ein: Als neue Prinzipien kamen jetzt Zellverbände, Differenzierung, Musterbildung, Kommunikation und Zusammenarbeit hinzu. In dieses Zeitalter gehören alle Pflanzen, Pilze und Tiere und auch der Mensch;

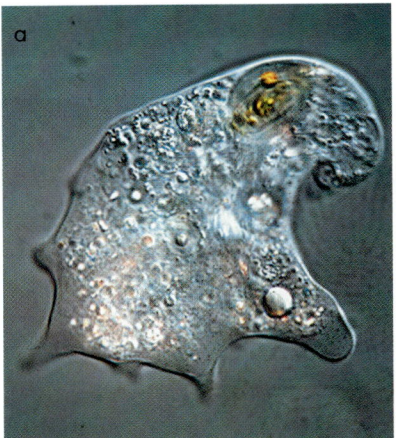
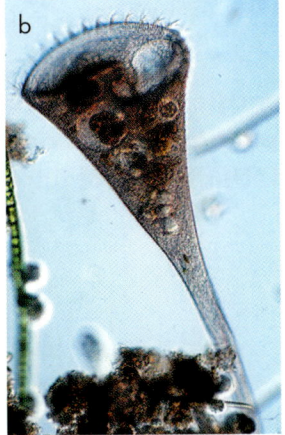

Beispiele für Einzeller: a) Amöbe aus Klärschlamm; b) Trompetentierchen *Stentor polymorphus;* c) Grünalge *Pediastrum granulatum.*

jede Gruppe ist dabei wiederum in einer aufsteigenden Komplexitätsreihe gegliedert, und für alle Stufen gibt es Beispiele unter den heute lebenden Organismen.

Zuletzt schließlich folgte das Zeitalter des Geistes, mit allen gesellschaftlichen und kulturellen Folgen sowie den zugehörigen moralischen Verantwortlichkeiten.

Das „Zeitalter des Unbekannten" ganz am Ende steht für die Zukunft des Lebens und seine zeitlosen Gesichtspunkte.

Grundtext aus: Christian de Duve *Aus Staub geboren. Leben als kosmische Zwangsläufigkeit*; Spektrum Akademischer Verlag (amerikanische Originalausgabe: *Vital Dust. Life as a Cosmic Imperative*; Basic Books; übersetzt von Sebastian Vogel).

Gott spielen

Lässt sich aus den Grundstoffen des Lebens eine künstliche Zelle bauen? Die Forscher auf dem Gebiet der „Synthetischen Biologie" sind davon überzeugt. Der Wettlauf um das erste menschengemachte Leben hat begonnen

Hubertus Breuer

So hätte man sich den Schöpfer nicht vorgestellt. Schmal, mit dünnem Haar und einer großen Brille, die ihn wie eine weise Eule aussehen lässt. Um ihn herum dunkles Holz, schweres Metall und bücherbeladene Regale. Und doch spielt dieser Mann Gott. Jack Szostak, der lächelnd in seinem Bürostuhl sitzt, ist Molekularbiologe am Klinikum der Harvard University in Boston. In dem angrenzenden Labor, das sich mit Arbeitstischen, Schläuchen, Petrischalen, Brutschränken und weißbekittelten Mitarbeitern kaum von anderen biochemischen Werkstätten unterscheidet, tüftelt sein Team daran, aus unbelebtem Material einen künstlichen Organismus zu schaffen. „Wir machen Fortschritte", sagt Szostak. „Es gibt wohl keine grundsätzlichen Hindernisse mehr, das Ziel zu erreichen."

Szostak experimentiert seit Jahren mit den Bausteinen des Lebens, genauer, mit Ribonucleinsäuren (RNA), evolutionären Vorläufern der Erbsubstanz DNA. Die liefern in Zellen die Baupläne für Eiweiße. Und Szostak experimentiert mit kleinen Bläschen aus Fettsäuren, die ihm als primitive Membrane für Zellvorläufer dienen.

Die meisten Forscher gehen heute davon aus, dass das erste mikroskopische Leben vor drei oder vier Milliarden Jahren aus RNA und solch schlichten Hüllen entstanden ist. Doch beweisen konnte das noch niemand. Deshalb will Szostak seinem Baukasten aus Elementarteilen nun selbst Leben einhauchen. Das Etikett des göttlichen Er-

schaffers weist er aber von sich. „Blödsinn. Es ist nur so: Um zu verstehen, wie das Leben entstand, baut man es am besten nach."

Die synthetische Biologie sieht die Zelle als Maschine

Um Szostaks Experimente herum, die er seit rund 15 Jahren betreibt, wuchs ein umtriebiger junger Forschungszweig. Heute soll „Synthetische Biologie" künstliches Leben schaffen. Alle Forscher dieser neuen Disziplin betrachten die Zelle, also die Grundeinheit des Lebens, als Maschine, welche sich fein säuberlich in ihre Einzelteile zerlegen und umgekehrt aus diesen auch zusammensetzen lässt. Mit diesem Baukastendenken hoffen zu Ingenieuren gewandelte Biologen, erstmals in der Geschichte des irdischen Lebens neue Urzellen zu schaffen.

Die Forscher beschreiten dabei zwei gegensätzliche Wege. Die einen experimentieren, wie Szostak, *bottom up*, von unten her mit den Urelementen des Lebens, in der Hoffnung, dem Urgebräu könnte ein funktionierender, einzelliger Organismus entspringen. Die anderen wollen die Essenz des Lebens finden, indem sie das Erbgut eines existierenden Mikroorganismus auf so wenig Gene wie möglich eindampfen – *top down* nennt sich das. Eine dritte Gruppe begnügt sich mit Designermikroben. Wie begabte Mechaniker, die kreativ unter Motorhauben hantieren, bauen sie lediglich existierende Zellen nach ihren Wünschen um:

beispielsweise, um bestimmte chemische Wirkstoffe zu produzieren.

Öffentlich eingeläutet wurde die Ära dieses aufblühenden Forschungsgebiets vergangenes Jahr in Boston während einer Konferenz mit dem Titel „Synthetische Biologie 1.0". Dort erklärten Biotechnologen aus aller Welt das mikroskopische Leben offiziell zur Baustelle. Viele werkeln, keiner konnte aber bislang Erfolge vermelden.

Szostak will die biochemische Eigendynamik ausnutzen, welche die Ingredienzien des Lebens unter ganz bestimmten Bedingungen im Labor entwickeln können. In modernen Zellen liefert der DNA-Code Vorschriften, Eiweißstoffe zu bilden, die den chemischen Prozess des Lebens am Laufen halten. Dazu braucht die DNA einen Mittler, der diese Befehle übersetzt – spezielle Ribonucleinsäuren. Szostaks über Jahre durch evolutionäre Auslese gewonnene RNA-Moleküle hingegen fertigen ohne jegliche Hilfestellung Kopien von sich selbst an. Das bedeutet dreierlei: Sie liefern Erbinformation, setzen diese auch selbst um – und können somit biochemische Reaktionen lenken. So könnte der Beginn des Lebens ausgesehen haben. Szostaks RNA-Ketten, die verlässlich Kopien von sich anfertigen, sind bisher 14 RNA-Bausteine lang.

Die Zellstränge brauchen außerdem eine Hülle, in denen sie ihr Werk ungestört verrichten können. Da helfen Szostak sich aus Fettsäuren spontan zusammenschließende Blasen. Tragen diese Vorläufer der Zellhülle in sich RNA-Erbgut, nehmen sie weitere Fettsäuren aus ihrem Umfeld weit schneller auf als leere Blasen. Je schneller sich die RNA deshalb in diesen Hüllen teilt, desto schneller wächst die Membran – und kann sich auch umso schneller wieder teilen. So klappt die Evolution künstlichen Lebens im Reagenzglas. Das heißt: Sie könnte klappen. 14 Nucleotide sind viel zu mager, fassen viel zu wenig Steuerinformationen, um eine komplexe Zellmaschinerie am Laufen zu halten. „Wünschenswert wären mindestens 100 oder 200 Bausteine", erklärt Szostak.

Craig Venter geht wieder einmal den umgekehrten Weg

Genau andersherum geht Craig Venter vor. Der berühmt-berüchtigte Genpionier geht die Frage nach dem elementarsten Leben „von oben" an. Als Chef der Bio-Tech-Firma Celera lieferte er sich Ende der 1990er-Jahre einen spektakulären Wettlauf mit einem internationalen Konsortium, das Humangenom zu kartieren. Jetzt arbeitet er als Leiter des nach ihm benannten (und von ihm finanzierten) J. Craig Venter Institute in einem Vorort Washingtons mit dem Medizin-Nobelpreisträger Hamilton Smith an der Frage, wie groß wohl der minimale Genbausatz fürs Leben sei. Ihre Methode: Man nehme eine Mikrobe mit einem kleinen Genom und knipse der Reihe nach je ein Gen aus, bis klar wird, welche Schalter für das Leben unerlässlich sind. Dann synthetisiere man ein solches Genom, setze es in eine leere Bakterienhülle ein und warte darauf, dass der Motor des Lebens anspringt. „Vielleicht müssen wir anschieben", scherzt Venter.

Der Modellorganismus, den der flinke Sequenzierer verwendet, ist das Bakterium *Mycoplasma genitalium,* das in den menschlichen Geschlechtstrakten und Atemwegen lebt. 1995 veröffentlichte der Forscher den genetischen Code des harmlosen Parasiten, mit 517 Genen das Lebewesen mit dem kleinsten bekannten Erbgut. Jeder DNA-Informationsstrang, der bei dem Einzeller die Lichter ausgehen lässt, gilt ihm als Kandidat fürs genetische Basis-Set des Lebens. Doch der Prozess ist schwieriger als erwartet, da Gene oft im Verbund agieren und manche in der einen Umgebung, aber nicht in der anderen gebraucht werden. Das ersehnte Minimalgenom ist noch nicht in Sicht.

Doch ist das diffizile Meisterstück erst einmal gelungen, sollen in dem spartanischen Gengerüst im Modulverfahren Funktionsgene ein- und ausgebaut werden. Denn das neue Wesen soll ein Arbeitstier werden, etwa um in riesigen Mengen Wasserstoff als sauberen Energieträger zu produzieren oder Kohlendioxid aus der Atmosphäre umzuwandeln, damit der Erderwärmung Einhalt geboten wird. Eine Nummer kleiner macht ein Berufsvisionär wie Venter es nicht – dass der Erfolg keineswegs gesichert ist, erhöht nur den Reiz. Immerhin ist das US-Energieministerium von dem kühnen Vorhaben überzeugt genug, um es mit drei Millionen Dollar zu fördern.

Mancher Forscher will das Leben nur frisieren

Nicht jeder synthetische Biologe will gleich künstliches Leben von Grund auf schaffen. Es gibt in dem neuen Forschungsfeld auch diejenigen, die es bescheidener angehen und die Biomaschinen, die Jahrmillionen Evolution zuwege gebracht haben, nur nachträglich frisieren wollen. So arbeitet Jay Keasling von der University of California in Berkeley seit vier Jahren an Mikroben, die Artemisinin günstig herstellen sollen, einen heute noch kostspieligen Stoff zur Malariabekämpfung. Keasling, auf einer Farm in Nebraska aufgewachsen, gibt sich betont pragmatisch. „Ich will bald Ergebnisse sehen, und ich will, dass die Ergebnisse Menschen nützen", sagt er. Bislang beherrscht er neun von zwölf Syntheseschritten zur Produktion des kostbaren Stoffs. Und dann muss das Verfahren noch effizient gemacht werden. Eine Tagesdosis Artemisinin soll einmal nur 20 Cent kosten – ein Zehntel des Preises für das billigste heutige Präparat.

Vorhandene Mikroben mutwillig manipulieren, also kein wirklich neues, dafür aber anderes Leben schaffen, das will auch Drew Endy, Biotechnologie-Professor am Massa-

chusetts Institute of Technology (MIT) in Boston. Endy arbeitet an einem Katalog von DNA-Bausteinen, *biobricks* genannt, mit denen er Mikroben erweitern will. „Wäre es nicht schön, genetische Schaltkreise aus DNA-Fertigbauteilen zu entwerfen, so, wie wir heute elektronische Schaltkreise aus Transistoren, Fotodioden und so weiter bauen?" Der Biologe schwärmt von der Möglichkeit, Bakterien so zu programmieren, dass sie im Körper zum Beispiel geschädigtes Gewebe ausbessern. Die Serienproduktion der Mikrobenbausteine ist allerdings noch lange nicht in Sicht.

Bisher beschränken sich die Kunststücke der synthetischen Biologen darauf, Mikroorganismen als Reaktion auf ein bestimmtes „Signal" (meist einen chemischen Stoff) bestimmte Eiweiße herstellen zu lassen. Das hindert die Zellklempner nicht am Träumen. Selbst Endy würde aus seiner Lego-DNA eines Tages doch gerne einen kompletten Organismus zusammenstecken, nur ist der Baukasten eben nicht ausgereift. Noch weiter vom Erfolg entfernt sind die *bottom up*-Biologen. Der Nachweis, dass sich Leben tatsächlich aus toter Materie erschaffen lässt, steht weiterhin aus, auch wenn sie alle fest daran glauben.

Wie klein kann der Minimal-bauplan des Lebens sein?

Einige Molekularbiologen wollen es sich etwas leichter machen: Sie versuchen, Leben zu schaffen, das deutlich simpler ist als alles, was wir kennen. Seit dem vergangenen Jahr finanziert die Europäische Union das Projekt PACE – Programmable Artificial Cell Evolution –, ein sich über Europa und die USA ziehendes Netz von 15 Forschungsgruppen und Unternehmen, die kleine Nanomaschinen aus im Labor entwickelten Molekülsystemen anfertigen wollen, die unserem Verständnis von Leben genügen, aber völlig synthetisch aufgebaut sind – eben viel simpler als alle natürlichen Vorbilder.

Der Schutzheilige des Projekts ist ein kaum bekannter Ungar, Tibor Ganti, der sich 1975 das Modell eines „Chemotons" ausdachte, um zu erklären, wie eine Minimalzelle aufgebaut sein muss – egal ob der Natur entsprungen oder künstlich erschaffen. Ganti nannte drei Elemente: Sie braucht einen chemischen Motor, eine Hülle und sich reproduzierende Informationseinheiten. PACE will jetzt einen solchen Automaten im Reagenzglas erschaffen.

Die große Hoffnung bestehe darin, auch für solches „Leben light" Erbgut zu entwickeln, das sich spielend selbst kopiert, erklärt der an dem Projekt mitarbeitende Biochemiker Günter von Kiedrowski von der Universität Bochum. Ein erster Schritt seien kurze, der RNA ähnelnde synthetische Molekülstränge. „Wir hoffen, im Labor ein System mit diesem Erbgut und Membrankomponenten so zu füttern, dass sich eine rudimentäre Zelle spontan bildet." Wenn das gelingen sollte, müssen die Forscher allerdings noch den Stoffwechsel integrieren.

Es bleibt schwierig, das Rennen ist offen: Wird als Erstes eine Kolonie artifizieller Chemotone aufgeregt durchs Reagenzglas flitzen? Oder werden sich Szostaks der Natur abgeguckte RNA-Zellen zuerst vermehren?

„Solange es nur lebt", meint Szostak, „bin ich schon zufrieden. Aber ich glaube, wir könnten es in drei Jahren schaffen." Recht ungöttlich ergänzt er: „Wenn wir 20 Millionen Dollar hätten."

Aus: ZEIT Wissen 3/2005

Oktober 1996, die Jahreskonferenz der amerikanischen Gesellschaft für Wirbeltierpaläontologie tagt in New York. „Diese Treffen bestehen aus nach festgelegtem Zeitplan abgespulten Referaten, erzwungener Geselligkeit, dünnem Kaffee und trockenen Doughnuts", schreibt der amerikanische Paläontologe **Mark Norell**. Dann passiert die Sensation: Chen Pei-Ji, Professor vom chinesischen Nanjing Institute of Geology and Paleontology, zeigt außerhalb des offiziellen Programms Fotos eines neuen Fossils, das er in der nordchinesischen Provinz Liaoning gefunden hat. Es ist ein kleiner räuberischer Dinosaurier mit Federn – der erste fossile Beweis, dass die Dinosaurierverwandten der Vögel gefiedert waren.

„Fast zehn Jahre später sieht es so aus, als gebe es mehr gefiederte Dinosaurier, als wir zählen können, und der Unterschied zwischen Dinosauriern und Vögeln verwischt sich. Allerorten wurden Dinosaurier einer neuen Betrachtung unterzogen, bis hin zu der extremen Einschätzung, dass selbst so bekannte Dinosaurier wie *Tyrannosaurus rex* zumindest in manchen Lebensabschnitten gefiedert waren", sagt Mark Norell, der an dieser Entwicklung großen Anteil hat. In der heftigen Debatte um diese Fragen bezieht er klare Positionen. Da können „uneinsichtige" Kollegen schon einmal heftigen Gegenwind zu spüren bekommen.

Norell wird 1957 in St. Paul, Minnesota, geboren. Kindheit und Jugend verbringt er in Südkalifornien. Seinen Bachelor macht Norell 1980 an der Long Beach State University, seinen Master of Science 1983 an der Diego State University und seine Promotion 1988 an der Yale University. Heute arbeitet er als Kurator am American Museum of Natural History in New York.

„So gern wir uns auch einreden möchten, Wissenschaft sei kühl und berechnend und wir Wissenschaftler wüssten genau, was unser nächster Schritt ist – sie ist es nicht, und wir wissen es nicht. Die besten Ideen kommen immer irgendwo aus dem Nichts. Sie kommen um fünf Uhr morgens angeflogen, wenn man erschöpft im Bett liegt oder wenn das Letzte, an das man denkt, Wissenschaft oder Paläontologie ist." Mark Norell beherrscht diesen Flug der Gedanken offenbar perfekt. Er arbeitet an neuen Methoden zur Untersuchung von Fossilien. Seine Bücher gewinnen regelmäßig Preise. Expeditionen führen ihn nach Patagonien, Kuba und Chile, in die Sahara, nach Westafrika und regelmäßig in die Mongolei. Zahlreiche Fossilienfunde gehen auf sein Konto. Darunter natürlich auch Saurier mit Federn.

Mark Norell

Wer hat gesagt, Vögel seien keine Dinosaurier?

Von Mark Norell

Im November 1996 wurde Alan Feduccia in *Science* mit den Worten zitiert: „Die Theropodenabstammung (Theropoden = ausgestorbene Großgruppe der Dinosaurier) der Vögel wird die größte Blamage für die Paläontologie im 20. Jahrhundert werden." Das war keine gleichmütige Bemerkung. Die Wissenschaft ist nicht immer eine vornehme Welt höflicher Diskurse. Bei so vielen bedeutenden Fossilien, die sich direkt auf die von starkem Medienrummel begleitete Kontroverse um den Ursprung der Vögel auswirken, war es fast zu erwarten, dass es böses Blut gibt. Im Zentrum der Kontroverse steht eine einzige Frage: Ist der phylogenetische Ursprung der modernen Vögel bei den Dinosauriern zu suchen? Auch wenn die These, dass sich

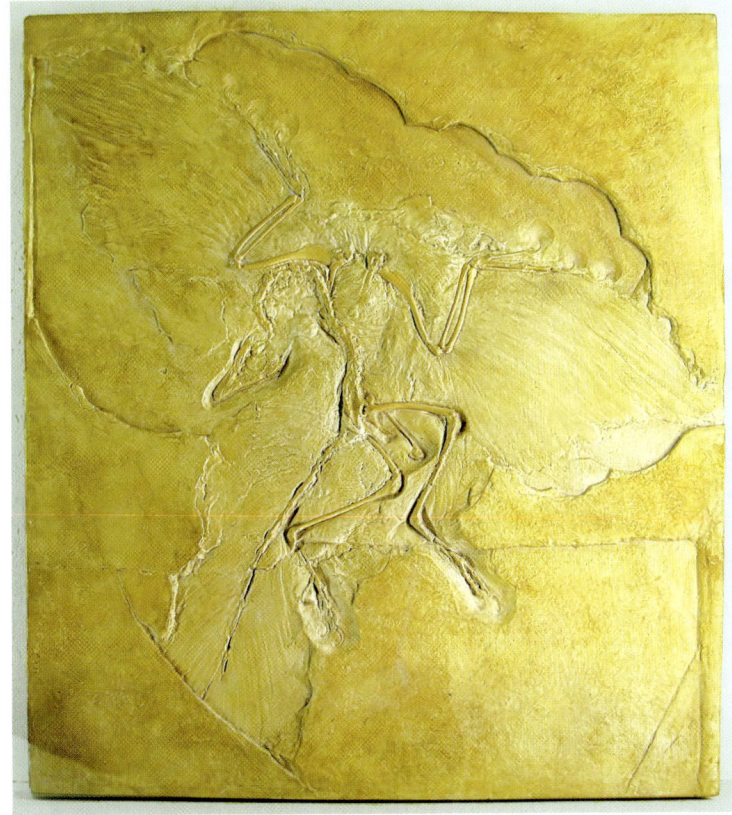

Archaeopteryx lithographica H. v. Meyer aus dem oberen Weißjura von Bayern.

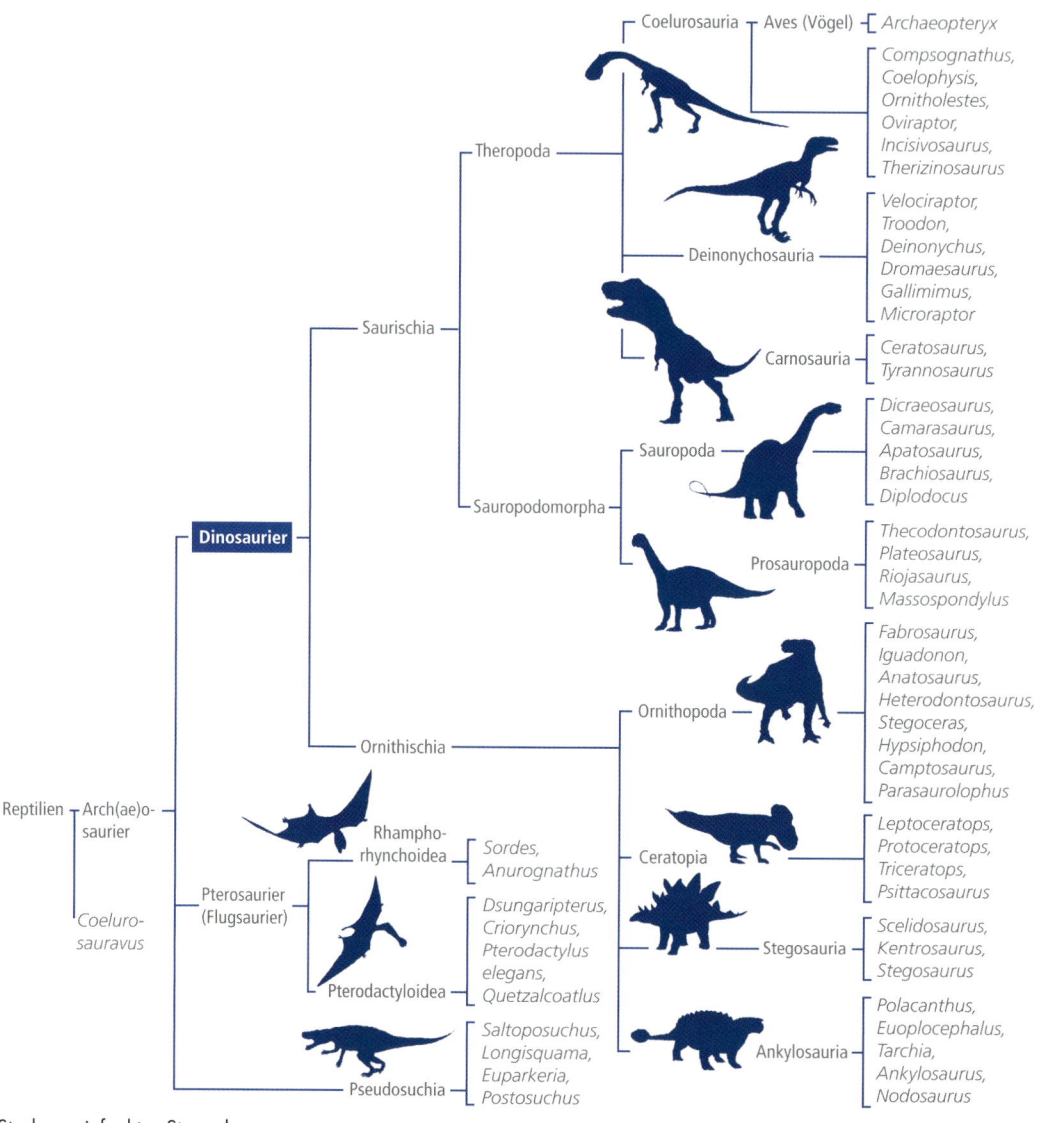

Stark vereinfachtes Stammbaum-
schema der Dinosaurier (Saurischia und Ornithischia).

Aviane (Aves = Vögel und ihre ausgestorbenen nächsten Verwandten) aus Dinosauriern entwickelt haben, heute im Mittelpunkt der hitzigen Debatte steht, ist diese Idee keineswegs neu. Der erste, der die Theorie aufstellte, Dinosaurier und Vögel seien verwandt, war Thomas Huxley (1825–1895), eine bedeutende Persönlichkeit der viktorianischen Paläontologie. Huxley war ein geschickter Anatom und ein eifriger Verfechter von Darwins Theorie einer Evolution durch natürliche Selektion. Er war auch der erste, der die Skelette moderner Vögel anatomisch eingehend untersuchte und über seine Ergebnisse schließlich 1868 und 1870 zwei Artikel veröffentlichte. Kurz nach Abschluss seiner Vogelstudien legte man Huxley Fossilien des räuberischen Dinosauriers *Megalosaurus* vor, die in England gefunden worden waren. Er erkannte, dass die Knochen dieses nichtavischen theropoden Dinosauriers fast identisch mit denen des *Archaeopteryx*-Exemplars waren, das das British Museum in London 1862 erworben hatte, sowie mit denjenigen moderner Vögel.

Im Jahr 1868 stellte Huxley in den Räumen der Royal Society seinen berühmtesten Artikel vor, in dem er die These vertrat, Vögel stammten von Reptilien, nämlich von Dinosauriern, ab. Als Beleg präsentierte Huxley eine Liste von 35 Merkmalen, die nichtavische Dinosaurier und Vögel teilen. Von diesen 35 Merkmalen stehen 17 – wie hohle Knochen und verlängerte Halswirbel – am Anfang des derzeitigen Datensatzes, der empirisch zeigt, dass die heute lebenden Vögel von Dinosauriern abstammen. Fast alle Dinosaurierpaläontologen unserer Zeit akzeptieren Huxleys Theorie vom Dinosaurierursprung der Vögel. Es gibt jedoch einige wenige, die anders denken.

Widerstand formiert sich

Die Entdeckung von gefiederten Dinosauriern sollte eigentlich jeden noch verbliebenen Zweifel an einer Verbindung zwischen Nichtvogel-Dinosauriern und Avianen beseitigt haben. Tatsächlich änderten viele in der akademischen Gemeinschaft, vor allem Ornithologen (Wissenschaftler, die sich mit den heute lebenden Vögeln beschäftigen, aber mit der paläontologischen Literatur weitgehend unvertraut sind), ihre Meinung, wie es alle Wissenschaftler gelegentlich tun müssen, und nahmen ihre vorherige Unterstützung für alternative Theorien zurück. Dennoch wiesen einige Paläontologen, die seit jeher die Theorie, Vögel könnten von theropoden Dinosauriern abstammen, mit geradezu talibanartiger Inbrunst bekämpfen, sofort nach Entdeckung der ersten Jehol-Exemplare (Jehol = alter geographischer Name für den westlichen Teil der Liaoning-Provinz in China) diese neuen Belege entschieden zurück.

Einige Vertreter dieser Gruppe haben sich zu einem lockeren Verbund zusammengeschlossen, der mit dem Kürzel BAND (*Birds Are Not Dinosaurs*; Vögel sind keine Dinosaurier) bezeichnet wird. BAND-Anhänger bilden ein Netzwerk von Neinsagern und Ungläubigen. Obwohl BAND nicht viele Mitglieder zählt, fallen diese wegen ihrer polemischen Rhetorik und ihres Unvermögens auf, sich mit modernen wissenschaftlichen Methoden auseinanderzusetzen.

Zu meinen deprimierendsten Momenten gehört es, wenn ich mich mit den Fehlinformationen und der schlechten Wissenschaft herumschlagen muss, die von BAND bei fast jeder Entdeckung zum Thema Ursprung der Vögel und gefiederte Dinosaurier mit missionari-

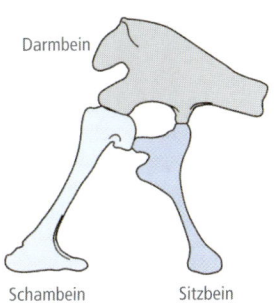

Darmbein

Schambein   Sitzbein

a

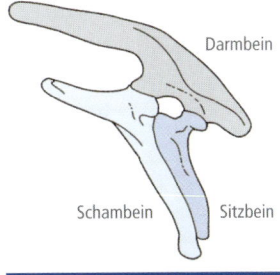

Darmbein

Schambein   Sitzbein

b

Bau des Beckens der Saurischia („Echsenbecken-Dinosaurier") und der Ornithischia („Vogelbecken-Dinosaurier"): a) Bei den Saurischia bilden die drei Beckenknochen Ilium (Darmbein), Ischium (Sitzbein) und Pubis (Schambein = schwarz, nach vorn gerichtet) ein dreistrahliges, „triradiates" Becken. b) Bei den Ornithischia (z. B. *Thescelosaurus*) entsteht durch Ausbildung eines vorwärts gerichteten Schambeinfortsatzes (*Processus praepubicus*) ein vierstrahliges, „tetraradiates" Becken, das infolge Konvergenz dem der Vögel ähnelt.

schem Eifer unter die Leute gebracht werden. Dabei sind diese Leute keineswegs dumm, und BAND-Mitglieder haben zu diesem Thema durchaus auch Beiträge geliefert. Die meisten ihrer Kommentare haben jedoch nichts mit Wissenschaft zu tun. Meiner Meinung nach hätten viele der von BAND-Mitgliedern verfassten Artikel mit dem Vorspann einer Fernsehserie eingeleitet werden sollen, mit der ich aufgewachsen bin: „Jenseits dessen, was dem Menschen bekannt ist, gibt es eine fünfte Dimension. Es ist eine Dimension so unendlich wie der Raum und so zeitlos wie die Ewigkeit. Es ist die Zwielichtzone zwischen Licht und Schatten, zwischen Wissenschaft und Aberglauben, und sie liegt zwischen dem Abgrund menschlicher Ängste und dem Gipfel seiner Erkenntnisse. Das ist die Dimension der Fantasie …" Die *Twilight Zone* bewies jedoch mehr Kreativität in ihrer Themenwahl.

Zu den entschiedensten BAND-Vertretern gehören Larry Martin, ein Paläontologe von der University of Kansas und einer der vier Amerikaner im Gremium der Academy of Natural Sciences in Philadelphia, das die „Entdeckung" der Liaoning-Fossilien (Liaoning = Provinz in Nordostchina, in der südlichen Mandschurei) verkündete, Storrs Olson, ein Ornithologe von der Smithsonian Institution, dessen Forschung sich auf Fossilien aus der nahen Vergangenheit konzentriert und der mit mir in dem Gremium saß, das die *Archaeoraptor*-Affäre untersuchte, Alan Feduccia, ein Ornithologe von der North Carolina State University, und John Ruben, ein Zoologe von der Oregon State University.

Ihre Reaktion auf die Entdeckung beflaumter und befiederter Dinosaurier in den Liaoning-Ablagerungen war nicht untypisch für ihre Methoden.

Zweifelhafte Methoden

Anfangs behaupteten einige BAND-Mitglieder, der „Dinoflaum" von *Sinosauropteryx* stelle keine federartige äußere Körperhülle dar, sondern es handele sich um innere Strukturen, die einen Kamm stützen, wie man ihn bei Leguanen findet. Um es mit Feduccias Worten zu sagen: „Was man sieht, ist eine dunklere Fläche, die vom Nacken bis zur Schwanzspitze läuft … Und dabei handelt es sich fast sicher um einen eidechsenartigen Kamm, der sich über den Rücken zieht. Das hat nichts mit Federn zu tun." Feduccia hat das Exemplar, um das es geht, natürlich nicht untersucht, bevor er sich derart äußerte. Ebenso wenig Ruben, der behauptete, er könne anhand einer Fotografie feststellen, dass die Lungenstruktur von *Sinosauropteryx* außerordentlich primitiv war, und somit jede Möglichkeit ausschließen, dass dieses Tier warmblütig war.

Was ist eigentlich ...

Archaeoraptor liaoningensis, Name für ein 1997 in der chinesischen Provinz Liaoning entdecktes Fossil, das man zunächst für das Bindeglied (*missing link*) zwischen Dinosauriern und Vögeln hielt. U. a. mithilfe von computertomographischen Untersuchungen konnte nachgewiesen werden, dass es sich um eine Fälschung handelte. Der Fossilienfund war aus verschiedenen Einzelteilen zusammengesetzt worden, um einen höheren Marktpreis zu erzielen.

Oben: Der Kopf von *Sinosauropteryx*, bei dem die Protofedern im Nackenbereich deutlich zu erkennen sind. Unten: Die Hautstrukturen im Nacken von *Sinosauropteryx* wurden manchmal mit dem Kamm auf dem Rücken eines Leguans verglichen. Bei genauerer Untersuchung lässt sich jedoch zeigen, dass der ganze Körper von *Sinosauropteryx* von diesen Strukturen bedeckt war und es sich nicht nur um eine „Irokesenbürste" längs des Rückens handelt.

Rezente Vögel haben stark abgewandelte Lungen, bei denen die Luft die Lungenwege in nur einer Richtung durchströmt. Oft dringen die Lungen (genauer, die Luftsäcke, die mit den Lungen in Verbindung stehen) sogar in die Hohlräume der Knochen ein. Die Ventilation der Lungen erfolgt durch eine Art Schaukelbewegung der Brusthöhle. Im Gegensatz zu Säugern ist die Bauchhöhle nicht durch ein Zwerchfell (Diaphragma) abgetrennt. Rubens Team kam zu dem Schluss, es gebe in der Brusthöhle von *Sinosauropteryx* eine Trennwand, demnach habe er keine Lunge vom Vogeltyp gehabt. Man beachte, dass das Vorhandensein einer Vogellunge unwesentlich ist, weil sich die Vogelatmung – wenn sie nicht speziell geschaffen worden ist – aus einem primitiveren System mit zwei Kammern entwickelt haben muss, die durch ein Diaphragma getrennt waren. Rubens Beleg für einen zweikammrigen Körper war ein dunkler Fleck auf dem Fossil, den er als

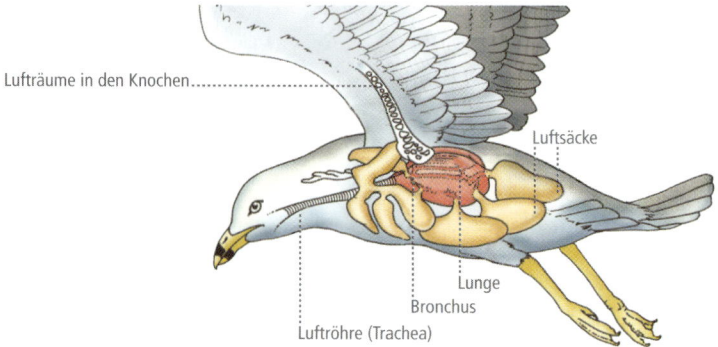

Lufträume in den Knochen

Luftsäcke

Lunge

Bronchus

Luftröhre (Trachea)

Das Atemsystem eines Vogels. Die Luftsäcke und die Lufträume in den Knochen sind Merkmale, die man nur bei Vögeln findet.

Leberrest interpretierte. Der Fleck schien eine sehr scharfe Vorderkante zu haben, was Ruben zu der Annahme veranlasste, die Körperhöhle sei wie bei Säugern und Krokodilen durch ein Diaphragma geteilt.

Es entbehrte nicht einer gewissen Komik, als der kanadische Paläontologe Phil Currie nachwies, dass die „Leber" von *Sinosauropteryx* nur ein Schmutzfleck aus Kohlenstoff und Kleber auf der Platte und

NGMC-97-4-A

Caudipteryx zoui, ein ungewöhnlicher flugunfähiger Nichtvogel-Dinosaurier. *Caudipteryx* gehört zu den häufigeren gefiederten Dinosauriern, und der Magen dieses Exemplars ist voller Gastrolithen, was man als Hinweis auf eine pflanzliche Ernährungsweise ansehen könnte. Die Vergrößerung zeigt Details der Federn an der Hand; abgesehen davon, dass die Fahnen symmetrisch sind, sind sie in ihrem Bau völlig modern.

die „Vorderkante" ein Artefakt war, das sich aus der Weise ergab, wie Plättchen des skelettführenden Gesteins abgesprungen waren.

Man hätte meinen sollen, die Beschreibung von *Caudipteryx*, einem kleinen Dinosaurier mit Federn desselben Typs wie diejenigen moderner Vögel, die ich 1998 zusammen mit Kollegen in *Nature* veröffentlicht habe, hätte diese Kritiker zum Schweigen gebracht. Da die Federn nicht wegzudiskutieren waren, wechselten die Kritiker die Angriffsrichtung und behaupteten nun, *Caudipteryx* sei ein früher Vogel und kein Dinosaurier; schließlich hatte er ja Federn, nicht wahr?

BAND plante und dirigierte diese Kampagne besser als ein politisches Aktionskomitee die Präsidentenwahl. In einem umstrittenen Artikel, der 2000 in *Nature* veröffentlicht wurde, versuchten Terry Jones (ein ehemaliger Ruben-Student), John Ruben und ihre Kollegen zu belegen, dass Zahlenverhältnisse, die aus Rumpf- und Extremitätenlängen von *Caudipteryx* berechnet wurden, stärker denjenigen von modernen bodenlebenden Vögeln ähneln als denen von ausgestorbenen Dinosauriern. In dem Artikel selbst behaupteten sie nicht, dies sei ein Hinweis darauf, dass *Caudipteryx* ein flugunfähiger Vogel war. Das sparten sie sich für die Pressemitteilung auf – eine beliebte Taktik. Bei genauerer Prüfung stellte es sich als schwierig heraus, ihre Analyse nachzuvollziehen, da mehrere der Messungen, von denen sie berichteten, entweder inkorrekt waren und von Knochen stammten, die so stark restauriert waren, dass jede Messung nur unpräzise sein konnte, oder auf Knochen basierten, die gar nicht existieren. Sie mögen sich darauf berufen, sich auf Rekonstruktionen anderer gestützt zu haben, aber es gibt keine Entschuldigung dafür, diese nicht mit der Originalbeschreibung abzugleichen, besonders dann, wenn diese Rekonstruktionen in einer populärwissenschaftlichen Zeitschrift erschienen sind. Aufgrund ihrer Pressemitteilung und der Vorliebe der Medien für kontroverse Storys wurde dies von einigen Sendern und Teilen der Presse als definitiver Beweis gegen die Existenz gefiederter Dinosaurier kolportiert. Als Reaktion auf dieses unserer Meinung nach unredliche Machwerk verfassten der Dubliner Paläontologe Gareth Dyke und ich für die Zeitschrift *Paleobiology* eine Erwiderung. Diese Erwiderung bekam viel Beifall von den Gutachtern, doch wie es das Protokoll der Zeitschrift verlangt, erhalten Autoren Gelegenheit, auf Kritik an ihrer Arbeit zu antworten. Ruben et al. haben jedoch niemals geantwortet, und der Artikel verstaubte auf dem Schreibtisch des Herausgebers und erschien erst Anfang 2005 in den *Acta Palaeontologica Polonia*.

Der Sargnagel für BAND hätten die Entdeckung von „Dave" (eines gefiederten Dinosauriers aus der Gruppe der Dromaeosaurier, die eng mit den Vögeln verwandt sind) und die Entdeckung unzweifelhafter Federn bei seinem Verwandten, dem Dromaeosaurier Chong, im Jahr 2001 sein müssen. Doch statt die Fakten zu akzeptieren, ver-

Was ist eigentlich ...

Caudipteryx [von latein. *cauda* = Schwanz und griech. *pteryx* = Feder, Flügel], bipeder, theropoder Dinosaurier aus der Gruppe der räuberisch lebenden Maniraptoren. Der kurze Schwanz ist fächerartig „befiedert". Die Vordergliedmaßen sind sehr kurz und tragen am zweiten Finger federartige Gebilde. Etwa truthahngroß hatte *Caudipteryx* nur wenige, sehr kleine Oberkieferzähne und eine schnabelförmige Schnauze. Die symmetrisch aufgebauten „Federn", aus Schaft und Federfahne bestehend, erinnern an Schwungfedern von Vögeln. Sie repräsentieren möglicherweise ein Vorläuferstadium der Vogelfeder. Doch konnte *Caudipteryx* mit ihnen nicht fliegen. Vielmehr dürften sie der Gleichgewichtsstabilisierung beim schnellen Lauf gedient haben. *Caudipteryx* kommt zusammen mit den verwandten „befiederten Dinosauriern" *Sinosauropteryx*, *Protarchaeopteryx* und dem Vogel *Confuciusornis* in der Unterkreide der chinesischen Provinz Liaoning vor.

Mick Ellisons zeichnerische Rekonstruktion eines stark gefiederten Daves. Die Körperbedeckung ist fossil belegt, die Tupfen und Streifen sind reine Mutmaßungen.

suchten BAND-Vertreter, Zweifel an der Echtheit der Exemplare zu wecken. So verkündete Martin: „Forscher sind schon früher mit raffinierten Fälschungen wie *Archaeoraptor* hinters Licht geführt worden, und es ist wichtig, dass das Fossil ein echter Dinosaurier und keine raffinierte Fälschung ist."

Einer der Hauptkritikpunkte von BAND hat wenig mit den Daten an sich zu tun; vielmehr geht es dabei um die Weigerung seiner Mitglieder, moderne systematische Methoden zu benutzen, um den Stammbaum von Avianen und Dinosauriern zu entschlüsseln. Kurz gesagt gilt für diese Methoden, dass wir Beobachtungen verwenden (Merkmale von Organismen, wie das Vorhandensein oder das Fehlen von Zähnen, Federn oder anderen Attributen), um eine Matrix zu schaffen. Diese Matrix enthält alle beobachteten Merkmale für alle Organismen, die geprüft werden. Ein Computerprogramm errechnet dann anhand dieser Matrix einen Stammbaum, der die geringste Zahl evolutionärer Transformationen (wie die Entstehung von Federn) erfordert. Wenn Daten dazukommen oder sich verändern, sei es durch die Analyse zusätzlicher Merkmale, durch die Entdeckung neuer Exemplare oder durch das Aufzeigen von Fehlern und Problemen im ursprünglichen Datensatz, lassen sich neue Stammbäume berechnen. Wenn diese neuen Stammbäume die Daten besser erklären (das heißt, weniger evolutionäre Transformationen benötigen), ersetzen sie die vorherigen Stammbäume. Man muss nicht unbedingt mögen, was dabei herauskommt, aber man muss es akzeptieren. Jeder echte Systematiker muss gegebenenfalls bereit sein, alles, was er geglaubt hat, über Bord zu werfen, es als Schrott zu betrachten und mit der neuen Befundlage weiterzuarbeiten. Das ist es, was uns von Klerikern unterscheidet.

Entschlüsselung von Stammbäumen

Von einigen geringfügigen Veränderungen abgesehen, ähnelt der aktuelle Stammbaum der theropoden Dinosaurier dem Stammbaum, den Jacques Gauthier von der Yale University 1986 vorgeschlagen hat. Gauthiers Stammbaum, der erste empirische Stammbaum, der für diese Tiere berechnet worden ist, ergab, dass mehrere höher entwickelte Dinosaurier eng verwandt waren – eine Gruppe, die er als Maniraptoren bezeichnete. Zu diesen Maniraptoren gehörten Formen wie Oviraptoren, Dromaeosaurier, Troodontiden und auch die Vögel (einschließlich *Archaeopteryx*).

BAND-Anhänger haben dies nie akzeptiert und stattdessen zwei mögliche Szenarien in den Raum gestellt: Dinosaurier seien mit einer Gruppe eng verwandt, die sich aus rezenten Krokodilen und ihren ausgestorbenen Verwandten zusammensetzt, oder sie gehören in

Was ist eigentlich ...

Maniraptora [von latein. *manus* = Hand und *raptor* = Räuber; die Benennung bezieht sich auf die mit Sichelkrallen bewehrten Finger der Hände], Maniraptoren, ausgestorbene, kleine bis mittelgroße, etwa 2 Meter lange, vogelähnliche, zu den Coelurosauria gehörende Theropoda aus der Gruppe der Dinosaurier. Maniraptoren wurden in der unteren Kreide von China (mit der befiederten *Caudipteryx*) in der unteren und oberen Kreide der Wüste Gobi von Kasachstan und Nordamerika und in der unteren Kreide von Süditalien gefunden. Sie besitzen eine dreifingrige Vordergliedmaße mit sichelförmigen Krallen zum Festhalten und Schlagen von Beutetieren; Schlüsselbeine zu einem U-förmigen Gabelbein (Furcula) verwachsen, so wie bei den Vögeln; sehr lange Hinterextremitäten, die als Laufbeine ausgebildet sind. Die federähnlichen Gebilde oder möglicherweise sogar schon echte Federn einiger Maniraptoren sind Indizien für eine enge Verwandtschaft mit den Vögeln bzw. deren Abstammung von den Theropoden.

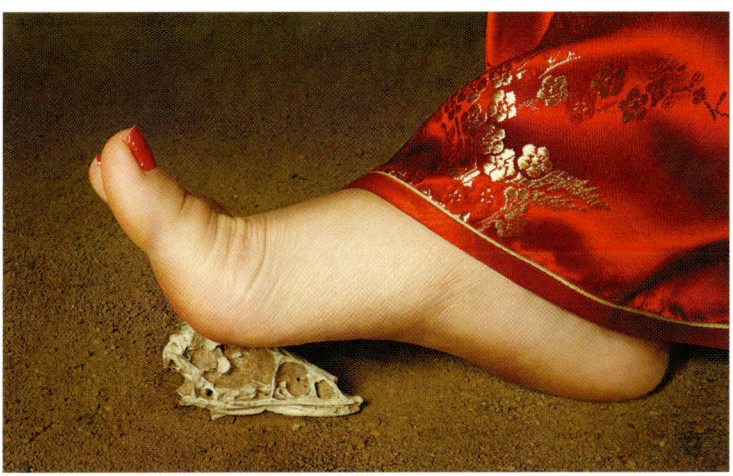

Nicht alle Dinosaurier waren groß. Hier der Schädel eines kleinen Troodontiden (eines Tiers, das dem Ursprung der Vögel nahe steht), wobei ein hübscher Fuß als Maßstab dient.

die Verwandtschaft einer nebulösen phantasmagorischen Gruppe namens Thecodontier. Die Forschung von BAND-Vertretern zielt nicht darauf ab, die Verwandtschaft von Dinosauriern zu entschlüsseln und Alternativen zur Vögel-Theropoden-Hypothese vorzuschlagen und zu prüfen; sie wollen einfach nur zeigen, dass diese Hypothese falsch ist. So hat Feduccia erklärt: „Es gibt Zeiten, in denen das Datenmaterial nicht ausreicht, um eine Hypothese zu formulieren."

Wie Richard Prum richtig entgegnet hat, können solche Aussagen nicht einmal als wissenschaftlich bezeichnet werden, weil sie sich nicht testen lassen und somit auf jede beliebige Schlussfolgerung anwendbar sind. Abgesehen von dem offensichtlichen Manko, keine modernen empirischen Techniken zu verwenden, um Stammbäume zu erstellen, weisen BAND-Anhänger oft auf drei in ihren Augen fatale Schwächen der Hypothese hin, nach der Vögel Dinosaurier sind: das Zeitparadoxon, demzufolge die relevanten Fossilien versetzt und in der falschen zeitlichen Reihenfolge gefunden werden, die – wenn man von der Embryonalentwicklung ausgeht – scheinbare Unvereinbarkeit der typischen Theropodenhand mit derjenigen eines Vogels und die angebliche Unmöglichkeit, dass sich der Flug vom Boden aus statt von den Bäumen herunter entwickelt hat.

Feduccia behauptet, dass die engsten Dinosaurierverwandten der Vögel (Dromaeosaurier und Troodontiden) zeitlich weitaus später auftreten als der erste „Vogel" *Archaeopteryx*. Seiner Ansicht nach folgt daraus, dass die Nachfahren (Vögel) früher in den Fossildaten auftreten als ihre Vorfahren (höher entwickelte theropode Dinosaurier). Ergo ist es unmöglich, dass Vögel von diesen Dinosauriern abstammen.

Wenn die Fossildaten vollständig wären, ja, dann würden wir erwarten, dass primitivere Tiere zeitlich früher auftauchen als höher entwi-

abge-leitetes Merk-mal	Taxon							
	Außengruppe	Innengruppe						
Schuppen aus β-Keratin	–	–	–	+	+	+	–	–
Milchdrüsen	–	–	–	–	–	–	+	+
Fell	–	–	–	–	–	–	+	+
Federn	–	–	–	–	–	+	–	–
Kropf	–	–	–	–	+	+	–	–
Krallen oder Nägel	–	–	–	+	+	+	+	+
Lunge	–	–	+	+	+	+	+	+
Kiefer	–	+	+	+	+	+	+	+
	Neunauge	Barsch	Salamander	Eidechse	Krokodil	Taube	Maus	Schimpanse

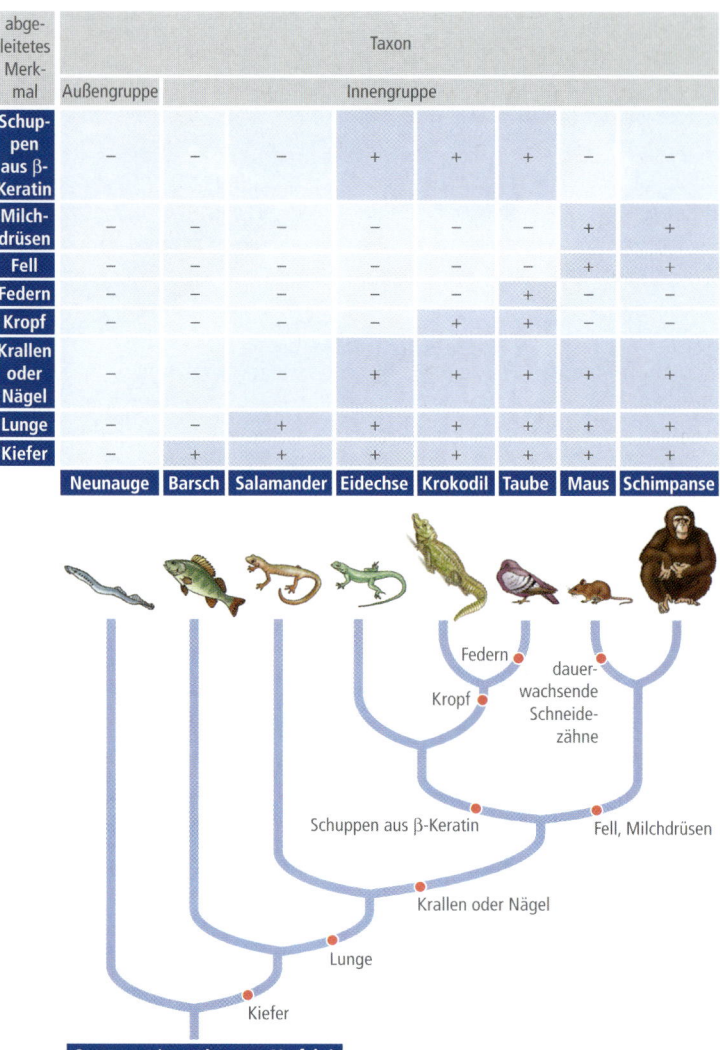

Rekonstruktion eines einfachen Stammbaums von acht Wirbeltieren nach jeweils typischen gemeinsamen abgeleiteten Merkmalen. Mit Ausnahme des als Außengruppe dienenden Neunauges weisen die Tiere mindestens ein abgeleitetes Merkmal auf.

ckelte; so sollten Tiere wie Dromaeosaurier früher auftreten als Vögel. Aber das ist nicht der Fall – und darauf beruft sich Feduccia. Die Fossilfunde sind jedoch nicht vollständig. Tatsächlich sind sie aus einer Reihe von Gründen, die mit der Stichprobennahme zu tun haben, sogar weit davon entfernt. In Wahrheit sind die Fossildaten derart unvollständig, dass es meines Erachtens überraschend wäre, alles in der richtigen Reihenfolge zu finden, sodass wir im Grunde nur die Punkte zwischen den gefundenen Fossilien verbinden müssten und einen Stammbaum hätten.

Überdies demonstriert Feduccia mit dieser Behauptung seine Unkenntnis evolutionärer Muster, denn er verwechselt die linearen Muster direkter Abstammung mit dem hierarchischen Verzweigungsmuster des Stammbaums. Auch wenn Vorfahr-Nachfahr-Beziehungen existieren müssen, fällt es uns schwer, sie in den Fossildaten zu erkennen. Daher hat niemand je behauptet, dass irgendein höher entwickelter Theropode der direkte Vorfahr der Vögel ist, sondern lediglich, dass Dromaeosaurier und Troodontiden mit Vögeln einen Vorfahren gemeinsam haben. Wenn die Evolution linear arbeitete, gäbe es heute nur eine einzige Form von Leben – eine einzige Linie würde Vor- und Nachfahren verbinden, von den Amöben bis zu uns. Stattdessen ist Evolution ein hierarchischer Prozess, bei dem sich Arten in neue Arten aufteilen, die Vielfalt wächst und Organismen miteinander verwandt sind, weil sie gemeinsame Vorfahren haben. Wir könnten Feduccias Argument des Zeitparadoxons allein aus Gründen der Stichprobennahme leicht entkräften. Fossilien dieser Tiere sind sehr selten, und wir können keine Stichproben erwarten, die so typisch für das Ganze sind, dass wir Fossilien in der stratigraphischen Schichtung in einem Muster angeordnet finden, das sich mit dem Muster der Stammbaumverzweigung annähernd deckt.

Aber es macht Spaß, bessere empirische Tests zu entwickeln. Vor ein paar Jahren erweiterten Chris Brochu von der Iowa State University und ich ein theoretisches Konzept, das ich mit meinen Kollegen am American Museum of Natural History, Mark Siddall und Diego Pol, erarbeitet habe. Siddall, Pol und ich entwickelten eine numerische Methode, die uns erlaubt zu prüfen, wie gut ein bestimmter Stammbaum mit der Reihenfolge des Auftretens von Fossilien übereinstimmt. Wir analysierten verschiedene Hypothesen über den Ursprung der Vögel, einschließlich der von BAND bevorzugten Annahme (im Grunde, dass Vögel eng mit Krokodilen oder mit sehr primitiven, kaum bekannten fossilen Reptilienarten verwandt sind). Was wir fanden, war, dass die Theropodenhypothese deutlich besser zu den Fossildaten passt als irgendeine andere. Daher ist das einzig Paradoxe an diesem Argument, dass die BAND-Vertreter noch immer meinen, sie hätten Recht hinsichtlich der Verteilung von Vogel- und Dinosaurierfossilien und der Relevanz dieser Daten für den Ursprung der Vögel.

Belege für gefiederte Dinosaurier

An dieser Stelle wollen wir lediglich darauf hinweisen, dass BAND-Anhänger noch nicht ganz mitbekommen haben, dass der Ursprung von Flug und Federn und der Ursprung der Vögel entkoppelt sind. Für sie gilt: Wenn es Federn hat, ist es ein Vogel. Und sie haben seltsame Vorstellungen darüber, wie all dies mit dem Flugvermögen zusammenhängt. So behauptet Feduccia: „Es ist biophysikalisch un-

■ Zur Entwicklung des Fliegens bei Wirbeltieren ■

Es gibt zwei konträre Hypothesen, wie Wirbeltiere im Laufe ihrer Evolution zum Fliegen gelangten:

1) Laufstart-Theorie: Mindestlaufgeschwindigkeit 5 m/s; hierfür ist kein gesichertes fossiles und kein rezentes Beispiel bekannt.
2) Fallstart-Theorie:
    a) Reduktion der Fallgeschwindigkeit bei geringer Größe.
    b) Vergrößerung der Körperoberfläche und Entwicklung des inaktiven Gleitflugs durch Ausbildung von Hautsäumen, Gleitsegeln, Flossenverbreiterung und -verlängerung sowie Flughäuten; Beispiele: fossile und rezente Fische verschiedener Gruppen; Amphibien (*Rhacophorus*); verschiedene Gruppen fossiler (*Coelurosauravus*, *Longisquama*; Scheinechsen) und rezenter Reptilien (*Ptychozoon*, Flugdrachen); fossile und rezente Säugetiere (Flughörnchen, Pelzflatterer, Gleitbeutler).
    c) Übergang vom Gleitflug zum aktiven Ruderflug, wahrscheinlich bei *Archaeopteryx* verwirklicht.

möglich, dass die Evolution des Fluges von so großen Zweibeinern mit verkürzten Vorderextremitäten und schwereren, zum Balancieren nötigen Schwänzen ausgegangen ist." Bevor wir weiter über Federn diskutieren, sei darauf hingewiesen, dass das Argument von großen Zweibeinern, die nicht auf Bäume klettern können, eindeutig durch das Vorkommen so vieler kleiner Nichtvogel-Theropoden in der Jehol-Fauna widerlegt worden ist.

Das BAND-Modell des Federursprungs leitet sich von einem alten Modell der Federevolution – der direkten Umwandlung von Schuppen in Federn – ab, wobei wieder einmal ein lineares Modell der Evolution mit einem hierarchischen verwechselt wird. Solch ein lineares Modell verlangt, dass die urtümlichen Formen identifiziert werden. Gewöhnlich sind diese extrem fragmentarisch und daher nur schwer in irgendeine Hypothese über verwandtschaftliche Beziehungen einzubauen. Das bringt uns zu *Longisquama*.

Was ist eigentlich ...

Longisquama [von latein. *longus* = lang und *squama* = Schuppe], vermutlich zu den Scheinechsen zählende, ausgestorbene Gattung der Reptilien.

1

2

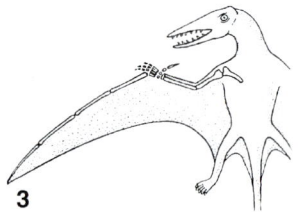

3

Wirbeltiere haben drei Möglichkeiten entwickelt, sich in die Lüfte zu erheben. Vögel (1) wandeln die Schuppen auf den Vorderextremitäten zu Flugfedern um. Drei Finger bleiben erhalten, von denen der zweite am längsten ist, der vierte und fünfte sind verschwunden. Fledermäuse (2) behalten alle Finger der „Hand" und spannen mit dem zweiten, dritten, vierten und fünften Finger eine Flughaut auf. Flugsaurier (3) stützen ihre Flughaut allein mit dem stark verlängerten vierten Finger, der erste, zweite und dritte sind jedoch noch vorhanden. Der fünfte Finger ist reduziert; dafür gibt es einen vorstehenden „Pteroid"-Knochen, der eine weitere, vordere Haut zum Hals hin spannt.

Von *Longisquama* kennen wir einige wenige Exemplare. Mindestens fünf schlecht erhaltene Exemplare sind im Fergana-Tal im heutigen Kirgisistan ausgegraben worden. *Longisquama* wurde 1970 von dem russischen Paläontologen Alexander Sharov beschrieben. Als Kandidat für Hypothesen zum Ursprung der Federn wurde dieses Fossil eigentlich von niemandem ernst genommen. Von eidechsenartigem Bau, lebte *Longisquama* in der frühen Trias, vor rund 245 Millionen Jahren. In welcher verwandtschaftlichen Beziehung *Longisquama* zu anderen Reptilien steht, ist unklar. Die meisten, die sich mit diesem Problem beschäftigt haben, wie Hans-Dieter Sues von der Smithsonian Institution, finden jedoch keine Hinweise darauf, dass es sich um einen Dinosaurier handelt. *Longisquama* ist ein seltsames Geschöpf mit ungewöhnlich langen pinselartigen Strukturen auf dem Rücken, daher sein Name, der „lange Schuppen" bedeutet.

Als sich die Belege für gefiederte Dinosaurier häuften, griffen Fedducia, Ruben & Co. nach diesem Fossil wie nach einem Rettungsring und stellten die These auf, die langen Schuppen seien zuvor falsch gedeutet worden und stellten in Wirklichkeit primitive Federn dar. Sie veröffentlichten diese Behauptung 2000 in *Science*, 30 Jahre nach Sharovs ursprünglicher Publikation. Zu diesem Zeitpunkt fand die Theropoden-Vogel-Verwandtschaft schon breite Akzeptanz, und die Autoren des *Science*-Artikels befürchteten wohl, die Aussage, *Longisquama* sei ein Vogelvorfahr, hätte zur Ablehnung des Artikels führen können, weil es dafür nicht den Funken eines Beweises gibt. In dem Artikel ging es daher nur darum, wie sich die langgestreckten Schuppen von *Longisquama* zu Federn hätten entwickeln können. Wie in anderen Fällen hielt sie dies jedoch nicht davon ab, in einer Pressemitteilung zu behaupten: „*Longisquama* lebte in der richtigen Zeit und besaß den richtigen Körperbau, sie könnte ein Vorfahr gewesen sein – und sie war eindeutig kein Dinosaurier." Storrs Olson ging noch einen Schritt weiter: „Es ist ein Dolchstoß ins Herz der Dinosauriertheorie, die ich schon die ganze Zeit nicht geglaubt habe."

Das Konzept der Homologie

Im 19. Jahrhundert entwickelten europäische Biologen das Konzept der Homologie, das die Basis für das Verständnis von Evolutionsmustern bildet. Homologie besagt, dass sich Körperteile entsprechen. Vereinfacht heißt das, dass der Arm eines Menschen dem Flügel eines Vogels entspricht. Heute erklären wir diese Entsprechung mit der gemeinsamen Herkunft – das heißt, sowohl Menschen als auch Vögel haben Vorderextremitäten (Arme und Flügel), weil wir von einem gemeinsamen Vorfahren abstammen, der ebenfalls ein Paar Anhänge an den Schultern trug.

Was ist eigentlich ...

Homologie [von griech. *homologia* = Übereinstimmung]; Homologien sind einander entsprechende Strukturen, die bei verschiedenen Organismen, aber auch innerhalb eines Organismus (Homonomie) auftreten können. Zentral für die Feststellung einer Homologie ist die Übereinstimmung oder Ähnlichkeit eines Merkmals in der räumlichen und gegebenenfalls zeitlichen Struktur. Ursprünglich von Richard Owen (1804–1892) rein morphologisch verstanden als das gleiche Organ bei verschiedenen Tieren unter jedweder Abwandlung der Form und Funktion, wird Homologie heute auf alle vergleichbaren Merkmale angewendet und zumeist phylogenetisch definiert: Homologe Merkmale zweier oder mehrerer Arten gehen auf einen ihnen gemeinsamen Ahnen mit dem betreffenden Merkmal zurück. Homologien sind somit grundlegend für die Rekonstruktion von Abstammungsbeziehungen.

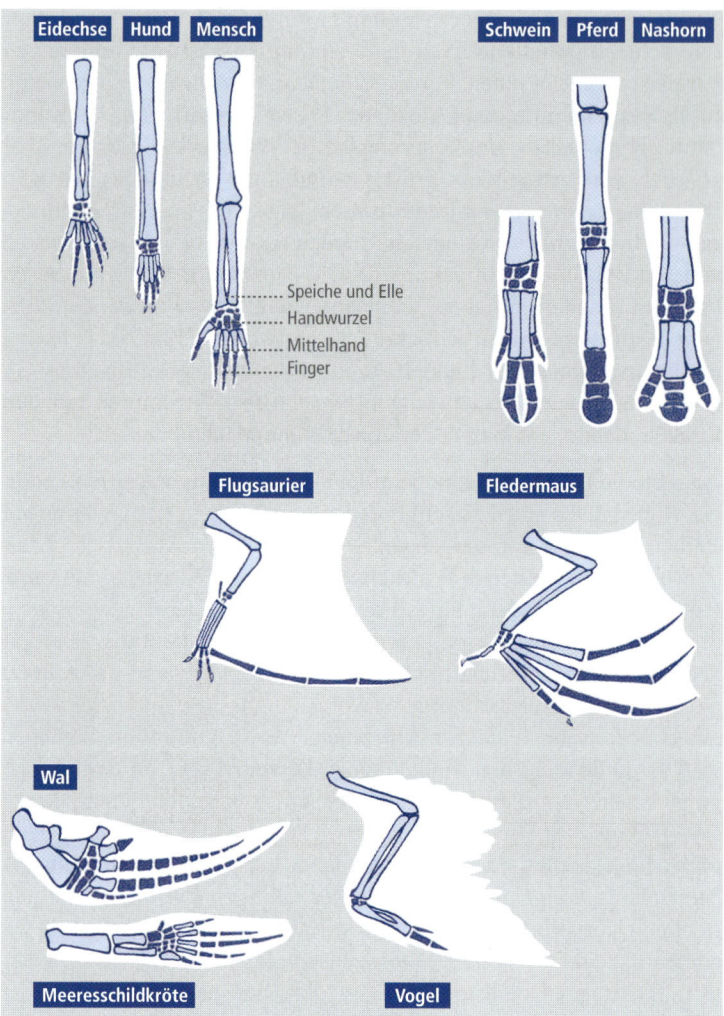

Eidechse **Hund** **Mensch** **Schwein** **Pferd** **Nashorn**

.... Speiche und Elle
.... Handwurzel
.... Mittelhand
.... Finger

Flugsaurier **Fledermaus**

Wal

Meeresschildkröte **Vogel**

Homologie der vorderen Gliedmaßen bei Wirbeltieren. Auffällig ist die unterschiedliche Form der einzelnen Knochen in Anpassung an die Funktion, jedoch die Beibehaltung der Lage im Gefügesystem, die eine eindeutige Homologisierung ermöglicht.

Die Embryonalentwicklung von Körperstrukturen ließ sich auch schon im 19. Jahrhundert untersuchen, und Wissenschaftler konnten im Detail beobachten, wie sich der Körper eines erwachsenen Tieres herausbildet. Man geht allgemein davon aus, dass die Abläufe in der Embryonalentwicklung (Ontogenese) auf komplexe Weise mit der stammesgeschichtlichen Entwicklung (Phylogenese) verknüpft sind.

Bei Vögeln werden früh in der Embryonalentwicklung der Hand fünf Finger angelegt – eine häufige Zahl bei höheren Wirbeltieren. Rezente Vögel haben nur drei Finger, und einiges sprach dafür, dass die endgültige Zahl aus dem Verschwinden von zwei der anfänglichen Verdichtungen resultiert, die als Fingeranlagen bezeichnet werden.

Als man den Verlauf der Fingerentwicklung verfolgte, wurde deutlich, dass die beiden äußeren Finger (der Daumen und der kleine Finger, die wir als Finger I und Finger V bezeichnen) im Lauf der Embryonalentwicklung eines Vogels verlorengehen. Diese Befunde sprechen dafür, dass die drei Finger der Vögel den Fingern II, III und IV dem Grundaufbau der Wirbeltierhand homolog sind. Als dies erstmals so formuliert wurde, waren nur wenige gut erhaltene Dinosaurierfossilien bekannt, daher ging man von der Richtigkeit dieser Annahme aus. Im vergangenen Jahrhundert wurden jedoch unglaublich viele theropode Dinosaurier gefunden; sie bilden eine Reihe, bei der sich Formen mit fünf Fingern zu solchen mit vier Fingern und schließlich mit drei Fingern entwickeln. Im Gegensatz zu den Befunden aus der Embryonalentwicklung zeigen die Fossilfunde eindeutig, dass die Finger höherentwickelter Nichtvogel-Dinosaurier wie Dave und *Microraptor* den Fingern I, II und III (Daumen, Zeigefinger und Mittelfinger) entsprechen und nicht den Fingern II, III und IV. Das stellt ein Rätsel für diejenigen dar, die von einem Theropoden-Ursprung der Vögel ausgehen, und liefert den BAND-Anhängern seit Jahrzehnten Munition. Im Jahr 1999 entwickelten die Yale-Wissenschaftler Günter Wagner und Jacques Gauthier eine neue Modellvorstellung, um die sogenannte Diskrepanz zwischen dem, was uns die Embryologie zu sagen scheint, und dem, was uns die Analyse der Fossilfunde signalisiert, zu erklären. Gauthier und Wagner wiesen darauf hin, dass die Fingerverdichtungen in der sich entwickelnden Hand (das früheste Stadium der Fingerbildung) und die Form und Identität der Finger beim erwachsenen Tier nicht unbedingt übereinstimmen müssen. Sie nahmen an, es habe eine „Rasterverschiebung" stattgefunden, bei der die Differenzierung in die Adultform unabhängig von der Identität der Finger stattfindet. Wenn eine solche Rasterverschiebung auch schwer vorstellbar ist, so wissen wir inzwischen doch, dass sie während der Embryonalentwicklung in der Hand des rezenten Kiwis auftritt.

Kiwi (*Apteryx spec.*).

Soviel zu den drei Haupteinwänden von BAND. Das Jahr 2003 erlebte eine Wiederauferstehung der Vorstellung, dass viele der bei den Liaoning-Exemplaren gefundenen Federn keine Bildungen der Haut seien, sondern vielmehr innere Strukturen. Nun wird behauptet, bei diesen Strukturen handele es sich um Kollagenfasern, die Gewebe im Körperinneren stützen. Beim Tod des Tieres sollen sie dann als Hof strähnenartiger Strukturen um den Körper der verwesenden Tiere zurückbleiben. Dieses Argument war zunächst als Einwand gegen eine flaumige Körperbedeckung bei *Sinosauropteryx*, später aber auch als Kritik an einer Reihe von Liaoning-Funden vorgebracht worden. Diese Kritik hat wenig Substanz, weil nur die Dinosaurierexemplare in Zweifel gezogen wurden; die Echtheit der Federn bei den avischen Exemplaren wurde nie infrage gestellt. Sie waren Vögel, und da war zu erwarten, dass sie Federn hatten.

Haifischflossen sind, ob als Garnitur oder Suppengrundlage, schmackhafte Menübestandteile. Diese Flossen zeigen ein typisches Muster aus parallelen Kollagenfasern. Manche Experten vertreten die Ansicht, es seien solche Fasern, die wir bei *Sinosauropteryx* sehen, und keine Protofedern.

Weitere Analysen der *Sinosauropteryx*-Exemplare ergaben, dass es sich bei den an den Skeletten gefundenen Strukturen keinesfalls um Kollagen handeln konnte, weil diese den ganzen Körper gleichmäßig bedeckten und zudem hohl waren. Neu entfacht wurde der Streit jedoch von dem südafrikanischen Paläontologen Lingham Soliar: Als er einen Delfin ausgrub, den er zwei Jahre zuvor verbuddelt hatte, fand er zu seiner Überraschung etwas, das wie ein Hof von Kollagenfasern um das Skelett aussah. Das erinnerte ihn an die gefiederten Dinosaurier, und er behauptete, dass es sich bei den Federn in Wahrheit um Kollagenfasern handelt. Bei genauerer Betrachtung finden sich in seiner Argumentation mehrere Fehler, wobei der wichtigste ist, dass die Hautstrukturen der Liaoning-Tiere eindeutig keine inneren Strukturen sind und sich weit vom Körper weg erstrecken. Zudem sind die Kollagenfasern, die man bei Delfinen findet, typisch für die Haut wasserlebender Tiere und treten auch bei Haien und Rochen und sogar bei den Fossilien wasserbewohnender Reptilien wie Ichthyosauriern auf.

Das hat jemanden mit den Initialen JGK zu folgendem einleuchtenden Online-Kommentar veranlasst: „Sofern der Autor nicht behaupten will (und das tut er nicht), dass sich der Typ Haut, den man bei Walen und Haien findet, aus irgendeinem spektakulären und seltsamen Grund bei landlebenden Wirbeltieren wie Dinosauriern entwickelt hat, fragt man sich, wie dienlich seine Beobachtungen eigentlich sind."

Während sich die Beweise häufen, ändern die BAND-Vertreter ständig ihre Argumentation. Für gefiederte Dinosaurier sprechen inzwischen so viele überzeugende Befunde, dass selbst die unerschütterlichsten Anhänger des „Vögel sind keine Dinosaurier"-Lagers zugegeben haben, dass die Jehol-Tiere keine Fälschungen sind und tatsächlich Federn besitzen wie moderne Vögel. Dennoch rücken sie trotz aller positiven Befunde (darunter anatomische Details aus allen Bereichen des Skeletts einer wachsenden Zahl von Exemplaren) nicht von ihrer Überzeugung ab, dass Vögel nicht mit Dinosauriern verwandt sind. Vielmehr ordnen sie seit neuestem die Jehol-Tiere ins Vogelreich ein und behaupten, wir hätten uns geirrt und diese Tiere mit ihren dinosaurierartigen Körpern seien überhaupt keine Dinosaurier; es handele sich vielmehr um Vögel. Oder um es mit Rubens Worten zu sagen: „Wir bezweifeln inzwischen sehr stark, ob es überhaupt gefiederte Dinosaurier gibt."

Lassen Sie uns zum Schluss noch einmal rasch und einfach zusammenfassen, wie der Stand der Dinge ist.

Die verwandtschaftliche Beziehung zwischen Vögeln und Dinosauriern wird erstmals im 19. Jahrhundert vermutet. In den 70er-Jahren des 20. Jahrhunderts wird diese These durch die Arbeiten von John Ostrom gestützt, die von der im Entstehen begriffenen BAND heftig kritisiert werden. Zusätzliche Unterstützung findet Ostroms These in Jacques Gauthiers gründlicher systematischer Analyse. Diese wird von BAND-Mitgliedern auf der Basis von anatomischen und entwicklungsbiologischen Feinheiten, dem Zeitparadoxon und Kontroversen über den Ursprung des Fluges heftig kritisiert.

Neue Entdeckungen zeigen immer mehr anatomische Ähnlichkeiten zwischen theropoden Dinosauriern und Vögeln (Vorkommen von Brustbein, Gabelbein etc.). BAND tut dies als konvergente Evolution ab, das heißt, als ähnliche Strukturen, die sich phylogenetisch unabhängig voneinander entwickelt haben. *Sinosauropteryx* wird entdeckt. BAND lehnt ihn als Fälschung ab oder behauptet, die Federn seien Kollagenfasern. Phil Currie legt dar, dass dies unvereinbar mit ihrer hohlen Mikrostruktur ist.

Die ersten Dinosaurier, die Federn von modernem Aussehen tragen, werden entdeckt. BAND betrachtet sie als Fälschungen oder als flugunfähige Vögel. Eindeutig gefiederte Dromaeosaurier aus der frühen Kreidezeit werden gefunden, welche die zeitliche Lücke zwischen dem Auftreten des ersten Vogels und dem Auftreten des ersten Dromaeosauriers deutlich verkleinern. Das schwächt den bereits zurückgewiesenen Einwand eines Zeitparadoxons. BAND sieht sie zunächst als Fälschungen an und behauptet dann, es handele sich in Wahrheit um Vögel, die nicht mit anderen Dinosauriern verwandt sind.

Diese letzte Hypothese ist außerordentlich selbstkritisch. Nach all den Klagen von BAND-Anhängern über die Unzulänglichkeit unserer Daten und Methoden sind nun viele inzwischen bereit zu akzeptieren, dass Dinosaurier wie Dave Federn und ein Gabelbein hatten. Das ist eine vernichtende Kritik an 20 Jahren ihrer eigenen Arbeit, bei der es darum ging, auf winzige Unterschiede zwischen Dinosauriern wie Dave und dem Skelett von Vögeln hinzuweisen.

Der Dinosaurierkünstler Kristopher Kripchak spricht mir aus der Seele, wenn er im Web schreibt:

> Sobald eine Theorie, warum Vögel keine Dinosaurier sein können, durch eine neue Entdeckung zu Fall gebracht worden ist, zieht die BAND-Truppe eine neue Theorie aus dem Sack, die noch weniger plausibel ist als die vorherige. Im Verlauf der letzten paar Jahre haben diese Typen mehr Positionen eingenommen als das Kamasutra.

Grundtext aus: Mark Norell *Auf der Spur der Drachen*. Spektrum Akademischer Verlag (amerikanische Orginalausgabe: *Unearthing the Dragon*; Pi Press, Imprint of Pearson Education Inc.; übersetzt von Monika Niehaus-Osterloh).

Die Erfindung der Vogelfeder

Absturz oder Aufholjagd? Die Ursprünge einer himmlischen Bewegung. Eine Evolutionsgeschichte

Josef H. Reichholf

Die Vögel gehören ohne Zweifel zu den erfolgreichsten Produkten der Evolution. Ihre hochfliegende Karriere verdanken sie im Wesentlichen der Erfindung der Feder. Über den Ursprung dieses wundersamen Gebildes streiten die Fachleute bis heute. Entstanden sie, um den Fall der ersten vogelähnlichen Reptilien von Bäumen abzubremsen? Oder um laufenden Echsen das Abheben zu erleichtern? Es spricht einiges dafür, dass Federn am Anfang nur ein Abfallprodukt des Stoffwechsels waren – bis die Reptilien entdeckten, dass man damit auch fliegen konnte.

Der Ursprung der Feder reicht weit zurück in die Erdgeschichte. Schon der in den rund 150 Millionen Jahre alten Plattenkalken des Solnhofener Schiefers in Bayern gefundene *Archaeopteryx* hatte richtige, flugtaugliche Federn. Damit freilich ist er bereits ein echter Vogel und kein „Urvogel", als der er oft gefeiert wird. Federn müssen schon viel früher entstanden sein. Sie lassen sich von schuppenartigen Hautbildungen ableiten, die in großer Vielfalt auch bei den heutigen Reptilien vorkommen. Vögel und Reptilien gehören recht eng zusammen; besonders nah sind die Vögel mit den Dinosauriern verwandt. Manche Forscher meinen daher, man solle die Vögel nur als eine besondere Unterabteilung der Reptilien zoologisch einordnen.

Was lässt Echsen abheben?

Wie jedoch haben sich die Vögel aus den Reptilien entwickelt? Was lässt Echsen abheben? Zwei Modellvorstellungen konkurrieren seit geraumer Zeit um die Erklärung. Für die ältere stand der *Archaeopteryx* Pate. Seine Finger- und Zehenkrallen beweisen, dass er noch unter Benutzung der Flügel klettern konnte. Seine Vorvorfahren waren daher, so lautet die Theorie, ganz normale Reptilien, die in den Bäumen herumkletterten. Durch allmähliche Vergrößerung der Schuppen erhielten diese Kletterechsen Gleitflächen an den Seiten, den Vorderbeinen und am Schwanz, die es ihnen ermöglichten, immer weiter zu segeln.

Schließlich seien dann durch weitere Vergrößerungen und Verbesserungen der Schuppen Federn und damit die Vögel entstanden. Ihr Ursprung läge daher in den Bäumen, entsprechend heißt die Theorie „arboreal", vom lateinischen *arbor*, Baum. Die Feder wäre somit passiv durch Schuppenvergrößerungen entstanden, die sich als vorteilhaft zum Segeln oder Abbremsen des Falls erwiesen hätten.

Die Verfechter der zweiten, „cursorialen" Theorie hingegen nehmen an, dass es schnelllaufende Reptilien am Boden waren, die ihre Schuppen, insbesondere an den zum Laufen nicht benötigten Vordergliedmaßen, nach und nach vergrößerten, bis sie eines Tages damit vom Boden abheben und ein Stück segeln konnten. Am Beginn der Entwicklung zum Vogel stand dieser Ansicht zufolge ein Läufer und kein Kletterer. Dafür spricht, dass es tatsächlich solch kleine, schnellrennende Reptilien (*Compsognathus*) in der entsprechenden Zeit vor mehr als 150 Millionen Jahren gab. Nur Federn fand man (noch) nicht bei diesen Läufern. Den Verfechtern der arborealen Theorie fehlt hingegen der Vorläufer von *Archae-opteryx*, den sie schon mal als „Vorvogel" (*Proavis*) theoretisch konstruierten, aber bislang nie fanden.

Somit fehlt beiden Theorien gleichermaßen eine überzeugende Begründung des Anfangs. Was sollte denn die Schuppenvergrößerung veranlasst und so lange fortentwickelt haben, bis „Tragflächen" daraus entstanden? Der unmittelbare Vorteil einer winzigen Schuppenvergrößerung ist weder einzusehen noch als Anpassung von Wert nachzuvollziehen. Denn die Evolutionstheorie setzt voraus, dass erfolgreiche Neuerungen auch etwas bringen müssen, nämlich Überlebensvorteile durch verbesserte Anpassung.

Es grenzt aber wohl ans Absurde, anzunehmen, dass jahrmillionenlang viele in den Bäumen herumkletternde Reptilien abgestürzt seien und sich das Genick gebrochen hätten, weil ihre Schuppen zu klein waren, oder dass die rennenden Echsen vorausgeahnt hätten, dass sie später einmal, wenn ihre Schuppen groß genug würden, abheben und eine Runde segeln dürften.

Waren die ersten Federn nur als Wärmeschutz vorgesehen?

Die flugunfähigen Vögel weisen einen Ausweg aus dem Dilemma. Ihnen dienen, wie auch allen anderen Vögeln, die Federn zur Wärmeisolation des Körpers. Waren die ersten Federn also nichts weiter als ein Nässe- und/oder Wärmeschutz? Die Isolationseigenschaften der Federn sind kaum übertroffen, jeder, der einmal in Daunen geträumt hat, weiß das.

Aber löst das auch das Problem? Etwas vergrößerte Schuppen verbessern den Wärmehaushalt kaum. Sie müssen groß und strukturiert genug sein, um eine solche Wirkung zu entfalten. Folglich verlagert sich das Problem nur, gelöst wird es nicht. Was

steht am Anfang der Federentstehung? Da hilft nur eine radikale Änderung der Sichtweise weiter.

Die einfache, darwinistische Betrachtung direkter Anpassung an die Umwelt muss zunächst einmal außen vor bleiben. Entscheidend ist die Innenwelt des Reptils, das sich am Beginn des Weges zum Vogel befunden haben mag. Was kann, ja was muss sich im Körper dieses Reptils abgespielt haben, dass es zur Schuppenvergrößerung und Federbildung kommen konnte?

Federn sind recht aufwendige Eiweißgebilde. Auch die Reptilienschuppen bestehen aus Proteinen. Die aber gehören zu den Grundsubstanzen des Stoffwechsels und sind normalerweise Mangelware. Die Schuppenvergrößerung hätte daher die Vorfahren der Vögel etwas kosten müssen, nämlich Eiweiß und die mit dem Keratinaufbau verbundene Energie.

Wenn die werdende Feder jedoch anfänglich noch zu nichts nutze war, wie hätte sich dann ihre Herstellung rentieren können? Ohne direkte Vorteile für Flug oder Wärmeisolation darf der Anfang überhaupt nichts „gekostet" haben, sonst hätte er recht bald in eine Sackgasse geführt. Da die Entwicklung aber offensichtlich zustande kam, kann man im Umkehrschluss folgern: Die Schuppenvergrößerung muss aus einem Überfluss an Eiweiß hervorgegangen sein. Eine absurde Logik?

Ganz und gar nicht. Zu Beginn der Evolution der Vögel hatten sich nämlich die Insekten in einer fast explosiven Weise entwickelt und ausgebreitet. Viele Arten waren damals im frühen Erdmittelalter auch erheblich größer als ihre heutigen Nachfahren. Nehmen wir an, dass sich kleine, flinke Reptilien auf Insekten als Nahrung spezialisierten, dann erklärt dies nahezu automatisch die Besonderheiten der Vogelevolution. Insekten enthalten vergleichsweise viel Eiweiß – dieses war plötzlich kein Mangelstoff mehr. Sie enthalten auch oftmals viel Fett – den besten biologischen Energieträger.

Die Feder ist ein Abfallprodukt des Stoffwechsels

Wer in den damaligen Reptilienkreisen schnell laufen wollte, brauchte fettreiche Insekten. Mehr noch. Wer wie die werdenden Vögel und Säugetiere den Stoffwechsel nicht mehr reptilienhaft auf Sparflamme betreibt, sondern bei biologischer Hochtemperatur laufen lässt, der braucht viel Energie, am besten aus viel Fett. Dabei fällt sogar mehr Eiweiß an, als der Körper brauchen kann. Eiweißabbau ist schwierig und im Vergleich zu den Fetten und Kohlenhydraten nur unvollständig zu machen.

Ganz besonders stören dabei jene Bausteine im Eiweiß (der Insekten), die Schwefel enthalten, denn bei vollständigem Abbau könnte giftiger Schwefelwasserstoff entstehen. Mit der Ausscheidung von überschüssigem Eiweiß über die Haut und der Nutzung der schwefelhaltigen Bausteine zur Bildung von festem, elastischem Struktureiweiß lösten die Vorfahren der Vögel das Überflussproblem auf elegante Weise. Das Ergebnis wurde die Vogelfeder – ein Abfallprodukt des Stoffwechsels!

Es ist daher weit wahrscheinlicher, dass der energiezehrende, aktive Flug aus dem Laufen heraus zustande kam und die Warmblütigkeit der Vögel mit der Federbildung eng zusammenhängt. Den Anfang könnte aber der Eiweißüberschuss mit der Umstellung auf die Insektennahrung gebildet haben. Eine Anpassung nach außen brauchen wir dazu nicht. Das Produkt erwies sich viel später als brauchbare Erfindung, die vieles vermochte und neue Erfindungen wie den Vogelflug ermöglichte.

Noch wissen wir zu wenig darüber, was im Organismus selbst abläuft. Aber eines ist sicher: Die neue Theorie auf der Basis von Veränderungen im Stoffwechsel lässt sich überprüfen, durch experimentelle Befunde stützen oder verwerfen. Sie muss nicht geglaubt werden, wie die nicht überprüfbaren Theorien zum Ursprung der Vögel.

Aus: DIE ZEIT Nr. 13, 21. März 1997

Jemand wie **Jens Lorenz Franzen** kann wahrscheinlich gar nicht anders: Er muss einfach über Pferde forschen. „Das erste Pferd, das ich sozusagen persönlich kannte, hieß Fanny. Es war eine Stute, die auf dem Hof einer Brauerei in Bayern ihren Dienst tat", erinnert sich Franzen an seine Kindheit. „Leider nahm diese erste Liebe ein tragisches Ende. Fanny rutschte an einem Wintertag auf schneeglatter Straße aus, brach sich ein Bein und musste auf der Stelle notgeschlachtet werden."

Auch wenn Franzen künftig einen großen Bogen um die Unfallstelle macht, seine Leidenschaft für Pferde ist erwacht. „Nach der Schule entschied ich mich für ein Studium der Geologie und Paläontologie. Mit der Doktorarbeit kam ich den Pferden wieder näher, in Gestalt ihrer ausgestorbenen Verwandten, den Palaeotherien."

Franzen arbeitet als wissenschaftlicher Assistent am Geologisch-Paläontologischen Institut der Universität Freiburg und am Forschungsinstitut Senckenberg in Frankfurt am Main. Von 1973 an initiiert und organisiert er den weltweiten Protest von Wissenschaftlern gegen eine geplante Mülldeponie in der Grube Messel, einer Ölschieferlagerstätte, aus der Forscher schon unzählige wertvolle Fossilien geborgen haben. Franzen hat gleich doppelten Erfolg. Die Pläne werden aufgegeben. Heute zählt die Grube Messel zum UNESCO-Weltnaturerbe. Und wo lange Jahre das Hessische Landesmuseum Darmstadt auf sich allein gestellt war, forschen nun die Darmstädter und die Frankfurter Paläontologen gemeinsam.

Franzen hat ungewöhnliches Glück: Am 26. Juni 1975, einem sonnigen Donnerstag, wird in Messel gleich bei der ersten Grabung des Forschungsinstitutes Senckenberg ein Urpferdchen geborgen. Es ist zudem das erste Urpferd weltweit, in dessen Magen noch Nahrungsreste nachgewiesen werden können, ein männliches Urpferdfohlen. Messel wird zum Mekka der Urpferdeforschung: Bis heute hat allein Senckenberg 16 vollständige Skelette ausgegraben. Insgesamt sind es mehr als 60 Funde.

Im Laufe von zehn Jahren baut Franzen in der Grube Messel ein wissenschaftliches Grabungsprogramm auf, das er unter großem persönlichen Einsatz durchführt. Bis zum Jahr 2000 ist er als leitender Wissenschaftler am Forschungsinstitut Senckenberg tätig. Zählen andere Forscher ihren Ruhm in Publikationen, Franzen kann ihn darüber hinaus in Form zoologischer Namen bilanzieren. Zwei neue Gattungen und vier Arten sind nach ihm benannt. Er selbst hat sieben Gattungen und zwölf Arten einen Namen gegeben.

Jens Lorenz Franzen

Ursprung und Evolution der Pferde

Von Jens Lorenz Franzen

Die fossil belegbare Stammesgeschichte der Pferde beginnt auf den Nordkontinenten Europa und Nordamerika, unwahrscheinlicher auch in Asien, zu Beginn des Eozäns vor etwa 55 Millionen Jahren. Um diese Zeit erscheinen die Equiden – die Familie der Pferde – zusammen mit einer Einwanderungswelle, welche außerdem die frühesten Paarhufer (Artiodactyla), die ersten Fledermäuse und die ältesten Vertreter unserer eigenen Ordnung, die sogenannten Herrentiere (Primaten), mit sich bringt. Niemand weiß bislang, woher diese Einwanderungswelle kam. Von keiner der eingewanderten Gruppierungen sind direkte Vorfahren aus dem Paläozän eines der Nordkontinente bekannt. Daher ist anzunehmen, dass die Einwanderungswelle, welche die Vorfahren der Pferde mit sich brachte, von einem der Südkontinente kam. Infrage kommen Afrika wie auch Indien, das damals erst nach langer Drift über den halben Globus mit dem asiatischen Urkontinent zusammengestoßen war. Südamerika und Australien waren um diese Zeit vollkommen isoliert. Sie stellen daher keine Kandidaten für die Urheimat der Pferde dar. Das derzeit noch offene Problem besteht darin, dass weder aus Afrika noch vom indischen Subkontinent aus dem Paläozän oder wenigstens aus dem anschließenden Eozän Säugetierfunde bekannt sind, welche über die früheste Phase der Entwicklung der Pferde Auskunft geben könnten. Klar ist aufgrund der Lage der Kontinente zueinander und der zu jener Zeit bestehenden interkontinentalen Verbindungen nur, dass der früheste Ursprung der Pferde nicht in Nordamerika gelegen haben kann. Außer der paläogeographischen Situation widerspricht einem nordamerikanischen Ursprung der Pferde die Tatsache, dass die ältesten nordamerikanischen Equiden bereits weiter spezialisiert waren als die vergleichsweise jüngeren europäischen Urpferde. Hinzu kommt, dass die ursprünglichsten Gebissreste fossiler Pferde aus dem untersten Eozän der Fundstelle Silveirinha in Portugal vorliegen. Zusammen mit engeren morphologischen Beziehungen der Unpaarhufer (Perissodactyla) zu den Klippschliefern (Hyracoidea), deren afrikanischer Ursprung unbestritten ist, spräche dies am ehesten für den afrikanischen Kontinent als Ursprung der Pferde. Diese Annahme wird zusätzlich unterstützt durch die ältesten Primatenfunde, also Funde eines anderen Mitglieds der Einwanderungswelle, welche durch einige Einzelzähne aus dem oberen Paläozän von Marokko belegt sind. Auch das Vorkommen von Ameisenbär (*Eurotamandua joresi*), dem ältesten Straußenvogel (*Palaeotis weigelti*; mit Affinitäten zum südamerikanischen Nandu!) und dem Krokodil *Bergisuchus*

Systematik	
Klasse:	Säugetiere (Mammalia)
Unterklasse:	Höhere Säugetiere (Eutheria)
Überordnung:	Laurasiatheria
Ordnung:	Unpaarhufer (Perissodactyla)
Familie:	Pferde (Equidae)
Gattung:	Pferde (Equus)

Rezente Arten

- Bergzebra (*Equus zebra*)
- Steppenzebra (*Equus quagga*)
- Grévyzebra (*Equus grevyi*)
- Afrikanischer Wildesel (*Equus asinus*)
- Asiatischer Wildesel (*Equus hemionus*)
- Wildpferd (*Equus ferus*)

Der erste Senckenbergische Urpferdfund aus der Grube Messel, ein männliches Urpferdfohlen der Art *Eurohippus messelensis*, nach ihrer Präparation.

Was ist eigentlich ...

Pferde, *Equidae*, Familie der Unpaarhufer. Einzige Gruppe der Pferdeverwandten (Unterordnung Hippomorpha), die nach ihrer Blütezeit im Miozän nur mit 1 Gattung (*Equus*) und 6 Arten überlebt hat, von denen jedoch heute nur noch das afrikanische Steppenzebra in größerer Anzahl wildlebend vorkommt. Alle rezenten Pferde sind hochbeinige Säugetiere, die nur mit der Spitze ihrer Mittelzehe auftreten (Einhufer); Reste der 2. und 4. Zehe sind als sog. Griffelbeinknochen noch erhalten (Griffelbeine). Schädel länglich, mit nach hinten verlagerten Augenhöhlen; Eckzähne rückgebildet oder fehlend, Mahlzähne hochkronig und mit harten Schmelzfalten auf der Kaufläche. Das Haarkleid ist in der Regel kurzhaarig und glatt, meist braun bis grau oder auffällig gestreift (Zebras), bei Wildformen mit Stehmähne und oft einem Aalstrich. Die Pferde bewohnen als schnelle und ausdauernde Läufer vorwiegend Steppen- und Wüstengebiete. Die hohe Wachsamkeit der meist in Herden lebenden Pferde beruht auf ihrem ausgeprägten Geruchs- und Gehörsinn sowie ihrer Rundumsicht. Pferde sind das ganze Jahr über fortpflanzungsfähig. Die Stuten bringen nach etwa 1 Jahr Tragzeit 1 Junges zur Welt, das mit etwa 2 Jahren geschlechtsreif wird. Pferde sind Pflanzenfresser mit einem (im Gegensatz zu den Wiederkäuern) einhöhligen, relativ kleinen Magen. Sie ernähren sich vorwiegend von Gras sowie in Notzeiten von Kräutern, Rinde und Blättern. In ihrem Blinddarm leben symbiontische Einzeller, die v. a. die Cellulose aus der Nahrung aufschließen.

dietrichbergi deutet darauf hin, dass die Einwanderungswelle vom afrikanischen Kontinent kam. Allerdings sind auch aus den ältesten afrikanischen Fundstellen – weder aus Marokko noch aus dem ägyptischen Fayum – irgendwelche Funde bekannt, welche zu den Vorfahren der allerältesten Pferde in näherer Beziehung stehen würden. So sind wir hinsichtlich des Ursprungs und des Aussehens der frühesten Urpferde auf Hypothesen – das heißt begründete Vermutungen – angewiesen.

Auch von den angeblichen untereozänen Pferden des asiatischen Kontinentes sind keinerlei Extremitätenreste bekannt, welche über die dort erreichte Entwicklungshöhe Auskunft geben könnten. Angesichts dieser außerordentlich dürftigen Beweislage spricht wenig dafür, dass die älteste Wurzel des Pferdestammbaums in Ostasien oder gar auf dem indischen Subkontinent gelegen haben könnte, und die frühesten Pferde von dort einerseits nach Nordamerika und/oder andererseits nach Europa gelangt wären.

Das Anfangskapitel fehlt

Alle aus dem Untereozän bekannten Skelettreste geben jedenfalls zu erkennen, dass die ältesten bekannten Urpferde – gleichgültig, ob sie nun *Hyracotherium*, *Eohippus* oder *Protorohippus* genannt werden – bereits eine längere Entwicklung in Richtung Pferd hinter sich hatten, als sie auf den Nordkontinenten auftauchten. Beispielsweise war die Zahl ihrer Zehen an den Vorderbeinen schon von fünf, dem ursprünglichen Zustand aller Landwirbeltiere, auf vier und an den Hinterextremitäten sogar auf drei reduziert. Hinzu kommt, dass die ältes-

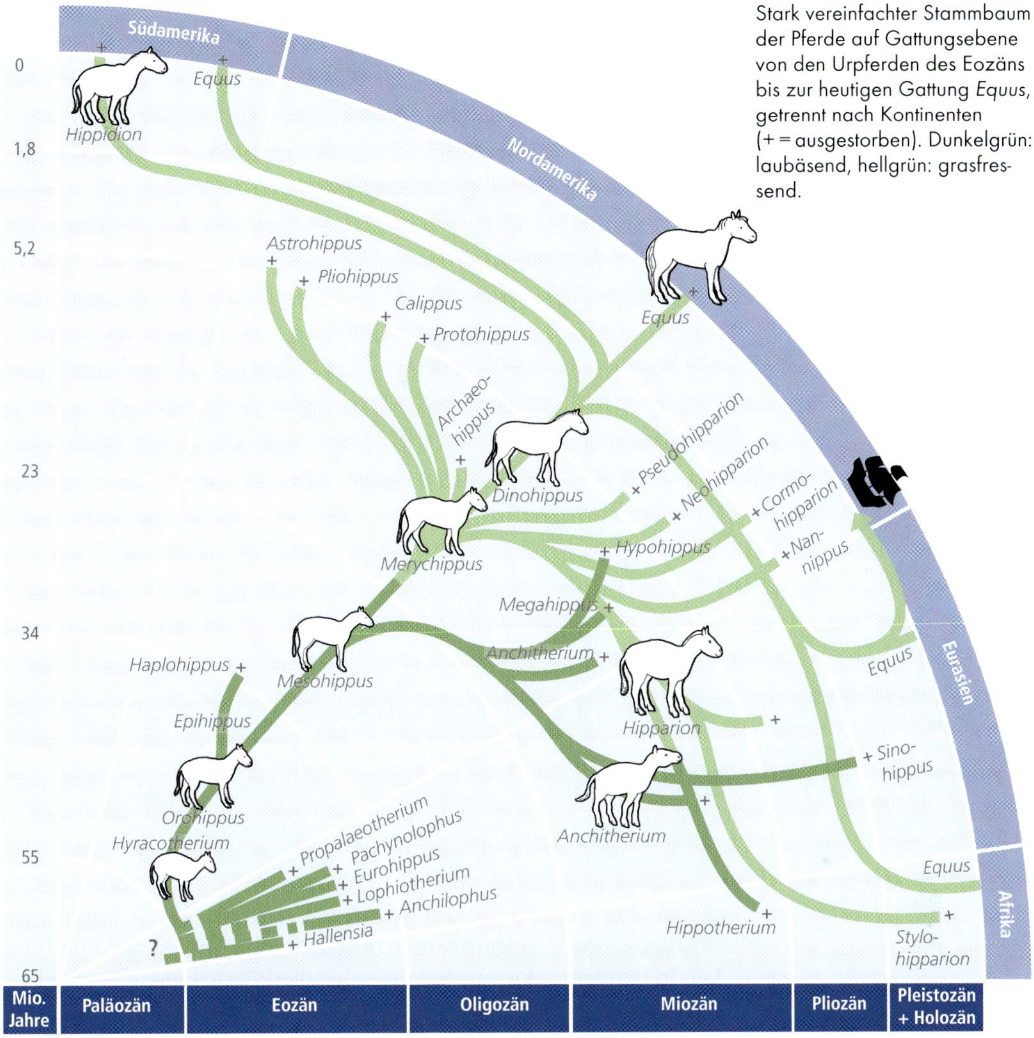

Stark vereinfachter Stammbaum der Pferde auf Gattungsebene von den Urpferden des Eozäns bis zur heutigen Gattung *Equus*, getrennt nach Kontinenten (+ = ausgestorben). Dunkelgrün: laubäsend, hellgrün: grasfressend.

Südamerika

0

+ *Equus*

1,8

+ *Hippidion*

Nordamerika

5,2

Astrohippus +

+ *Pliohippus*

Calippus +

+ *Protohippus*

Equus +

Archaeo-hippus +

+ *Pseudohipparion*

23

Dinohippus +

+ *Neohipparion*

+ *Cormo-hipparion*

+ *Hypohippus*

+ *Nan-nippus*

Merychippus +

Megahippus +

34

Anchitherium +

Haplohippus +

Mesohippus +

Equus

Eurasien

Epihippus

Hipparion

+ *Sino-hippus*

Orohippus +

Propalaeotherium +

+ *Pachynolophus*

Anchitherium

Hyracotherium

+ *Eurohippus*

+ *Lophiotherium*

55

+ *Anchilophus*

Equus

Afrika

? +

+ *Hallensia*

Hippotherium +

+ *Stylo-hipparion*

65

Mio. Jahre	Paläozän	Eozän	Oligozän	Miozän	Pliozän	Pleistozän + Holozän

ten Urpferde bereits auf ihren Zehenspitzen, wenn auch noch auf dicken Sohlenpolstern liefen. Schließlich waren die frühesten Urpferde insofern progressiv, als ihre Schlüsselbeine schon wie bei allen heutigen Huftieren vollständig reduziert waren, und der Vorderrand ihres Beckens – die Crista ilica – wie bei allen Equiden bereits konkav eingesenkt war. Daraus ist zu schließen, dass uns bis heute das Anfangskapitel der Evolution der Pferde fehlt, in dem sich diese Entwicklungen vollzogen haben.

Die weitere Evolution der Pferde fand in Eurasien bald ein Ende, da hier die Equiden bereits gegen Ende des Eozäns ausstarben. Dafür ging die Entwicklung in Nordamerika weiter, wohin die Hyracothe-

Propalaeotherium hassiacum, Rekonstruktion von Pavel Major.

105

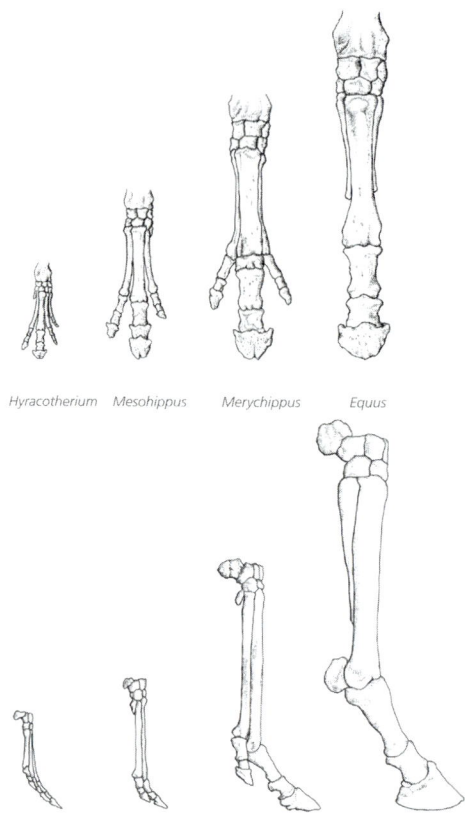

Hyracotherium   Mesohippus   Merychippus   Equus

Entwicklung des Pferdefußes zur Einzehigkeit und zum Zehenspitzgang im Laufe von etwa 55 Millionen Jahren. Dargestellt ist der vordere Fuß.

Was ist eigentlich ...

Molarisierung [zu: Molar, von latein. *molaris* = Mühlstein], stammesgeschichtliche Anglei-chung der Prämolaren (vordere Backenzähne) an Gestalt und Funktion der Molaren (hintere Backenzähne) eines Säugetier-Gebisses.

rien aus Europa über Landbrücken gelangt waren. Das darauffolgende Oligozän war in Europa wie in Asien vollkommen frei von Pferden. In Nordamerika entwickelten sich die Pferde hingegen ungebrochen weiter, wobei sie vom Mitteleozän bis zu Beginn des Miozäns ihre Körpergröße von Kaninchen- auf etwa Schäferhundgröße steigerten, während sich ihre Backenzähne von niedrigen, höckertragenden Formen in Zähne mit Schmelzgraten (Jochen) verwandelten. Im Laufe dieser Entwicklung, die über die Gattungen *Orohippus*, *Epihippus* und *Mesohippus* verlief, vergrößerten sich die Prämolaren nicht nur, sondern nahmen auch mehr und mehr die Gestalt von Molaren an, wurden also molarisiert. Interessant ist, dass der Übergang von vier- zu dreizehigen Vorderfüßen erst gegen Ende dieser Entwicklung, und dann innerhalb der Gattung *Mesohippus* sehr schnell erfolgte. In dem Moment, als die äußerste Zehe ihre funktionelle Bedeutung als zusätzliche Stütze verlor, wurde sie offenbar als „unnützer Kostenfaktor" durch die Selektion sofort abgebaut. Einmal mehr wird deutlich, wie sehr sich Evolution und wirtschaftliche Entwicklung in ihren Gesetzmäßigkeiten entsprechen.

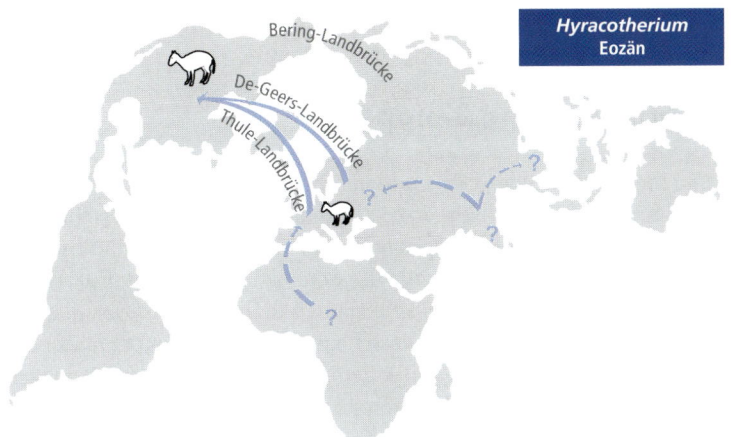

Ursprung und Ausbreitung der
Hyracotherien im Eozän.

Orthogenese und Diversifizierung

Betrachtet man die Entwicklung von *Hyracotherium* über *Orohippus*
und *Epihippus* zu *Mesohippus*, so könnte man den Eindruck gewinnen, die Evolution der Pferde wäre in dieser Phase geradlinig auf einer einzigen Schiene verlaufen. In der Tat wurde die stammesgeschichtliche Entfaltung der Pferde lange Zeit so gesehen. Man sprach
von der Pferdereihe als dem Beispiel für einen geradlinigen Verlauf
der Evolution oder wissenschaftlich von orthogenetischer oder auch
orthoselektiver Entwicklung. Wie wir heute wissen, ist diese Vorstellung falsch. Sie ist zurückzuführen auf die nur wenigen Fossilfunde,
wie sie Ende des 19. Jahrhunderts bis weit in das 20. Jahrhundert hinein bekannt waren. Zahllose Expeditionen und Grabungsaktionen
haben uns seitdem eines Besseren belehrt. In dem Maße, wie sich die
fossile Dokumentation verbesserte, stellte sich fast immer heraus,
dass die Abstammungsverhältnisse weitaus komplexer waren, als es
die wenigen Funde zu Beginn der Erforschung vorgegaukelt hatten.
So spricht man heute von buschförmiger Entwicklung anstatt von geradlinigen Reihen. Das gilt auch und besonders für die Pferde. Wir
sind noch weit davon entfernt, deren Evolution von Art zu Art nach-
zeichnen zu können. Angesichts der Lückenhaftigkeit der Überlieferung ist fraglich, ob wir dieses Ziel überhaupt jemals erreichen werden. Wahrscheinlich wird es hinsichtlich der Genealogie, also der
Abstammungsbeziehungen unter den einzelnen Arten, bei aus-
schnitthaften Rekonstruktionen bleiben. Deutlich ist jedenfalls heute
schon, dass wir es auch bei *Mesohippus* – wörtlich übersetzt, dem
Mittelpferd – und seinem stammesgeschichtlichen Nachfolger *Mio-
hippus* nicht, wie lange Zeit dargestellt, mit einer einfachen, geradlinigen Entwicklungslinie, sondern mit einer buschigen Aufsplitterung

zu tun haben, die allerdings dem generellen, konstruktiv und funktionell bedingten Trend im Sinne einer Ökonomisierung folgte.

Hypohippus in einer Zeichnung von Heinrich Harder (1858–1935)

Radiationen und Biotope

Manchmal nimmt diese Diversifizierung Ausmaße an, dass man von Radiationen – gleichzeitigen Ausstrahlungen in viele verschiedene Entwicklungsrichtungen – spricht. Solche Phasen erlebte die Evolution der Pferde in Europa während des unteren und mittleren Eozäns vor 55–46 Millionen Jahren und in Nordamerika im Obermiozän, d. h. vor etwa 15–5 Millionen Jahren. Diese Phasen standen offenbar in Zusammenhang mit entsprechenden Aufsplitterungen der Umwelt in verschiedene Lebensräume oder Biotope und deren möglicher Nutzung.

Dabei dürfte im Obermiozän Nordamerikas die Entwicklung von Grasländern, die bereits im Oligozän ihren Anfang genommen hatte, in ihrer unterschiedlichen Mischung mit reinen Waldgebieten, wie sie ursprünglich vorherrschend waren, die entscheidende Rolle gespielt haben. Im eozänen Europa führte dagegen eher die Aufgliederung in viele verschiedene Inseln zu einer entsprechenden Aufsplitterung der Gattungen. Die Pferde nahmen die neuen Herausforderungen in ihrer Entwicklung an, soweit es ihre jeweilige konstruktive Ausgangslage erlaubte. So entstand im Miozän Nordamerikas neben Formen, die – wie *Anchitherium*, *Megahippus* und *Hypohippus* – die traditionelle Lebensweise laub- und früchteäsender Urwaldbewohner beibehielten und lediglich ihre Körpergröße in zum Teil erheblichem Maße steigerten, auch eine Vielzahl hauptsächlich grasäsender Formen. Letztere machten sich die bereits seit Beginn der Entwicklung der Unpaarhufer vorhandene Fähigkeit zur Celluloseverdauung mithilfe von Blinddarm und Bakterien zunutze. Das hinderte allerdings einige Arten – wie beispielsweise das europäische *Hippotherium primigenium* – nicht daran, später wieder zum Urwaldleben und zur Blattnahrung zurückzukehren. Wahrscheinlich spielte dabei das jeweilige Umweltangebot die entscheidende Rolle. Die inzwischen entwickelten hochkronigen Zähne mit ihrem kompliziert strukturierten Kauflächenmuster waren bei dieser scheinbaren Rückentwicklung insofern vorteilhaft, als sie durch Stapelung von Kauflächen übereinander die Lebens- und damit die Reproduktionsdauer der Tiere verlängerten, beziehungsweise die Nahrungsversorgung trotz wachsender Körpergröße sicherstellten. Es handelte sich also um eine Rückkehr zu früherer Lebensweise auf höherem Niveau. So sinnvoll uns alle diese Trends im Nachhinein erscheinen mögen, so klar sollte man sich andererseits darüber sein, dass solche komplex vernetzten Entwicklungen nicht gezielt, sondern wie im freien Wirtschaftsleben durch Auslese nach dem Preis/Leistungsverhältnis beziehungsweise bei den Pferden nach der Energiebilanz erfolgten.

Small is beautiful

Weit gefehlt ist jedoch zu meinen, dass mit Bezug auf das Ökonomieprinzip die Entwicklungen im Einzelnen immer und leicht erklärbar sind! Eher ist das Gegenteil der Fall. Auch für künftige Generationen gibt es noch genug Rätsel, gibt es noch genug zu tun. Wie ist
z. B. die Entwicklung von Zwergformen zu erklären, obgleich eine
Zunahme der Körpergröße nach dem Ökonomieprinzip günstiger
wäre? Dies betrifft innerhalb der obermiozänen Pferde der Neuen
Welt beispielsweise das Auftreten der kleinwüchsigen Gattungen
Calippus und *Nannippus*, in der Alten Welt dasjenige von *Hipparion
periafricanum*. Schauen wir uns in der gegenwärtigen oder gegen-
wartsnahen Fauna nach Erklärungen um, so stoßen wir auf ähnliche
Entwicklungen bei Inselbewohnern, wie den Shetland-Ponys oder
den pleistozänen Zwergelefanten zahlreicher Mittelmeerinseln. *Nan-
nippus* und *Calippus* aber waren ebenso wenig Inselformen wie *Hipparion periafricanum*. Vielleicht ist es gar nicht so sehr die Inselsi-
tuation als vielmehr eine quantitative Beschränkung des Nahrungs-
angebotes, welche allgemein die Ursache für Verzwergung darstellt.
Erinnern wir uns an die Ölkrise der späten 1970er-Jahre. Als der
Treibstoff knapp wurde, galt für Autos plötzlich das Prinzip *small is
beautiful*, klein ist schön. Das galt und gilt auch für Pferde und andere Organismen bei schmaler werdendem Nahrungsangebot, das nicht
unbedingt auf einer Verschlechterung der Umweltverhältnisse beruhen muss. Nahrungsmangel könnte auch bei extremer Spezialisie-
rung auf eine ganz bestimmte Nahrung eintreten. Genau wissen wir
das bei *Calippus*, *Nannippus* und *Hipparion periafricanum* nicht. In
jedem dieser Fälle könnte der Ursachenzusammenhang ganz spezi-
fisch gewesen sein.

Größenunterschiede bei heutigen Pferden.

Im Laufe des Miozäns kam es wiederholt zu Auswanderungen von Pferden aus Nordamerika, und zwar über die Beringstraße, welche zeitweise als Landbrücke Alaska mit Sibirien verband. Zuerst wanderte das dreizehige *Anchitherium* zu Beginn des Miozäns über Asien nach Europa ein, erreichte jedoch nie Afrika. Gegen Ende des Miozäns folgten in mindestens zwei Schüben die ebenfalls dreizehigen Hipparionen, zunächst *Hippotherium primigenium* und anschließend *Hipparion*, das sich in weitere Gattungen aufspaltete. Dabei traf *Hippotherium primigenium* noch auf letzte Überlebende der Gattung *Anchitherium*, von der sich die Hipparionen unter anderem durch ihre hochkronigen Backenzähne mit kompliziertem Kauflächenmuster deutlich unterscheiden.

Hipparionen waren die ersten Equiden, die bis nach Afrika, und zwar bis in die Gebiete südlich der Sahara vorstießen, wo sie in Gestalt der Gattung *Stylohipparion* bis in das mittlere Eiszeitalter überlebten.

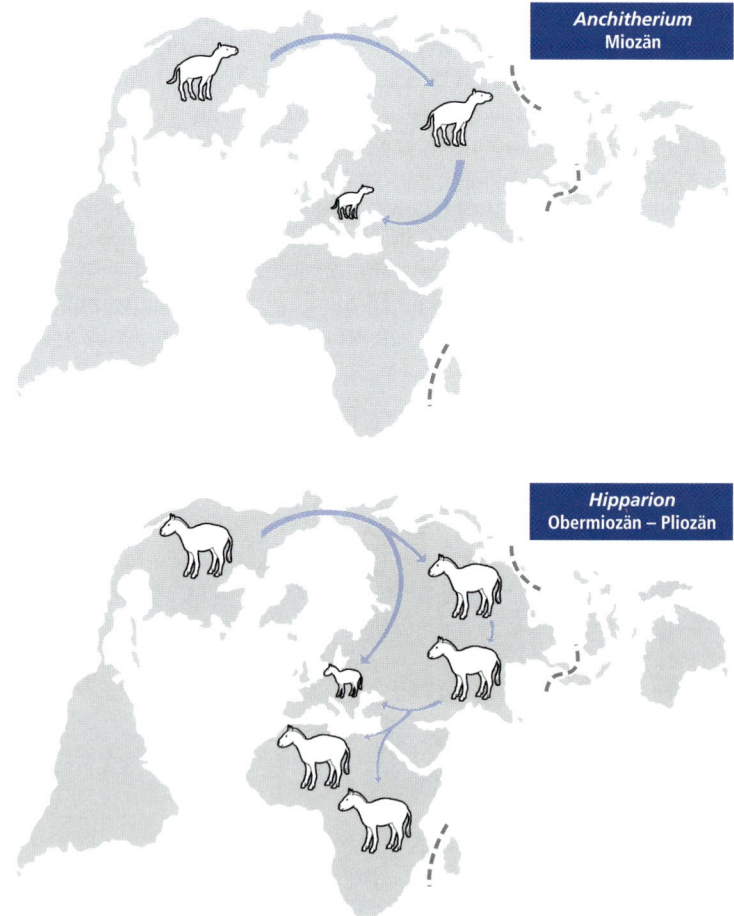

Ausbreitung der Anchitherien im Miozän und der Hipparionen im Obermiozän – Pliozän.

Diese letzten dreizehigen Pferde dürften demnach dort noch frühen Vertretern unserer eigenen Vorfahren begegnet sein. Eine direkte Verbindung von *Hipparion* zu *Equus*, wie man früher einmal vermutet hatte, gab es aber nicht. Mit den Gattungen *Astrohippus*, *Pliohippus* und *Dinohippus*, die jede für sich auf *Merychippus* zurückgehen, gelang es den Pferden auf drei parallelen Pfaden im Pliozän erstmals auf nur einem Huf pro Bein zu stehen und zu laufen. Während *Astrohippus* und *Pliohippus* schon bald wieder verschwanden, zweigte von *Dinohippus* während des Pliozäns mit *Hippidion* und seinen Verwandten eine nach Südamerika führende Linie ab. Diese Formen waren durch einen auffallend tiefen Naseneinschnitt und kurze Füße gekennzeichnet und überlebten im südlichen Südamerika bis in die Nacheiszeit.

Der stammesgeschichtliche Weg zum heutigen Pferd

Ebenfalls aus *Dinohippus* ging im Pliozän von Nordamerika vor ungefähr 3–2 Millionen Jahren die Gattung *Equus* hervor, die sich von hier einerseits über Asien nach Europa und Afrika und andererseits etwas später als *Hippidion* auch nach Südamerika verbreitete, wo sie mit *Equus andium* (*Amerhippus*) eine ausgesprochen kurzfüßige, wohl auf das Leben im Hochgebirge spezialisierte Form hervorbrachte. In der Alten Welt gabelte sich die Gattung *Equus* schon frühzeitig in die zu den heutigen Eseln und Halbeseln, zu den Zebras und zum heutigen *Equus caballus* führende Zweige. Mit Ende des Eiszeitalters starb *Equus* dann paradoxerweise in Nordamerika aus, wo die Pferde 55 Millionen Jahre lang den größten Teil ihrer Entwicklung erfolgreich absolviert hatten. Erst die spanischen Eroberer brachten die Gattung wenn auch in Gestalt einer anderen Art, des in Eurasien entstandenen *Equus caballus*, per Schiff wieder in die Urheimat der Pferde zurück. Warum *Equus* in Eurasien überleben konnte, in Nordamerika aber nicht, ist rätselhaft. Wahrscheinlich dürfte dabei der durchgreifende Klima- und Vegetationsumschwung am Ende des Eiszeitalters, möglicherweise verbunden mit Epidemien, die sich auf bestimmte Kontinente oder Arten beschränkten, die entscheidende Rolle gespielt haben. Der Mensch war zu dieser Zeit noch viel zu schwach und zu wenig zahlreich, um die ebenso schnellen wie zahlreichen Pferde ausrotten zu können. Außerdem dürfte, wie heutige Naturvölker zeigen, sein Respekt vor der Natur und ihren Geschöpfen viel zu groß gewesen sein, um eine derart sinnlose Tat zu vollbringen. Zu solchen Massakern ist offenbar erst der heutige Mensch fähig.

Was ist eigentlich ...

Hipparionen [von griech. *hippos* = Pferd, Ross bzw. griech. *hipparion* oder *hippidion* = Pferdchen], aus *Merychippus* im mittleren Miozän Nordamerikas hervorgegangene ausgestorbene Gruppe der Pferde, die vor ca. 11–8 Millionen Jahren (Vallesium) über die Beringstraße nach Asien, Europa und Afrika einwanderte. Kennzeichnend sind am Schädel die tiefen Fossae (Gruben) vor der Augenhöhle, Backenzähne bereits hypsodont-prismatisch mit stark gefälteltem Schmelz, Täler mit Zement ausgefüllt, Oberkieferbackenzähne mit isoliertem Protoconus (Innenhöcker); lange, schlanke Mittelfußknochen, Hand und Fuß dreistrahlig; grasfressender Steppenbewohner. In Afrika überlebte *Hipparion* bis ins Pleistozän.

Hipparion in einer Zeichnung von Heinrich Harder (1858–1935).

Was ist eigentlich ...

Esel, *Asinus*, Untergattung der Pferde mit nur 1 Art, dem Afrikanischen Wildesel (*Equus asinus*); Schulterhöhe 110–140 cm; Fellfärbung gelbbraun oder gräulich, dunkler Aalstrich und dunkler Querstreifen auf den Schultern. Von den ursprünglich 3 Unterarten war der Nubische Wildesel (*Equus asinus africanus*) früher von Ägypten bis zum Ostsudan verbreitet und der Nordafrikanische Wildesel (*Equus asinus atlanticus*) in den südlichen Atlasländern beheimatet. Beide gelten bereits seit mehreren Jahrzehnten als ausgestorben. Bei den heute in Teilen des ehemaligen Verbreitungsgebiets einschließlich der Sahara frei vorkommenden Eseln handelt es sich um verwilderte Hausesel. Einzige noch wildlebende Unterart ist der Somali-Wildesel (*Equus asinus somalicus*). Auch ihn trifft man nur noch in Restbeständen. – Hausesel wurden aus allen 3 Unterarten, besonders aber aus dem Nubischen Wildesel (seit 4 000 v. Chr.), gezüchtet. Schon im Altertum kreuzte man auch Pferde mit Eseln: Maulesel heißen die Nachkommen eines Pferdehengstes und einer Eselstute, Maultiere die eines Eselhengstes und einer Pferdestute; beide sind fast immer unfruchtbar. Mit dem Afrikanischen Wildesel nahe verwandt ist der Asiatische Wildesel oder Halbesel.

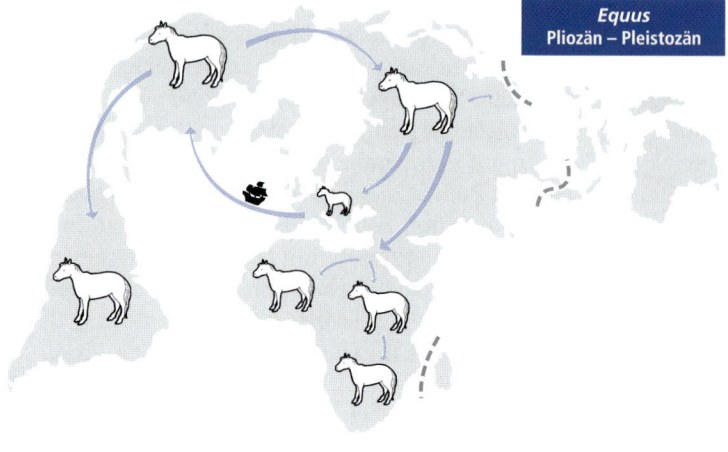

Ausbreitung von *Equus* vom Pliozän zum Pleistozän.

Die Evolution der Pferde im Überblick

Betrachten wir die gesamte fossil belegte Evolution der Pferde noch einmal im Überblick, so ergibt sich trotz aller Lücken im Einzelnen ein faszinierendes Bild der natürlichen Entwicklung eines seit mindestens 4 000 Jahren mit dem Menschen in Koevolution verbundenen Tieres. Zu allen davor liegenden Zeiten versuchten die Pferde, insofern dies die jeweils existierenden Landverbindungen erlaubten, sich bis an die Überlebensgrenzen ihrer jeweiligen Konstruktionen auszubreiten.

Dabei folgten die Entwicklungstrends, so weit sich diese rekonstruieren lassen, stets dem Ökonomieprinzip im Sinne einer Verbesserung der Energiebilanz. Der Grad der Diversifizierung aber richtete sich eher nach der Vielfalt der sich bietenden Überlebensmöglichkeiten, das heißt der vorhandenen möglichen Lebensräume und der unterschiedlichen Strategien, diese zu nutzen. Insofern stellt der Stammbaum der Pferde auch heute noch ein faszinierendes Bild stammesgeschichtlicher Entfaltung dar. Pferde sind und bleiben das Paradebeispiel der Evolution!

Grundtext aus: Jens Lorenz Franzen *Die Urpferde der Morgenröte*. Spektrum Akademischer Verlag.

Mammutjagd auf Hoher See

Die mächtigsten Landtiere der Eiszeit grasten überall zwischen Atlantik und Pazifik – selbst dort, wo heute die Nordsee ist. Forscher rekonstruieren ihren Lebensraum und die Umstände ihres plötzlichen Aussterbens vor 3 000 Jahren

Florian Breier

Es war so etwas wie Liebe auf den ersten Blick. Nass und schmutzig, so wie Arbeiter der nahegelegenen Kiesgrube sie aus der Erde gezogen hatten, lagen die Mammutknochen auf einem Tisch in der Dorfschule von Giesbeek bei Arnheim. „Such dir einen aus", sagte der Lehrer, und der Junge nahm den größten, einen Oberschenkel, dick wie ein Fahnenmast und über einen Meter lang. Das war 1968. Heute ist Dick Mol 50 Jahre alt, weltbekannter Mammutspezialist, und sein erster Knochen teilt sich mit gut 17 000 weiteren Eiszeitfossilien ein kleines Reihenhaus bei Amsterdam. Eine der bedeutendsten Privatsammlungen der Welt. Und sie wächst weiter. Denn während jeder bei Mammuts sofort an Sibirien denkt, liegt einer der größten Mammutfriedhöfe in Holland. Auf dem Grund der Nordsee.

Auf dem Boden der Nordsee grasten einst Riesenhirsche

Montag Morgen um halb sechs im verschlafenen Fischereihafen von Stellendam, südlich von Den Haag. In der Dämmerung steigt Dick Mol mit einigen anderen Eiszeitexperten auf den einzigen Kutter, der noch am Kai dümpelt, dann schaukelt die *GO 33* aufs offene Meer. Etwa zehn Kilometer vor der Küste stoppt Kapitän Maarten de Waal. Hier halten Schwimmbagger in der seichten See eine 27 Meter tiefe Fahrrinne für Hochseefrachter frei. Das perfekte Jagdrevier. Fast immer liegen die Knochen eiszeitlicher Tiere unerreichbar unter meterdi-cken Sand- und Tonschichten begraben. Hier muss nur noch eingesammelt werden, was die Bagger bereits freigeschaufelt haben.

Nach einer halben Stunde hievt die Mannschaft zwei prallgefüllte Schleppnetze über die Reling und schüttet eine zappelnd zuckende Masse in zwei große Bottiche. Dick Mol richtet einen Wasserstrahl zwischen Schlick und Schollen. Ein markanter Wirbelknochen taucht auf. „Riesenhirsch", stellt er mit einem Blick fest. „Sehr gut erhalten. Aber da kommt noch mehr."

Schwer vorstellbar, dass hier einmal Hirsche grasten mit Geweihen, doppelt so groß wie die schwedischer Elche. Doch das Gebiet zwischen England und dem europäischen Festland wurde erst vor 8 000 Jahren überflutet, als nach der letzten Eiszeit die großen Inlandsgletscher weiter im Norden abgeschmolzen waren und der Meeresspiegel wieder anstieg. „Man muss sich eine leicht hügelige Landschaft vorstellen. Grasland mit ein paar Zwergbirken und Weiden", erklärt John de Vos, Kurator für Großwirbeltiere am Nationalen Naturhistorischen Museum Naturalis in Leiden, und zeigt aufs offene Meer. „Dort hinten weidet eine Herde Mammuts. Im Hintergrund sieht man ein Wollnashorn. Es gibt auch jede Menge Steppenwisente. Die Herden mischen sich mit Pferden, wie Gnus und Zebras in der Serengeti." Der Paläontologe verwaltet Hunderttausende eiszeitliche Fossilien vom Grund der Nordsee, eine der größten Sammlungen der Welt. Paläontologie macht süchtig.

Der Inhalt des nächsten Netzes enttäuscht zunächst. Dann taucht doch noch etwas auf. „Das ist der linke Oberkiefer eines Mammuts", erklärt Dick Mol den Knochen, der an einen knorrigen Ast erinnert. „Ein junges Tier, vielleicht sechs oder sieben Jahre alt." In der Zahnhülse glänzt noch das Elfenbein des abgebrochenen Stoßzahns.

Erst vor zwei Jahren wäre ein spektakuläres Fossil beinahe im Müll gelandet. Ein Fischer schenkte dem niederländischen Sammler Klaas Post eine Kiste mit unscheinbaren Knochen. Unter zerbrochenen Rentierrippen und Wisentwirbeln entdeckte Post einen halben Raubtierkiefer, den er nicht zuordnen konnte. Dick Mol wurde hinzugezogen, und bald stand fest, dass es sich um die Überreste eines *Homotherium* handelte, besser bekannt als Säbelzahntiger. Eine Sensation, denn bis dahin hatten alle Fachleute angenommen, dass die letzten Urtiger schon vor 220 000 Jahren ausgestorben waren. Trotz mehrmaliger Radiokarbondatierung brachte es der Kiefer aber nur auf 28 000 Jahre. „Das *Homotherium* stand an der Spitze der Nahrungspyramide, und wir wussten nicht einmal, dass es überhaupt noch existierte", erklärt Jelle Reumer, Direktor des Naturhistorischen Museums in Rotterdam, die Bedeutung des Fundes. „Wir müssen wohl noch eine Menge über das eiszeitliche Ökosystem lernen."

Selbst im kältesten Sibirien hatten die Mammuts keine Chance

Längst geht es den Paläontologen nicht mehr nur darum, die letzten anatomischen Details eiszeitlicher Tiere zu entschlüsseln. In einem neuen, paläoökologischen Ansatz versuchen sie heute, die gesamte eiszeitliche Umwelt von Spanien bis Alaska zu rekonstruieren und wollen vor allem eine Frage beantworten: Wie kam es zum großen Artensterben am Ende der letzten Eiszeit?

Erstmals hat Mol die Ergebnisse mehrerer aufsehenerregender Expeditionen von 1997 an in den arktischen Norden Russlands in einem Buch zusammengefasst (*Großsäugetiere der Sibirischen Arktis*, Schweizerbart'sche Verlagsbuchhandlung, Mai 2005). Geholfen hat ihm dabei Ralf-Dietrich Kahlke, der Leiter der Forschungsstation für Quartärpaläontologie am Frankfurter Forschungsinstitut und Naturmuseum Senckenberg. Die beiden belegen, wie sehr sich die Umwelt nach der letzten Eiszeit bis in den entlegensten Winkel Sibiriens veränderte. Selbst in den kältesten Gebieten jenseits des Polarkreises hatten die Mammuts keine Chance, sich anzupassen.

Nordsibirien ist für Eiszeitpaläontologen so etwas wie das Gelobte Land. Seit Zehntausenden von Jahren ist der Untergrund in der Tundra steinhart gefroren. Nur im kurzen Polarsommer taut der Permafrostboden ein bis zwei Meter auf. Entscheidende Meter, die immer wieder auch ganze Mammutkadaver freigeben. Schon zu Sowjetzeiten avancierten die seltenen Funde zur nationalen Angelegenheit. Ein offizielles Mammutkomitee wurde gegründet, in den 1970er- und frühen 1980er-Jahren blühte die russische Eiszeitpaläontologie auf. Doch mit dem Niedergang der UdSSR versiegten auch die Mittel für teure Ausgrabungen.

Erst 1998 kam wieder Bewegung in die Szene. Seit Jahren nutzte der Polarexperte Bernard Buigues aus Frankreich das abgeschiedene 4 000-Seelen-Nest Chatanga im äußersten Norden Sibiriens als Basis für Touren zum Nordpol. Er kannte die traditionellen Schnitzarbeiten aus Mammutelfenbein, die einheimische Rentiernomaden des Dolganenvolkes anfertigten, hatte aber an Fossilien sonst kein Interesse.

Erst als ihm die Familie Jarkow zwei gewaltige Stoßzähne, jeweils knapp drei Meter lang und gut 45 Kilogramm schwer, anbot, ließ sich Buigues den Fundort zeigen. Der Schädel des Bullen war beschädigt, aber immer noch in der anatomisch richtigen Position im Boden festgefroren. Buigues witterte einen vollständigen Kadaver und stellte ein internationales Expertenteam für die Bergung zusammen.

Bei minus 20 Grad wurde das Tiefkühlmammut geborgen

Es folgte die aufwendigste Tierexhumierung aller Zeiten. Um das Mammut nicht zu beschädigen, wartete das Team den arktischen Herbst ab. Bei Temperaturen um minus 20 Grad und Schneestürmen meißelten die Mammutforscher kurz vor Einbruch der Polarnacht im Oktober 1999 mit Presslufthämmern einen meterhohen Sedimentblock mit den sterblichen Überresten des Urelefanten aus dem Permafrost. Nur mit Mühe konnte der eigens eingeflogene, größte zivile Hubschrauber der Welt den 23 Tonnen schweren Klotz anheben und das Tiefkühlmammut in Chatanga abliefern.

Als schließlich durchsickerte, in dem Block stecke gar kein vollständiger Urelefant, ebbte das Medieninteresse ab, bevor die eigentliche Forschungsarbeit überhaupt begonnen hatte.

In den letzten Jahren haben Spezialisten aus fünf Ländern in einem Eiskeller in Chatanga die Überreste des Mammuts Schicht für Schicht aus dem Eisblock getaut. Auch Dick Mol ist dem Tier mehrfach eigenhändig mit einem ordinären Fön auf den Pelz gerückt. „Spätestens nach einer halben Stunde riecht es wie in einem Elefantenstall. Das ist wunderbar, weil wir es ja sonst nur mit Knochen zu tun haben." Bei minus 14 Grad Raumtemperatur gefrieren freigelegte Teile sofort wieder und bleiben perfekt konserviert. Bakterien und Pilze haben keine Chance, an Haut und Knochen zu nagen und wertvolle Gewebezellen zu zerstören. Minimalinvasive Mammutforschung.

Heute weiß man, dass der alte Bulle nur noch auf seinen Weisheitszähnen kaute, als er vor 20 380 Jahren zu Beginn des Frühjahrs in der Nähe einer Wasserstelle tot zusammenbrach. Mit 33 Jahren war er bereits ein Greis. Neueste Analysen des amerikanischen Paläontologen Daniel C. Fisher zeigen, dass Mammuts offenbar deutlich jünger starben als afrikanische Elefanten, vielleicht der Preis für das harte Leben im hohen Norden. Fisher bohrte die Stoßzähne an und durchleuchtete das eiszeitliche Elfenbein unter dem Mikroskop. Im Frühjahr und Sommer, wenn es viel zu fressen gab, wuchsen die Zähne besonders schnell. Gegen Herbst verlangsamte sich das Wachstum und setzte im Winter schließlich vollkommen aus.

Im gefrorenen Fell stecken noch Samen, Blumen und Käfer

In seinem zotteligen Fell hatte der Eiszeitelefant außerdem Samen, Blumen und Käfer mit ins Grab genommen. Aus dem gefrorenen Sediment, das ihn umgab, bargen die Forscher Pollen, Pilzsporen und Algen. Wichtige Kleinteile im pleistozänen Puzzle, die auf einen Lebensraum hinweisen, der mit der heutigen Tundra wenig gemeinsam hat, und den Verfechtern eines natürlichen Artentodes neue Argumente liefern. Denn nicht alle Forscher glauben, dass alleine der Klimawandel den Untergang der Mammuts einläutete.

Die amerikanischen Paläontologen Larry Agenbroad und Paul Martin meinen, die Tiere seien in den Mägen unserer Vorfahren verschwunden. Dass unsere wackeren Urahnen, nur mit Holzspeeren und Steinäxten bewaffnet, Millionen von Mammuts hinmetzelten, ist aber unwahrscheinlich. In ganz Europa gibt es mehr als 100 000 Mammutfundstätten, alleine in Deutschland fördert fast jede Kiesgrube mit eiszeitlichen Flussschottern entsprechende Knochen zutage. Doch in weniger als hundert Fällen fand man daneben auch menschliche Artefakte wie Steinschaber und Klingen. Bei einem einzigen Tier aus Zentralsibirien steckte die Speerspitze noch im Rückgrat.

Der Paläontologe Ross MacPhee argumentiert deshalb, dass Viren die Mammuts dahingerafft haben. Menschen und ihre Haustiere hätten die Urelefanten mit neuen, tödlichen Erregern infiziert. Theoretisch. Doch der Killer konnte bisher in keinem einzigen Fossil nachgewiesen werden.

„Wenn eine Krankheit sie vernichtet hat, dann wäre doch nicht gleichzeitig auch die Steppe verschwunden", wendet Säugetierpaläontologe John de Vos ein. Und der tiefgefrorene Mageninhalt einiger sibirischer Mammuts spricht eine eindeutige Sprache. Die Tiere hatten kurz vor ihrem Tod fast ausschließlich derbe Gräser gefressen. Ihre Welt war also produktiv genug, riesige Herden großer Pflanzenfresser zu ernähren, so wie eine eiszeitliche Serengeti.

Die zotteligen Urelefanten kämpften sich nicht durch eine endlose Schneewüste. Mammuts und Kälte gehören zusammen, Mammuts und Tiefschnee nicht. Nur ein trockenkalter Lebensraum, wie er heute nirgendwo mehr auf der Erde existiert, konnte diese gewaltigen Tiere hervorbringen. „Die Mammutfauna war die am besten kälteangepasste Tierwelt in der gesamten Erdgeschichte", sagt Dick Mols Frankfurter Kollege Ralf-Dietrich Kahlke, „und die Mammutsteppe wahrscheinlich das größte einheitliche Landökosystem aller Zeiten. Es ist ja unglaublich, dass von Westeuropa bis Amerika überall die gleichen Tiere lebten."

Die letzten Mammuts sind vermutlich einfach verhungert

Als in Mitteleuropa Tauwetter anbrach, wichen die großen Säugetiere zuerst erfolgreich nach Norden aus. Noch vor 3 700 Jahren stapften Mammuts nachweislich über die nordostsibirische Insel Wrangel. Schließlich verwandelten sich auch ihre letzten Refugien im hohen Norden in feuchtkalte und schneereiche Tundren. Statt Gräsern wuchsen fast nur noch Moose, Krüppelbäumchen und Flechten, zu wenig, um den gewaltigen Appetit eines Mammuts

zu stillen. So sind die letzten Exemplare wohl einfach verhungert.

Sicher ist, die nächste Eiszeit wird kommen. Schon seit Ötzi vor 5 300 Jahren in den Alpen erfror, weist der Klimatrend wieder nach unten – abgesehen von kurzen Unterbrechungen. Noch überlagert der Treibhauseffekt diese natürliche Entwicklung und verhilft uns zu einer Klimaerwärmung.

Keine guten Voraussetzungen für die Wiederbelebung der Mammuts, von der einige Exoten unter den Eiszeitforschern träumen. Immer wieder geistert das Gespenst vom geklonten Mammut durch die Medien. Vor allem die japanischen Gentechniker Kazufumi Goto und Akira Iritani suchen seit Jahren nach unbeschädigter Mammut-DNS, um mit ihr eine Elefanteneizelle zu befruchten. Bisher lieferten aber alle Fossilien nur lückenhafte Erbgutsequenzen. Viele Genetiker halten die Bemühungen ohnehin für aussichtslos, weil selbst unter Permafrostbedingungen Eiskristalle, Strahlung und Oxidation das empfindliche Erbmaterial immer schädigen.

Auch die Idee, einem tiefgefrorenen Mammutbullen Sperma abzuzapfen und damit Elefantenkühe zu befruchten, scheint weit hergeholt. Denn Keimzellen sind noch empfindlicher als andere Körperzellen. Die Wahrscheinlichkeit, brauchbares Mammutsperma auszugraben, läuft gegen null. Heraus käme bei diesem bizarren Versuch ohnehin nur ein Elefanten-Mammut-Mischling. Frühestens nach 50 Jahren könnte durch wiederholtes Kreuzen mit dieser Methode ein reinrassiges Mammut das Licht der Welt erblicken. Und weil niemand gleichzeitig die Steppe klonen kann, wäre das neue Mammut nicht nur einsam, sondern auch heimatlos.

Evolution ist eine Einbahnstraße, Überspezialisierung zahlt sich langfristig nicht aus. So könnte die Lehre aus dem späteiszeitlichen Artensterben lauten. Von der Nordsee bis Sibirien lässt sich aus der Mammutforschung von Dick Mol und Ralf-Dietrich Kahlke die Quintessenz ziehen: Im unberechenbaren Klimageschehen sind am Ende Generalisten die Sieger. Allen voran wir selbst. Oft auf Kosten anderer: „Die Paläontologie liefert harte Fakten der natürlichen Entwicklungsgeschichte von Tieren und Pflanzen", erklärt Kahlke, „und gibt damit auch der Umweltpolitik wichtige Entscheidungshilfen. So kann belegt werden, dass es ein Massensterben von Arten wie seit Beginn der Industrialisierung auf der Erde nie vorher gegeben hat. Das Verschwinden der Mammutfauna war ein Klacks dagegen."

Aus: ZEIT Wissen 3/2005

Es gibt diese eigentümlichen Momente, da der Mensch sich fragt, wozu und zu welchem Ende etwas existiert. Ein Dosenöffner etwa. Oder das Universum. Die Frage überkommt uns wie eine unerwartete Müdigkeit. Man kann sich nicht dagegen wehren. „Wir Menschen sind zweckorientiert", glaubt der Oxforder Evolutionsbiologe **Richard Dawkins**. „Es fällt uns schwer, irgend etwas zu betrachten und nicht zu fragen, wozu es vorhanden ist, was die Beweggründe sind oder welcher Zweck dahinter steckt."

Die Frage nach dem Nutzen eines Dosenöffners scheine angemessen, sagt Dawkins, die nach dem Zweck des Universums schlicht unsinnig. Schließlich frage man auch nicht nach der Temperatur von Eifersucht. Die Evolutionsbiologie aber müsse sich immer noch solche Fragen gefallen lassen. Die nach dem Warum von Lebewesen etwa.

Dawkins kämpft seit Jahrzehnten gegen diese weitverbreitete, auf Ziel, Zweck und Nutzen ausgerichtete „teleologische Denkweise". Für ihn dient das Leben einem einzigen Daseinszweck – dem Überleben der Gene. Nicht das Individuum, das Erbgut bestimme über das Schicksal einer Art. Vor mehr als dreißig Jahren provozierte der in Kenia geborene Brite mit seiner These vom „egoistischen Gen" erstmals Fachwelt und Öffentlichkeit. Das Erbmaterial parasitiere in mehr oder weniger perfekten Lebewesen. Die Information nutze die Struktur, nicht umgekehrt. Erfolgreiche Erbsequenzen lassen ihre Wirte lange genug leben, um sich in Konkurrenz mit anderen erfolgreich fortzupflanzen. Organismen sind in diesem Sinne nichts anderes als Überlebensmaschinen.

Am Beispiel des Autors selbst lässt sich sein Gedanke – ein wenig scherzhaft – am besten illustrieren. Dawkins' Gene sind erfolgreich, weil sie ihren Wirtsorganismus zu einem weltbekannten Popularisierer heranwachsen lassen. *Das egoistische Gen*, 1976 erstmals erschienen, verkauft sich weltweit millionenfach und ist auch heute unverändert aktuell. *Der blinde Uhrmacher* und zahlreiche weitere Sachbücher zur Evolutionsbiologie werden zu großen Erfolgen. 2006 provoziert er mit seiner These vom „Gotteswahn".

Wer derart populäre Bücher schreibt, kann damit viel Geld verdienen. Also kann er nicht nur Nachkommen zeugen, sondern sie auch ernähren. Der Wirt Dawkins ist ein erfolgreicher Schriftsteller, weil seine Gene im Wettkampf mit denen anderer Schriftsteller überlegen sind. Bald sind sie in die nächste Generation gelangt. Der Wirt hat seine Schuldigkeit getan.

Richard Dawkins

Warum gibt es Menschen?

Von Richard Dawkins

Intelligentes Leben auf einem Planeten erreicht einen Zustand der Reife, wenn es zum ersten Mal die Gründe für seine Existenz erkennt.

Sollten jemals höher entwickelte Lebewesen aus dem Weltraum die Erde besuchen, so werden sie, um unsere Zivilisationsstufe einzuschätzen, zuerst die Frage stellen: „Haben sie die Evolution schon entdeckt?" Mehr als drei Milliarden Jahre lang hatten bereits Organismen auf der Erde gelebt, ohne zu wissen warum, bis schließlich einem von ihnen die Wahrheit aufzugehen begann. Sein Name war Charles Darwin (1809–1882). Um gerecht zu sein, schon andere hatten die Wahrheit geahnt, doch es war Darwin, der als erster eine kohärente und haltbare Darstellung der Gründe lieferte, warum wir existieren. Darwin versetzte uns in die Lage, dem neugierigen Kind, dessen Frage diesen Beitrag einleitet, eine vernünftige Antwort zu geben. Wir brauchen nicht mehr auf Aberglauben zurückzugreifen, wenn wir uns mit den großen Rätseln konfrontiert sehen: Hat das Leben einen Sinn? Wozu sind wir da? Was ist der Mensch? Der bedeutende Zoologe George G. Simpson (1902–1984) drückte es, nachdem er die letzte dieser Fragen gestellt hatte, folgendermaßen aus: „Ich möchte behaupten, dass alle Versuche, diese Frage vor dem Jahre 1859 zu beantworten, wertlos sind und dass es für uns besser ist, sie völlig zu ignorieren."

Evolutionstheorie und Sozialverhalten

Heute kann man die Evolutionstheorie ungefähr ebenso anzweifeln wie die Lehre, dass sich die Erde um die Sonne dreht, aber die eigentliche Bedeutung der Darwinschen Revolution in ihrem ganzen Ausmaß ist immer noch nicht allgemein in das Bewusstsein der Menschen gedrungen. Die Zoologie ist in den Universitäten immer noch ein Nebenfach, und selbst diejenigen, die sie studieren, treffen ihre Entscheidung häufig, ohne sich ihrer inhaltsschweren philosophischen Bedeutung gewahr zu werden. Die Philosophie und die als Geisteswissenschaften bezeichneten Fächer werden immer noch so gelehrt, als habe Darwin niemals gelebt. Dies wird sich ohne Zweifel mit der Zeit ändern. Gleichwie, mein Buch *Das egoistische Gen* ist nicht als allgemeines Plädoyer zugunsten des Darwinismus gedacht. Stattdessen erforscht es die Folgen der Evolutionslehre für ein spezielles Problem – nämlich die Biologie von Egoismus und Altruismus.

Porträt

Lorenz, Konrad (Zacharias), österreichischer Zoologe, Verhaltensforscher und Arzt, * 7.11.1903 Wien, † 27.2. 1989 Wien; ab 1957 Professor in München; gründete 1949 eine Station für vergleichende Verhaltensforschung in Altenberg (Niederösterreich), 1961–1973 leitender Direktor des nach seinen Plänen von der Max-Planck-Gesellschaft gegründeten Instituts für Verhaltensphysiologie in Seewiesen (bei Starnberg); zuletzt Leiter der tiersoziologischen Abteilung am Institut für vergleichende Verhaltensforschung der österreichischen Akademie der Wissenschaften in Grünau (Oberösterreich) und Altenberg. Lorenz, Mitbegründer der vergleichenden Verhaltensforschung (Ethologie), untersuchte u. a. die ontogenetischen (individualgeschichtlichen) und phylogenetischen (stammesgeschichtlichen) Grundlagen des instinktiven Verhaltens der Tiere. Er hat über 120 Tierarten gehalten und beobachtet, die zahllosen Fische nicht gerechnet; besonders bekannt sind seine Arbeiten über Dohlen, Kolkraben und Graugänse. Er zeigte Abstammungs- und Funktionsähnlichkeiten zwischen tierischem und menschlichem Verhalten auf. Lorenz gilt auch als Mitbegründer der Evolutionären Erkenntnistheorie und Kulturethologie; verdient auch durch sein frühzeitiges Engagement für den Umweltschutz. Lorenz erhielt 1973 zusammen mit Karl von Frisch (1886–1982) und Nikolaas Tinbergen (1907–1988) den Nobelpreis für Physiologie oder Medizin.

Abgesehen von seinem akademischen Interesse liegt die Bedeutung dieses Gegenstands für den Menschen auf der Hand. Er berührt jeden Aspekt unseres sozialen Lebens, unseres Liebens und Hassens, Kämpfens und Zusammenarbeitens, Gebens und Nehmens, unserer Habgier und unserer Freigebigkeit. Das Gleiche können auch Lorenz' Buch *Das sogenannte Böse* (1963), Ardreys *Der Gesellschaftsvertrag* (1970) und Eibl-Eibesfeldts *Liebe und Hass* (1970) für sich in Anspruch nehmen. Die Schwierigkeit bei diesen Büchern ist nur, dass ihre Autoren ganz und gar falsch lagen. Sie irrten sich, weil sie nicht richtig verstanden haben, wie die Evolution funktioniert.

Sie gingen von der irrigen Annahme aus, das Wesentliche bei der Evolution sei der Vorteil für die Art (oder die Gruppe) und nicht der Vorteil für das Individuum (oder das Gen). Ungerechtfertigterweise wurde Konrad Lorenz von Ashley Montagu (1905–1999) als ein „direkter Nachkomme der ‚Natur, Zähne und Klauen blutigrot'‘ -Denker des 19. Jahrhunderts ..." kritisiert. So wie ich Lorenz' Auffassung von der Evolution verstehe, wäre er sich mit Montagu völlig darin einig, die Implikationen von Alfred Lord Tennysons (1809–1892) berühmtem Ausspruch zurückzuweisen. Im Gegensatz zu beiden meine ich jedoch, dass „Natur, Zähne und Klauen blutigrot" unser modernes Verständnis der natürlichen Auslese vortrefflich zusammenfasst.

Bevor ich mit meiner eigentlichen Erörterung beginne, möchte ich kurz erklären, welche Art von Erörterung es ist und welche nicht. Wenn uns jemand erzählte, ein Mann habe in der Chicagoer Gangsterwelt ein langes und erfolgreiches Leben geführt, so wären wir berechtigt, einige Überlegungen darüber anzustellen, was für eine Sorte Mensch er war. Wir könnten erwarten, dass er Eigenschaften hätte wie Härte, Reaktionsschnelligkeit und die Fähigkeit, loyale Freunde um sich zu sammeln. Dies wären zwar keine unfehlbaren Rückschlüsse, doch man kann sehr wohl einige Aussagen über den Charakter eines Menschen machen, wenn man etwas über die Bedingungen weiß, unter denen er überlebt und sich erfolgreich behauptet hat. Meine These ist, dass wir und alle anderen Tiere Maschinen sind, die durch Gene geschaffen wurden. Wie erfolgreiche Chicagoer Gangster haben unsere Gene in einer Welt intensiven Existenzkampfes überlebt – in einigen Fällen mehrere Millionen Jahre. Auf Grund dessen können wir ihnen bestimmte Eigenschaften unterstellen. Ich würde argumentieren, dass eine vorherrschende Eigenschaft, die wir bei einem erfolgreichen Gen erwarten müssen, ein skrupelloser Egoismus ist. Dieser Egoismus des Gens wird gewöhnlich egoistisches Verhalten des Individuums hervorrufen. Es gibt jedoch, wie wir sehen werden, besondere Umstände, unter denen ein Gen seine eigenen egoistischen Ziele am besten dadurch erreichen kann, dass es einen begrenzten Altruismus auf der Stufe der Individuen fördert. Die Worte „besonders" und „begrenzt" in diesem Satz sind wichtig. So gern wir auch etwas anderes glauben wollen, universelle Liebe und das Wohlergehen einer Art als Ganzes sind Begriffe, die evolutionstheoretisch gesehen einfach keinen Sinn ergeben.

Dies bringt mich zu der ersten Feststellung, die ich darüber treffen möchte, was *Das egoistische Gen* nicht ist. Ich trete nicht für eine Ethik auf der Grundlage der Evolution ein. Ich berichte lediglich, wie die Dinge sich entwickelt haben. Ich sage nicht, wie wir Menschen uns in moralischer Hinsicht verhalten sollen. Ich betone dies angesichts der Gefahr, dass ich von jenen – allzu zahlreichen – Leuten falsch verstanden werde, die nicht unterscheiden können zwischen einer Darstellung dessen, was nach Überzeugung des Sprechenden oder Schreibenden der Fall ist, und einem Plädoyer für das, was der Fall sein sollte. Ich selbst bin der Meinung, dass eine menschliche Gesellschaft, die lediglich auf dem Gesetz des universellen, rücksichtslosen Gen-Egoismus beruhte, eine Gesellschaft wäre, in der es sich sehr unangenehm lebte. Unglücklicherweise jedoch hört etwas, das wir beklagen, und sei es auch noch so sehr, deshalb nicht auf, wahr zu sein. *Das egoistische Gen* soll vor allem interessant sein. Wenn der Leser jedoch eine Moral aus ihm ableiten möchte, möge er es als Warnung lesen: Wenn er – wie ich – eine Gesellschaft aufbauen möchte, in der die Einzelnen großzügig und selbstlos zugunsten eines gemeinsamen Wohlergehens zusammenarbeiten, kann er wenig Hilfe von der biologischen Natur erwarten. Lasst uns versuchen, Großzügigkeit und Selbstlosigkeit zu *lehren*, denn wir sind egoistisch geboren. Lasst uns verstehen lernen, was unsere eigenen egoistischen Gene vorhaben, denn dann haben wir vielleicht die Chance, ihre Pläne zu durchkreuzen – etwas, das keine andere Art bisher jemals angestrebt hat.

Noch einen Zusatz zu dieser Bemerkung über das Lehren und Lernen: Es ist ein Trugschluss – nebenbei gesagt ein sehr häufiger – anzunehmen, dass genetisch ererbte Merkmale *per definitionem* feststehend und unveränderbar sind. Unsere Gene mögen uns anweisen, egoistisch zu sein, aber wir sind nicht unbedingt gezwungen, ihnen unser ganzes Leben lang zu gehorchen. Es mag uns vielleicht nur schwerer fallen, Altruismus zu lernen, als es uns fiele, wenn wir genetisch auf altruistisches Verhalten programmiert wären. Unter allen Geschöpfen ist der Mensch in einzigartiger Weise durch die Kultur beeinflusst, durch Eindrücke, die aufgenommen und überliefert werden. Einige werden sagen, die Kultur ist so wichtig, dass die Gene – ob nun egoistisch oder nicht – praktisch für das Verständnis der menschlichen Natur irrelevant sind. Andere werden dem nicht zustimmen. Alles hängt davon ab, welchen Standpunkt man in der De-

Was ist eigentlich ...

egoistische Gene, *selfish genes*; von R. Dawkins geprägte Bezeichnung für Gene bzw. Allele, die ausschließlich ihre eigene Vermehrung bewirken (auch wenn dabei für die Träger dieser Gene ein Nachteil entsteht), also entgegen der Annahme, dass alle Gene und Genprodukte eines Individuums optimal aufeinander abgestimmt sind, um die Fortpflanzung des Individuums zu gewährleisten. Egoistische Gene greifen z. B. bei der Segregation an, d. h. der Zufallsverteilung von mütterlichen und väterlichen Chromosomen auf die Meioseprodukte (Eizelle, Spermien). Die molekularen Mechanismen der egoistischen Gene sind derzeit noch nicht geklärt. Ihre Wirkung und Häufigkeit sind jedoch seit einiger Zeit wichtige Themen in der Populationsgenetik (Ausbreitung und Aussterben von Populationen) und in der Evolutionsbiologie. Egoistische Gene können demnach Initiatoren für wichtige Veränderungen in der Evolution sein (Evolution von Sexualität, Meiose, Entwicklung zur Vielzelligkeit usw.). Auch im menschlichen Genom gibt es egoistische genetische Elemente. Dazu zählen etwa die transponierbaren Elemente (springende Gene, Transposons).

batte über „Natur oder Erziehung" als bestimmende Faktoren für die menschlichen Eigenschaften einnimmt. Dies bringt mich zu der zweiten Klarstellung, was *Das egoistische Gen* nicht ist: eine Unterstützung der einen oder der anderen Position in der Kontroverse Natur/Erziehung. Sollte sich herausstellen, dass die Gene auf das Verhalten des modernen Menschen keinerlei Einfluss haben, sollten wir also in dieser Beziehung wirklich einzigartig unter den Tieren sein, so ist es zumindest interessant, die Regel zu erforschen, von der wir erst seit so kurzer Zeit die Ausnahme darstellen. Sollte sich aber zeigen, dass unsere Art nicht so außergewöhnlich ist, wie wir dies vielleicht glauben wollen, ist es umso wichtiger, dass wir uns mit der Regel befassen.

Das dritte, was *Das egoistische Gen* nicht sein soll, ist eine beschreibende Darstellung des menschlichen Verhaltens in seinen Einzelheiten oder des Verhaltens irgendeiner anderen Tierart. Konkrete Verhaltensweisen werde ich nur als erläuternde Beispiele anführen. Ich werde nicht sagen: „Wenn man das Verhalten der Paviane betrachtet, wird man feststellen, dass es egoistisch ist; daher ist es wahrscheinlich, dass der Mensch sich ebenfalls egoistisch verhält." Hinter meinem Beispiel des Chicagoer Gangsters steckt eine ganz andere Logik, nämlich die folgende: Menschen und Paviane haben sich durch natürliche Selektion entwickelt. Aus den Mechanismen der Selektion scheint bei genauerem Hinsehen zu folgen, dass alles, was sich durch natürliche Auslese entwickelt hat, egoistisch sein muss. Deswegen müssen wir, wenn wir das Verhalten von Pavianen, Menschen und anderen Lebewesen untersuchen, damit rechnen, dass es sich als egoistisch erweist. Wenn wir feststellen, dass unsere Erwartung falsch war, wenn wir im menschlichen Verhalten echten Altruismus entdecken, dann sind wir auf etwas Erstaunliches gestoßen, auf etwas, das eine Erklärung verlangt.

Egoistisches und altruistisches Sozialverhalten von Tieren

Bevor wir fortfahren, brauchen wir eine Definition. Ein Organismus, beispielsweise ein Pavian, gilt als altruistisch, wenn er sich so verhält, dass er das Wohlergehen eines anderen, gleichartigen Organismus auf Kosten seines eigenen Wohlergehens steigert.

Egoistisches Verhalten hat genau die entgegengesetzte Wirkung. Wohlergehen ist definiert als Überlebenschancen, selbst wenn der Effekt auf die tatsächlichen Lebens- und Todesaussichten so klein ist, dass man ihn *scheinbar* vernachlässigen kann. Zu den überraschenden Implikationen der modernen Version der Darwinschen Theorie gehört, dass offensichtlich triviale, winzige Einwirkungen auf die

┌─ ■ **Was ist eigentlich ...** ■ ──────────────────────────────

Altruismus [von *latein. alter* = der andere], fremddienliches, uneigennütziges Verhalten eines Individuums (= Geber oder Donor) zum Wohl anderer (= Empfänger oder Rezipient) mit Erhöhung der Fortpflanzungschancen des Empfängers auf Kosten des Gebers. Als klassisches Beispiel gelten altruistische Verhaltensweisen im Rahmen der Fürsorge zwischen Eltern und Nachkommen. Die Herausbildung von altruistischen Verhaltensweisen wurde v. a. durch die Theorie der Gruppenselektion zu erklären versucht. Sozial lebende Tiere haben nach der Gruppenselektion Überlebensvorteile, wenn sie auch nicht verwandte Individuen unterstützen, also dem Erhalt der Gruppe dienen. Ein derartiges Verhalten dient nach dieser Theorie der Arterhaltung insgesamt. Dieses Konzept gilt heute überwiegend als überholt, wird aber in den letzten Jahren in der Form erneut diskutiert, dass eine Auslese auf Gruppenebene vermutlich mit der Auslese auf der Individual- und Genebene zusammenwirkt.

Egoismus [von latein. ego = ich], allgemeine Bezeichnung für eigennützige Verhaltensweisen oder Einstellungen, die den eigenen Vorteil als Grundlage für das Handeln haben. Innerhalb der Soziobiologie wurde eigennütziges Verhalten (die Fitness des Individuums vergrößerndes Verhalten) als zentrale Eigenschaft jedes Individuums herausgestellt, auch bezogen auf das Sozialverhalten innerhalb des Gruppenverbands. Als Beispiel gilt die evolutionsbiologische Analyse verschiedener, ursprünglich als rein altruistisch angesehener Verhaltensweisen, die nach dem Prinzip der Selektion während der Evolution nicht hätten entstehen dürfen, da sie die Fitness des altruistischen Individuums reduzieren, während die momentan gezeigten Verhaltensweisen anderen zugute kommen. Durch die Umgestaltung des Begriffs „Fortpflanzungserfolg", dem William D. Hamilton (1936–2000) i. S. von „Verbreitung oder Weitergabe des eigenen Erbmaterials" eine neue Gestalt verlieh, konnten altruistische Verhaltensweisen wie das Phänomen der Bruthelfer auch im Sinne der natürlichen Selektion als die Fitness des Individuums steigerndes Verhalten erläutert werden. Auch in der Beziehung zwischen Eltern und Kind, in der die elterliche Fürsorge als Inbegriff altruistischen Verhaltens gilt, sind – so William Hamilton und Robert Trivers, zwei Pioniere der Logik des egoistischen Gens – eigennützige Interessen nachweisbar.

──

Überlebenswahrscheinlichkeit einen großen Einfluss auf die Evolution haben können. Der Grund dafür ist die ungeheure Zeit, die diese Einflüsse haben, um sich bemerkbar zu machen.

Es ist wichtig, sich darüber klar zu werden, dass die oben gegebenen Definitionen von Altruismus und Egoismus sich am objektiven Verhalten orientieren und nicht an Intentionen. Ich beschäftige mich hier nicht mit der Psychologie der Motive. Ich diskutiere nicht darüber, ob Leute, die sich selbstlos verhalten, dies „in Wirklichkeit" aus insgeheim oder unbewusst selbstsüchtigen Motiven tun. Vielleicht ist es so, vielleicht auch nicht, und vielleicht werden wir diese Frage niemals entscheiden können. Meine Definition fragt nur nach, ob der *Effekt* einer Handlung darin besteht, die Überlebenschancen des mutmaßlichen Altruisten beziehungsweise des mutmaßlichen Nutznießers zu verringern oder zu vergrößern.

„Der Egoismus spricht alle Sprachen und spielt alle Rollen, sogar die der Selbstlosigkeit." (François de la Rochefoucauld, 1613–1680)

Es ist sehr schwierig, die Auswirkungen des Verhaltens auf langfristige Überlebensaussichten zu demonstrieren. In der Praxis müssen wir „Altruismus" und „Egoismus", wenn wir sie auf reales Verhalten anwenden, durch das Wort „anscheinend" einschränken. Eine anscheinend selbstlose Handlung ist eine Handlung, die oberflächlich betrachtet so aussieht, als müsse sie dazu führen, dass der Altruist mit größerer Wahrscheinlichkeit (so gering der Unterschied auch sein mag) stirbt und der Nutznießer mit größerer Wahrscheinlichkeit überlebt. Häufig stellt sich bei genauerem Hinsehen heraus, dass scheinbar selbstlose Handlungen in Wirklichkeit versteckt selbstsüchtig sind. Noch einmal: Ich meine nicht, dass die zugrunde liegenden Motive im Geheimen eigennützig sind, sondern dass der tatsächliche Effekt einer Handlung auf die Überlebensaussichten sich als das Umgekehrte dessen erweisen kann, was wir ursprünglich gedacht haben.

Ich werde nun einige Beispiele für anscheinend selbstsüchtiges und anscheinend selbstloses Verhalten anführen. Es ist schwierig, subjektive Denkgewohnheiten zu unterdrücken, wenn wir es mit unserer eigenen Art zu tun haben, daher habe ich stattdessen verschiedene Tierarten ausgewählt. Zuerst einige bunt durcheinander gewürfelte Beispiele von egoistischem Verhalten einzelner Individuen.

Lachmöwen nisten in großen Kolonien, wobei die Nester nur ein paar Meter voneinander entfernt sind. Die frisch ausgeschlüpften Küken sind klein und wehrlos und leicht zu verschlucken. Es ist keineswegs ungewöhnlich, dass eine Möwe wartet, bis der Nachwuchs einer Nachbarin unbewacht ist, vielleicht während diese fort ist zum Fischen, um sich auf eines der Küken zu stürzen und es ganz hinunterzuschlingen. Sie erhält dadurch eine gute, nahrhafte Mahlzeit, ohne dass sie sich die Mühe zu machen braucht, einen Fisch zu fangen, und ohne ihr eigenes Nest ungeschützt lassen zu müssen.

Lachmöwen sind ein Beispiel für egoistisches Verhalten unter Tieren.

Besser bekannt ist der makabre Kannibalismus des Fangheuschre-
ckenweibchens. Die Gottesanbeterinnen sind große fleischfressende
Insekten. Normalerweise fressen sie kleinere Insekten, etwa Fliegen,
aber sie greifen nahezu alles an, was sich bewegt. Bei der Begattung
kriecht das Männchen vorsichtig an das Weibchen heran, besteigt es
und kopuliert. Wenn das Weibchen eine Gelegenheit dazu bekommt,
das Männchen zu fressen, sei es während der Annäherung, unmittelbar nach der Begattung oder nach der Trennung, so tut es das, und es
beginnt damit, dass es dem Männchen den Kopf abbeißt. Man könnte meinen, es sei am vernünftigsten, wenn das Weibchen abwartete,
bis die Kopulation beendet ist, bevor es das Männchen aufzufressen
beginnt. Aber der Verlust des Kopfes scheint den übrigen Körper des
Männchens nicht von seinem sexuellen Schwung abzubringen. Tatsächlich ist es – da der Insektenkopf der Sitz einiger inhibitorischer
(hemmender) Nervenzentren ist – sogar möglich, dass das Weibchen
die sexuelle Leistungsfähigkeit des Männchens dadurch verbessert,
dass es dessen Kopf auffrisst. Wenn dies zutrifft, stellt es einen zu-
sätzlichen Gewinn dar. Der Hauptvorteil ist, dass das Weibchen eine
gute Mahlzeit bekommt.

Das Wort „egoistisch" mag bei derart extremen Verhaltensweisen
wie Kannibalismus untertrieben erscheinen, aber diese Fälle stimmen gut mit unserer Definition überein. Vielleicht können wir das
zaghafte Verhalten von Kaiserpinguinen in der Antarktis besser nach-
empfinden. Sie stehen am Rand des Wassers und zögern hineinzutau-
chen, weil die Gefahr besteht, von einer Robbe erwartet und gefressen zu werden. Wenn einer von ihnen voranginge, würden die ande-

Was ist eigentlich ...

Gottesanbeterin, *Mantis religio-
sa*, im Mittelmeerraum, sehr lokal auch im südlichen Mitteleuropa in trocken-warmen Biotopen
verbreitete Art der Fangschre-
cken; in Deutschland nur an
wenigen Orten vorkommend.
Das Weibchen wird bis 8 cm,
das Männchen nur bis 6 cm
groß. Der stark verlängerte erste
Brustabschnitt trägt die charakteristischen Fangbeine der Fang-
schrecken, die in der Lauerstellung an zum Gebet gefaltete
Hände erinnern. Aus dieser un-
beweglichen Lauerstellung kann
die Gottesanbeterin blitzschnell
(Schlaggeschwindigkeit unter
1/10 s) zuschlagen und die
Beute festhalten. Zur Begattung
nähert sich das Männchen äußerst vorsichtig dem Weibchen,
um von diesem nicht als Beute
angesehen zu werden. Oft gelingt es ihm erst nach Stunden,
auf den Hinterleib des Weib-
chens zu springen und eine
Spermatophore zu übertragen.
Dabei kann es in seltenen Fällen
vorkommen, dass das Weibchen
das Männchen zum Teil auffrisst,
ohne dass dadurch der Begat-
tungsvorgang unterbrochen würde, der von einem Ganglion im
Hinterleib gesteuert wird.

Gottesanbeterin.

Kaiserpinguine mit Jungen.

ren wissen, ob eine Robbe da ist. Natürlich will keiner das Versuchs-kaninchen sein, und so warten sie und versuchen manchmal sogar, sich gegenseitig hineinzustoßen.

In weniger ausgefallenen Fällen besteht das egoistische Verhalten vielleicht einfach in der Weigerung, wertvolle Ressourcen wie Nah-rung, Territorium oder Geschlechtspartner mit anderen zu teilen. Nun zu einigen Beispielen für anscheinend selbstloses Verhalten.

Bei den Bienen ist der Stechapparat der Arbeiterinnen ein sehr wir-kungsvoller Schutz gegen Honigräuber. Doch die Bienen, die das Stechen übernehmen, sind Kamikazeflieger. Beim Stechvorgang werden gewöhnlich lebenswichtige Organe aus dem Körper der Bie-

Honigbiene beim Stechen.

ne herausgerissen, und sie stirbt kurz danach. Ihre Selbstmordmission mag die lebenswichtigen Nahrungsvorräte der Kolonie gerettet haben, aber sie hat keinen Anteil an den Vorteilen mehr. Nach unserer Definition ist dies ein Akt altruistischen Verhaltens.

Denken wir daran, dass wir nicht über bewusste Motive reden. Diese mögen hier wie auch bei den Beispielen für egoistisches Verhalten eine Rolle spielen oder nicht – für unsere Definition sind sie nicht relevant.

Sein Leben für das Leben seiner Freunde hinzugeben, ist offensichtlich altruistisch, aber ebenso selbstlos ist es, ein leichtes Risiko für sie einzugehen. Viele kleine Vögel geben, sobald sie einen fliegenden Räuber, beispielsweise einen Falken, entdecken, einen charakteristischen Alarmruf von sich, worauf der gesamte Schwarm die Flucht ergreift. Es liegen indirekte Beweise dafür vor, dass der Vogel, der den Alarmruf ausstößt, sich selbst in besondere Gefahr bringt, da er die Aufmerksamkeit des Räubers vor allem auf sich lenkt. Dies ist lediglich ein geringes zusätzliches Risiko, nichtsdestoweniger scheint es den Alarmruf, wenigstens auf den ersten Blick, als eine unserer Definition entsprechend altruistische Handlung zu qualifizieren.

Die häufigsten und auffälligsten Handlungen tierischer Selbstlosigkeit werden von Eltern, insbesondere Müttern, gegenüber ihren Jungen erbracht. Sie brüten den Nachwuchs aus, entweder in Nestern oder in ihren eigenen Körpern, füttern ihn unter enormen Opfern und nehmen große Gefahren auf sich, um ihn vor Räubern zu schützen. Um nur ein Beispiel der Brutpflege zu nennen: Viele am Boden nistende Vögel vollführen ein wirkungsvolles Ablenkungsmanöver,

■ Brutpflege als Beispiel tierischer Selbstlosigkeit ■

Die Brutpflege ist ein im Tierreich weitverbreitetes Verhalten, das dem Schutz und der Versorgung von Nachkommen dient. Grundsätzlich gibt es bei der Fortpflanzung zwei verschiedene Strategien: Entweder werden möglichst viele Jungtiere generiert und für das einzelne Junge wenig investiert, also auch keine Brutpflege getrieben (r-Strategie, z. B. Muscheln), oder es werden wenige Jungtiere gezeugt, aber für das einzelne Junge vergleichsweise mehr investiert (K-Strategie), z. B. durch Brutfürsorge oder/und besonders große Eier oder/und Brutpflege. Aus biologischer Sicht macht sich Brutpflege nur bezahlt, wenn sie den eigenen Jungen zugute kommt (Hamilton-Regel; *inclusive fitness*). Bei vielen Arten treiben entweder nur die Weibchen oder nur die Männchen Brutpflege. Die Brutpflege kann im Bewachen der Eier und Jungtiere bestehen, in ihrer Versorgung mit Nahrung, Wasser und Wärme, ihrer Tarnung, Verteidigung, Schattenspenden, Reinigen, Transport, ihrer Führung, dem Zusammenhalten der juvenilen Jungtiere im Lebensraum und dem Tradieren von Wissen usw. Für die Jungtiere vieler brutpflegender Arten sind die Eltern bei Gefahr das Fluchtziel und Quelle der Beruhigung (Kontaktappetenzverhalten). Brutpflege ist ein einseitig altruistisches Verhalten mit einem Interessenkonflikt zwischen Jungen und Eltern: Jungtiere tendieren häufig dazu, mehr und länger Brutpflege in Anspruch zu nehmen, als die Eltern bereit sind. Hochentwickelt ist die Brutpflege bei sozialen Insekten (Bienen, Ameisen, Termiten) sowie bei Vögeln und Säugetieren.

wenn sich ein Räuber, beispielsweise ein Fuchs, nähert. Der Eltern-vogel hinkt vom Nest fort, wobei er einen Flügel schleifen lässt, als ob er gebrochen wäre. Der Räuber, der eine leichte Beute vor sich zu haben glaubt, wird vom Nest und den Küken fortgelockt. Schließlich gibt der Altvogel sein Täuschungsmanöver auf und schwingt sich ge-rade noch rechtzeitig in die Luft, um den Fängen des Fuchses zu ent-gehen. Er hat seinen Nestlingen höchstwahrscheinlich das Leben ge-rettet, sich dafür aber selbst einer gewissen Gefahr ausgesetzt.

Ich versuche hier nicht, eine These aufzustellen, indem ich Geschich-ten erzähle. Ausgewählte Beispiele sind niemals ernstzunehmende Beweise für eine lohnenswerte Verallgemeinerung. Diese Geschich-ten sollen lediglich erläutern, was ich mit selbstlosem und selbst-süchtigem Verhalten auf der Ebene des Individuums meine. Sowohl individueller Egoismus als auch individueller Altruismus lassen sich durch das fundamentale Gesetz erklären, das ich den Gen-Egoismus nenne.

Gruppenselektion versus Individualselektion

Eine besonders irrige Erklärung für altruistisches Verhalten möchte ich hier ansprechen, weil diese sehr verbreitet ist und selbst an vielen Schulen gelehrt wird.

Diese Erklärung beruht auf dem bereits erwähnten Missverständnis, dass Lebewesen sich entwickeln, um Dinge „zum Wohl der Art" oder „zum Wohl der Gruppe" zu tun. Man kann sich leicht vorstellen, wel-che biologischen Tatsachen dieser Idee zugrunde liegen. Ein Großteil des Lebens eines Tieres dient der Fortpflanzung, und die Mehrzahl der in der Natur beobachteten Handlungen uneigennütziger Selbst-aufopferung werden von Eltern für ihre Jungen vollbracht. „Den Fortbestand der Art sichern" ist ein üblicher Euphemismus für die Fortpflanzung und als *Konsequenz* der Reproduktion unbezweifel-bar. Man braucht die Logik nur leicht zu überdehnen, um ableiten zu können, dass die „Funktion" der Fortpflanzung darin besteht, die Art zu erhalten. Von hier aus ist es nur ein kleiner falscher Schritt zu dem Schluss, die Tiere verhielten sich im Allgemeinen so, dass es dem Fortbestand der Art förderlich ist. Selbstlosigkeit gegenüber den Art-genossen scheint die logische Folge zu sein.

Dieser Gedankengang lässt sich in etwas verschwommenen Darwin-schen Begriffen ausdrücken. Die Evolution wirkt durch die natürli-che Auslese, und natürliche Auslese bedeutet das Überleben der „am besten Angepassten". Aber sprechen wir dabei von den geeignetsten Individuen, den geeignetsten Rassen, Arten oder wovon sonst? Für einige Zwecke macht dies keinen großen Unterschied, doch wenn wir von Altruismus sprechen, ist es offensichtlich von entscheidender Bedeutung. Wenn es die Arten sind, die bei dem, was Darwin den Kampf ums Dasein nannte, miteinander konkurrieren, dann sieht man das Individuum wohl am besten als einen Bauern im Schachspiel an, der geopfert werden muss, wenn es das übergeordnete Interesse der Art verlangt. Um es etwas konventioneller auszudrücken: Eine Gruppe, zum Beispiel eine Art oder eine Population innerhalb einer Art, deren einzelne Angehörige bereit sind, sich selbst für das Wohlergehen der Gruppe zu opfern, wird mit geringerer Wahrscheinlichkeit aussterben als eine rivalisierende Gruppe, deren einzelne Mitglieder ihren eigenen selbstsüchtigen Interessen den ersten Platz einräumen. Daher wird die Welt überwiegend von Gruppen bevölkert sein, die aus sich selbstaufopfernden Individuen bestehen. Dies ist die Theorie der „Gruppenselektion", die von Biologen, die mit den Einzelheiten der Evolutionstheorie nicht vertraut waren, lange für richtig gehalten wurde. Sie kam in dem Buch *Animal Dispersion in Relation to Social Behaviour* des britischen Zoologen Vero C. Wynne-Edwards (1906–1997) zum ersten Mal an die Öffentlichkeit und wurde durch Robert Ardreys Buch *Der Gesellschaftsvertrag* populär. Wynne-Edwards unterstellte also eine Selektion, die das Beste für die Gruppe zur Folge hat. Die orthodoxe Alternative dazu bezeichnet man gewöhnlich als „Individualselektion" (die am besten angepassten Individuen haben die größten Überlebenschancen), obwohl ich persönlich lieber von Genselektion spreche.

Zum Weiterlesen ...

Robert Ardrey, *Der Gesellschaftsvertrag. Das Naturgesetz von der Ungleichheit der Menschen* (München 1970)

Die Antwort des Verfechters der „Individualselektion" auf das gerade vorgebrachte Argument würde kurz zusammengefasst etwa folgendermaßen lauten: Selbst in der Gruppe der Altruisten wird es fast mit Sicherheit eine andersdenkende Minderheit geben, die sich weigert, irgendein Opfer zu bringen. Wenn es nur einen einzigen eigennützigen Rebellen gibt, der entschlossen ist, den Altruismus der übrigen auszunutzen, so wird er *per definitionem* mit größerer Wahrscheinlichkeit als sie überleben und Nachkommen haben. Seine Kinder werden seine selbstsüchtigen Merkmale mit einiger Wahrscheinlichkeit erben. Nach mehreren Generationen dieser natürlichen Auslese wird die „altruistische Gruppe" von egoistischen Individuen wimmeln und von einer egoistischen Gruppe nicht zu unterscheiden sein. Selbst wenn wir die unwahrscheinliche Möglichkeit ins Auge fassen, dass ursprünglich zufällig rein uneigennützige Gruppen ohne irgendwelche Rebellen bestanden, so ist schwer einzusehen, was egoistische Individuen aus benachbarten egoistischen Gruppen daran hindern sollte, einzuwandern und der Reinheit der altruistischen Gruppen durch Einheirat ein Ende zu setzen.

Der Verfechter der Individualselektion würde zugeben, dass Gruppen aussterben und dass die Frage, ob eine Gruppe ausstirbt oder nicht, vom Verhalten der einzelnen Angehörigen dieser Gruppe beeinflusst werden kann. Er mag sogar zugeben, dass die Individuen einer Gruppe – wenn sie nur die Gabe der Voraussicht besäßen – sehen könnten, dass sie langfristig gesehen ihrem Eigeninteresse am besten dienen, wenn sie ihre egoistische Gier zurückhalten, um die Zerstörung der gesamten Gruppe zu verhindern. Wie viele Male mag dies in den letzten Jahren der britischen Arbeiterbevölkerung gesagt worden sein? Aber das Aussterben von Gruppen ist ein langsamer Prozess, verglichen mit dem raschen Hieb- und Stichwechsel des individuellen Konkurrenzkampfes. Selbst wenn es mit der Gruppe bereits langsam und unausweichlich bergab geht, gedeihen egoistische Individuen kurzfristig auf Kosten von Altruisten. Die britischen Bürger mögen mit prophetischen Gaben gesegnet sein oder nicht, die Evolution ist blind gegenüber der Zukunft.

Obwohl die Theorie der Gruppenselektion heutzutage in den Reihen jener Fachbiologen, die die Evolution verstehen, wenig Unterstützung findet, hat sie tatsächlich eine große intuitive Anziehungskraft. Jede Generation englischer Zoologiestudenten ist aufs Neue erstaunt, wenn sie von der Schule an die Universität kommt und feststellt, dass dies nicht die orthodoxe Auffassung ist. Dafür kann man sie kaum verantwortlich machen, denn im *Nuffield Biology Teachers Guide,* der für die Biologielehrer an den höheren Schulen Englands geschrieben worden ist, finden wir den folgenden Satz: „Bei höheren Tieren kann das Verhalten die Form des Selbstmordes einzelner Individuen annehmen, um den Fortbestand der Art sicherzustellen." Der anonyme Autor dieses Leitfadens schrieb dies in rührender Unkenntnis der Tatsache, damit etwas Strittiges auszusagen. In dieser Beziehung stimmt er mit einem Nobelpreisträger überein. Konrad Lorenz spricht in seinem Buch *Das sogenannte Böse* von den „arterhaltenden" Funktionen aggressiven Verhaltens, wobei eine dieser Funktionen darin liegt, dafür zu sorgen, dass sich nur die geeignetsten Individuen fortpflanzen können. Dies ist ein Musterbeispiel für einen Zirkelschluss, doch ich will hier auf etwas anderes hinaus: Die Idee der Gruppenselektion ist so tiefverwurzelt, dass offenbar weder Lorenz noch der Autor des *Nuffield Guide* sich bewusst waren, dass ihre Feststellungen zu der orthodoxen Darwinschen Theorie im Widerspruch stehen.

Zum Weiterlesen ...

Konrad Lorenz, *Das sogenannte Böse. Zur Naturgeschichte der Aggression* (München 1998)

Vor kurzem hörte ich ein weiteres köstliches Beispiel für diese Denkweise in einer ansonsten hervorragenden Fernsehsendung der BBC über australische Spinnen. Eine „Expertin" berichtete, dass die große Mehrheit der jungen Spinnen als Beute anderer Arten endet, und sagte dann weiter: „Vielleicht ist dies der wirkliche Sinn ihres Daseins, da für den Fortbestand der Art nur wenige zu überleben brauchen!"

Robert Ardrey benutzte in seinem Werk *Der Gesellschaftsvertrag* die Theorie der Gruppenselektion dazu, die gesamte soziale Ordnung im Allgemeinen zu erklären. Er sieht den Menschen eindeutig als eine

Art an, die vom Pfad der tierischen Tugend abgewichen ist. Doch Ardrey hat zumindest seine Hausaufgaben gemacht. Seine Entscheidung, sich in Widerspruch zu der orthodoxen Theorie zu setzen, war bewusst, und dafür verdient er Anerkennung.

Vielleicht hat die Theorie der Gruppenselektion unter anderem deshalb eine so große Anziehungskraft, weil sie völlig im Einklang mit den moralischen und politischen Idealen steht, die die meisten von uns teilen. Wir mögen uns als Einzelne häufig egoistisch verhalten, in unseren idealistischeren Augenblicken aber ehren und bewundern wir diejenigen, die dem Wohlergehen der anderen vor ihrem eigenen den Vorzug geben. Allerdings ist uns nicht immer ganz klar, wie weit wir das Wort „anderen" auslegen sollen. Häufig geht Altruismus innerhalb einer Gruppe Hand in Hand mit Egoismus zwischen den Gruppen. Dies ist eine der Grundlagen der gewerkschaftlichen Organisation. Auf einer anderen Ebene ist die Nation ein wichtiger Nutznießer unserer altruistischen Selbstaufopferung, und von jungen Männern erwartet man, dass sie als Individuen ihr Leben lassen für den größeren Ruhm ihres Landes. Darüber hinaus werden sie ermutigt, andere Individuen zu töten, von denen sie nichts weiter wissen, als dass sie einer anderen Nation angehören. (Seltsamerweise scheinen in Friedenszeiten Appelle an die Bereitschaft des Einzelnen, einige kleine Opfer hinsichtlich der Geschwindigkeit zu erbringen, mit der er seinen Lebensstandard erhöht, weniger wirksam zu sein als in Kriegszeiten Appelle, sein Leben zu opfern.)

In den letzten Jahren hat sich eine Bewegung gegen Rassismus und Patriotismus erhoben, und es besteht eine Tendenz, die gesamte menschliche Art zum Objekt unserer brüderlichen Gefühle zu machen. Diese humane Erweiterung der Zielscheibe unserer Uneigennützigkeit hat eine interessante Nebenerscheinung hervorgebracht, die wiederum die Auffassung vom „Wohle der Art" in der Evolution zu untermauern scheint. Politisch liberale Personen, gewöhnlich die überzeugtesten Verfechter der Artenethik, zeigen jetzt häufig die größte Verachtung für jene, die etwas weiter gegangen sind und ihre Selbstlosigkeit so weit ausdehnen, dass sie auch andere Arten miteinbezieht. Wenn ich sage, dass ich mehr daran interessiert bin, das Abschlachten der großen Wale zu verhindern, als daran, dass die Wohnbedingungen der Menschen verbessert werden, so schockiere ich damit wahrscheinlich einige meiner Freunde.

Das Gefühl, dass die Angehörigen der eigenen Art im Vergleich zu den Angehörigen anderer Arten besondere moralische Beachtung verdienen, ist alt und tief in uns verwurzelt. Das Töten von Menschen außerhalb des Krieges wird unter allen gewöhnlich begangenen Verbrechen für das schwerwiegendste angesehen. Das Einzige, was unsere Kultur noch strenger verbietet, ist das Essen von Menschen (selbst wenn sie bereits tot sind). Andererseits genießen wir es, An-

Klassische Wildschwein-Jagd.

gehörige anderer Arten zu verzehren. Viele von uns schrecken vor der Vollstreckung des Todesurteils an Menschen zurück, selbst wenn sie die schrecklichsten Verbrechen begangen haben, während wir das Töten relativ ungefährlicher tierischer Schädlinge ohne Gerichtsverfahren gedankenlos verteidigen. In der Tat erlegen wir Angehörige anderer harmloser Arten lediglich zu unserer Entspannung und zu unserem Vergnügen. Ein menschlicher Fötus, mit nicht mehr menschlichen Gefühlen als eine Amöbe, erfreut sich einer Achtung und eines gesetzlichen Schutzes, die weit über das hinausgehen, was einem ausgewachsenen Schimpansen zugestanden wird. Doch der Schimpanse fühlt und denkt und ist – den Ergebnissen jüngster Forschungen zufolge – möglicherweise sogar in der Lage, eine Art menschlicher Sprache zu erlernen. Der Fötus gehört unserer eigenen Art an und bekommt daher sofort besondere Privilegien und Rechte zuerkannt. Ob sich die Ethik des „Speziesismus“, um den Ausdruck des britischen Psychologen Richard Ryder zu benutzen, auf eine solidere logische Basis stellen lässt als die des Rassismus, weiß ich nicht. Was ich aber sicher weiß, ist, dass sie in der Evolutionsbiologie eigentlich keine Basis hat.

Die Verwirrung in der menschlichen Ethik über die Frage, auf welcher Ebene der Altruismus wünschenswert ist – Familie, Nation, Rasse, Art oder alle Lebewesen –, spiegelt sich in einer entsprechenden Verwirrung in der Biologie wider hinsichtlich der Ebene, auf der nach der Evolutionstheorie Altruismus zu erwarten ist. Selbst der Vertreter der Gruppenselektion wäre nicht erstaunt, wenn er feststellte, dass die Angehörigen rivalisierender Gruppen sich gegeneinander niederträchtig verhalten: Auf diese Weise begünstigen sie – wie Gewerkschafter oder Soldaten – ihre eigene Gruppe in der Auseinandersetzung um begrenzte Ressourcen. Doch dann lohnt es sich zu fragen, wie der Verfechter der Gruppenselektion entscheidet, welche Ebene ausschlaggebend ist. Wenn die Selektion zwischen den Gruppen innerhalb einer Art sowie zwischen den Arten erfolgt, warum sollte es sie nicht auch zwischen größeren Gruppierungen geben? Arten werden zu Gattungen zusammengefasst, Gattungen zu Ordnungen und Ordnungen zu Klassen. Löwen und Antilopen gehören beide – wie wir auch – der Klasse der Säugetiere an. Sollten wir dann nicht erwarten, dass Löwen „zum Wohl der Säugetiere" darauf verzichten, Antilopen zu töten? Sicherlich sollten sie stattdessen lieber Vögel oder Reptilien jagen, um das Aussterben der Klasse zu verhindern. Doch was wird dann aus der Notwendigkeit, den Fortbestand des gesamten Stammes der Wirbeltiere zu sichern?

Nun ist es natürlich schön und gut, wenn ich mit dieser Erörterung die Gruppenselektion *ad absurdum* führe und damit auf ihre schwachen Punkte aufmerksam mache; die augenscheinliche Existenz individueller Uneigennützigkeit bleibt deshalb jedoch immer noch zu erklären. Ardrey geht so weit zu behaupten, Gruppenselektion sei die einzig mögliche Erklärung für Verhaltensweisen wie beispielsweise die „Prellsprünge" der Thomsongazellen. Diese kraftvollen und auffälligen Sprünge vor den Augen eines Räubers entsprechen den Alarmrufen der Vögel, da sie die Gefährten vor der Gefahr zu warnen scheinen und dabei offensichtlich die Aufmerksamkeit des Räubers auf das springende Tier selbst lenken. Wir müssen eine Erklärung für das Prellen der Thomsongazellen und ähnliche Phänomene liefern.

Eine Gruppe von Thomsongazellen in Kenia.

Hier bleibt mir nur, für meine Überzeugung einzutreten, dass man die Evolution am besten anhand der Selektion betrachtet, die auf der allerniedrigsten Stufe auftritt. In dieser Überzeugung bin ich stark von George C. Williams großartigem Buch *Adaptation and Natural Selection* (1966) beeinflusst. Den zentralen Gedanken hat August Weismann schon zu Beginn des vergangenen Jahrhunderts, das heißt zu einer Zeit, als das Gen noch nicht entdeckt war, mit seiner Lehre von der „Kontinuität des Keimplasmas" vorweggenommen. Die fundamentale Einheit für die Selektion und damit für das Eigeninteresse ist nicht die Art, nicht die Gruppe und – streng genommen – nicht einmal das Individuum. Es ist das Gen, die Erbeinheit.

Grundtext aus: Richard Dawkins *Das egoistische Gen*; Spektrum Akademischer Verlag (englische Originalausgabe: *The Selfish Gene*; Oxford University Press; übersetzt von Karin de Sousa Ferreira).

Darwins kluge Erben

Wer Evolution verstehen will, darf nicht nur Fossilien suchen. Er muss Würmern, Fliegen und Krebsen beim Wachsen zusehen

Andreas Sentker

Drei, zwei, eins – meins. Auf der Leinwand leuchtet eine eBay-Seite auf, Lachen schallt durch den Hörsaal des Tübinger Uniklinikums. Am Pult steht Nipam Patel, Entwicklungsbiologe von der University of California in Berkeley. Er ist Grundlagenforscher und von der kommerziellen Verwertung seiner Arbeit so weit entfernt wie die Evolutionstheorie vom Schöpfungsglauben. Dennoch hat Patel ein hohes berufliches Interesse an Internet-Auktionen. Bei eBay findet er seine Forschungsobjekte: Schmetterlinge. Sehr seltene Schmetterlinge. Der Biologe sucht gynandromorphe Tiere – Scheinzwitter. Die werden bei eBay versteigert und bringen 1 400 Dollar und mehr. „Mich kostet das gar nichts", sagt der Amerikaner lächelnd. „Ich brauche nur die Bilder." Auf ihnen wird augenfällig, wo weibliches und wo männliches Erbgut aktiv ist. Mancher Falter trägt auf der einen Seite einen prachtvoll gemusterten männlichen Flügel, auf der anderen die schlichte weibliche Variante. Solche Exemplare sind bei Sammlern beliebt. Patel findet jene Tiere spannender, bei denen sich die Geschlechtergrenze mitten durch den Flügel zieht. Das Muster gibt Auskunft über Hierarchien im Erbgut. Es zeigt, wo das übergeordnete genetische Programm männliche Gene aktiviert hat, wo weibliche.

Entwicklungsbiologen fahnden im Netz nach seltenen Spezies

Nipam Patel ist Mitbegründer von Evodevo, Evolution and Development, einer Synthese aus Darwins Ideen und den Erkenntnissen der Entwicklungsbiologie. Die Ansätze könnten unterschiedlicher kaum sein. Charles Darwin, der mit der *HMS Beagle* über die Weltmeere fuhr, richtete seinen Blick vom Organismus auf die Umwelt. Die verschiedenen Schnabelformen der von ihm untersuchten Finken erklärte er damit, dass sie unterschiedliche Nahrung knacken. Patel, dem zur Beobachtung seiner Forschungsobjekte allerdings nur selten ein Mausklick genügt, blickt unter die Oberfläche der Lebewesen. Die unterschiedlichen Muster seiner Schmetterlinge erklärt er mit Entwicklungsprogrammen im Erbgut, die Dutzende von Genen ein- oder ausschalten.

Seine Ergebnisse präsentiert Patel vor der Elite der Entwicklungsbiologie, die sich auf dem Tübinger Schnarrenberg versammelt hat. Oxford und Cambridge sind vertreten, Stanford und Princeton. Sie seien, sagen die Forscher, gern gekommen an diesen legendären Ort. Hier, in der Schlossküche, wurde die Erbsubstanz Desoxyribonucleinsäure erstmals isoliert. Hier, im botanischen Garten, wurden Mendels in Vergessenheit geratene Regeln wiederentdeckt. Hier steht das Max-Planck-Institut für Entwicklungsbiologie. Hier wird Evolution erforscht, wie sie die Forscher heute verstehen, als Ergebnis vieler kleiner Schritte, einer Vielzahl von Entscheidungen auf verschiedenen Ebenen.

Bei Patels Lieblingsschmetterlingen wird die Arbeit eines genetischen Programms sichtbar, das vorn und hinten beim Flügel definiert. Vorn werden andere Abschnitte im Erbgut aktiviert als hinten. Eine Art Chef-Gen dominiert dabei eine Vielzahl anderer Gene. Dass es solche Hierarchien der Entscheidung gibt, kann auch die Evolution komplexer Strukturen erklären. Wenn ein Chef Veränderungen bewirken will, tauscht er gern den Abteilungsleiter aus. Der Neue bringt dann viele Angestellte auf Kurs. Ähnlich mutiert mit einzelnen Genen die Aktivität vieler untergeordneter Abschnitte im Erbgut. An der Tautfliege *Drosophila* lässt sich ein solches Umschalten auf ein anderes Programm eindrucksvoll beobachten. Manchmal wachsen den Tieren Beine am Kopf, dort, wo Antennen sein sollten. Antennapedia heißt die Mutante, keine vorteilhafte übrigens.

Das Umschalten von Aktivitätsmustern als treibende Kraft der Entwicklung erklärt elegant, was Gegner der Evolutionstheorie für unerklärbar halten: Vielfalt in ihrer Komplexität. Die könne durch zufällige Mutation nicht entstanden sein, lautet das Schlüsselargument der Evolutionsgegner. Sie führen daher den Schöpfungsglauben ins Feld oder sprechen neuerdings vom „Intelligent Design", das der Evolution ein Ziel, eine Richtung gebe. Derweil reifen in den Labors der Entwicklungsbiologen die Gegenargumente heran.

Die Hierarchien sind nur schwer zu durchschauen

Doch zunächst ist es auch hier meist wie im wahren Leben: Viele Hierarchien sind nur schwer zu durchschauen. „Ich fühle mich manchmal wie George W. Bush, der im Nachhinein den Irak-Krieg erklären muss", stöhnt der Genetiker Michael Levine von der University of California in Berkeley über sein Problem, die Evolution der komplexen Interaktion zu erklären.

Auch Eric Wieschaus, nobelpreisgekrönter Entwicklungsbiologe von der Princeton University, weiß um das Unverständnis mancher Menschen angesichts der unübersichtlichen Zellstammbäume und Genhierarchien. Er kann sogar den Vertretern des Intelligent Design Verständnis entgegen-

bringen: „Im Alltag kann ich Menschen verstehen, die sich nach Antworten sehnen und von der Komplexität des Lebens überfordert sind. Aber es ist in der Wissenschaft verboten, da, wo man nicht mehr weiter weiß, einfach Gott einzusetzen." Wieschaus' Co-Nobelpreisträgerin Christiane Nüsslein-Volhard wird deutlicher: „Der intelligente Designer ist eine faule Ausrede für noch nicht gemachte Experimente."

Und so reihen die Entwicklungsbiologen Experiment an Experiment. Der Fadenwurm *Caenorhabditis elegans* beispielsweise, ein unscheinbares Wesen, das in Blumentöpfen lebt, wird weltweit von einigen Hundert Forschern untersucht. Aus genau 959 Zellen besteht ein erwachsener Wurm. 302 davon sind Nervenzellen. Und exakt 131-mal in der Entwicklung des Tieres muss eine Zelle Selbstmord begehen – weil sie stört.

Wurmforscher kennen das Schicksal jeder dieser Zellen. Marie-Anne Felix vom Institut Jacques Monod in Paris hat sich wie ihr Kollege Paul Sternberg vom California Institute of Technology in Pasadena auf die Entwicklungsgeschichte der Vulva konzentriert, der weiblichen Geschlechtsöffnung des zwittrigen Wurms. „Wie mache ich ein Loch in einen Organismus, ohne dass er kaputtgeht? Das ist die entscheidende Frage", sagt Sternberg. Die Vulva entsteht aus sechs Zellen, drei davon bilden die eigentliche Öffnung, drei weitere die Außenhaut. Keine Organentwicklung im Tierreich ist besser untersucht als diese. Wann schaltet sich welches Gen ein? Wann tritt welcher Botenstoff auf den Plan? Die Publikationen füllen Regalmeter.

Die Forschergemeinde sucht immer nach neuen Würmern

Und was ist die Quintessenz jahrelanger Forschung? „Alles in der Biologie ist gleichzeitig Ergebnis und Triebkraft der Evolution", formuliert Marie-Anne Felix ihr Credo. Die Evolution, ergänzt Paul Sternberg, basiere auf einer „Balance von Entwicklungsprogrammen". Auf der einen Seite gebe es eine modulare Vielfalt von genetischen Entscheidungsmustern. Auf der anderen Seite die Millionen Jahre anhaltende Stabilität, in der sich ein Organismus immer wieder gleich entwickele. Und dazwischen? Überraschende Mutationen, die die Entwicklung ganz neue Wege einschlagen lasse.

Um diesen Wandel der Entwicklungswege besser verstehen zu lernen, legt sich die Wurmgemeinde neue Würmer zu. Einen hat Ralf Sommer vom Max-Planck-Institut für Entwicklungsbiologie ins Spiel gebracht: den Fadenwurm *Pristionchus pacificus*. „Der Vergleich mit *Caenorhabditis elegans* soll molekulare Veränderungen identifizieren, die der Evolution von Entwicklungsvorgängen zugrunde liegen", sagt er.

Vor 200 Millionen Jahren haben sich die Wege der beiden Würmer getrennt. Vor einem Jahr wurde *Pristionchus pacificus* vom National Human Genome Research Institute der USA in die Liste jener Arten aufgenommen, deren Erbgut als Nächstes sequenziert werden soll. Dann kann Sommer seine Untersuchungen präzisieren. Schon jetzt stehe fest: „Es sind die Unterschiede in der Regulation von Genen, die zu neuen Strukturen, Formen und Entwicklungsvorgängen in Organismen führen."

Die Entwicklungsgenetik schließt eine klaffende Lücke in der Evolutionstheorie, die schon lange nichts mehr mit dem auf reine Naturbeobachtung setzenden Darwinismus zu tun hat. Seit 50 Jahren herrscht die sogenannte Synthetische Theorie vor: Die darwinistische Perspektive wird ergänzt durch Erkenntnisse der molekularen Genetik und der Populationsgenetik, die die Verteilung von Genen mathematisch beschreibt. Evolution wird als Zusammenspiel von Mutation und Selektion beschrieben. Mutation gilt als die sprudelnde Quelle neuer Varianten, die Selektion ist das Sieb.

Doch Mutationen wirken auf der Ebene von Genen, Selektion auf der Ebene der äußeren Erscheinung, des sogenannten Phänotyps. Wie gelangt man von einem veränderten Gen zu einem neuen Phänotyp?

Die erfinderische Natur ist tatsächlich ziemlich konservativ

Die Erklärung könnte jene Reprogrammierung sein, die das Lebewesen aufgrund einer einzigen Mutation einen neuen Entwicklungsweg einschlagen lässt. Dabei haben Mutationen in untergeordneten Genen wenig Einfluss auf den Phänotyp, solche in höheren Ebenen der Hierarchie mehr. Letztere könnten die Zahl der Extremitäten variieren, die Körperlänge, die Ausrichtung von Körperachsen – so entsteht eine von Mutationen getriebene Entwicklung nicht nur in einem Protein, sondern in einem kompletten Entwicklungsprogramm.

Eine neue Synthese findet statt, eine Vereinigung von Populations- und Entwicklungsgenetik. In der Sicht der Populationsgenetik konkurrieren die Gene von Erwachsenen um den höchsten Reproduktionserfolg – das alte und oft missverstandene Überleben des Besten, *survival of the fittest*. In der Sicht der Entwicklungsgenetik bauen Gene in embryonalen Organismen Strukturen auf. Sie steuern, wie der amerikanische Entwicklungsbiologe Scott Gilbert schreibt, die Ankunft des Besten, *arrival of the fittest*.

Und die Ankunft ist oft mit überraschend einfachen Mechanismen zu erklären. Einen solchen Fall hat Eric Wieschaus jahrelang erforscht (und dafür vor zehn Jahren gemeinsam mit Christiane Nüsslein-Volhard den Medizinnobelpreis erhalten). Bei der Taufliege *Drosophila* reguliert ein Protein namens Bicoid die Aktivität des sogenannten Hunchback-Gens. Hunchback ist überall da aktiv, wo Bicoid in einer bestimmten Minimalmenge vorhanden ist.

Die Verteilung des Proteins im Fliegenembryo folgt einfachen chemischen und physikalischen Gesetzen. Sie ist sehr stabil. Das Protein wird stetig gebildet, verteilt und wieder abgebaut. Das Konzentrationsgefälle legt fest, wo die Fliege ihren Kopf und wo sie ihren Hinterleib tragen soll. Eine Mutation im Bicoid-Gen lässt einen Fliegenembryo ohne Kopf, aber mit zwei Hinterleibern heranwachsen – und sehr bald sterben. „Es ist fast paradox", sagt Wieschaus, „die wichtigsten Entscheidungen über das künftige Schicksal eines Organismus beruhen auf ganz ordinärer Physik."

Die Haustiere dürfen nicht viel Arbeit machen

Die Regeln, die in der Fruchtfliege gefunden wurden, gelten auch anderswo. Nipam Patel untersucht seit langem, wann bei der Entwicklung lebender Embryos in einzelnen Zellen welche Gene eingeschaltet werden. Er hat im Laufe der Jahre einen ganzen Zoo von Versuchstieren angelegt: Grashüpfer, Brotkäfer und Grillen sind darunter, Shrimps und Hummer. Sein gegenwärtiges Lieblingsobjekt ist ein kleiner durchsichtiger Krebs namens *Parhyale hawaiensis*.

Entwicklungsbiologen brauchen solche Tiere: Sie müssen sich rasch vermehren. Ihr Embryo sollte möglichst lange Zeit durchsichtig sein, sodass sich die Entwicklung im Inneren gut beobachten lässt. Und für die intensive Pflege ihrer Haustiere haben die Biologen wenig Zeit. Darum muss anspruchsloses Getier her – wie *Parhyale*. Patel fand die Tiere im Filtersystem des berühmten Shedd-Aquariums in Chicago, wo den Krebsen die sich ständig verändernden Umweltbedingungen ganz offenbar nichts ausmachten. „Wir wussten, das war etwas, das uns nicht viel Arbeit machen würde." Tatsächlich kann *Parhyale* wie Taufliege und Fadenwurm theoretisch von Müll leben.

Nun verfolgt Patel das Schicksal einzelner Zellen im wachsenden Embryo. Der eBay-Falter ist längst von der Leinwand verschwunden. Jetzt läuft hier das große Kino der Entwicklungsbiologen: Patel zeigt Krebsembryos. Bunt markierte Zellen teilen sich, wandern, formen Segmente im lebenden Tier. Die Zellen leuchten dann auf, wenn ein bestimmtes Gen aktiv ist. Es ist dasselbe, das auch in Fliegen die Grenzen zwischen den Körpersegmenten festlegt.

Man sagt der Natur nach, erfinderisch zu sein. Tatsächlich ist sie ziemlich konservativ.

Dieser Konservatismus ist bei der Analyse der Evolution von Entwicklungswegen äußerst hilfreich. So finden sich dieselben Kontrollgene nicht nur bei Fliege, Maus und Mensch. Es werden auch bei der Entwicklung eines Individuums oft dieselben Gene aktiv, wenn es gilt, dieselben Entscheidungen zu treffen, wie etwa die Unterscheidung vorn/hinten. In den Augen der Entwicklungsbiologen könnte sich die Evolution von Extremitäten so abgespielt haben: Schrumpfe, drehe und vereinfache die Befehlskette für die Ausbildung der Körperachse – schon bilden sich einfache Extremitäten, primitive Stummel zunächst, aber immerhin eine Basis für weitere Entwicklungsschritte. Dabei kann das gleiche Gen, das im frühen Embryo vorn und hinten definierte, nun vorn und hinten beim Bein festlegen.

Warum hat die Fliege nur sechs Beine?

Warum haben Fliegen nur sechs Beine, andere Gliederfüßer (Arthropoden) aber mehr? Die Lösung: Der Grundbauplan der Arthropoden sah offensichtlich ein Beinpaar je Körpersegment vor. Bei den Insekten hat eine Mutation in einem Gen (namens Ultrabithorax) ein anderes Gen (Distal-less) unterdrückt, das eine wichtige Rolle bei der Bildung der Extremitäten spielt. Ultrabithorax verhindert so die Ausbildung von Beinen an den hinteren Körpersegmenten der

Fliege. Dieser Eingriff in die Genhierarchie sorgt dafür, dass die Fliege sechs Beine hat, nicht acht wie die Spinne, zehn wie ein Krebs oder Dutzende, wie etwa die Hundertfüßler.

„Darwin war klüger als die Darwinisten", sagt der Schriftsteller Tom Wolfe. Denn der Schöpfer der Evolutionstheorie gebe offen zu, nicht zu wissen, „woher der erste Impuls kommt für eine Zelle, die sich teilt". Doch auch dieses Manko wollen die Biologen beheben. Sie dringen heute tiefer denn je in die Entscheidungshierarchien der Embryonalentwicklung vor: Manche erforschen die Evolution von Proteinen, andere fragen, wie aus Einzellern Vielzeller wurden, oder fahnden nach verschollenen Geschlechtschromosomen von Schnabeltieren.

Sie alle arbeiten an einem vollständigeren Bild der Evolution – mit wachsendem Erfolg. Vielleicht auch deswegen, weil eine ideologische Hürde gefallen ist. „Früher durfte man in der Biologie nur ‚Wie‘? fragen", sagt Christiane Nüsslein-Volhard. Das ‚Warum‘? war verboten – schließlich steuert die Evolution nicht auf ein Ziel hin, da sind sich die Biologen einig. „Neuerdings ist das ‚Warum‘? wieder erlaubt", freut sich die Nobelpreisträgerin. Die Evolution hat zwar noch immer kein Ziel, aber mancher Evolutionsbiologe einen freieren Kopf.

Aus: DIE ZEIT Nr. 40, 29. September 2005

Der amerikanische Paläoanthropologe und Primatenforscher **Ian Tattersall** wird in England geboren und wächst in Ostafrika auf. Er studiert am Christ's College der Cambridge University Anthropologie und Archäologie, promoviert an der Yale University über Geologie und Geophysik und arbeitet heute als Kurator für Anthropologie am American Museum of Natural History in New York. Neben seiner Tätigkeit am Museum lehrt er an der New Yorker Columbia University und an der City University of New York.

Seine Feldforschung an Primaten führt ihn nicht nur nach Madagaskar, sondern unter anderem auch auf die Komoren, nach Mauritius, Borneo, Nigeria, Niger, in den Sudan und den Yemen, nach Vietnam, Surinam und Französisch-Guinea. Tattersall hat mehrere große Ausstellungen am American Museum of Natural History organisiert und seit 1968 etwa 200 Publikationen, darunter mehr als 15 Bücher, veröffentlicht.

Dabei treibt den Forscher eine wichtige Mission an: die Korrektur eines weitverbreiteten Irrtums: „Wie den meisten Menschen wurde auch mir beigebracht, die menschliche Evolution als lineare Kette zu betrachten, mit einem fehlenden Glied , dem ‚*missing link*‘, zwischen den Affen und den ersten menschlichen Prototypen. Evolution als Prozess der Perfektionierung bis hin zu einem evolutionären Höhepunkt, den der moderne Mensch darstellt – diese Vorstellung ist vollkommen falsch."

Schon in den Anfängen seines Forscherlebens hat Tattersall auf Madagaskar die Vielfalt der Lemuren, einer Gruppe von Halbaffen, bewundert. „Sie kommen nicht umhin zu fragen: Wie haben diese Lebewesen eine solche Vielfalt entwickelt? Bei Menschen stellen wir uns diese Frage nicht, weil es nur noch eine überlebende Spezies auf der Welt gibt. Irgendwie glauben wir, es sei naturgegeben und völlig normal, dass wir allein auf der Welt sind. Schauen wir aber in die fossile Überlieferung, merken wir schnell: Wahrscheinlich erleben wir gerade das erste Mal, dass nur eine Menschenspezies auf der Welt ist."

Ian Tattersall arbeitet gegenwärtig mit seinem Forscherkollegen Jeffrey Schwartz an einem gewaltigen Buchprojekt, das alle wichtigen menschlichen Fossilien versammelt. Tattersalls Arbeit soll es Forschern und Studenten ermöglichen, Vergleiche zwischen Fossilien anzustellen, ohne weite und kostspielige Reisen unternehmen zu müssen. Das mehrbändige Werk hat vor allem eine Botschaft: Wir waren viele!

Ian Tattersall

Wir waren nicht allein –
Homo sapiens und seine Vorläufer

Von Ian Tattersall

Zu den bemerkenswertesten Eigenschaften der Menschen gehört ihre ungeheure Wissbegier, die nicht zuletzt auch auf die eigene Herkunft zielt. Wir alle wollen wissen, woher wir stammen, als Individuen ebenso wie als Spezies. Um diesem tiefverwurzelten Drang gerecht zu werden, hat jede Gesellschaft, über die jemals berichtet wurde, ihre eigenen Ursprungsgeschichten und Schöpfungsmythen erfunden. Dieser Beitrag skizziert die wissenschaftliche Entstehungsgeschichte, und das ist vielleicht nicht die, mit der man instinktiv rechnen würde. Warum? Nun, der *Homo sapiens* ist die einzige Spezies dieses allgemeinen Typs, die heute noch existiert – in einem sehr tiefgreifenden Sinn sind wir allein auf der Welt –, und da wir an diese Situation gewöhnt sind, nehmen wir an, sie müsse für eine Spezies wie die unsere der „Normalfall" sein. Deshalb halten wir uns für den (zumindest vorläufigen) Endpunkt einer einzigen Abstammungslinie, die von der natürlichen Selektion von Generation zu Generation immer weiter verbessert wurde.

Um diese Ansicht zu untermauern, berufen wir uns häufig auf die Gehirngröße; sie ist stets ein wichtiges Thema für eine Spezies, deren gewaltiges Gehirn eine ihrer offenkundig einzigartigen Eigenschaften ist. Vor drei Millionen Jahren war das Gehirn unserer Vorfahren höchstens geringfügig größer als das von Menschenaffen mit ähnlicher Körpergröße. Zwei Millionen Jahre später hatten sich seine Abmessungen relativ zum Körper verdoppelt. Und heute ist unser Gehirn noch einmal doppelt so groß, scheinbar ein Beweis, dass unsere biologische Entstehungsgeschichte durch die sanfte Hand der natürlichen Selektion vervollkommnet wurde und zu unserer heutigen, herausgehobenen Stellung geführt hat.

Haben wir tatsächlich so gedacht? Dann haben wir uns gründlich getäuscht. Paläoanthropologen haben in den letzten Jahren ein neues Bild unserer Evolution gezeichnet. Nach dieser neuen Sichtweise ist die Vorgeschichte des Menschen eine Geschichte über eine vielgestaltige Hominidenfamilie, die sich nicht wie eine Linie durch die Zeitalter zog, sondern sich vielfach verzweigte. Es war von Anfang an eine sehr bewegte Geschichte, ein Drama zahlreicher biologischer Arten, die in unterschiedlichen Regionen entstanden und dann darangingen, sich in der ökologischen Arena durchzusetzen. Die Gegner in diesem Kampf um ökologischen Spielraum waren nahe und entfern-

Ordnung:	Primaten
Teilordnung:	Altweltaffen (Catarrhini)
Überfamilie:	Menschenartige (Hominoidea)
Familie:	Menschenaffen (Hominidae)
Gattung:	Menschen (*Homo*)
Art:	*Homo sapiens*

Systematik des *Homo sapiens*.

te Verwandte, und er fand in einem Umwelttheater statt, dessen Kulissen sich ständig veränderten. Außerdem ging es um einen hohen Preis: Die Sieger brachten Nachfolgearten hervor, alle anderen starben ohne viel Federlesens aus.

Dennoch war die Bühne von Anfang an fast immer mit vielen Schauspielern bevölkert. Während der gesamten Geschichte der Hominidenfamilie (der systematischen Gruppe, zu der wir selbst und unsere engsten Verwandten gehören) beherbergte die Welt fast immer mehrere Arten von Vormenschen oder Menschen. Zumindest von Zeit zu Zeit und in manchen Regionen waren unterschiedliche Hominidenarten sogar in derselben Landschaft zu finden und das offensichtlich bis vor recht kurzer Zeit. Heute dagegen existiert auf der ganzen Welt nur noch eine einzige Hominidenart. Die wichtigste Erkenntnis, die wir aus dieser Tatsache ableiten können, lautet: Der *Homo sapiens* hat etwas ganz Besonderes, Ungewöhnliches an sich, das ihn zu einem Konkurrenten von einzigartiger Gefährlichkeit macht. Aber die Vergangenheit mit ihren vielfältigen Hominiden ist auch von Bedeutung für die bereits angesprochene Frage der Sichtweise. Der *Homo sapiens* kann ganz eindeutig nicht das perfektionierte Ergebnis eines zielgerichteten, die Zeitalter überspannenden Feinabstimmungsprozesses sein, kein einzigartiger Gipfel, den wir mühsam erklommen

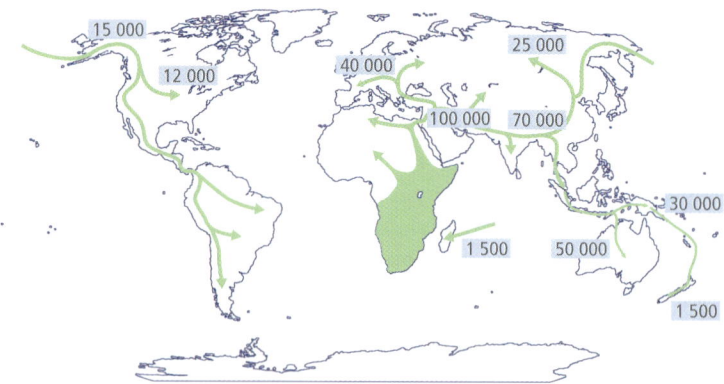

Ausbreitung des modernen Menschen von Afrika aus (Zeitangaben in Jahren vor heute).

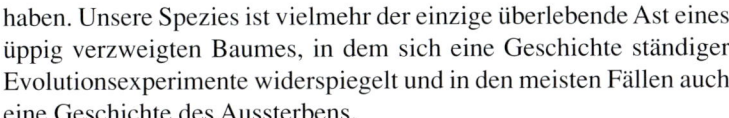

haben. Unsere Spezies ist vielmehr der einzige überlebende Ast eines üppig verzweigten Baumes, in dem sich eine Geschichte ständiger Evolutionsexperimente widerspiegelt und in den meisten Fällen auch eine Geschichte des Aussterbens.

Afrikanische Ursprünge

Die Geschichte des Menschen, das Epos des *Homo sapiens* sowie aller seiner Vorfahren und Verwandten, die nicht den heutigen Menschenaffen näher standen, beginnt vor rund sechs bis sieben Millionen Jahren in Afrika. Die Ursprünge unserer Familie, der Hominidae, sind nicht genau geklärt. Das liegt unter anderem daran, dass wir eigentlich keine Ahnung haben, wie die allerersten Hominiden ausgesehen haben müssten; außerdem verfügen wir nur über sehr spärliche Fossilfunde aus dem entscheidenden Zeitraum vor sechs bis acht Millionen Jahren.

Der bisher älteste Vertreter, der Anspruch auf die Stellung als Hominide erheben kann, ist eine Form namens *Sahelanthropus tchadensis*; sie ist vor allem durch einen Schädel ohne Unterkiefer bekannt, der

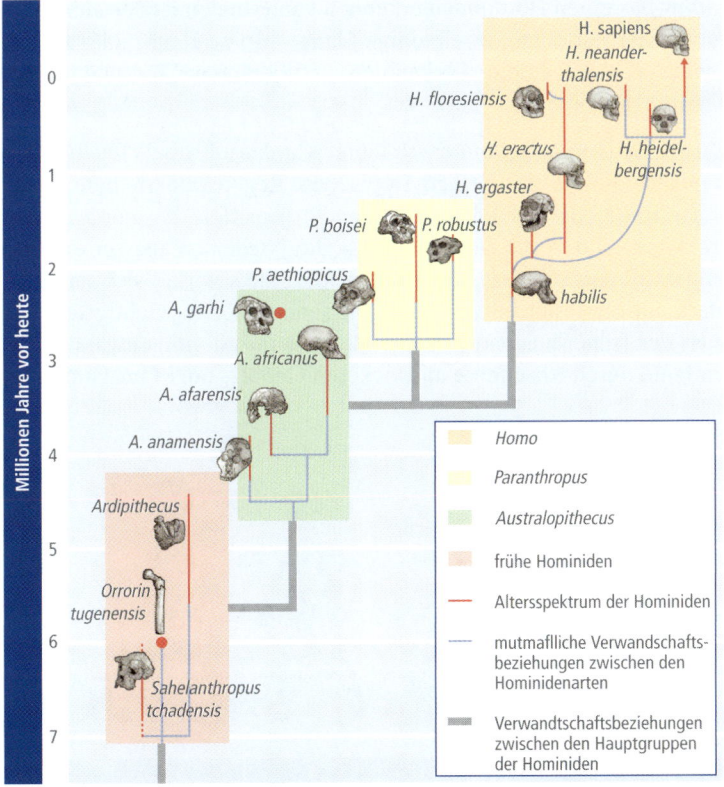

Evolutionsstammbaum der Hominidenarten. Die roten Linien bezeichnen das Altersspektrum für die bekannten Fossilien der jeweiligen Spezies. Blaue Linien zeigen, wie diese Arten aus gemeinsamen Vorfahren hervorgingen. Die Kästen enthalten die vier Hauptgruppen der Hominidenarten. Die dicken Balken zwischen den Gruppen zeigen die grundlegenden Verwandtschaftsbeziehungen zwischen den Gruppen.

Was ist eigentlich ...

Sahelanthropus [von Sahel = Region in Afrika mit dem Fundort, die an die südliche Sahara anschließt; griech. *anthropos* = Mensch], älteste Gattung fossiler Hominiden mit einer Art, *Sahelanthropus tchadensis*, Fundort Toros-Menalla-Steinbruch in der westlichen Djurab-Wüste im nördlichen Tschad. Es wurden ein vollständiges Cranium (Schädel), ein rechter Unterkieferast und einige Zähne zusammen mit Resten einer fossilen Fauna gefunden, deren Alter zwischen 6 und 7 Millionen Jahren liegt. Die Hominidenfunde zeigen ein Mosaik ursprünglicher und abgeleiteter Merkmale. Das Hinterhaupt gleicht dem eines Schimpansen, das Gesicht ist flach, die Zähne ähneln denen jüngerer Hominiden. Aufrechtgang ist nicht sicher nachweisbar. Der Fundort liegt 2 500 km westlich vom Ostafrikanischen Rift Valley, wo mit *Orrorin tugenensis* und *Ardipithecus ramidus* die bisher ältesten Hominidenreste gefunden wurden.

Zeitliche Abfolge fossiler Hominiden. Die Anordnung und Auswahl der rekonstruierten Gestalten zeigt die Veränderungen in der Körpergröße und im Aufrechtgang. Die Abfolge der Hominiden sollte jedoch nicht als eine direkte (Höher-)Entwicklung (Stufenleiter) zum Menschen verstanden werden. Tatsächlich gehören die Fossilien mit großer Wahrscheinlichkeit verschiedenen Stammeslinien an. 1) *Australopithecus afarensis* („Lucy"), 2) *Australopithecus africanus*, 3) *Homo habilis*, 4) *Homo erectus*, 5) Neandertaler (*Homo sapiens neanderthalensis*), 6) Jetzt-Mensch (*Homo sapiens sapiens*).

2001 in dem zentralafrikanischen Staat Tschad gefunden wurde. Als seine Entdeckung im darauffolgenden Jahr bekannt gegeben wurde, sorgte dieser Schädel einerseits für große Verblüffung, weil bestimmte Merkmale (beispielsweise das flache Gesicht) viel weiter entwickelt zu sein schienen, als man es bei einem Hominiden mit einem mutmaßlichen Alter von sechs bis sieben Millionen Jahren erwartet hätte. Andererseits hatte er erwartungsgemäß einen kleinen Gehirnschädel, dessen Abmessungen noch geringer waren als bei einem heutigen Schimpansen.

Dass es sich bei *Sahelanthropus* um einen Hominiden handelt, wird insbesondere durch zwei Merkmale nahegelegt. Erstens besitzt er wie wir recht kleine Eckzähne, die anders als bei den heutigen Menschenaffen nicht nach Art von Reißzähnen aus dem Kiefer ragen. Und zweitens liegt das Foramen magnum (die Öffnung in der Schädelbasis, durch die das Rückenmark aus dem Schädel in die Wirbelsäule übergeht) ziemlich weit vorn. Das ist in den Augen vieler Experten ein Indiz, dass *Sahelanthropus* aufrecht ging und den Schädel oben auf einer senkrecht stehenden Wirbelsäule balancierte; bei vier Beinen dagegen verlässt das Rückenmark den Schädel weiter hinten, um in die waagerecht angeordnete Wirbelsäule einzutreten. Hier handelt es sich um ein entscheidendes Merkmal, an dem man in *Sahelanthropus* einen Hominiden erkennen kann: In den letzten Jahrzehnten ist der aufrechte, zweibeinige Gang – ob zu Recht oder zu Unrecht – zum allgemein anerkannten, definierenden Merkmal unserer Familie geworden.

Zu der Zeit, als *Sahelanthropus* lebte, war das einstmals feuchte afrikanische Klima mit seinen tropischen Regenwäldern bereits seit mehreren Millionen Jahren im Wandel begriffen. Es wurde immer trockener und – genauso wichtig – die Niederschläge schwankten immer stärker mit den Jahreszeiten; dies alles wirkte sich natürlich stark auf die Pflanzenwelt des Kontinents aus. Am wichtigsten war, dass der früher zusammenhängende afrikanische Regenwald zerfiel und nun durch Abschnitte aus lockeren Gehölz- oder Graslandschaf-

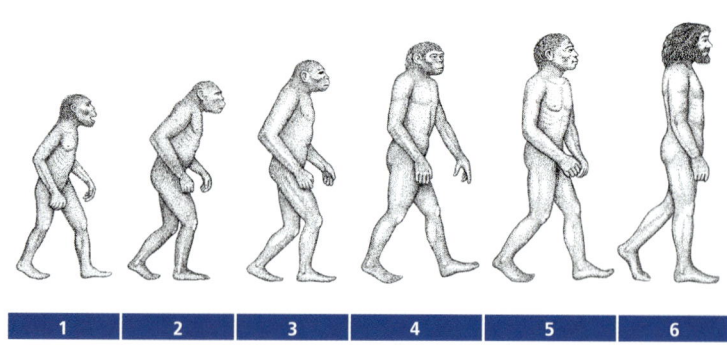

ten unterbrochen war. Die vielgestaltigen Menschenaffenpopulationen, die bis dahin in den Wäldern zuhause gewesen waren, gerieten mit der Schrumpfung ihrer Lebensräume immer stärker unter Stress; manche von ihnen konnten nicht mehr tief in den Wäldern ums Überleben kämpfen, sondern sie mussten an die Waldränder ausweichen oder sich sogar in die neuen, offenen Waldlandschaften begeben.

In ihrem bewaldeten Umfeld hatten die früheren Menschenaffen ganz unterschiedliche Körperhaltungen angenommen. Manche wanderten auf den Ästen durch die Baumkronen, wobei sie meist auf allen Vieren gingen. Andere hängten sich lieber unten an die Zweige und nahmen dabei insbesondere bei der Nahrungssuche eine eher senkrechte Position ein. Manchen dieser hängenden Affen fiel es offenbar leichter, auch weiterhin die senkrechte Position beizubehalten, als sie durch die Veränderung des Lebensraumes gezwungen waren, sich zumindest zeitweise auf dem Erdboden aufzuhalten, um sich dort ihre Nahrung zu beschaffen oder von einer Baumgruppe zur nächsten zu wandern. Aus diesen Primaten wurden am Ende die ersten Hominiden.

Es ist durchaus denkbar, dass mehrere Primatenarten einen solchen Übergang vollzogen. In diesem Fall wären nicht alle Formen, die aufgrund ihres mutmaßlichen, zumindest zeitweise aufrechten Gan-

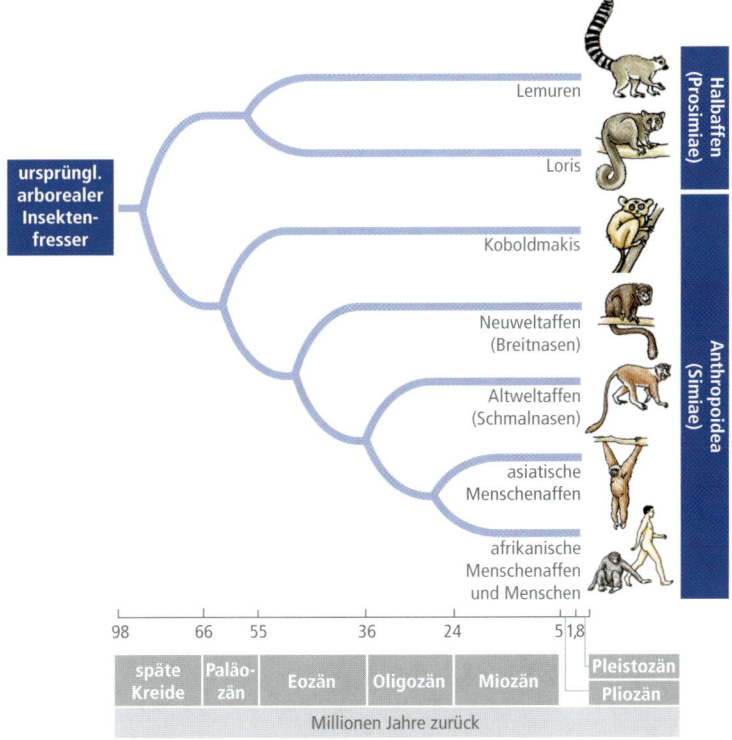

Eine Phylogenie der Primaten nach gegenwärtigem Stand der Forschung. Bisher wurden noch zu wenige fossile Primaten gefunden, um ihre evolutionären Verwandtschaftsbeziehungen mit Gewissheit aufzeigen zu können. Dieser Stammbaum beruht auch auf molekularen Befunden.

145

ges als Vorfahren der Menschen bezeichnet wurden, im strengen stammesgeschichtlichen Sinn tatsächlich Hominiden. Es wäre sicher möglich, dass manche Experimente mit dem aufrechten Gang, die als Reaktion auf Umweltveränderungen unternommen wurden, letztlich scheiterten. In jedem Fall kennen wir aus der Zeit vor ungefähr sieben bis vier Millionen Jahren Belege für mehrere Primatenarten, die den Annahmen zufolge aufrecht gingen und deshalb als erste Hominiden infrage kommen. Neben *Sahelanthropus* gibt es den vielleicht geringfügig jüngeren *Orrorin tugenensis*, der in fast genau sechs Millionen Jahre alten Schichtungen im Baringo-Becken im Norden Kenias gefunden wurde. Diese Form kennt man nur von wenigen Kiefer- und Beinfragmenten. Die aufschlussreichsten Teile des Skeletts sind nicht erhalten geblieben, aber nach der Untersuchung einiger Abschnitte des Hüftknochens wurde die plausible Vermutung angestellt, es handle sich bei diesen Fossilien tatsächlich um die Überreste eines Zweibeiners. Umstritten sind auch einige Bruchstücke einer äthiopischen Form namens *Ardipithecus* mit angeblich zwei Arten, die vor 5,7 bis 4,4 Millionen Jahren gelebt haben soll. Für den ältesten Teil dieser Zeitspanne gründet sich der Beweis für den aufrechten Gang ausschließlich auf einen einzigen Fußknochen, unter den jüngeren Fossilien von *Ardipithecus* befindet sich jedoch ein Bruchstück einer Schädelbasis, an der ein relativ weit vorn liegendes *Foramen magnum* zu erkennen sein soll. Für sich betrachtet, sind alle diese Mutmaßungen über den aufrechten Gang bei Weitem nicht schlüssig, aber wenn man sie zusammennimmt, liegt eine entsprechende Vermutung dennoch nahe. Ein noch stichhaltigeres Argument betrifft die Formenvielfalt: Wenn es sich bei allen diesen Primaten oder zumindest bei den meisten von ihnen tatsächlich um Hominiden im strengen stammesgeschichtlichen Sinn handelt, war die Vorgeschichte der Menschen von Anfang an kein stetiger Aufstieg von der Primitivität zur Vollkommenheit, sondern eine hektische Erforschung der vielen Wege, auf denen man offensichtlich zu einem Mitglied unserer Familie werden kann.

Die Hominiden-Vielfalt Afrikas

Bessere Belege für die Anfänge des aufrechten Ganges stammen aus dem kenianischen Turkanabecken, wo man an mehreren rund vier Millionen Jahre alten Fundorten die Fossilien einer Form namens *Australopithecus anamensis* gefunden hat. Unter diesen ist ein Stück eines Unterschenkels, an dem noch die Ansatzfläche für das Kniegelenk erhalten ist. An ihm ließ sich zur Befriedigung vieler Paläoanthropologen nachweisen, dass die Hominiden sich zu jener Zeit auf den Hinterextremitäten fortbewegten. Allerdings gingen sie nicht auf die gleiche Weise aufrecht wie wir. Am besten erkennt man das nicht an *Australo-*

Was ist eigentlich …

Australopithecinen [von latein. *australis* = südlich und griech. *pithekos* = Affe], *Australopithecinae*, *Praehomininae*, vielgestaltige Gruppe fossiler „Vormenschen", die vor 4 bis 1 Millionen Jahren in Afrika lebten. Namengebend ist die 1924 anhand eines kindlichen Schädels aus Taung (Südafrika) von dem südafrikanischen Anthropologen Raymond A. Dart (1893–1988) beschriebene Art *Australopithecus africanus*. Wichtigstes Merkmal, das die Australopithecinen als *Hominidae* ausweist und in die Stammlinie des Menschen stellt, ist der mit Umkonstruktionen im Skelett verbundene aufrechte Gang. Die zweibeinige Fortbewegung (Bipedie) ist aufgrund anatomischer Merkmale zu erschließen und in Laetoli (Tansania) durch Fußspuren in erhärteter Vulkanasche dokumentiert. Weitere Übereinstimmungen mit *Homo* bestehen im Gebiss, Unterschiede zu *Homo* im geringeren Hirnvolumen.

Lucy, ein *Australopithecus afarensis*-Weibchen.

pithecis anamensis selbst, sondern an der eng verwandten Spezies *Australopithecis afarensis*, die unter allen frühen, aufrecht gehenden Hominidenarten bei weitem am umfassendsten dokumentiert ist. *Australopithecus afarensis* kennt man von Fundorten in Äthiopien und Tansania, die auf den Zeitraum vor 3,8 bis 2,9 Millionen Jahren datiert wurden. Zu den Fossilien dieser Spezies gehört auch das berühmte, 3,18 Millionen Jahre alte Skelett „Lucy" sowie mehrere Schädel und Schädelfragmente. Exemplare der gleichen Spezies hinterließen vermutlich auch die bekannten, 3,5 Millionen Jahre alten Fußabdrücke in Laetoli (Tansania), an denen man unmittelbar ablesen kann, dass die Hominiden, von denen sie stammen, auf zwei Beinen gingen. Lucy und andere, ähnliche Fossilien machen deutlich, dass diese ersten aufrecht gehenden Hominiden mit einer Körpergröße von nur 1,10 bis 1,50 Meter sehr klein waren. Wie man außerdem erkennt, hatten sie ein breites Becken (es war weiter als das unsere, bei Schimpansen dagegen ist es sehr schmal), und die Proportionen der Extremitäten waren mit relativ kurzen Beinen und langen Armen ebenfalls anders als bei uns. Die Schultern waren schmal, Hände und Füße recht lang – urtümliche Merkmale, mit denen sie sich in den Bäumen einen guten Stand sichern konnten. Auf dem Erdboden gingen sie eindeutig aufrecht, sodass man sie als Teilzeit-Zweibeiner bezeichnen kann, aber derartige Hominiden waren auch geschickte Kletterer, die wahrscheinlich regelmäßig in den Bäumen nach Nahrung und Unterschlupf suchten. Aus diesem Grund und auch weil sich bei ihnen wie bei den heutigen Menschenaffen ein kleines Gehirn mit einem großen, vorstehenden Gesicht verband, sind viele Paläoanthropologen dazu übergegangen, solche Arten als „aufrecht gehende Menschenaffen" zu bezeichnen.

Was ist eigentlich …

Laetoli, Fußspuren von Laetoli, ca. 50 km südlich der Olduvai-Schlucht (Ostafrika, Tansania) liegendes Gebiet vieler Hominiden-funde; Abfolge von Sedimenten aus dem mittleren und oberen Pliozän und dem jüngeren Pleistozän; Alter 4,3 bis 0,1 Millionen Jahre; 1935 Entdeckung durch das Forscher-Ehepaar Mary D. (1913–1996) und Louis S. B. Leakey (1903–1972). 1978 Entdeckung der Hominiden-Fußspuren. Sie werden *Australopithecus afarensis* zugeschrieben und stammen von 3 Individuen. Die Fußspuren stützen die Annahme, dass diese frühen Hominiden bereits aufrecht gingen.

Laetoli. Fußabdruck eines Hominiden.

Schädel eines *Australopithecus africanus*.

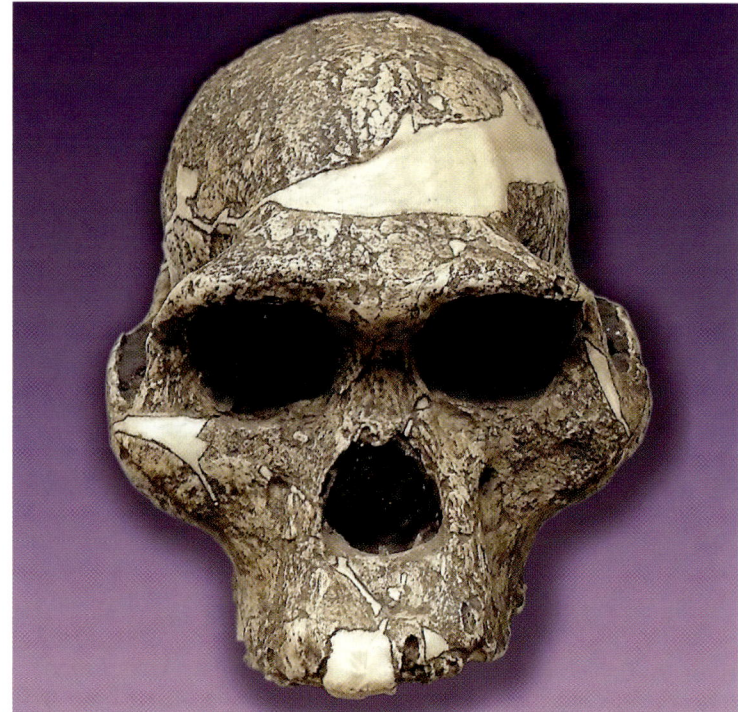

Man ist leicht versucht, einen derartigen Körperbau als eine Art „Übergangszustand" zwischen der affenähnlichen Lebensweise in den Bäumen und dem typisch menschlichen Leben am Erdboden zu betrachten, aber diese Vorstellung wäre falsch. Es handelte sich vielmehr um eine stabile Anpassung, die diesen Lebewesen über lange Zeit hinweg bemerkenswert gute Dienste leistete, wobei verschiedene biologische Arten unterschiedliche Variationen des gleichen Grundthemas ausprobierten. Während und nach der Lebenszeit von *Australopithecus afarensis* entstanden in verschiedenen Teilen Afrikas mehrere weitere Hominidenarten. Eine davon, der 3,5 Millionen Jahre alte *Australopithecus bahrelgazali* (bei dem es sich allerdings möglicherweise um *afarensis* handelt), wurde wieder einmal anhand eines Fundes aus dem Tschad beschrieben. Ein in Südafrika entdecktes, möglicherweise bis zu 3,3 Millionen Jahre altes Skelett wird man mit ziemlicher Sicherheit einer bisher unbekannten Spezies von *Australopithecus* zuschreiben. In Kenia wurde eine ganz neue Gattung und Spezies eines 3,5 Millionen Jahre alten Hominiden als *Kenyanthropus platyops* bezeichnet. Diese Form könnte zumindest in einem weiteren Sinn ein Vorfahre der Spezies *Homo rudolfensis* sein, die bekanntermaßen eineinhalb Millionen Jahre später in der gleichen Region lebte. Vor drei Millionen Jahren war die Spezies *Australopithecus africanus* in Südafrika fest verwurzelt.

In den folgenden Jahrmillionen entwickelte sich nicht nur eine größere Vielfalt von „grazilen" (zartgliedrigen) frühen Hominiden, die bisher noch nicht alle mit eigenen Namen versehen wurden (zu diesen neu beschriebenen Arten gehört allerdings auch *Australopithecus garhi* aus Äthiopien, der möglicherweise Werkzeuge benutzte), sondern auch eine ganze Reihe „robuster" Formen, die mit großen Mahlzähnen und einem gewaltigen Unterkiefer ausgestattet waren. Als erste robuste Art tauchte *Paranthropus aethiopicus* vor rund zweieinhalb Millionen Jahren in Ostafrika auf, dann folgten *Paranthropus boisei* in Ostafrika und *Paranthropus robustus* (sowie vielleicht auch *Paranthropus crassidens*) in Südafrika. In der Zeit vor vier bis zwei Milliarden Jahren fand also bei den frühen Hominiden des allgemeinen archaischen „Australopithecinentyps" eine erhebliche Auseinanderentwicklung statt. Auch hier sprechen die Fossilfunde aus dieser Zeit eindeutig für eine große Vielfalt: Der afrikanische Kontinent beherbergte zu allen Zeiten sehr vielgestaltige Hominidenarten.

Ein neuer Typ von Hominiden

Aber vor rund einer Million Jahre verschwinden die zuvor so zahlreichen Australopithecinen aus den Fossilfunden. Das liegt mit ziemlicher Sicherheit daran, dass sie der Konkurrenz mit einem neuen Typ von Hominiden, der vor etwa 2,5 Millionen Jahren zum ersten Mal auf der Bildfläche erschien, nicht gewachsen waren. Diese neuen Hominiden werden gewöhnlich als erste Mitglieder unserer eigenen Gattung *Homo* klassifiziert, vor zwei Millionen Jahren sahen sie aber vermutlich noch eher aus wie Australopithecinen. Was das Verhalten anging, sah die Sache allerdings ganz anders aus. Während wenig oder nichts darauf hindeutet, dass die Australopithecinen Steinwerkzeuge herstellten, waren solche Gerätschaften für den frühen *Homo* ein charakteristisches Kennzeichen.

Diese Neuerung – die Herstellung von Steinsplittern mit scharfer Schneidkante – bedeutete für das Leben der ersten Werkzeugherstel-

Was ist eigentlich …

Paranthropus [von griech. *para* = neben, über, bei, über … hinaus und griech. *anthropos* = Mensch], Gattungsbezeichnung für robuste Australopithecinen, wie z. B. *Paranthropus (Australopithecus) robustus, Paranthropus (Australopithecus) boisei, Paranthropus (Australopithecus) aethiopicus.* Die Abtrennung der robusten Formen in einer eigenen Gattung beruht auf der Annahme, dass sich deren Stammeslinie parallel zur Gattung *Homo* vor etwa 2,8 Millionen Jahren aus einer ursprünglichen Hominidenlinie (*Australopithecus afarensis?*) abgespalten hat.

Was ist eigentlich …

Homo [latein. = Mensch], Menschen, Gattung der *Euhomininae*, umfasst neben dem heutigen und fossilen *Homo sapiens* die altpleistozänen Formen *Homo habilis, Homo rudolfensis* und *Homo ergaster* sowie den alt- bis mittelpleistozänen *Homo erectus*.

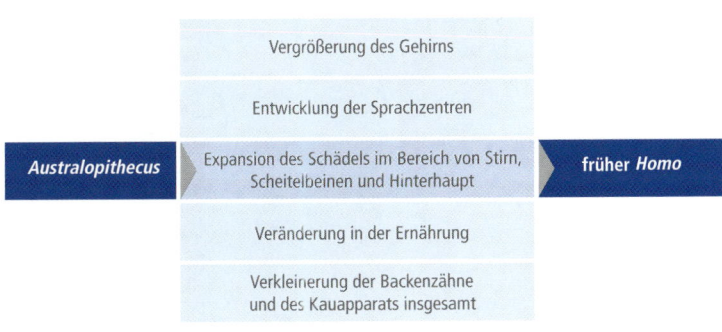

Wichtige Entwicklungsschritte vom *Australopithecus* zum *Homo.*

Schädel des Jungen von Nariokotome.

ler mit Sicherheit eine Revolution. Aber auch eine andere Neuerung stand vor 2,5 Millionen Jahren noch bevor: die Entwicklung der modernen Körperproportionen. Sie begann vermutlich vor etwas weniger als zwei Millionen Jahren, am besten erkennt man sie aber an dem nur 1,6 Millionen Jahre alten „Jungen von Nariokotome" aus dem Norden Kenias, der heute gewöhnlich der Spezies *Homo ergaster* zugeordnet wird. Hier haben wir nun endlich einen Hominiden, auf den das Adjektiv „menschlich" zuzutreffen scheint. Das so wunderbar erhaltene Skelett des Jungen von Nariokotome ist das eines Neunjährigen, der bei seinem Tod ungefähr 159 Zentimeter groß war (die frühen Hominiden entwickelten sich schneller als wir); hätte er das Erwachsenenalter erreicht, wäre er auf 185 Zentimeter herangewachsen. Dieser Hominide war im Hinblick auf die meisten körperlichen Eigenschaften eindeutig modern und fühlte sich in den wachsenden offenen Savannen, weitab vom Schutz der Bäume, ganz und gar zuhause.

Was ist eigentlich ...

Homo ergaster [von griech. = Arbeiter], *Homo sapiens ergaster*, Frühform des *Homo erectus* in Afrika; Holotypus ist ein leicht gebautes Unterkieferbruchstück mit kleinen Zähnen, das neben einigen anderen Funden von Koobi Fora ursprünglich zu *Homo habilis* gehörte. Das Skelett des „Jungen von Nariokotome" sowie ein Schädelbruchstück aus Swartkrans (Südafrika), das 1949 als *Telanthropus capensis* beschrieben und später *Homo erectus* zugeordnet wurde, werden ebenfalls dieser Art zugerechnet. Einige Forscher erkennen diese Art nicht an und halten *Homo ergaster* für einen frühen *Homo erectus*.

Rekonstruktion eines männlichen
Homo ergaster.

Mobilität und Wanderungen

Diese Neuentwicklung ermöglichte eine bis dahin völlig beispiellose Mobilität. Unmittelbar nachdem *Homo ergaster* die modernen Körperproportionen angenommen hatte (aber noch vor der Entwicklung raffinierterer Steinwerkzeuge oder eines nennenswert vergrößerten Gehirns) finden wir die ersten Hominiden außerhalb Afrikas. Die spektakulärste derartige Entdeckung ist die 1,8 Millionen Jahre alte Fundstelle von Dmanisi in der Kaukasusrepublik Georgien, wo die fossilen Hominiden ein relativ kleines Gehirn hatten (das allerdings schon größer war als bei den Australopithecinen) und noch sehr einfache Steinwerkzeuge besaßen. Manches deutet jedoch darauf hin, dass *Homo* zu jener Zeit auch bereits den ganzen Weg nach Ostasien (China und Java) hinter sich gebracht hatte, und die berühmte Spezies *Homo erectus* war vor eineinhalb Millionen Jahren mit Sicherheit auf Java und den umgebenden Inseln fest verwurzelt. Europa wurde – vermutlich wegen des unwirtlichen Eiszeitklimas und beträchtlicher geographischer Barrieren – erst viel später von Menschen besiedelt: Die ältesten archäologischen Indizien auf diesem Kontinent sind ungefähr eine Million Jahre alt, und die ersten Hominidenfossilien, Überreste der Spezies *Homo antecessor*, bringen es nur auf rund 800 000 Jahre. Spiegelt sich in den ältesten europäischen Hominidenfossilien noch eine Reihe fehlgeschlagener Streifzüge auf den Kontinent wider, so war vor ungefähr einer halben Million Jahre bereits eine Hominidengruppe in Europa heimisch; ihre berühmtesten Nachkommen bildeten den *Homo neanderthalensis* (Neandertaler), eine begabte, gut belegte Art, die vor rund 30 000 Jahren ausstarb, nachdem der *Homo sapiens* auf der europäischen Bildfläche erschienen war.

Was ist eigentlich ...

Homo erectus [von latein. *Homo* = Mensch und *erectus* = aufrecht], *Homo sapiens erectus*, *Pithecanthropus*, von dem Niederländer Eugène Dubois 1894 aufgestellte Art des fossilen Menschen, schaltet sich mit einem Hirnvolumen von ca. 750–1 250 cm^3 zwischen *Homo habilis* und *Homo sapiens* ein; umfasst Funde aus dem Alt- bis Mittel-Pleistozän Asiens, Afrikas und Europas. Nach neuerer Anschauung entspricht *Homo erectus* weniger einer monophyletischen Art als vielmehr einem paraphyletischen Grad, wobei die europäischen und die jüngeren afrikanischen Vertreter als „archaischer *Homo sapiens*" interpretiert werden und *Homo erectus* i. e. S. nur die asiatischen Funde beinhaltet.

Ausgrabungen in Dmanisi.

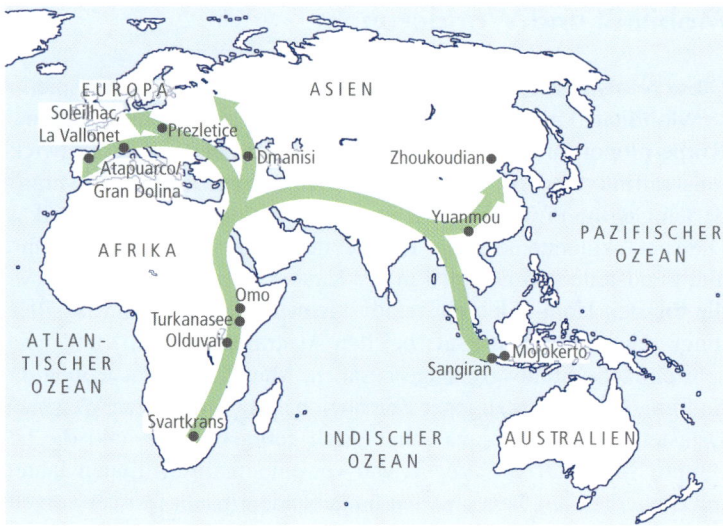

Wanderungsrouten des
Homo erectus.

Woher kam der *Homo sapiens*? Aus Afrika kennt man rund 600 000 Jahre alte Fossilien der Spezies *Homo heidelbergensis*, die zumindest in manchen Aspekten ein plausibler Vorfahre unserer eigenen Art sein könnte. Diese neue Form verbreitete sich offenbar sehr schnell über die Alte Welt und könnte sogar auch der Vorgänger des

■ Was ist eigentlich … ■

Homo antecessor [von latein. *Homo* = Mensch und *antecessor* = Vorgänger], über 780 000 Jahre alte Menschenform aus der Höhle Gran Dolina von Atapuerca, älteste Europäer. Von 1996 bis 1999 wurden aus der sog. Aurora-Schicht nahezu 80 menschliche Fossilreste geborgen, die eine einzigartige Kombination von Merkmalen des Schädels, des Unterkiefers und der Zähne zeigen. Die Morphologie des Gesichtsschädels ist überaus modern und tritt damit 650 000 Jahre früher auf als bisher bekannt war. Die Schädelkapazität beträgt über 1 000 cm³. Der Holotypus, ein rechtes Unterkieferbruchstück mit den Molaren und einige dazugehörige Zähne, wurden im Juli 1994 gefunden. *Homo antecessor* könnte der letzte gemeinsame Vorfahre von Neandertaler und anatomisch modernem Menschen sein. Da die modernen Gesichtsmerkmale nur auf dem Schädelbruchstück eines zehn- bis elfjährigen Kindes basieren, wird die Berechtigung der Art von einigen Forschern angezweifelt.

Neandertaler [benannt nach dem Fundort, dem Tal der Düssel zwischen Erkrath und Mettmann], *Homo neanderthalensis*, „Moustier-Mensch", Gruppe zahlreicher Urmenschenfunde aus der letzten Eiszeit (Würmeiszeit) Europas und des Nahen Ostens; Alter des späten oder klassischen Neandertalers: ca. 90 000–30 000 Jahre. Bisher meist als Unterart des *Homo sapiens* angesehen, unterscheidet sich der Neandertaler vom älteren *Homo erectus* durch ein größeres Hirnvolumen von 1 145–1 795 cm³ sowie einen ausgesprochen langen Schädel von rundlichem Querschnitt. Gegenüber dem modernen *Homo sapiens* zeichnet sich der Neandertaler bei durchschnittlich höherem Gehirninhalt durch einen kräftigen durchgehenden Augenbrauenwulst, eine fliehende Stirn und ein fliehendes Kinn aus. Typus ist das 1856 von Johann C. Fuhlrott (1803–1877) im Neandertal bei Düsseldorf entdeckte fragmentarische Skelett. Paläogenetische Untersuchungen an Neandertalerfunden aus dem Neandertal und aus der Mezmaiskaya-Höhle im Kaukasus sprechen für seine artliche Selbstständigkeit. Der Neandertaler gilt als Träger der Kultur des Mousterién.

europäischen *Homo neanderthalensis* gewesen sein. Die Hominidenfossilien aus Afrika, die aus der Zeit nach dem Auftreten des *Homo heidelbergensis* stammen, sind nicht so vollständig, wie man es sich wünschen würde; aber von der Fundstelle Herto in Äthiopien kennt man aus der Zeit vor rund 160 000 Jahren einen Hominiden, der mit seiner Schädelform stark unserer eigenen Spezies, dem *Homo sapiens*, ähnelt.

Symbolische Ausdrucksformen und menschliche Intelligenz

Was dabei interessant ist: Die ersten Hominiden, die so *aussahen* wie wir, *verhielten* sich offensichtlich durchaus nicht wie wir. Heute haben wir, die Angehörigen von *Homo sapiens*, sicher unsere anatomischen Besonderheiten; aber am deutlichsten unterscheiden wir uns von anderen Vertretern aus der Welt des Lebendigen durch unser Verhalten, und dem wiederum liegt unsere einzigartige Kognitionsfähigkeit zugrunde. Im Gegensatz zu allen anderen Lebewesen (jedenfalls soweit wir wissen) leben wir nicht einfach in der Welt, die uns von der Natur dargeboten wird. Stattdessen nehmen wir sie auseinander und bauen uns mithilfe zahlreicher mentaler Symbole unsere Umwelt neu. In dieser selbst gemachten mentalen Welt sind wir zuhause. In Verbindung mit den Hominiden von Herto fand man Werkzeuge, die selbst für ihre Zeit bemerkenswert altertümlich waren; eindeutige archäologische Indizien für symbolische Verhaltensweisen gibt es sogar erst aus einer Zeit, die deutlich weniger als 100 000 Jahre zurückliegt.

Aus der Höhle von Blombos nicht weit von der Südspitze Südafrikas kennt man zwei sehr aufschlussreiche Funde, die den Berichten zufolge aus 70 000 bis 80 000 Jahre alten archäologischen Schichtungen stammen. Das eine ist eine Plakette aus Ockergestein, die ein eindeutig geometrisches Muster trägt und damit wahrscheinlich das älteste offenkundig symbolische Objekt der Welt ist; bei dem anderen handelt es sich um durchbohrte Schneckengehäuse, die vermutlich als Halskette oder sonstiger Körperschmuck getragen wurden (und Körperschmuck ist mit seinen sozialen und sonstigen Bedeutungen anscheinend ein zuverlässiges Indiz für symbolorientierte geistige Prozesse). Andere, ähnliche Objekte aus Afrika, die 50 000 bis 60 000 Jahre alt sind, belegen ebenfalls die Entstehung symbolischer Ausdrucksformen auf diesem Kontinent, aber ob die von solchen Quellen ausgehende direkte kulturelle Weitergabe zu den eindrucksvollsten frühen Zeugnissen symbolischen Denkens führte, ist nicht eindeutig geklärt.

Was ist eigentlich ...

Homo heidelbergensis, *Homo erectus heidelbergensis*, *Homo sapiens heidelbergensis*, Heidelbergmensch, Heidelberger Unterkiefer, 1907 zusammen mit einer frühmittelpleistozänen Säugetierfauna aus Schottern einer südlichen Schlinge des Ur-Neckars bei Mauer an der Elsenz, 10 km südöstlich von Heidelberg, gefunden. Alter des Unterkiefers: nach Begleitfauna sog. Maurer-Waldzeit ergibt sich ein numerisches Alter von ca. 500 000–600 000 Jahren. Unterkiefer insgesamt groß, Gebiss fortschrittlich, Zahnbogen gerundet, Kiefer ohne Kinnvorsprung, sehr starker aufsteigender Ast. Wird meistens als europäische Unterart des *Homo erectus* oder als archaischer *Homo sapiens* betrachtet. Für jene Forscher, die auch afrikanische Funde zu dieser Art rechnen, gilt *Homo heidelbergensis* als gemeinsamer Vorfahre von Neandertaler und anatomisch modernem Menschen. Andere fassen *Homo heidelbergensis* als rein europäische mittelpleistozäne Art aus der zum Neandertaler führenden Evolutionslinie auf. Alter: ca. 0,6–0,2 Millionen Jahre.

Internet-Link

Alles über den *Homo heidelbergensis* von Mauer unter: www.homoheidelbergensis.de/

Diese Ausdrucksformen fand man in Europa. Sie stammen aus einer Zeit vor ungefähr 35 000 Jahren, als die „Cro-Magnon-Menschen", anatomisch moderne Vertreter des *Homo sapiens*, die Region besiedelten. Die Kultur der Cromagnons war von Symbolen durchtränkt. Diese Menschen schmückten die Wände von Höhlen mit Malereien, die zu den eindringlichsten Kunstwerken aller Zeiten gehören. Sie schufen feingestaltete Skulpturen und Schnitzereien aus Mammutelfenbein, Knochen und Geweihen. Sie machten Notizen auf kleinen, flachen Knochenscheiben, von denen manche möglicherweise sogar Mondkalender und Land- oder Sternenkarten darstellen. Sie musizierten auf einfachen Knochenflöten mit bemerkenswerten klanglichen Möglichkeiten. Manchmal bestatteten sie ihre Toten mit erstaunlich reichhaltigen Grabbeigaben und Körperschmuck, was auf eine gewisse gesellschaftliche Schichtenbildung und Arbeitsteilung schließen lässt. Geradezu zwanghaft verzierten sie Gebrauchsgegenstände wie die Griffe von Schabern und Speeren. Was die geistigen Abläufe angeht, waren die Cromagnons zweifellos wie wir.

Die plausibelste Erklärung für all das lautet: Im Rahmen der biologischen Umgestaltung, die in Afrika vor über 150 000 Jahren zur Entstehung unserer Spezies mit ihren charakteristischen anatomischen Besonderheiten führte, ergaben sich auch neue kognitive Möglichkeiten, irgendein kultureller Reiz führte dazu, dass sie ausgeschöpft oder überhaupt erst entdeckt wurden. Eine solche Entdeckung ist unter Evolutionsgesichtspunkten ein ganz normaler Vorgang: Auch Vögel (und Dinosaurier) wärmten sich schon seit Jahrmillionen mit Federn, bevor sie diese anatomischen Strukturen auch zum Fliegen benutzten. Eine solche Zweckentfremdung alter Strukturen für neue Anwendungsbereiche wird häufig als „Exaptation" bezeichnet. Der beste Kandidat für einen kulturellen Reiz dieser Art ist die Erfindung der Sprache. Da Sprache mit der Handhabung mentaler Symbole verbunden ist und ihnen eine unbegrenzte Vielfalt von Bedeutungen verleiht, ist sie eine praktisch umfassende Metapher für symbolisches Denken.

Wie dem auch sei: Die Entwicklung der menschlichen Intelligenz war offenbar kein allmählicher Prozess, durch den die geistigen Funktionen im Laufe des Zeitalters immer feiner abgestuft wurden, wobei sich die geistige Leistungsfähigkeit von Generation zu Generation verbesserte, weil klügere Individuen sich stärker vermehrten als solche mit geringeren Fähigkeiten. Sie spielte sich vielmehr anscheinend relativ plötzlich ab, weil eine neue biologische Errungenschaft zufällig auf einen bereits vorhandenen geistigen Nährboden traf, sodass ganz neue Potenziale erschlossen werden konnten. Diese Potenziale wurden nicht sofort vollständig ausgeschöpft, sondern wie man es vielleicht nicht anders erwartet, fanden sie erst allmählich ihren Ausdruck. Im Laufe dieser Entwicklung gab es sicherlich viele Fehlversuche und Sackgassen. Man kann sogar überzeugend die Ansicht vertreten, dass wir auch heute noch immer wieder neu herausfinden, was wir mit unseren zweckentfremdeten symbolischen Fähigkeiten anfangen können. (Ein Gedanke, der für die Zukunft der Menschen ein wenig Hoffnung macht.) Aber mit ziemlicher Sicherheit lag es an unserer Fähigkeit zum symbolischen Denken in Verbindung mit unserer offenkundigen Unduldsamkeit gegenüber Konkurrenten (noch immer sind wir dabei, unsere engsten Verwandten, die Menschenaffen, in den Regenwäldern Afrikas und der asiatischen Inselwelt auszurotten), dass wir heute unsere (ganz und gar untypische) Vorrangstellung als einzige Hominiden der Erde erlangen konnten.

Das also ist, kurz gefasst, die Geschichte einer sechs bis sieben Millionen Jahre langen, ereignisreichen Hominidenevolution. Aber es ist nur ein sehr skizzenhafter Bericht. Wie fast immer, so liegt die eigentliche Faszination auch hier in den Details.

Grundtext aus: G. J. Sawyer und Viktor Deak *Der lange Weg zum Menschen* (Einleitung); Spektrum Akademischer Verlag (amerikanische Originalausgabe: *The Last Human*; Yale University Press; übersetzt von Sebastian Vogel).

Der Alte

Ein sensationeller Hominidenfund stellt die Geschichte der Menschwerdung auf den Kopf

Andreas Sentker und Urs Willmann

Der Wind ist der beste Freund der Paläoanthropologen. Im Norden des Tschad fegt er mit 60 Stundenkilometern über die Wüste. Er trägt Sand durch die Luft, schiebt Dünen umher und modelliert die Landschaft immer neu. Ab und an bringt er verborgene Gegenstände ans Licht: Steine, Äste, Gebeine. Jeden Sommer macht sich eine Gruppe einheimischer Kundschafter der Mission paléoanthropologique Franco-Tchadienne, einer Kooperation französischer und afrikanischer Forscher, im Norden des Landes auf die Suche nach den Dingen, die der Wind befreit hat.

„Wie Nomaden", sagt Mackaye Hassane Taïsso, Assistenzprofessor an der Universität Ndjamena, „fahren wir mit unseren Geländewagen durch die Wüste." Dabei suchen die Expeditionsteilnehmer nach erfolgversprechenden Fundstellen. In jedem Frühjahr kehren sie mit den französischen Kollegen an jene Orte zurück, an denen sie hoffen, der Entstehungsgeschichte des Menschen ein neues Kapitel hinzufügen zu können.

Das Fossil ist ein bizarres Puzzle aus Affe und Mensch

„Letztes Jahr hat der Wind besonders gut geblasen", sagt Taïsso. Am Grabungsplatz Toros-Menalla 266 stieß sein junger Kollege Djimdoumalbaye Ahounta plötzlich im Sand auf einen kugeligen Gegenstand. Er musste „nur ein bisschen kratzen", um ihn ganz freizulegen. Ahounta umfasste die gewölbte Platte, hob das Fundstück vorsichtig auf und drehte es um. Sein Blick fiel erst auf Zähne, die aus einem weißlichen Knochen

ragten, und dann in die leeren Augenhöhlen eines Wesens, das vor sechs bis sieben Millionen Jahren die Welt erkundet hat.

Das Fossil aus dem Tschad stellt die gängigen Theorien zur Menschheitsgeschichte auf den Kopf. Der Schädel ist nicht nur das älteste bisher geborgene Gebein eines menschlichen Urahnen. Auch beendet er den Traum der Forscher von der Wiege der Menschheit in Ostafrika. Und er zwingt sie, von ihren geliebten Stammbäumen Abschied zu nehmen. Denn *Sahelanthropus tchadensis* ist eine Chimäre, ein bizarres Puzzle aus äffischen und menschlichen Merkmalen.

Toumaï – übersetzt: Lebensmut – haben die Entdecker ihren Fund getauft, ein Name, der in dieser Wüstenregion im Norden des Tschad jenen Kindern gegeben wird, die kurz vor Beginn der Trockenzeit zur Welt kommen.

Mehr als sechs Millionen Jahre lang lagen die Knochen im sandigen Sediment des prähistorischen Tschadsees. Und Toumaï war nicht allein. Unzählige Säugetierknochen, Überreste von Schlangen, Fischen und Schildkröten haben die Ausgräber in seinem Umfeld inzwischen geborgen. Mit ihrer Hilfe lässt sich das Alter der Fundschicht bestimmen. Denn in Kenia sind zwei Fossilienlager bekannt, sechs bis sieben Millionen Jahre alt, die eine ganz ähnliche Tiergesellschaft bergen.

In diesem Zeitraum, das belegten schon in den 1970er-Jahren genetische Untersuchungen, haben sich vermutlich die Entwicklungslinien von Mensch und Schimpanse getrennt. War *Sahelanthropus* einer der letzten gemeinsamen Vorfahren?

Expeditionsleiter Michel Brunet lässt diese Frage offen. Dennoch übertreffen sich die Kommentatoren schon jetzt mit Superlativen: „Eine kleine Atombombe in der Evolutionstheorie der Menschwerdung", sagt der Harvard-Anthropologe Daniel Liebermann. Und Bernard Wood, Anthropologe von der George Washington University, schwant schon: „Ein einzelnes Fossil kann unsere Vorstellung vom menschlichen Stammbaum ganz grundsätzlich verändern."

Sahelanthropus stellt den Stammbaum auf den Kopf

Dass *Sahelanthropus* in diese Kategorie der Revolutionäre gehört, ist unstrittig. Der Schädel ist erstaunlich gut erhalten. Zwar haben ihn die Sedimentschichten im Laufe der Jahrmillionen ein wenig zusammengedrückt und seine rechte Gesichtshälfte zerquetscht, aber er offenbart noch immer unzählige überraschende Details.

„Anfangs dachte ich, das ist ein Schimpanse", schildert Daniel Liebermann seine erste Begegnung mit dem Urahn aus dem Tschad. „Als ich jedoch näher hinsah, zog es mir die Schuhe aus." Der Schädel von *Sahelanthropus* erscheint wie ein wildes Mosaik aus dem Atelier der Evolution. Der Hinterkopf gleicht dem eines Schimpansen und bot einem Hirn von nur 320 bis 380 Kubikzentimeter Volumen Raum. Aus der großen Stirn treten markante Augenwülste hervor, wie sie heute bei männlichen Gorillas zu finden sind. Die untere Hälfte des Gesichts ist dagegen vergleichsweise zart gebaut. Die Zähne sind klein, die Eckzähne deutlich unauffälliger als bei den äffischen Verwandten.

Manche von Toumaïs Merkmalen sind einige Zehntausend Jahre später, bei den frühen Vormenschen der Gattung *Australopithecus*, schon wieder verschwunden. Sie tauchen erst wieder bei der Gattung *Homo* auf. „Von vorn sieht *Sahelanthropus* aus wie ein 1,7 Millionen Jahre junger, fortschrittli-

cher *Australopithecine*", sagt Bernard Wood. Wenn aber die ersten Australopithecinen affenähnlicher waren als der deutlich ältere *Sahelanthropus*, wo in unserer Ahnenreihe sind sie einzuordnen? Gehören sie überhaupt dazu?

Wood wehrt sich vehement gegen Versuche, den menschlichen Stammbaum voreilig zu stutzen, um wieder Ordnung in den Garten der Evolution zu bringen. Hominiden- und Affenarten, sagt Wood, hätten sich vermutlich immer wieder vermischt und dabei ein ganzes Set prähistorischer Eigen- und Errungenschaften stets aufs Neue kombiniert.

Schon vor einigen Jahren hatte der südafrikanische Paläoanthropologe Phillip Tobias die These von der „Evolution im Mosaik" aufgestellt. 1995 fand er den ersten fossilen Hinweis darauf: einen Fuß, dessen Zehen affenartig, dessen Mittelfußknochen aber überraschend menschlich waren. Die Evolution, so lautet Tobias' Theorie, erfasst nicht alle Körperteile gleichzeitig, manches entwickelt sich überraschend schnell, anderes verharrt lange Zeit im ursprünglichen Zustand. Manches Merkmal, so kann man jetzt ergänzen, verschwindet im Lauf der Evolution, um manchmal Jahrmillionen später erneut aufzutauchen.

Bis zum nächsten Dorf sind es 300 Kilometer

Toros-Menalla 266 ist ein unwirtlicher Ort. Verteilt auf vier Quadratkilometer, liegen hier die Gebeine von Vormenschen und Urtieren im Staub. Knapp 300 Kilometer Luftlinie sind es zum nächstgelegenen Dorf, Kouba Olanga. Wüste, wohin das Auge reicht. Als aber *Sahelanthropus tchadensis* in seiner Jugend hier umherstreifte, kreuchte und fleuchte um ihn herum eine reiche Fauna. In den Flüssen und Seen tummelten sich zehn verschiedene Arten von Süßwasserfischen. Schildkröten und amphibische Säuger schoben sich über den Strand,

Schlangen lauerten im Unterholz. Im Sumpf dösten die Krokodile. Über Grasland und Baumsavanne zogen die Ahnen von Giraffe, Elefant, Pferd und Rind. Und grunzend erschnüffelte das Urschwein die Wälder, in denen Primaten regierten.

Noch können die Forscher nicht sagen, ob Toumaïs Clan auf allen Vieren die Gegend erkundete oder bereits den aufrechten Gang übte. „Es fehlen uns Skelettteile, um ihn auf die Hinterbeine stellen zu können", sagt Mackaye. Gewiss ist, dass der Alte in einer Zeit lebte, in der der tropische Regenwald stark zurückwich. Mit den Lichtungen und Waldsavannen entstanden neue Lebensräume. Doch die alte Theorie, wonach der aufrechte Gang erst mit der Besiedelung der Savanne entstand, ist inzwischen überholt. Verschiedene Primatenarten haben unabhängig voneinander neue Fortbewegungsformen ausprobiert, die Zweibeinigkeit gleich mehrfach erfunden.

Von weiteren geliebten Theorien müssen sich die Forscher wohl oder übel verabschieden. Lange vermuteten sie die Wiege der Menschheit in Ostafrika. Der zentralafrikanische *Sahelanthropus* aber ist älter als alle ostafrikanischen Fossilien. „Es wird niemals möglich sein, genau zu wissen, wann oder wo die erste Hominidenart entstanden ist. Aber wir wissen jetzt, dass Hominiden schon vor sechs Millionen Jahren über die Sahelzone verbreitet waren", sagt Michel Brunet.

Es wird schwerer, das Werden des Menschen zu erklären

Zu erklären, wie und warum sich die Entwicklungslinien von Mensch und Schimpanse trennten, wird damit aber noch schwieriger. Denn bisher nahmen die Forscher an, der afrikanische Grabenbruch, eine lange Naht längs des Kontinents, an der zwei Platten der Erdkruste zusammenstoßen, habe die beiden Populationen voneinander getrennt.

Vor etwa acht Millionen Jahren soll es dort kräftig rumort haben. Die seitlichen Schultern des Grabens hoben sich und bildeten eine Klimabarriere. Im Westen des Grabensystems regnete es weiterhin regelmäßig. Im Osten dagegen wechselten sich Regen- und Trockenzeiten ab. Während sich die Ahnen der Affen im Westen dem feuchtwarmen Regenwaldmilieu anpassten, entwickelte sich bei einer kleinen Gruppe in der Savannenlandschaft des Ostens der aufrechte Gang.

Da passt *Sahelanthropus* gar nicht mehr ins Bild. Viel zu weit westlich, mitten im vermeintlichen Schimpansengebiet, haben die Forscher ihn gefunden. „Wir brauchen ein gesamtafrikanisches Szenario auch für diese frühen Entwicklungsphasen", glaubt der Frankfurter Paläoanthropologe Friedemann Schrenk. „Die Funde, die wir bisher hatten, haben uns über die wahre Verbreitung der Hominiden getäuscht."

Lange Zeit gab es nur zwei Fenster, die sich in die afrikanische Prähistorie öffneten: in Südafrika, wo 1925 die ersten Fossilien bei Bergbauarbeiten zum Vorschein kamen und Raymond Dart Darwins These von einem afrikanischen Ursprung der Menschheit belegte. Und in Ostafrika, wo Geologen in den 1960er-Jahren auf die ersten Fossilien stießen.

Daneben existierten lange nur noch zwei Stellen, die in Afrika menschliche Spuren ahnen ließen: Malawi und der Tschad. „Das waren eher Schlüssellöcher als Fenster", beschreibt Bernard Wood die mühsame Suche nach neuen Hominidenfundstellen. Inzwischen sind jedoch in Malawi wie im Tschad jeweils die Überreste zweier menschlicher Urahnen geborgen worden: *Homo rudolfensis* und *Paranthropus aethiopicus* an den Ufern des Malawi-Sees, *Australopithecus bahrelgazali* (Brunets erster Fund dort) und nun *Sahelanthropus tchadensis* in der Wüste des Tschad.

Forscher warnen allerdings davor, die Wiege der Menschheit nun einfach von Ostafrika in das Wüstenland zu verlegen. Schließlich sind in den vergangenen Monaten einige vormenschliche Überreste geborgen worden, die die fossile Geschichte weiter erhellen: *Ardipithecus ramidus* aus Äthiopien ist etwa 5,2 bis 5,8 Millionen Jahre alt. *Orrorin tugenensis* aus Kenia hat vor nahezu 6 Millionen Jahren gelebt. Übrig geblieben sind von ihm leider nur ein paar Zähne und Knochensplitter. Auf die Datierung aber mag sich kaum ein Forscher festlegen. „Die Funde repräsentieren nur einen Ausschnitt, nur einen Augenblick der Menschheitsgeschichte. Wann *Ardipithecus*, *Orrorin* oder *Sahelanthropus* tatsächlich erstmals die Erde betraten und wie lange sie gelebt haben, wissen wir nicht", sagt Schrenk.

Eines jedoch macht auch der neue Fund deutlich: *Homo sapiens* ist erst seit kurzer Zeit der einzige Vertreter seiner Gattung. In all den Jahrmillionen zuvor haben immer mehrere Vor- oder Urmenschenarten nebeneinander existiert. Konkurrenz und Koexistenz bringen die Theorie der Menschwerdung gründlich durcheinander. Noch in den 1960er-Jahren herrschte die Vorstellung, ein gebeugter, geistig umnachteter Vorfahre habe Stufe für Stufe die Leiter der Evolution erklommen, um als begabter und begnadeter Mensch in der Gegenwart zu enden. „Das ist immer noch das Märchen, in dem ein Frosch zwangsläufig zum Prinzen geküsst wird", schimpft der Anthropologe Ian Tattersall vom American Museum of Natural History in New York.

Die Idee einer linearen Ahnenreihe ist schwer auszurotten

Doch die Vorstellung einer linearen Ahnenreihe ist nur schwer auszurotten. „Abraham war der Vater von Isaak, Isaak von Jakob, Jakob von Juda und seinen Brüdern" – so geht es im Matthäus-Evangelium immer weiter, bis zur Geburt Jesu. Dieses biblische Stammbaumdenken prägt die Menschen offenbar seit je.

Dabei weist immer mehr darauf hin, dass wir es bei der Stammesgeschichte der Menschheit nicht mit einem beständigen Fortschreiten zu tun haben – mit einigen Opfern links und rechts des Weges, Arten, die sich zu sehr spezialisierten und später ausstarben –, sondern mit einzelnen Evolutionsereignissen, die ein unübersichtliches Geflecht von Entwicklungswegen bilden. Das Mosaikgesicht des *Sahelanthropus tchadensis* ist dafür der beste Beleg.

„Das ist doch ganz beruhigend", sagt Friedeman Schrenk. „Je mehr Fossilien wir finden, desto deutlicher wird, dass der Mensch auch nur ein Tier ist. Eine Sonderstellung hätte mich eher beunruhigt."

Anstelle des Stammbaums ist dichtes Buschwerk getreten

Jetzt sehen jene Forscher ihre Chance, die schon immer davor gewarnt haben, die Geschichte der Menschheit vorschnell zu vereinfachen. Lange Zeit wurde mit jedem neuen Fund der Stammbaum des Menschen niedergerissen und ein neuer gepflanzt: jedes Fossil ein neuer Zweig, jeder Knochen eine neue Art. Drohte der Stammbaum zu stark zu wuchern, fanden sich Forscher, die die dünnen Zweige zu dicken Ästen bündelten. Man stritt über Zuordnungen, mancher Urahn wurde mehrfach umbenannt, immer neue Verwandtschaftsverhältnisse wurden diskutiert. Jetzt klettern die Forscher von den Bäumen. Dichtes Buschwerk statt starker Eichen, das könnte das neue Modell der Evolution des Menschen kennzeichnen.

Nun gilt es, das Bild zu verfeinern. Die Chancen dazu stehen nicht schlecht. In Afrika haben sich in manchen Ländern die politischen Verhältnisse inzwischen so beruhigt, dass die Forscher vor Ort arbeiten können. „Der Kontinent wird zugänglicher", sagt Friedemann Schrenk. „Die Paläoanthropologie steht ganz am Anfang. Es wird noch viele Überraschungen geben."

Aus: DIE ZEIT Nr. 29, 11. Juli 2002

Genaugenommen ist es ein Beatles-Song, der **Donald Johanson** bekannt gemacht hat. Wer behält schon einen Forscher im Gedächtnis, der ein Fossil mit der wissenschaftlichen Bezeichnung A.L. 288-1 („A.L." steht für „Afar Locality") gefunden hat? Der Name Lucy hingegen ist allen ein Begriff, die sich für die Evolution des Menschen interessieren. Lucy – so haben Johanson und seine Kollegen das Skelett eines mehr als drei Millionen Jahre alten weiblichen *Australopithecus afarensis* getauft, das sie am 30. November 1974 im äthiopischen Afar-Dreieck gefunden haben.

Erst am Abend im Forschercamp wird Johanson und seinen Kollegen die Bedeutung des Fundes klar. Nie zuvor ist ein so altes Fossil derart vollständig geborgen worden. Die Forscher feiern, aus dem Kassettenrekorder dröhnt wieder und wieder der Beatles-Song „Lucy in the Sky with Diamonds". Irgendwann in der Nacht hat das Fossil jenen Namen, unter dem es später in die Geschichte der Paläoanthropologie eingeht – und mit ihm sein Entdecker.

Donald Carl Johanson wird 1943 als Sohn schwedischer Auswanderer in Chicago geboren und wächst in Hartford auf, der Hauptstadt des US-Bundesstaates Connecticut. Er studiert an der University of Illinois in Urbana-Champaign: zunächst Chemie, dann Anthropologie. Er erhält ein Stipendium für die University of Chicago, wo er promoviert. Weitere Stationen seiner akademischen Karriere sind die Case Western Reserve University in Cleveland, die Kent State University in Kent (Ohio), die Stanford University und das Cleveland Museum of Natural History. 1981 gründet Don Johanson schließlich das Institute of Human Origins, das seit 1997 der Arizona State University in Tempe angegliedert ist, an der er als Professor für Anthropologie lehrt.

Über mehrere Jahrzehnte führen lange Expeditionen den Forscher immer wieder nach Afrika, wo er weitere bedeutende fossile Spuren der Menschheitsgeschichte findet. Johanson arbeitet in Äthiopien, im Jemen und in Ägypten, in Saudi-Arabien und in Jordanien. Von 1985 bis 1988 erhält er die Erlaubnis, auch auf den legendären Grabungsfeldern des Leakey-Clans in Laetoli und in der Olduvai-Schlucht in Tansania nach Hominiden zu suchen.

Don Johanson ist noch immer auf der Jagd nach neuen spektakulären Fossilien, Lucy befindet sich inzwischen im Nationalmuseum von Äthiopien.

Donald Johanson

Der Evolution des Menschen auf der Spur

Von Donald Johanson und Blake Edgar

Die Wissenschaft der Paläoanthropologie

Die Paläoanthropologie versucht mit einem breit angelegten, strategisch fachübergreifenden Ansatz, Belege für die Evolution des Menschen zu finden und auszuwerten. Der Paläoanthropologe hat die Aufgabe, die Arbeiten im Freiland und im Labor zu koordinieren und die Beiträge von Geologen, Biologen und Sozialwissenschaftlern zusammenzuführen. Das Ziel besteht darin, den Ablauf unserer Menschwerdung so genau wie möglich kennenzulernen.

Die Koordination eines Freilandvorhabens zur Entdeckung wichtiger Hinweise auf unsere Vorfahren liegt meist in den Händen einer einzelnen Person, die in Anthropologie (der Wissenschaft vom Menschen) ausgebildet ist. Der Paläoanthropologe (Spezialist für Urmenschen) beschafft in enger Zusammenarbeit mit anderen Wissenschaftlern die Mittel für solche Projekte, die vor allem der Bergung fossiler Überreste unserer Vorfahren dienen. Dabei trägt der Paläoanthropologe die Hauptverantwortung für die Leitung der Forschung, vom Planungsstadium über die Freilandarbeit bis hin zur Bergung und eingehenden Untersuchung insbesondere der menschlichen Fossilien und schließlich zur Veröffentlichung der Ergebnisse in der Fachliteratur.

Hat man eine Fundstelle entdeckt, reist ein interdisziplinäres Team für mehrere Wochen oder Monate lang dorthin, um durch Erkundung und Ausgrabung die Überreste von Hominiden zu finden. Handelt es sich um Höhlen, sind die Grabungen langwierig und mühsam. Bei offenen Fundstellen, beispielsweise im Great Rift Valley in Ostafrika, erfolgt die Erkundung zu Fuß: Die Expeditionsteilnehmer streifen in Gruppen durch die Landschaft und suchen nach Hominidenfossilien, die durch Erosion in den geologischen Schichten freigelegt wurden.

Hominidenfossilien sind nicht die einzigen nützlichen Entdeckungen, die ein solches Team machen kann. In den früheren Lebensgemeinschaften waren die Hominiden nur ein kleiner, unbedeutender Teil. Ein viel beherrschenderes Element waren Wirbeltiere – Elefanten, Antilopen, Affen, Schweine, Flusspferde und viele andere bis hinab zur Größe kleiner Nagetiere. Die Untersuchung nichtmenschlicher fossiler Wirbeltiere ist die Domäne der Paläontologen (Fach-

Was ist eigentlich ...

Palynologie [von griech. *paly-nein* = streuen, *logos* = Kunde], i. e. S. das Studium fossiler und subfossiler Pollen und Sporen der Embryophyta (Grünen Landpflanzen) in Böden, Sedimenten und Locker-Gesteinen. Die Palynologie ist eine wichtige Methode der relativen Altersbestimmung (geeignet zur Datierung von ordovizischen bis hin zu archäologischen Fundschichten) und erlaubt ferner, insbesondere im europäischen Quartär, die Rekonstruktion der Ausbreitungs- und Entwicklungsgeschichte von Pflanzenarten sowie der Vegetationsgeschichte (Paläobotanik) und Klimageschichte (Paläoklimatologie). Große wirtschaftliche Bedeutung besitzt sie in der Kohle- und Erdölprospektion.

Was ist eigentlich ...

Ardipithecus ramidus [„Bodenaffe", nach der Afar-Sprache *ardi* = Boden, Grund und *ramid* = Wurzel], *Australopithecus ramidus* ist mit 4,4 Millionen Jahren der bislang älteste Vormensch (*Praehomininae*); ab 1992 durch zahlreiche Schädel-, Kiefer- und Skelettelemente sowie (1994) ein fast vollständiges Skelett bekannt geworden; Fundort: Aramis, mittlere Awash-Region in Äthiopien. Australopithecine Merkmale sind u. a. relativ kleine Eckzähne, vermutlich aufrechter Gang, kopfwärts orientiertes Schultergelenk, trichterförmiger Brustkorb. Menschenaffen-ähnlich sind die wenig komplizierten Backenzähne mit recht dünnem Zahnschmelz und die Prämolaren. Wegen gebogener Finger- und Zehenknochen und relativ kurzen Hinterbeinen wird eine vorwiegend baumkletternde und nur temporär zweibeinig laufende Fortbewegung angenommen. Die Begleitfauna spricht für eine Lebensweise am Rande eines tropischen Regenwaldes.

leute für urzeitliche Tiere), die sich jeweils auf eine bestimmte biologische Gruppe spezialisieren.

Die Paläontologen tragen nicht nur zur Vervollständigung des Wissens über die Entwicklungsgeschichte und Vielfalt einzelner Tiergruppen bei, sondern zeichnen durch die Untersuchung der Fossilansammlungen auch frühere ökologische Verhältnisse nach. Weitere Aufschlüsse über die frühere Umwelt liefern die Paläobotaniker, die Fossilien von Holz und Früchten untersuchen, sowie die Palynologen, die an fossilem Pollen die frühere Pflanzenwelt identifizieren.

Manche Tiergruppen, wie Elefanten und Schweine, haben eine recht rasche Evolution durchgemacht, und manche ihrer Arten sind ein wichtiger Hinweis auf bestimmte Zeitabschnitte. Die Datierung von Fundstellen anhand der Tiere bezeichnet man als Biostratigraphie. Ist beispielsweise eine genaue geochronologische Altersbestimmung nicht möglich, kann man den Entstehungszeitpunkt einer Fundstelle nur auf diese Weise abschätzen.

Das genaue Alter geologischer Schichtungen ermitteln die Geochronologen mit verschiedenen Methoden. Nachdem sie im Freiland geeignete Proben gesammelt haben, verbringen sie viele Stunden im Labor mit der radiometrischen Datierung. Bei den interessanten Schichten handelt es sich meist – aber nicht immer – um Vulkansedimente. Die genaue Datierung der fossilientragenden Schichten ist entscheidend, wenn man einen Fund in das weit reichende Gefüge der menschlichen Evolution einordnen will.

Die Fossilfunde von Frühmenschen

Verglichen mit den umfangreichen Fossilfunden von manchen Säugetieren – beispielsweise Schweine, Nager, Pferde und Antilopen – sind die fossilen Belege für die Evolution des Menschen sehr lückenhaft. Etwa die Hälfte der letzten drei Millionen Jahre ist nicht durch menschliche Fossilien belegt. Aber aus den Perioden, für die es Funde gibt, verfügen wir über eine recht gute Stichprobe, die zahlreiche Aufschlüsse über Biologie, Ökologie und Formenvielfalt unserer Vorfahren liefert. Das alles war nur möglich durch die engagierte, fachkundige Arbeit zahlreicher Profi- und Amateur-Fossilsammler in den letzten 150 Jahren.

Aus der Frühzeit der Hominidenevolution vor über vier Millionen Jahren gibt es nur eine Handvoll meist wenig aufschlussreicher Fossilien, darunter die Kieferbruchstücke von den Fundstellen Lothagam und Tabarin in Kenia. Eine Verbesserung trat in den letzten fünfzehn Jahren ein: Man fand und benannte die Spezies *Ardipithecus ramidus*, die vor etwa 4,4 Millionen Jahren lebte. Diese Art kennen wir durch 43 Fundstücke von mehreren Individuen, darunter ein Teilskelett. Alle stammen aus Aramis in Äthiopien. *Ard. ramidus* kennt man auch von neun Funden aus Gona in Äthiopien, die auf die Zeit vor 4,3 bis 4,5 Millionen Jahren datiert wurden. 17 Funde aus Middle Awash, alle 5,2 bis 5,8 Millionen Jahre alt, wurden *Ard. kadabba* zugeordnet. In den Tugen Hills in Kenia wurden 13 Fossilfunde mit einem Alter von sechs Millionen Jahren als *Orrorin tugenensis* klassifiziert. Die ältesten mutmaßlichen Hominiden stammen aus sechs bis sieben Millionen Jahre alten Sedimenten im Tschad; neun solche Funde, darunter ein stark zerstückelter Schädel, wurden als *Sahelanthropus tchadensis* eingeordnet. 78 Funde, vorwiegend Zahnfragmente, gibt es von *Australopithecus anamensis*, einer Spezies aus Kanapoi und Allia Bay im Norden Kenias, die vor etwas mehr als vier Millionen Jahren lebte.

Der am besten vertretene frühe Hominide ist *Australopithecus afarensis*, der vor vier bis drei Millionen Jahren in Ostafrika lebte. Seine Überreste sind knapp 400 Fundstücke, davon 90 Prozent aus Hadar in Äthiopien; die zweitgrößte Gruppe sind 26 Stücke aus Laetoli in Tansania. Darunter sind die bekanntesten Funde das Teilskelett A.L. 288-1, auch Lucy genannt, und 240 Knochen von 17 Individuen aus der einzelnen Fundstelle A.L. 333.

Weitere Fossilien, die höchstwahrscheinlich zu dieser Spezies gehören, sind ein 3,9 Millionen Jahre alter Stirnbeinknochen aus Belohdelie in Äthiopien und einige Bruchstücke aus Omo Shungura und Fejej in Äthiopien sowie aus Koobi Fora in Kenia.

In Südafrika ist die Spezies *Australopithecus africanus* mit mindestens 120 Individuen aus Sterkfontein, einem einzelnen Exemplar aus Taung und einigen aus Makapansgat vertreten. Die reichhaltigste Hominidenfundstelle in Südafrika ist die Höhle von Swartkrans: Dort brachten mühselige Ausgrabungen im Trümmergestein etwa 200 Fossilien von *Australopithecus robustus* und sechs von *Homo* zum Vorschein, die man mindestens 85 beziehungsweise sechs Individuen zuordnen kann. Über 50 Funde von *A. robustus* stammen aus Drimolen.

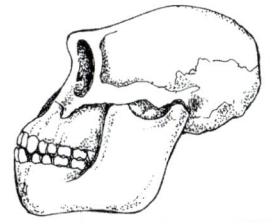

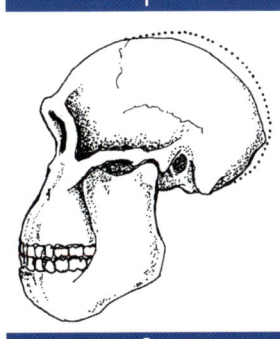

Schädelrekonstruktion 1) von *Australopithecus afarensis*, 2) von *Australopithecus africanus* (zum Vergleich punktierter Hirnschädelumriss eines *Australopithecus habilis = Homo habilis*).

Die älteste Form „robuster" Australopithecinen in Ostafrika ist *Australopithecus aethiopicus* („südlicher Affe Äthiopiens"). Er tauchte vor etwa 2,5 Millionen Jahren auf und ist durch drei Funde von drei Individuen bekannt: durch den zahnlosen Kiefer Omo 18 aus Äthiopien sowie das Kieferfragment KNM-WT 16005 und den Schädel KNM-WT 17000 (besser als „Schwarzer Schädel" bekannt) vom Westufer des Turkana-Sees in Kenia. Ein zahnloser Oberkiefer wurde nicht weit von Laetoli in Kenia gefunden und *A. aethiopicus* zugeordnet. Zu *Kenyanthropus platyops* rechnet man mehrere Funde aus dem späten Pliozän, die in Kenia entdeckt und auf 3,5 Millionen Jahre datiert wurden.

Aus der Zeit vor 2,4 bis 1,2 Millionen Jahren, als die Gattung *Homo* in Afrika entstand und dann andere Kontinente besiedelte, gibt es aus Ostafrika etwa 300 Fundstücke von Schädeln, Kiefern und Zähnen. Ein Drittel davon gehört zu *Australopithecus boisei*, so zum Beispiel die Schädel OH 5 und KNM-ER 406; 85 stammen von *Homo*, und die übrigen lassen sich keinem bestimmten Hominiden zuordnen. Abgerundet werden die Hominidenfundstücke aus dieser Zeit durch weitere 50 postkraniale Knochen.

Die afrikanischen Fossilien der Gattung *Homo* aus dieser Periode lassen sich den Arten *habilis, rudolfensis* und *ergaster* zuordnen. Der Fossilienbestand von *H. habilis* umfasst 34 Stücke aus der Olduvai-Schlucht, darunter sieben Schädelteile, vier Kiefer, mehrere Extremitätenknochen und Zähne sowie ein bruchstückhaftes Teilskelett. Auch etwa ein halbes Dutzend Funde aus Koobi Fora kann man zu dieser Spezies rechnen; am vollständigsten ist davon der Schädel KNM-ER 1813. Mehrere Zähne, zwei Kiefer und ein sehr unvollständiger Schädel aus Omo dürften ebenfalls zu *H. habilis* gehören. *Homo rudolfensis* ist mit mehreren Stücken aus Koobi Fora vertreten, insbesondere durch den Schädel KNM-ER 1470, der 1986 als Typus zur Benennung dieser Art führte sowie durch den Kiefer KNM-ER 1802 von einem anderen Individuum. Ein weiteres mutmaßliches Stück von *H. rudolfensis* ist der 2,4 Millionen Jahre alte Schädel UR 501 aus Malawi. *Homo ergaster* ist besser vertreten, nämlich durch mehrere Funde aus Koobi Fora und vom Westufer des Turkana-Sees, darunter als Typus der Kiefer KNM-ER 992 sowie die Schädel KNM-ER 3733 und 3883, das Skelett KNM-WT 15000 und aus Südafrika der Schädelteil SK 847.

Außerhalb Afrikas gehören die ältesten Hominidenfossilien zu *Homo erectus*. Mehrere Schädel, Unterkiefer und lange Knochen, die im weitesten Sinne dieser Spezies zugeordnet werden, stammen aus 1,7 Millionen Jahre alten Sedimenten in Dmanisi (Georgien). Stücke von mindestens 48 Individuen von *H. erectus* – ein Drittel aller Funde weltweit – hat man auf Java gefunden, vor allem in Trinil, Sangiran, Ngadong und Modjokerto. Es handelt sich um Schädel, Schädeldecken und Schädelfragmente von 30 Individuen, Kiefer oder Kieferteile von neun Individuen sowie einige Extremitätenknochen und zahlreiche Zähne. Ein weiteres Drittel aller Fossilien von *erectus* stammt aus China, die meisten von einer einzigen Stelle bei Zhoukoudian, wo man 45 Stücke von 15 Individuen entdeckte.

Aus dem mittleren Pleistozän ist *Homo heidelbergensis* mit mehreren Tausend Knochen von mindestens 30 Individuen aus Atapuerca vertreten; hinzu kommen 20 andere, meist Schädel oder Schädelteile, von anderen Stellen in Europa und Afrika. Wesentlich zahlreicher sind die Neandertaler, vermutlich die direkten Nachkommen von *H. heidelbergensis*. Man hat Reste von etwa 500 Individuen der Spezies

Skelett eines *Homo neanderthalensis* aus Altamura, Italien. Höhlenforscher entdeckten 1993 dieses offenbar vollständige Skelett; das Gesicht ist teilweise von einem Stalaktiten verdeckt.

H. neanderthalensis gefunden, vor allem in West- und Mitteleuropa sowie im Nahen Osten. Ein 18 000 Jahre altes Teilskelett mit vollständigem Schädel stammt von der indonesischen Insel Flores und gehört zu *H. floresiensis*.

Bereits diese kurze Aufzählung lässt erkennen, dass die Paläoanthropologen zumindest für manche Hominidenarten eine Fülle fossiler Belege haben, gibt es auch um ihre Einteilung und Interpretation noch immer Meinungsverschiedenheiten. Nur wenn wir die Lücken bei den Fossilien allmählich schließen, können wir eines Tages zu einem richtigen Bild unserer Vergangenheit gelangen.

Wie findet man Fossilfundstellen?

Wenn die heutigen Paläoanthropologen nach Fossilfundstellen suchen, sind Fernerkundungsverfahren wie Satellitenbilder und computergestützte geographische Informationssysteme eine große Hilfe. Früher stieß man meist nur rein zufällig auf solche Stellen. Die Olduvai-Schlucht wurde beispielsweise von einem deutschen Insektenforscher im damaligen Deutsch-Ostafrika entdeckt.

▪ „Lucy" – 47 Knochen eines adulten *Australopithecus afarensis* ▪

Die meisten Fossilien werden einfach nur mit einer Katalognummer oder ihrem Fundort bezeichnet. Das Teilskelett „Lucy" jedoch kennt außerhalb der Paläoanthropologen-Fachkreise kaum jemand unter der Katalogbezeichnung „Afar Locality (A.L.) 288-1".

Lucy ist eine Berühmtheit unter den Fossilien – sie ist bekannter als ihr Entdecker. Der wissenschaftliche Name *Australopithecus afarensis* kommt von dem Gebiet Afar und dem moslemischen Nomadenvolk der Afar. Seine Angehörigen sind auf Lucy sehr stolz, und obwohl sie Moslems sind, halten manche von ihnen Lucy sogar für den ersten Menschen; demnach würde die gesamte Menschheit von den Afar abstammen.

Lucy wurde auf der ganzen Welt zu einer Art Botschafterin unserer Ahnen: Wie ein Magnet zieht sie Menschen

Donald Johanson und seine „Lucy" (ca. 1982).

an, die sich dann mit unseren Ursprüngen befassen. Selbst diejenigen, die so gut wie nichts von der Evolution des Menschen wissen, haben irgendwie schon einmal von Lucy gehört. Ihr Name klingt wie der einer entfernten Verwandten, was sie natürlich auch ist. Der liebevolle Name, der dem Teilskelett gegeben wurde, geht auf den Beatles-Song „Lucy in the Sky with Diamonds" zurück.

Mittlerweile hat man vollständigere Skelette und auch sehr viel ältere Fossilien gefunden, aber Lucy ist nach wie vor der Markstein, ein Bezugspunkt, mit dem man andere Entdeckungen vergleicht. Fossile Hominiden sind beispielsweise „älter als Lucy" oder „vollständiger als Lucy". Am wichtigsten ist jedoch, dass sie, wie es der Herkunft ihres Namens von dem lateinischen *lux* entspricht, eine Menge Licht auf die frühesten Stadien der menschlichen Evolution geworfen hat.

Nachdem man sie 1978 einer neuen Spezies von *Australopithecus* zugeordnet hatte, trat sie erstmals auf einer Nobel-Tagung über frühe Hominiden als *A. afarensis* in Erscheinung. Diese Art ist offenbar der letzte gemeinsame Vorfahre mehrerer Abstammungslinien von Hominiden, die in der Zeit vor drei bis zwei Millionen Jahren entstanden. Überreste der langlebigen Spezies *afarensis*, die vor vier bis drei Millionen Jahren existierte, kennt man heute aus Tansania, Kenia und Äthiopien. Lucys Artgenossen hinterließen auch in Laetoli (Tansania) die großartigen Fußspuren in 3,6 Millionen Jahre alter Vulkanasche.

Viele Fundstellen in Ostafrika wurden bei der geologischen Erforschung des Great Rift Valley entdeckt, wo die Launen von Vulkantätigkeit, Gebirgsbildung und Erosion ideale Voraussetzungen für die Konservierung und spätere Freilegung von Wirbeltierfossilien geschaffen hatten. Ein gutes Beispiel ist Hadar in Äthiopien, wo 1974 das Teilskelett „Lucy" gefunden wurde.

In Europa wurden viele Fundstellen von Amateurarchäologen entdeckt, die systematisch Höhlen, Felsüberhänge und gepflügte Felder nach freigelegten Werkzeugen oder Fossilien durchsuchten. Wenn keine solchen Funde an der Oberfläche liegen, kann man praktisch nie voraussagen, ob Grabungen Erfolg versprechen.

Grabungsarbeiten führten zur Entdeckung des ersten Neandertalers 1856 im Neandertal bei Düsseldorf, des ersten *Australopithecus* in

„Lucy" – 47 Knochen eines adulten *Australopithecus afarensis* (Fortsetzung)

Lucys Skelett umfasst etwa 47 der 207 Knochen, darunter Teile von Armen und Beinen, Wirbelsäule, Rippen und Becken. Vom Unterkiefer abgesehen, ist der Schädel nur durch fünf Stücke seines Gewölbes vertreten, und auch die meisten Hand- und Fußknochen fehlen. Da kein einziger Skelettbestandteil doppelt vorhanden ist (es gibt zum Beispiel keine zwei rechten Oberarmknochen), stammen die Reste von einem einzigen Individuum.

Wie man an dem durchgebrochenen dritten Molaren (Weisheitszahn) und den geschlossenen Epiphysen (Wachstumszonen) erkennt, war sie trotz ihrer geringen Größe von knapp über einem Meter bereits erwachsen. Vergleichende Untersuchungen mit anderen ihrer Spezies zugeschriebenen Fossilien lassen vermuten, dass es bei diesen Vorfahren einen starken Geschlechtsdimorphismus gab. Die geringe Größe ist charakteristisch für ihre weiblichen Mitglieder.

Aufschlüsse über die Größenunterschiede bei *A. afarensis* lieferte der 2002 entdeckte, bisher älteste und vollständigste *Australopithecus*-Schädel. Der Fund mit der Bezeichnung A. L. 822-1 wurde auf 3,1 Millionen Jahre datiert. Er zeigt schwache Markierungen von Muskeln, einen kleinen Eckzahn und die gleiche Gesichtsanatomie wie andere *afarensis*-Funde aus Hadar. Der Unterkiefer – der vollständigste, der von *A. afarensis* gefunden wurde – ist deutlich größer als der von Lucy; demnach ist Lucy eines der kleinsten bekannten Individuen dieser Spezies, was am ehesten auf ein Weibchen schließen lässt.

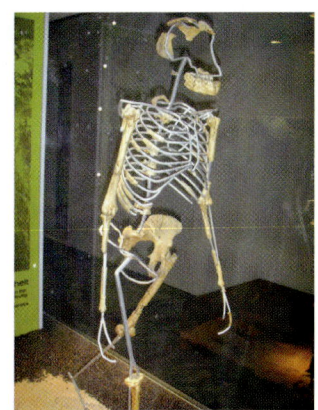

Lucy stand im Mittelpunkt hitziger Debatten und gab den Anlass zu mehr als einem Vierteljahrhundert paläoanthropologischer Forschung. So lassen zum Beispiel manche primitiven Merkmale wie die relativ langen Arme und die gebogenen Handknochen darauf schließen, dass sie noch geschickt in den Bäumen klettern konnte. Andere halten diese Merkmale jedoch für Evolutionsballast aus einer Zeit, als ihre Vorfahren noch auf den Bäumen lebten, und sind überzeugt, Lucy sei aufrecht auf dem Boden gegangen. Anfangs war es nicht einfach, Lucy einen Platz im Stammbaum der Menschen zuzuweisen, aber heute leugnet kaum noch jemand ihre wichtige Stellung in der menschlichen Evolution. Manche halten sie für die „Mutter der Menschheit", für andere ist sie die „Frau, die den Stammbaum der Menschen durcheinanderbrachte".

Nachbildung von Lucys Skelett im Senckenberg-Museum mit rekonstruierter bipeder Fortbewegung.

Taung in Südafrika 1924 und des Unterkiefers in einer Kiesgrube bei Mauer 1907 in der Nähe von Heidelberg. Die berühmten Cro-Magnon-Fossilien in Südwestfrankreich wurden beim Eisenbahnbau gefunden. Höhlenforscher entdeckten die reichhaltige Atapuerca-Höhle in Spanien und Höhlen mit wichtiger Steinzeitkunst wie zum Beispiel in Chauvet und Cosquer. Ein besonders aufsehenerregender Fund gelang den Höhlenspezialisten 1993 mit einem noch nicht ausgegrabenen, praktisch vollständigen Neandertalerskelett im italienischen Altamura.

Heute bedienen sich die Paläoanthropologen auch der Satellitenfotografie. Für die Erkundung Äthiopiens war es ein besonderes Glück, dass die Raumfähre *Challenger* 1984 das Gebiet überflog. Eine weitere Verbesserung waren die kartographischen Aufnahmen des Satelliten *Landsat*. Da die einzelnen Gesteinsarten unterschiedlich stark

Landsat 7 ist seit 1999 im
Einsatz.

reflektieren, kann man auf den *Landsat*-Bildern zwischen Vulkan-
und Sedimentgestein unterscheiden. Mit ihrer Hilfe und den Fotos
des Space Shuttle konnte das Team des Paleoanthropological Inven-
tory of Ethiopia die Aussichten auf fossiltragende Schichten in einer
zuvor unerforschten Gegend der äthiopischen Senke voraussagen.

Die Bergung der Überreste von Frühmenschen

Die Bergung fossiler Hominidenreste ist von Natur aus etwas Zerstö-
rerisches. Sobald man ein Fossil vom Erdboden aufhebt oder aus einer geologischen Schichtung ausgräbt, befindet es sich nicht mehr in
seinem ursprünglichen Umfeld, sodass eine gewisse Information
verlorengeht. In dem Bewusstsein dieser Problematik wird heute
beim Bergen und Ausgraben viel strenger vorgegangen als bei der
„Schatzsuche" früherer Zeiten. Zu der Suche nach Hominidenfossilien und ihrer Ausgrabung gehört ein sorgfältig geplanter For-
schungsansatz, mit dem man möglichst viel Information bewahren
will.

Hat man eine fossiltragende Ablagerung entdeckt, wird für die Suche
nach Hominidenüberresten ein strategischer Plan erarbeitet. An freiliegenden Fundstellen sind die Fossilien selten und weit verstreut,
sodass man zu Fuß intensiv und gründlich suchen muss; häufig
kriecht man auf allen Vieren über die freiliegenden Schichten. Mit

scharfem Blick und genauen anatomischen Kenntnissen über Wirbeltiere müssen die Wissenschaftler zwischen Hominidenbruchstücken und den dazwischen verstreuten nichtmenschlichen Überresten unterscheiden. Ein übersehenes Hominidenfragment kann vom nächsten Regenguss weggespült werden oder durch weitere Verwitterung zerfallen.

Erkennt man ein Hominidenfragment, wird ein genaues Protokoll eingehalten. Bevor man das Stück aufhebt, wird es im Foto und eventuell auch auf Videofilm festgehalten. Die Stelle erhält eine Nummer und wird im Expeditionstagebuch allgemein beschrieben. Außerdem wird der genaue Fundort mit einer Nadel auf einer Luftaufnahme der Gegend markiert, und mithilfe des GPS (Global Positioning System) werden die genauen Koordinaten festgehalten.

Zeigen sich bei genauer Betrachtung des Fundes frische Bruchstellen, können weitere Stücke in der Nähe sein. Dann grenzt man einen größeren Umkreis mit einer Schnur ab, und die Expeditionsteilnehmer suchen auf allen Vieren nach weiteren Fragmenten. Werden solche Stücke gefunden, legt man ein Gitternetz aus Schnüren über den vielversprechenden Bereich, und nun wird jeder Quadratmeter eingehend untersucht. Alle Fossilbruchstücke werden gesammelt, identifiziert, nummeriert und auf einem Diagramm in ein Koordinatensystem eingezeichnet. Nach dieser ersten Sammlung wird das lockere Sediment mit einer Maurerkelle oder einer kleinen Schaufel abgekratzt, von der Fundstelle weggebracht und durch ein feines Sieb geschüttet.

Steinsubstanz, die an einem Fossil hängt, ist oft ein Kennzeichen für den genauen geologischen Horizont, aus dem das Stück stammt, denn die einzelnen Sand-, Ton- und Schlammschichten haben jeweils eine charakteristische Zusammensetzung. Manchmal entschließt man sich, einen Hügel abzutragen, um zusätzliche, noch nicht durch Erosion freigelegte Knochen zu finden. Dazu entfernt man zuerst die Deckschicht, wobei feste Sedimente mit allen möglichen Werkzeugen gelockert werden – vom Presslufthammer über Spitzhacken bis hin zu kleinen Geologenhämmern und Maurerkellen –, wenn man sich der fossiltragenden Schicht nähert. Die weitere vorsichtige Grabung erfolgt mit Zahnarztinstrumenten, Nägeln und anderen spitzen Grabwerkzeugen. Trifft man auf Knochen, sind ihre Kanten mit Zahnstochern und weichen Bürsten freizulegen.

Ist der Fund freigelegt, wird er nicht sofort eingesammelt, sondern man macht eine kleine Zeichnung, misst die genaue Lage mit metallenen Maßbändern und trägt alles auf Millimeterpapier ein. Die Himmelsrichtung wird ebenso festgehalten wie die Schrägstellung (also der Winkel) des Fundes, denn diese zeigt beispielsweise die Flussrichtung von Wasser an. Da die Gesteinsschichten gewellt sind, vermerkt man mit einem Senkblei, mit Vermessungsfernrohr und Mess-latte oder noch besser mit einer Total-Station die Tiefe der Fundstel-le. Als Bezugspunkt für horizontale und vertikale Messungen wird ein Metallpfosten in den Boden getrieben, der später auch die dreidi-mensionale Rekonstruktion der räumlichen Verhältnisse in einem Computerprogramm ermöglicht.

Noch während der Fund sich im Boden befindet, kann man ihn mit einem Konservierungsmittel wie Butvar behandeln; dieses in Aceton gelöste Polyvinylacetat verhindert den weiteren Zerfall. Wenn das Konservierungsmittel getrocknet ist, hebt man das Stück hoch, eti-kettiert es, legt es in eine Plastiktüte und bringt es vorsichtig zum Feldlabor.

Während der gesamten Freilandarbeit wird so viel Information wie möglich in den Tagebüchern festgehalten. Sämtliche Stadien der Ausgrabung müssen sofort und in allen Einzelheiten dokumentiert werden, einschließlich aller Messwerte, geologischen Befunde, Na-men der Expeditionsteilnehmer, Datum und Uhrzeit des Fundes und so weiter. Da man die Fundstelle bei der Ausgrabung zerstört, wird das Tagebuch zur alleinigen Quelle. Die Aufzeichnungen sind unent-behrlich, wenn man Fachartikel schreibt, und werden zum Ausgangs-punkt für spätere Forschungen.

In manchen Ländern rechnet man für die Zukunft mit besseren Aus-grabungs- und Dokumentationsmethoden, weshalb an jenen Fund-stellen nur begrenzte Arbeiten erlaubt sind. In Israel darf zum Bei-spiel jede Stätte nur zu einem Drittel ausgegraben werden; der Rest bleibt zukünftigen Grabungskampagnen vorbehalten. Die Erhaltung von Teilen einer Fundstelle ist auch deshalb wichtig, weil man man-che wissenschaftlichen Probleme später anders sieht und sie dann nur durch neue Grabungen an einer Stelle bei veränderter Vorgehens-weise lösen kann.

Die Datierung von Fossilien und Artefakten

Nur wenn man das Alter paläontologischer und archäologischer Fun-de abschätzen kann, lässt sich für die menschliche Evolution ein Zeitplan rekonstruieren.

Glücklicherweise gibt es zu diesem Zweck mehrere Methoden, von denen Geologen oder Geochronologen in der Regel an jeder Fund-stelle mindestens eine anwenden können.

Man kennt zwei Gruppen solcher Verfahren: die relative und die ab-solute Datierung. Die relativen Methoden besagen, dass ein be-stimmtes Fossil oder Artefakt jünger oder älter ist als ein anderes, ge-ben aber nicht das Alter in Jahren an. Ein Beispiel ist das geologische

Was ist eigentlich ...

Datierungsmethoden, verschie-dene Methoden zur zeitlichen Einordnung von Fundstücken in der Geologie, Paläontologie und Paläoanthropologie. Es wird zwischen relativen und ab-soluten Datierungsmethoden un-terschieden. Relative Datierungs-methoden wie die Stratigraphie und die Biostratigraphie (Abfol-ge geologischer Schichten und Fossilvorkommen) erlauben die zeitliche Zuordnung. Absolute Datierungsmethoden liefern quantitative Altersangaben, wo-zu v. a. radiometrische Metho-den (Geochronologie) herange-zogen werden. Diese nutzen die radioaktiven Zerfallsgesetze aus, die wegen der unterschied-lichen Halbwertszeiten der Isoto-pe sowohl Zeiträume von Milli-onen bis Milliarden Jahren (Uran-Blei-Methode, Kalium-Argon-Methode) als auch von Hunderten bis Tausenden Jahren (Radio-Karbon-Methode) abde-cken können. Nichtradioaktive Datierungsmethoden für unter-schiedliche Zeiträume sind z. B. die Aminosäuremethode, die Dendrochronologie, die War-venchronologie oder die Palyno-logie. I. w. S. zählt zu den Datie-rungsmethoden auch die Einord-nung des Entwicklungsstands aufgefundener Skelettreste nach charakteristischen Merkmalen.

Prinzip der Überlagerung aus dem 19. Jahrhundert: Danach sind Gesteine oder Sedimente in einer senkrechten Schichtenfolge umso jünger, je weiter oben sie liegen – vorausgesetzt, die Anordnung wurde nicht gestört. Eine beliebte Methode zum Altersvergleich weit voneinander entfernter Fossilfundstellen ist die Biostratigraphie: Sie bedient sich der fossilen Reste verbreiteter Tierarten, die sich im Laufe der Evolution deutlich verändert haben. In Afrika und dem Nahen Osten haben sich in dieser Hinsicht vor allem Nagetiere, Elefanten, Antilopen und Schweine als nützlich erwiesen. Mit der Biostratigraphie konnte man eine Zeittafel für die fossilreichen südafrikanischen Kalksteinhöhlen von Swartkrans und Sterkfontein aufstellen, wo es kein geeignetes vulkanisches oder radioaktives Gestein für die absolute Datierung gibt. Außerdem ist die Biostratigraphie ein gutes Gegengewicht zu der eher technisch orientierten absoluten Datierung.

Das nützlichere und genauere Hilfsmittel zur Kennzeichnung von Evolutionsvorgängen ist die absolute Datierung. Meist handelt es sich um radiometrische Methoden: Ihnen dient der gleichmäßig fortschreitende Zerfall bestimmter Isotope – Varianten eines chemischen Elements – im Gestein als „Uhr", die das Alter angibt. Diese Methoden sind noch recht neu, wie auch ältere Verfahren zur absoluten Datierung in den letzten Jahren bedeutend verbessert wurden.

Das vielleicht bekannteste Verfahren zur absoluten Datierung ist die Radio-Karbon-Methode; sie wurde in den 1940er-Jahren entwickelt und erstmals bei einem Stück Akazienholz aus der ältesten ägyptischen Pyramide, der Stufenpyramide von Sakkara, angewandt. Mit ihr lässt sich das Alter von Knochen und anderem organischen Material unmittelbar bestimmen: Man misst die Menge des Kohlenstoff-12 (der stabilen, vorherrschenden Form des Elements) und berechnet daraus, wie viel Kohlenstoff-14 (das seltene, radioaktive Isotop) der Gegenstand zu Lebzeiten enthielt. Da Kohlenstoff-14 nach dem Tod mit bekannter Geschwindigkeit zu Stickstoff zerfällt, kann man durch Messung seiner jetzigen Menge das Alter des Gegenstands ermitteln. Das Holz aus Sakkara zeigte, dass die Pyramide vor 4 600 Jahren erbaut wurde.

Die Radio-Karbon-Methode eignet sich nur für relativ junge organische Gegenstände, denn die Halbwertszeit von Kohlenstoff-14 liegt nur bei 5 730 Jahren – das heißt, nach dieser Zeit ist die Hälfte des Isotops in der Probe zerfallen. Die Menge des Kohlenstoff-14 halbiert sich also alle 5 730 Jahre, sodass nach etwa 40 000 Jahren praktisch nichts mehr vorhanden ist. Ein neueres Verfahren, die massenspektrometrische Beschleuniger-Radiokarbondatierung, wird diesen Zeitraum auf etwa 75 000 Jahre erweitern. Da man sie auf viel kleinere Materialmengen anwenden kann – statt eines Grammes braucht man nur noch ein winziges Stück –, konnte man mit ihrer Hilfe zum

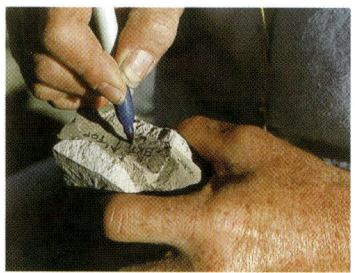

Datierung von Vulkanasche aus Hadar, Äthiopien. Der Geologe Jim Aronson entnimmt eine Probe des Tuffgesteins BKT-1 aus Hadar, um sie in einem Labor in Berkeley zu datieren. Bei der Einzelkristall-Laserfusions-Argon-Argon-Datierung schmilzt man mit Laserstrahlen einzelne Gesteinskristalle, die ein radioaktives Isotop enthalten; dieses zerfällt mit bekannter Geschwindigkeit, sodass man das Alter des Gesteins feststellen kann.

erstenmal wichtige archäologische Funde datieren, so die steinzeitlichen Malereien in europäischen Höhlen.

Bei noch älteren Funden nutzt man Elemente mit längerer Halbwertszeit. Ein häufiges Element der Erdkruste ist Kalium. Hiervon liegt ungefähr 0,01 Prozent als radioaktives Isotop Kalium-40 vor, das eine Halbwertszeit von 1,3 Milliarden Jahren hat und zu Argon-40 zerfällt. Je mehr Argon-40 ein Gestein enthält, desto länger tickt seine Uhr bereits: älteres Gestein enthält mehr Argon-40. Wenn man den Kaliumgehalt und den bereits zu Argon-40 zerfallenen Anteil misst, kann man das Alter des Gesteins ermitteln.

Was ist eigentlich ...

Kalium-Argon-Methode, das natürliche Isotop ^{40}K (Kalium) unterliegt einem Doppelzerfall zu ^{40}Ca (Calcium) und ^{40}Ar (Argon). Da dieser Zerfall mit einer Halbwertszeit von 1,3 Milliarden Jahren vor sich geht, können mit der Methode Ablagerungen datiert werden, die älter als ca. 500 000 Jahre sind. Allerdings ist die Kalium-Argon-Methode vorwiegend auf vulkanisches Gestein beschränkt und fehlerhaft, wenn das Gestein nach Verfestigung Kalium oder (das Gas) Argon durch verschiedene Ereignisse verloren oder zusätzlich gebunden hat. In diesem Fall erlaubt die Bestimmung des Isotopenverhältnisses ^{40}Ar/^{39}Ar (Argon-Argon-Methode) die Korrektur der Datierung bzw. bietet eine heute vielgenutzte Alternative zur Kalium-Argon-Methode.

Mit der in den 1950er-Jahren entwickelten Kalium-Argon-Methode datierte man die Vulkanasche- und Tuffgesteine, die in den Gesteinsschichten der Olduvai-Schlucht die Fossilien und Artefakte einschlossen. Die Ergebnisse aus der Olduvai-Schlucht und später von vielen anderen Hominiden-Fundstellen in Ostafrika führten zur Weiterentwicklung unserer Vorstellung über die Dauer der menschlichen Evolution. Seit den 1980er-Jahren erlebte auch die Methode selbst umwälzende Neuerungen: Man kann jetzt mit dem Laser einzelne Gesteinskristalle schmelzen und datieren, sodass beigemischte ältere oder jüngere Kristalle nicht mehr zu einer Verfälschung führen. Außerdem ist in einer einzigen Probe sowohl der Kalium- als auch der Argongehalt zu bestimmen; nach den herkömmlichen Verfahren waren dazu zwei Proben notwendig. Mit der neuen Methode, Einzelkristall-Laserfusions-Argon-Argon-Datierung genannt, misst man das Verhältnis von Argon-40 zu Argon-39, einem künstlichen Isotop, das in Atomreaktoren aus stabilem Argon-39 entsteht und als Stellvertreter für die Kaliummenge dient. Die Messung lässt sich so genau steuern, dass man von der Außenseite einer Gesteinsprobe nach innen eine ganze Serie von Altersangaben erhält. In jüngster Zeit wurde das Alter der Fossilien von Lucy und der Ersten Familie aus Hadar sehr genau auf 3,2 Millionen Jahre bestimmt.

Mehrere Datierungsmethoden wurden für die Zeiträume vor 300 000 bis 40 000 Jahren entwickelt, die für die Radio-Karbon-Methode zu lang und für die Kalium-Argon-Methode zu kurz sind. Bei drei dieser Verfahren – der Elektronenspinresonanz (ESR), der Thermolumineszenz (TL) und der optisch stimulierten Lumineszenz (OSL) – zählt man Elektronen, die durch Fehler in der Mikrostruktur der Kristalle festgehalten werden.

Knochen lassen sich weder mit TL noch mit OSL unmittelbar analysieren, aber bei Feuersteinwerkzeugen, Keramik und Sedimenten funktioniert die Messung gut. ESR lässt sich auch bei verschiedenen Naturmaterialien anwenden, so bei Zahnschmelz, Korallen und Molluskenschalen. TL und ESR haben viele neue Kenntnisse über den Ursprung des Jetztmenschen geliefert, insbesondere in Höhlen im Nahen Osten, wo Neandertaler und frühe Jetztmenschen etwa 50 000 Jahre lang nebeneinander lebten. Die OSL wurde an archäologischen Stätten in Australien angewandt und zeigte, dass Jetztmenschen den Kontinent wahrscheinlich schon vor 60 000 Jahren besiedelten.

Zu den Kenntnissen über die menschliche Evolution haben auch andere Datierungsmethoden beigetragen, so Paläomagnetismus, Spaltspurdatierung, Uranreihendatierung und Aminosäure-Racematmessung. Den Paläoanthropologen steht also zur Altersbestimmung ihrer Funde ein ganzes Methodenarsenal zur Verfügung.

Das Klima und die Evolution des Menschen

Örtliche und regionale Klimaveränderungen schaffen für Tiere und Pflanzen neue Hindernisse oder Möglichkeiten. Arten, die sich daran nicht anpassen, verschwinden. In den letzten Jahren hat man sich eingehend mit den Wirkungen des Weltklimas auf die Evolution befasst, wobei versucht wurde, bestimmte Umweltveränderungen mit biologischen und kulturellen Wendepunkten unserer Entwicklungsgeschichte in Verbindung zu bringen. Wie genau ist die Übereinstimmung zwischen den Klimaverschiebungen und den Artbildungs- und Aussterbeereignissen, die sich in den Fossilfunden zeigen?

Betrachten wir zunächst einmal die Indizien für eine Klimaveränderung in Afrika während der Evolution der Hominiden. Belege dafür gibt es vom Land und aus dem Meer: Kohlenstoffisotope im Zahnschmelz weisen auf vorherrschende Vegetations- und Bodenverhältnisse hin, und aus Tiefsee-Bohrkernen untersuchte man den Staub. Die meisten Pflanzen – Bäume, Sträucher und viele Grasarten – bauen chemische Verbindungen mit drei Kohlenstoffatomen auf und werden deshalb C3-Pflanzen genannt. In trockeneren Gegenden dagegen bilden die C4-Pflanzen – meist Gräser der tropischen und gemäßigten Gebiete – Verbindungen mit vier Kohlenstoffatomen. C3- und C4-Pflanzen enthalten stabile Kohlenstoffatome in unterschiedlichen Mengenverhältnissen, sodass man durch die Messung dieser Isotope feststellen kann, ob C3- oder C4-Pflanzen – und damit Wald oder Steppe – zu früheren Zeiten vorherrschten. In dem gleichen Mengenverhältnis findet man die Isotope auch im Zahnschmelz der Tiere, die diese Pflanzen gefressen und verdaut haben.

Wie am Zahnschmelz zu erkennen ist, ging die Temperatur an der Meeresoberfläche vor Afrika vor acht bis sechs Millionen Jahren zurück. Es kam zu einer Verschiebung von den bis dahin vorherrschenden C3- zu C4-Pflanzen, die besser an Trockenheit angepasst sind und in ähnlicher Form auch heute zwei Drittel Afrikas als Savanne bedecken. C4-Pflanzen tauchten in Afrika zwar schon vor 15 Millionen Jahren hier und da zwischen Bäumen und Sträuchern auf, aber erst seit sieben Millionen Jahren beherrschen Grassavannen die ostafrikanische Landschaft – und ungefähr zur gleichen Zeit trennte sich der erste Hominide vom letzten gemeinsamen Vorfahren mit den Menschenaffen.

Savanne südlich von Fada N'Gourma, Burkina Faso (Westafrika).

Der vom Wind verwehte Staub des afrikanischen Kontinents setzte sich auch am Meeresboden ab und wurde dort zu einem ununterbrochenen Abbild des Klimas der letzten paar Millionen Jahre. In besonders trockenen Phasen mit starkem Wind bildeten sich zum Beispiel sehr dicke Ablagerungen. Den Staubansammlungen am Meeresboden zufolge, dehnten sich die Eiskappen in nördlichen Breiten vor knapp 2,8 Millionen Jahren erheblich aus, und in Afrika kam es zu einer Trockenheit und Abkühlung, sodass entsprechend angepasste Tiere und Pflanzen im Vorteil waren. Sedimente aus dieser Zeit enthalten mehr Phytolithen, Siliciumpartikel aus Gräsern. Ähnliche kühle Trockenzeiten gab es auch vor 1,7 und einer Million Jahren. Nach der „*turnover-pulse*-Hypothese" der Paläontologin Elizabeth Vrba lenkten solche Klimaveränderungen die Evolution in eine neue Richtung. Wie man an Fossilien großer und kleiner Säuger – Antilopen und Nager – erkennt, erlebten diese an bestimmte Lebensräume angepassten Tiere vor 2,5 Millionen Jahren einen „Umsatz" in Artbildung und Aussterben, bei dem in Süd- und Ostafrika die an kühles Klima angepassten Arten überlebten. Auch die Menschen wurden nach Vrbas Überzeugung von den Veränderungen der Vegetation sowie vermutlich von der Regenmenge und Temperatur beeinflusst.

Irgendwann vor drei bis 2,5 Millionen Jahren spaltete sich die Linie der Hominiden. Ein Ast brachte die Gattung *Homo* hervor, der andere die robusten Australopithecinen. Das vermutlich älteste Fossil von *Homo*, ein Oberkiefer aus Hadar in Äthiopien, wurde kürzlich auf ein Alter von 2,33 Millionen Jahren datiert, also ungefähr auf die Zeit globaler Abkühlung und Trockenheit. Zur gleichen Zeit tauchen auch die ersten Steinwerkzeuge auf. Das Zusammentreffen ist zwar auffällig, aber *Homo* könnte ohne Weiteres auch viel früher entstanden sein, also vor dem Temperaturabfall, oder vielleicht stellte auch eine Spezies von *Australopithecus* die ersten Steinwerkzeuge her.

Auch der vermutete Zusammenhang zwischen dem Auftreten der Australopithecinen und der Klimaveränderung ist problematisch. Antilopen wurden vor 2,5 Millionen Jahren von blätterfressenden Waldtieren zu grasenden Steppenbewohnern, aber der „Schwarze Schädel" KNM-WT 17000 weist darauf hin, dass sich bereits vor 2,6 Millionen Jahren ein robuster Australopithecine entwickelt hatte.

Zur Vorsicht mahnen auch die Funde aus Konso-Gardula in Äthiopien, wo man die ältesten, auf 1,4 Millionen Jahre datierten Acheuléen-Artefakte zusammen mit einem Hominiden-Unterkiefer entdeckte. Diese ältesten Indizien für einen tiefgreifenden technischen Umschwung stammen aus der Zeit zwischen der globalen Abkühlung vor 2,5 Millionen Jahren und dem nachfolgenden Temperaturrückgang, der vor einer Million Jahren begann. Bei dieser späteren Abkühlung, auf die man die Ausbreitung des *Homo erectus* über Afrika hinaus zurückführt, gab es den *H. erectus* in Asien bereits seit 800 000 Jahren. Wenn die kürzlich veröffentlichten Zahlen aus Java stimmen, erweiterte sich die geographische Verbreitung von *H. erectus* schon lange vor ihrem angeblichen klimatischen Auslöser.

Um Zusammenhänge zwischen Klimaveränderungen und entwicklungsgeschichtlichem Wandel nachzuweisen, muss man wissen, wann eine Art in den Fossilfunden zum ersten und zum letzten Mal auftaucht, denn damit hat man theoretisch die Zeitpunkte von Artbildung und Aussterben. Aber um diese Vorgänge zuverlässig zu belegen, braucht man einen repräsentativen Querschnitt durch die Fossilfunde aus verschiedenen Zeiten, Lebensräumen und biologischen Arten. Die nächste Schwierigkeit besteht darin, die natürliche Seltenheit mancher Arten zu erklären – und Hominiden waren vermutlich recht seltene Tiere – sowie die verschiedenen Arten anhand der Fossilien zu unterscheiden.

Es gibt zwar einen weitgefassten Zusammenhang zwischen Klimaverschiebungen und dem Auftauchen neuer Hominidenarten, aber dass das eine die Ursache des anderen war, ist nicht nachzuweisen. Über das Klima früherer Zeiten wissen wir recht gut Bescheid, die wenigen menschlichen Fossilbruchstücke zeichnen jedoch nur ein so grobes Bild, dass man zwischen beiden Entwicklungen keine eindeutige Beziehung herstellen kann. Außerdem sollte man bedenken, dass die Hominiden offenbar gute ökologische Generalisten waren, die sich an sehr unterschiedliche Umweltbedingungen anpassen konnten, sodass sie für Klimaveränderungen wahrscheinlich weniger empfindlich waren als Lebensraumspezialisten.

Was ist eigentlich ...

Zahnschmelz, Enamelum, Email, Adamantin, *Substantia adamantina*, kappenförmiger Überzug auf fast allen Zahnkronen der Wirbeltiere aus Hartsubstanz, die kein Gewebe mit faserigen Strukturen ist, sondern ein fast rein kristallines, von Zellen produziertes Gefüge. Zahnschmelz dient dem Schutz der Zähne gegenüber mechanischer Beanspruchung. Er ist besonders ausgeprägt an den Schneide- und Mahlflächen der Zähne und ist frei von Nerven und Blutgefäßen. Zahnschmelz besteht zu 95 % aus mineralischen (Hydroxylapatit), zu 1–2 % aus organischen Stoffen (Proteine, wenig Kohlenhydrate und Lipide) und zu 3–4 % aus Wasser. Unter den Spurenelementen spielt Fluor die Hauptrolle. Zahnschmelz ist das härteste Gewebe des menschlichen Organismus.

Zähne

Da Zähne vom Zahnschmelz bedeckt sind, der härtesten biologischen Substanz, und ihr Inneres aus dem ebenfalls sehr harten, mineralisierten Zahnbein besteht, stellen sie die Mehrzahl aller Hominidenfossilien. Zähne liefern viele Aufschlüsse über Alter, Geschlecht, Ernährung, Gesundheit und systematische Stellung früherer Hominiden; ihre große Zahl in den Fossilfunden ist ein glücklicher Umstand. Der Informationsgehalt der Zähne ist der Grund, warum Paläoanthropologen oft so gut über Kieferanatomie Bescheid wissen und beträchtliche Zeit und Mühe auf die Untersuchung fossiler Gebisse verwenden.

Erwachsene Hominiden besitzen wie alle Altweltaffen 32 Zähne, je 16 im Ober- und Unterkiefer. Oben und unten stehen jeweils zwei mittlere und zwei seitliche Schneidezähne, zwei Eckzähne, vier Prämolaren und sechs Molaren. Jeder Zahntyp hat eine andere Funktion: Schneidezähne zerteilen, Eckzähne greifen und durchlöchern, und die Backenzähne (Prämolaren und Molaren) zerkleinern und zermahlen. Unser Milchgebiss besteht oben und unten jeweils aus zehn Zähnen: zwei mittlere und zwei seitliche Schneidezähne, zwei Eckzähne und vier Molaren. Die Krone jedes Hominidenzahns hat

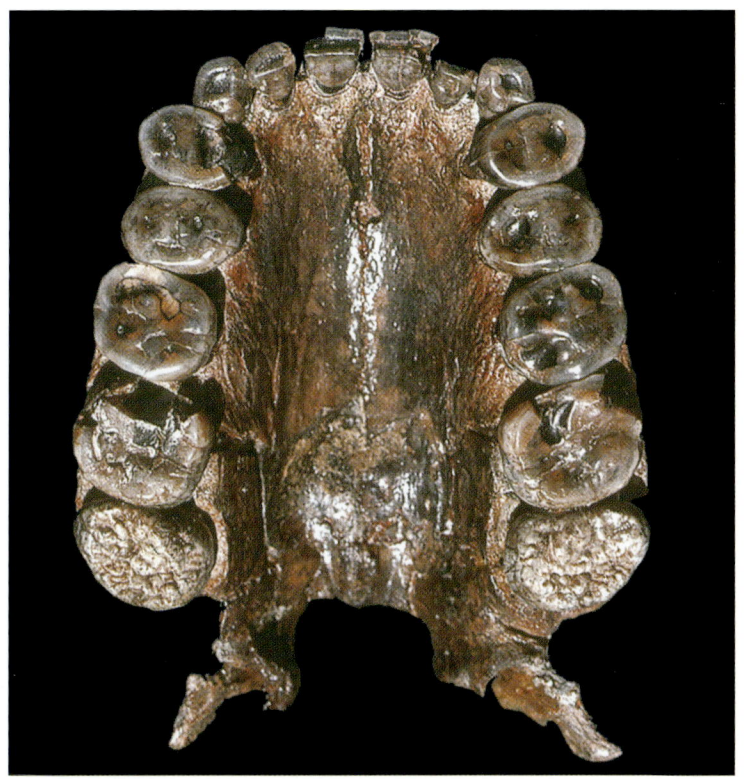

Unterkiefer eines *Australopithecus boisei* aus der Olduvai-Schlucht in Tansania. Die Aufnahme mit Sicht auf die Kaufläche (occlusal) von OH 5 zeigt deutlich die für diese Spezies charakteristischen riesigen Molaren.

ihre eigene Anatomie, sodass man ihre Stellung im Gebiss genau feststellen kann. Rechts von links und oben von unten zu unterscheiden, ist relativ einfach. Die oberen Molaren haben zum Beispiel vier Vorsprünge, bei den unteren sind es im Allgemeinen fünf. Mit genauen Kenntnissen der Zahnanatomie kann man auch die Stellung des Zahns – zum Beispiel als ersten oder zweiten Prämolar – identifizieren. Jeder Hügel, jede Furche und jede Kante hat einen eigenen Namen, sodass man den Zahn exakt beschreiben und die verschiedenen Funde vergleichen kann. Auch Aufbau und Zahl der Zahnwurzeln helfen bei der Identifizierung: Obere Molaren haben drei Wurzeln, untere nur zwei.

Bei Säugetieren sind die Zähne so charakteristisch, dass man die taxonomische Stellung oft an einem einzigen Zahn – meist einem Molaren – ablesen kann. Der deutsche Paläontologe Ralph von Koenigswald kaufte beispielsweise 1935 in einer chinesischen Apotheke fossile Säugetierzähne, die dort als „Drachenzähne" zu medizinischen Zwecken angeboten wurden. Besonders ein riesiger dritter Molare stach ihm ins Auge. Er trug das *Dryopithecus*-Muster, eine charakteristische Kombination von Furchen, die bei allen Hominiden und

Porträt

Koenigswald, *Gustav Heinrich Ralph von*, deutsch-niederländischer Anthropologe und Paläontologe, * 13.11.1902 Berlin, † 10.7.1982 Bad Homburg vor der Höhe; 1930–1948 in Bandung (Java), ab 1948 Professor in Utrecht, seit 1968 Leiter der paläoanthropologischen Abteilung am Forschungs-Institut Senckenberg in Frankfurt a. M.; bedeutender Paläoanthropologe; entdeckte 1935–1941 mehrere fossile Hominoiden, insbesondere in chinesischen Apotheken (Zähne des von ihm so genannten *Gigantopithecus*, 1935) und in Java, u. a. 1936 einen fast vollständigen Kleinkindschädel (von ihm als *Homo modjokertensis* beschrieben, heutige Bezeichnung *Homo erectus modjokertensis*) und *Meganthropus palaeojavanicus* (1941).

Gigantopithecus [von griech. *gigas*, Genitiv *gigantos* = Riese und *pithekos* = Affe], ausgestorbene Gattung sehr großer Hominoiden, 1935 von Gustav H. R. von Koenigswald anhand eines aus einer Apotheke in Hongkong gekauften Unterkiefermolaren beschrieben; seitdem über 1 000 Neufunde, darunter kräftige Unterkiefer aus Pakistan, Südchina und Vietnam. *Gigantopithecus blacki* aus dem Alt- und Mittelpleistozän Chinas soll ein Körpergewicht von 300 kg erreicht haben. Für *Gigantopithecus giganteus* aus 9–6 Millionen Jahre alten Ablagerungen der Siwalik-Berge in Nordindien/Pakistan wird das Körpergewicht auf 125 kg geschätzt. Einige Forscher halten *Gigantopithecus* für einen Hominiden. Die meisten führen die hominiden Züge – relativ kleine Eck- und Schneidezähne, zweihöckriger unterer Vorbackenzahn – auf konvergente Entwicklung zurück und stellen ihn zu den Pongiden.

Menschenaffen vorkommt. Aufgrund dieses einen Stückes postulierte von Koenigswald eine neue Gattung namens *Gigantopithecus* („Riesenaffe"), die bis heute als größter Primat aller Zeiten gilt.

Zähne spielen praktisch bei jeder Bestimmung einer neuen fossilen Hominidenart eine entscheidende Rolle, und zwar nicht nur deshalb, weil Zähne einen so großen Anteil aller Funde ausmachen, sondern auch weil das Gebiss bei jeder Spezies ganz charakteristische anatomische Merkmale hat. So ist zum Beispiel jede Art von *Australopithecus* durch ihre besonderen Eigenschaften der Zähne gekennzeichnet.

Einblicke in die Ernährung der ersten Hominiden liefert die Untersuchung der Vorsprünge, der Größenverhältnisse der Zähne, der Dicke des Zahnschmelzes sowie der makroskopischen und mikroskopischen Abnutzung. Dicker Zahnschmelz, wie man ihn bei Hominiden findet, verlängert die Lebensdauer des Zahns. Er ist vermutlich eine Anpassung an das starke Kauen der Nahrung, bevor sich das Kochen allgemein durchsetzte. Die robusten Australopithecinen, die vermutlich von grober, minderwertiger Nahrung lebten, hatten von allen Primaten den dicksten Zahnschmelz.

Zwischen männlichen und weiblichen Zähnen gibt es innerhalb jeder Hominidenart erhebliche Überschneidungen, aber manchmal kann man einen Fund auch aufgrund der unterschiedlich großen Eckzähne einem Geschlecht zuordnen. Wie alt ein Hominide bei seinem Tod war, ist am Zustand der durchgebrochenen Zähne sowie an ihrer Abnutzung zu erkennen. In Lucys Unterkiefer zum Beispiel ist der dritte Molar (der Weisheitszahn) durchgebrochen und zeigt gerade die ersten Abnutzungserscheinungen, das heißt, Lucy war bereits erwachsen, als sie starb.

Manchmal ist an den Zähnen auch der Gesundheitszustand zu erkennen. Krankheiten oder schlechte Ernährung können zu Zahnentwicklungsstörungen führen, die sich als Löcher oder Furchen im Zahnschmelz zeigen (Hypoplasie). Liegt unter einem abgebrochenen Zahn der Wurzelkanal frei, kann sich ein Abszess bilden, den man an resorbiertem Knochen rund um die Zahnwurzel erkennt. Da die Ernährung in vorgeschichtlicher Zeit keinen raffinierten Zucker enthielt, ist Karies bei den frühen Hominiden zwar nicht unbekannt, aber sehr selten.

Eine Ergänzung zu den Erkenntnissen aus der makroskopischen Anatomie bietet die mikroskopische Untersuchung der Zahnkronen. Der Zahnschmelz besteht aus prismenförmigen Apatitkristallen, die nach und nach aufgebaut werden. Betrachtet man – meist mit dem Rasterelektronenmikroskop – zwei Formen solcher Markierungen, kann man für jede einzelne Zahnkrone die Phase ihrer Entstehung abschätzen. Neueren Zahnentwicklungsstudien zufolge wurden

Australopithecinen wahrscheinlich schneller erwachsen als Jetztmenschen, das heißt, ihre Entwicklung war eher affenähnlich.

Zähne waren für unsere Vorfahren lebenswichtig, denn sie waren praktisch das einzige Mittel zur Nahrungsverarbeitung. Auch für Paläoanthropologen sind die Zähne von entscheidender Bedeutung, und die Zahnkunde (Odontologie) wird mit Sicherheit noch viele Erkenntnisse über Biologie und Verhalten unserer Vorfahren liefern.

Proteine, DNA und menschliche Evolution

Bis vor kurzem waren Fossilien und Artefakte in der Paläoanthropologie die einzigen Belege für die Evolution des Menschen. Sie sind zwar auch heute die greifbarsten und beziehungsreichsten Indizien, aber seit Anfang 1960er-Jahre trägt auch die Analyse der Proteine und Gene von Menschen und anderen Primaten zu unseren Kenntnissen bei. In den letzten mehr als 40 Jahren führten Befunde aus der schnell wachsenden Molekularbiologie zu umwälzenden neuen Erkenntnissen über die Evolution der Hominiden.

Da alles Leben auf der biochemischen Grundlage der DNA aufbaut, kann man anhand der Erbmoleküle und Proteine quantitative Vergleiche zwischen nur weitläufig verwandten Lebewesen anstellen. Bevor es die molekularbiologischen Methoden gab, schwankten die Schätzungen darüber, wann der letzte gemeinsame Vorfahre von Affen und Menschen lebte, zwischen vier und 30 Millionen Jahren, wobei die meisten Fachleute das Datum irgendwo in der Mitte ansiedelten. Die Biochemiker gelangten jedoch zu einem ganz anderen Ergebnis: Afrikanische Menschenaffen und Menschen trennten sich recht spät, nämlich wohl erst vor fünf Millionen Jahren.

Demnach ist *Ramapithecus*, ein angeblicher Hominide, dessen systematische Stellung man aufgrund der molekularbiologischen Befunde revidieren musste, viel zu alt für einen Hominiden. Die Paläontologen sträubten sich jedoch dagegen, dieses und andere alte Fossilien aus dem Stammbaum der Hominiden auszuschließen. Im Laufe der Zeit und nach vielen kontroversen Debatten setzte sich aber der engere Zeitrahmen in der Paläoanthropologie durch. Die Fülle der Belege konnte man einfach nicht übergehen. Unsere erweiterten Kenntnisse über die molekulare Verwandtschaft der Primaten verdanken wir vor allem zwei Methoden: dem immunologischen Nachweis von Blutproteinen und der DNA/DNA-Hybridisierung.

Proteine machen eine Evolution durch und haben deshalb Vorläuferformen, ganz ähnlich wie Fossilien mit einer älteren oder einfacheren Anatomie. Da sie aber unmittelbar am genetischen Bauplan gebildet werden, spiegeln sie genauer die Genausstattung wider, wes-

Was ist eigentlich ...

Ramapithecus [benannt nach Rama, Heldenfürst der altindischen Mythologie, und von griech. *pithekos* = Affe], Gattung fossiler Hominoidea aus dem Obermiozän von Südasien (Mittel- bis Obermiozän von Afrika); lange Zeit als ältester Hominide, aufgrund von Schädelfunden aus Südchina (Lufeng) und Untersuchungen der Feinstruktur des Zahnschmelzes heute als früher Orang-Utan-Verwandter und damit als Gattung der *Pongidae* angesehen.

Porträt

Pauling, *Linus Carl*, amerikan. Chemiker, * 28.2. 1901 Portland (Oreg.), † 19.8.1994 Palo Alto (Calif.); Professor in Pasadena, San Diego und ab 1969 in Palo Alto; einer der bedeutendsten Chemiker des 20. Jahrhunderts; durch seine quantenmechanischen Untersuchungen der chemischen Bindungstypen Mitbegründer der Quantenchemie; prägte den Begriff der Elektronegativität; entdeckte mittels Röntgenstruktur-analyse die Wendelstruktur (Alpha-Helix-Struktur) zahlreicher Proteine; ferner Arbeiten über Immunreaktionen und Strukturen von anomalen Hämoglobinarten; schlug das Cluster-Modell (ein Kernmodell) vor; untersuchte den Wirkungsmechanismus von Vitamin C als Antioxidans in der Krebstherapie und propagierte den Konsum von sehr hohen Vitamin-C-Dosen zur Gesunderhaltung und Lebensverlängerung; erhielt 1954 für seine Arbeiten über die Natur der chemischen Bindung den Nobelpreis für Chemie und 1962 den Friedensnobelpreis für seinen Einsatz gegen die Anwendung von Kernwaffen und deren Folgen.

halb sie ein guter Maßstab für den Verwandtschaftsgrad zwischen zwei Arten sind. Diese beiden Eigenschaften – dass Proteine der Evolution unterliegen und eine genetisch fixierte Struktur haben – waren die Grundlage der immunologischen Methode, die der Biologe Morris Goodman Ende der fünfziger und Anfang der sechziger Jahre des vergangenen Jahrhunderts entwickelte.

Bei der Methode dient die immunologische Kreuzreaktion als unmittelbares Maß für die Ähnlichkeit zwischen den Proteinen aus zwei verschiedenen Arten. Man injiziert zum Beispiel das menschliche Blutprotein Albumin einem Kaninchen, woraufhin dieses Antikörper gegen die Molekülteile bildet, die sich von seinem eigenen Albumin unterscheiden.

Das Blutserum des Kaninchens mit den Antikörpern kann man isolieren und in Reagenzgläser geben. Dann setzt man Albumin von verschiedenen Primatenarten zu und misst jeweils die Immunreaktion, die als Niederschlag in der Lösung sichtbar wird. Je stärker die Reaktion ist, desto enger sind der Mensch und die andere untersuchte Spezies verwandt.

Im Jahr 1962 gab Goodman bekannt, nach seinen immunologischen Messungen seien Menschen, Schimpansen und Gorillas gleich eng miteinander verwandt. Das widersprach der zuvor herrschenden Ansicht, Schimpansen und Gorillas seien füreinander die engsten Verwandten und hätten noch einen gemeinsamen Vorfahren gehabt, lange nachdem sich die Linie der Hominiden von den Menschenaffen getrennt hatte. Auf Goodman hörte damals kaum jemand.

Im gleichen Jahr äußerten jedoch die Biochemiker Linus Pauling und Emile Zuckerkandl die Vermutung, die Evolution der Proteine verlaufe mit gleichmäßiger, messbarer Geschwindigkeit und sei konstant wie ein Uhrwerk. Demnach war das Ausmaß der genetischen Unterschiede der Zeit proportional: Wenn man also die Unterschiede der Moleküle bei zwei Arten und die Evolutionsgeschwindigkeit des Moleküls kannte, konnte man feststellen, wann die beiden Arten den letzten gemeinsamen Vorfahren hatten. Die Unterschiede in den Aminosäuren des gleichen Proteins aus verschiedenen Arten entsprechen dem Ticken der molekularen Uhr. Da die genaueste physikalische Uhr jedoch der radioaktive Zerfall ist, muss man die Molekülabweichungen an radiometrisch datierten Fossilien oder geologischen Funden kalibrieren. Ein beliebter Bezugspunkt für molekularbiologische Untersuchungen der menschlichen Evolution ist die Spaltung zwischen Altweltaffen und Hominoiden (Menschen, Menschenaffen und ihre Vorfahren), die nach allgemein anerkannter, auf Fossilfunde gegründeter Ansicht vor etwa 30 Millionen Jahren stattfand.

1967 bauten die Biochemiker Vincent Sarich und Allan Wilson Goodmans Methode mit dem Albumin weiter aus. Ihre Arbeiten bestätigten Goodmans Erkenntnis, dass Menschen, Schimpansen und Gorillas untereinander die engsten Verwandten sind. Das menschliche Albumin reagierte sowohl mit dem Albumin der Schimpansen als auch mit dem der Gorillas stärker als mit dem entsprechenden Protein der Orang-Utans. Demnach waren die afrikanischen Affen näher mit dem Menschen verwandt als ihr roter Vetter aus Asien. Gibbons und Siamangs, die niederen asiatischen Menschenaffen, waren noch weiter vom Menschen entfernt.

Anschließend bezogen Sarich und Wilson die Zeit mit ein, nachdem sie bereits nachgewiesen hatten, dass die Evolution des Albumins bei Primaten mit konstanter Geschwindigkeit verläuft. Nun äußerten sie die Vermutung, die Abstammungslinien von Menschenaffen und Menschen hätten sich seit ihrer Spaltung ebenfalls gleich schnell entwickelt; demnach waren die Albuminmoleküle eine Art Uhr, die seit der Aufspaltung gleichmäßig tickte. Sie wiesen den Zusammenhang zwischen immunologischen Unterschieden und Zeit nach und gelangten so zu der Erkenntnis, dass die Abstammungslinien von Menschen und Menschenaffen sich erst vor fünf Millionen Jahren getrennt haben.

Die immunologische Methode wurde seither bei einer Fülle von Proteinen angewandt, so bei Transferrin, Hämoglobin und Cytochrom c.

Was ist eigentlich ...

molekulare Uhr, evolutionäre Uhr, die kontinuierliche Akkumulation von Mutationen im Laufe der Zeit ermöglicht durch Vergleich der Anzahl von Veränderungen in einem bestimmten Gen oder Protein eine Abschätzung des evolutionären Abstands verschiedener Organismen zueinander. Die Einheit für solche evolutionären Distanzen ist gewöhnlich die Anzahl der Nucleotid- bzw. Aminosäureaustausche pro Gen oder Protein zwischen den Organismen. Wenn man dies in Bezug zu der Zeit setzen möchte, die nötig war, um diese Unterschiede zu akkumulieren, besteht die Schwierigkeit, dass sich manche Gene schneller verändern als andere – je nachdem, wie sensitiv das Genprodukt gegenüber Mutationen ist. Außerdem kann sich eine Gensequenz in verschiedenen Organismen unterschiedlich schnell ändern. Eine molekulare Uhr kann daher i.W. nur dann abgeleitet werden, wenn man verwandte Organismen und konservierte Sequenzen betrachtet.

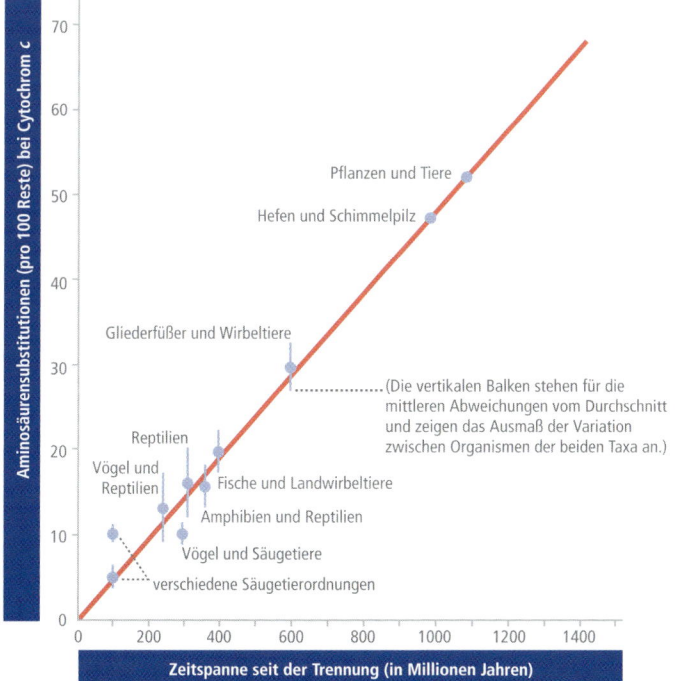

Die Evolution von Cytochrom c verlief mit konstanter Rate. Die Substitutionsrate im Cytochrom c zeigt genügend Konstanz, um die Evolution dieses Moleküls als molekulare Uhr heranziehen zu können. Die Zeitangaben in dieser Grafik wurden aus Fossilbelegen abgeleitet.

Sie hat allerdings den Nachteil, dass man nur einen sehr kleinen Teil der genetischen Information analysiert. Das in den 1960er-Jahren entwickelte molekularbiologische Verfahren der DNA/DNA-Hybridisierung eröffnete hingegen die Aussicht, entwicklungsgeschichtliche Verwandtschaftsbeziehungen mit fast der gesamten DNA nachzuweisen. Auch hier wird die Ähnlichkeit zwischen zwei Arten auf indirekte Weise ermittelt.

Bei der DNA/DNA-Hybridisierung erhitzt man die Doppelhelixmoleküle zweier Arten so lange, bis sich die Stränge trennen. Anschließend kühlt man die Lösung ab, sodass die Stränge sich wieder zusammenlagern, wobei oft Hybride aus jeweils einem Strang der beiden Arten entstehen; denn aus den beiden Strängen erkennen und verbinden sich die komplementären Basen. Je enger die Arten verwandt sind, desto größer ist der Anteil dieser aneinander haftenden Basen, sodass die entstehende Doppelhelix entsprechend stabiler ist. Das quantitative Maß für die Ähnlichkeit ist die Temperatur, bei der die Doppelstränge bei erneutem Erhitzen wieder zerfallen: Je niedriger dieser „Schmelzpunkt" liegt, desto weniger sind die fraglichen Arten verwandt.

Die Pioniere dieses Verfahrens waren Charles Sibley und Jon Ahlquist; sie klärten zunächst die Verwandtschaftsverhältnisse zwischen

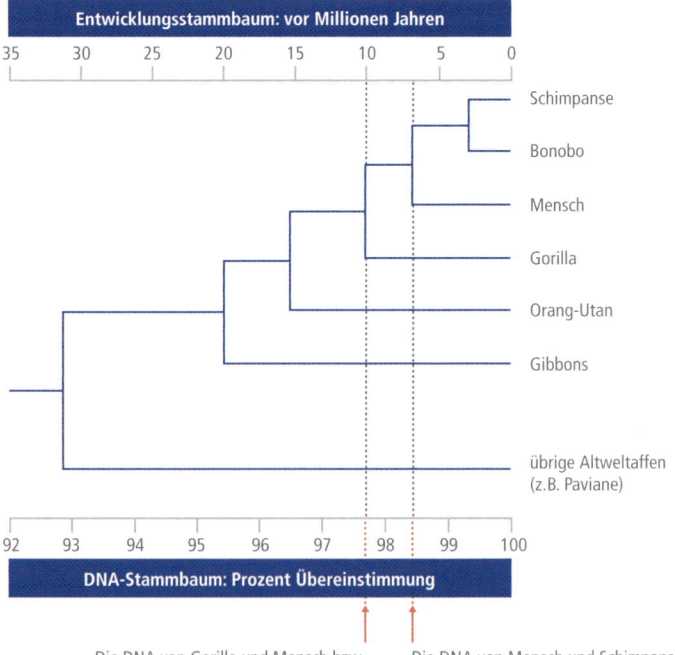

Stammbaum der Hominoidea (Menschenähnliche), basierend auf DNA-Hybridisierungsergebnissen.

Die DNA von Gorilla und Mensch bzw. Schimpanse ist zu 97,7 % identisch: ihr gemeinsamer Vorfahre lebte vor 10 Mio. Jahren.

Die DNA von Mensch und Schimpanse bzw. Bonobo ist zu 98,4 % identisch: ihr gemeinsamer Vorfahre lebte vor 5–7 Mio. Jahren.

Vögeln und wandten sich dann den Primaten zu. Dabei stellten sie fest, dass die Evolution der DNA offenbar bei allen Hominoiden gleich schnell verläuft, sodass ihre Durchschnittsgeschwindigkeit auch in getrennten Abstammungslinien gleich bleibt. Sibley und Ahlquist fanden zwischen Schimpansen und Menschen eine engere Verwandtschaft als zwischen beiden und den Gorillas. Diese Erkenntnis wurde später durch weitere molekularbiologische Arbeiten bestätigt. Nach der absoluten Datierung von Sibley und Ahlquist trennten sich Menschen und Schimpansen vor 6,3 bis 7,7 Millionen Jahren, während der gemeinsame Vorfahre mit den Gorillas vor 8 bis 10 Millionen Jahren lebte.

Zwar sind die molekularbiologischen Methoden und ihre korrigierenden Ergebnisse heute bei den Anthropologen allgemein anerkannt, aber einzelne Aspekte bleiben umstritten. Die Vorstellung von der molekularen Uhr zum Beispiel mag für bestimmte Moleküle gelten, jedoch gibt es keine allgemeine Uhr, denn Proteine und andere Moleküle entwickeln sich unterschiedlich schnell weiter. Wenn man solche Schwierigkeiten überwinden kann, wird die molekularbiologische Evolutionsforschung weiterhin einen wichtigen Kontrapunkt zu den handfesten Indizien der Fossilien bilden.

Grundtext aus: Donald Johanson und Blake Edgar: *Lucy und ihre Kinder*; Spektrum Akademischer Verlag (amerikanische Originalausgabe: *From Lucy to Language*; Nèvraumont/Simon & Schuster Editions; übersetzt von Sebastian Vogel).

Der tumbe Kannibale

Von wegen zivilisierter Jäger. Der Pekingmensch war ein brutaler und grunzender Aasfresser

Henning Engeln

Die Chinesen waren schon immer stolz auf ihre Herkunft. Ein jahrtausendealtes Kaiserreich, ein immenser Schatz an Kulturdenkmälern, eine eigene Schrift und die Nutzpflanze Reis bezeugen: Das asiatische Riesenreich kann auf eine der ältesten Zivilisationen der Menschheit zurückblicken. Sogar seine weniger zivilisierte Frühgeschichte bietet Anlass zum Prahlen. Welches Volk kann schon seine Abstammung weit über 600 000 Jahre zurück ins Dunkel der Vorzeit belegen, zurück in die Zeit des Pekingmenschen, des asiatischen Vertreters des *Homo erectus*?

Zu diesen Vormenschen und Vorfahren zählen chinesische Forscher die Bewohner der Höhle von Zhoukoudian, 50 Kilometer südwestlich von Peking. Schon in den 1920er-Jahren waren dort Überreste frühmenschlicher Skelette aus dem Untergrund geborgen worden. *Sinanthropus pekinensis* nannte man sie zunächst, später wurden sie der Art *Homo erectus* zugeordnet. Aus Feuerspuren, Knochenrelikten und Steinwerkzeugen konstruierten die Anthropologen das Bild eines frühen heroischen Jägervolks. Scharfäugig habe der Pekingmensch von der Hügelkuppe nach Großwild gespäht, es zielsicher erlegt, das Fleisch in seiner Höhle über dem Feuer geschmort. Allerdings soll er auch seinesgleichen nicht verschmäht haben.

Zahlreiche anatomische Einzelheiten der Zahnformen und des Schädelbaus belegen nach Ansicht der chinesischen Forscher, dass sich aus diesen Urmenschen vor Ort die heutigen Chinesen entwickelt hätten. Doch gerade letztere Ansicht gilt außerhalb

Chinas nicht viel. Molekulargenetische Untersuchungen haben längst ein anderes Szenario erhärtet, das in der Fachwelt als Out-of-Africa-Modell herumgereicht wird.

Nach Meinung vieler westlicher Anthropologen gilt als sicher, dass eine kleine Gruppe moderner Menschen erst vor rund 100 000 Jahren aus Afrika auswanderte und zur Wurzel der gesamten heutigen Menschheit wurde – auch der Chinesen. Diese These schmeckt den örtlichen Vergangenheitsforschern gar nicht. Sie beharren auf ihrer eigenen regionalen Entwicklungstheorie: Nur unwesentlich habe sich der asiatische *Homo erectus* mit Neuankömmlingen aus dem Schwarzen Kontinent vermischt.

Homo erectus war ein einfältiger Zeitgenosse

Doch jetzt folgt der nächste Streich. Zwei amerikanische Anthropologen haben sich auch den Mythos vom Pekingmenschen als heroischem Waidmann vorgeknöpft. Ihr Befund: alles Unfug. Der asiatische *Homo erectus*, der die Höhlen von Zhoukoudian zwischen 670 000 und 410 000 Jahren vor unserer Zeit bewohnt haben soll, sei ein einfältiger Zeitgenosse gewesen. So lautet das Fazit des Buchs *Dragon Bone Hill: An Ice-Age Saga of Homo erectus*.

Der fernöstliche Vorfahr, behaupten Noel Boaz und Russel Ciochon, sei wohl kaum als frühzeitlicher Nimrod einzustufen. Vielmehr habe er sich überwiegend von Aas ernährt. Und nicht nur das: Die Ureinwohner Chinas hätten weder regelmäßig in der Höhle gehaust, noch Lagerfeuer unterhal-

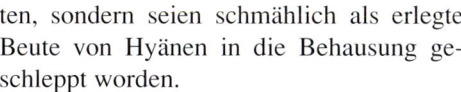

ten, sondern seien schmählich als erlegte Beute von Hyänen in die Behausung geschleppt worden.

Mitte der 1990er-Jahre hatten Boaz und Ciochon eine internationale Forschergruppe zusammengetrommelt, um die Fundstelle nochmals zu untersuchen. „Obwohl die Zhoukoudian-Höhle ein äußerst bedeutender Ort ist, waren viele Fragen ungeklärt – zum Beispiel der Gebrauch von Feuer oder die Frage des Kannibalismus", erzählt Boaz. Zu seiner Truppe gehörten auch Brandspur-Experten, die über Jahrzehnte Feuerstellen in israelischen Höhlen untersucht hatten.

Herdstellen hinterlassen stets verräterische Spuren. Zünden Menschen Lagerfeuer immer an derselben Stelle an, reichert sich dort Kieselsäure aus dem Brennholz an. Auf diesen chemischen Marker waren die Forscher an den Fundstellen in Israel immer wieder gestoßen – an den verkohlten Stellen in Zhoukoudian suchten sie ihn vergebens.

Bei den Ascheresten in der chinesischen Höhle, glauben Boaz und Ciochon, handle es sich stattdessen um verbrannten Kot von Fledermäusen und Eulen. Oder womöglich hätten die Ureinwohner auf natürliche Weise entzündete Flammen genutzt, um Hyänen aus der Höhle zu vertreiben. Keinesfalls ließen die Befunde darauf schließen, dass die Steinzeitler hier regelmäßig ihre Proteinrationen gebrutzelt hätten.

Starben die Pekingmenschen als Hyänenfutter?

Boaz selbst, ursprünglich Anatom, hat sich der Skelettüberreste angenommen und jeden einzelnen Knochen oder Knochenabguss – ein Großteil der Originalfunde aus der Höhle war in den Wirren des Zweiten Weltkriegs verloren gegangen – penibel analysiert. Auch sein Gutachten fällt radikal anders aus als das Ergebnis früherer Untersucher. Diese hatten wenige Extremitätenknochen und auffallend viele Schädel ge-

funden. Außerdem hatten sie registriert, dass bei einigen Schädeln das Hinterhauptloch aufgebrochen worden war. Aus der Interpretation, diese Löcher seien angefertigt worden, um das Hirn herauszuklauben, wurde damals umgehend der Mythos vom Kannibalen geflochten. Andere vermuteten Bestattungsrituale.

Eine viel profanere Erklärung hält dagegen Boaz bereit. Nahezu sämtliche Beschädigungen seien zum Zeitpunkt des Todes aufgetreten: „Die Knochen waren noch frisch! Und sie sind großen Fleischfressern zuzuordnen."

Kein Hominide sonst hatte einen derart dicken Schädel

Endeten demnach die Pekingmenschen von Zhoukoudian als Futter der damals lebenden riesigen Höhlenhyänen? Manches spricht dafür. In der Höhle finden sich die Überreste der Hyänen wie auch die Relikte von Löwen, Säbelzahntigern und Wölfen in weit größerer Zahl als vormenschliche Knochen. Gleichwohl will Boaz nicht ausschließen, dass die Urmenschen gelegentlich auch Fleisch von ihresgleichen verzehrt haben; er fand Schnittmarken auf den Knochen, die von menschlichen Werkzeugen herrühren.

Der Forscher hält es aber für wahrscheinlicher, dass die Hyänen diese Opfer getötet hatten. Die Hominiden kratzten lediglich Fleischreste von den Knochen, die die Raubtiere übrig gelassen hatten. Oder es war ihnen manchmal gelungen, mit Feuer und scharfen Steinen bewehrt, den Viechern einen angefressenen Fetzen abzuluchsen – der ab und zu von ihresgleichen stammte.

Viel mehr als dem späteren, weitaus pfiffigeren Neandertaler ähnele der Pekingmensch in seinem Verhalten den frühen Hominiden in Afrika. Die beiden US-Forscher halten auch die einmalige Schädeldicke von *Homo erectus* für ein Indiz, dass sie es mit einem eher tumben Mitglied unserer Familie zu tun haben. Kein Hominide vorher und auch nicht später besaß eine derart massive Panzerung um sein Hirn. Das war schon vielen Forschern aufgefallen, doch keiner hatte so recht eine Erklärung dafür parat.

Boaz und Kollegen analysierten deshalb nochmals Frakturen an den Pekingmenschenschädeln und kamen zu einem erstaunlichen Schluss: Es waren verheilte Brüche, die nicht von Raubtieren stammten, sondern auf Schläge von außen auf den Schädel hinwiesen. Den Dickschädel, versichern die amerikanischen Anthropologen, habe der Pekingmensch als Anpassung auf körperliche Auseinandersetzungen entwickelt – offenbar haben die Ureinwohner regelmäßig versucht, sich gegenseitig mit Knüppeln oder Keulen die Köpfe einzuschlagen.

Genauso wenig wie von den Ernährungsgewohnheiten halten Boaz und Ciochon von der Sprachfähigkeit des *Homo erectus*. 800 bis 900 Kubikzentimeter Hirnvolumen hätten nicht für eine Sprache ausgereicht, wie wir sie heute kennen. Auch andere anatomische Besonderheiten – sie betreffen die Atmungsmuskulatur des Brustkorbs und die Muskelkontrolle der Zunge – zeugten von einer Zwischenstellung des *Homo erectus* zwischen Affen und *Homo sapiens*.

In Deutschland hatte der *Homo erectus* offenbar Kultur

All diese Argumente demontieren den Mythos vom kühnen Jäger, der Raubtieren und den Elementen trotzte und sogar Bestattungsrituale kannte. Dem Hamburger Paläoanthropologen Günter Bräuer indessen gehen einige der Schlussfolgerungen von Boaz und Ciochon, die im chinesischen *Homo erectus* bloß einen Aas fressenden Herumtreiber sehen wollen, zu weit. Für ihn ist unvorstellbar, dass die Pekingmenschen nicht sprechen konnten: „Sie müssen ein verbales Kommunikationssystem gehabt haben."

Vieles von dem, was Boaz und Ciochon zusammengetragen hätten, sei in der Fachwelt schon länger bekannt gewesen – so die Zweifel an den Feuerstellen und am Kannibalismus. Verdienstvoll sei das Werk der US-Kollegen gleichwohl, urteilt der Hamburger Forscher, sie hätten eine Menge Indizien zu einem neuen Bild gefügt.

Das Bild vom bestenfalls grunzenden Aasfresser kollidiert allerdings drastisch mit einem Szenario, das deutsche Forscher von den europäischen Zeitgenossen des Pekingmenschen entworfen haben. Vor allem zwei Fundorte in Deutschland bescheinigen dem hiesigen *Homo erectus* – von manchen Forschern auch als *Homo heidelbergensis* bezeichnet – vor rund 400 000 Jahren ein erstaunlich hohes kulturelles Niveau.

In Bilzingsleben nördlich von Erfurt entdeckte der Paläontologe Dietrich Mania die Relikte einer Siedlung mit drei Hütten, Feuerstellen, Werkstatt und Schlachtplatz sowie einem vermuteten ovalen „Ritualplatz". Und in der Braunkohlegrube von Schöningen bei Helmstedt hat der Hannoveraner Archäologe Hartmut Thieme insgesamt acht – inzwischen weltberühmte – hölzerne Wurfspeere ausgegraben. Diese erreichen die Zielgenauigkeit moderner Wettkampfspeere.

Noch erstaunlicher für Thieme war, dass die Speere inmitten der Überreste einer ganzen Pferdeherde lagen. Offenbar hatten die Jäger die Tiere damals an einem Seeufer entlang in einen Hinterhalt getrieben und mindestens zwanzig von ihnen erlegt – eine bewundernswerte geistige Leistung. Weshalb aber hatten sie die wertvollen, unversehrten Speere zwischen den Knochenresten ihrer Opfer zurückgelassen? Für Thieme ist das nur mit rituellen Absichten zu erklären: Vielleicht suchte man so die Geister der erlegten Tiere zu versöhnen.

Auch Lagerfeuer haben die Urmenschen offenbar weitaus früher entzündet als bislang angenommen, zumindest im Nahen Osten: Jüngst hat ein israelisches Forscherteam in einer Höhle Stellen nachgewiesen, an denen Urmenschen vor 780 000 Jahren regelmäßig gebrutzelt haben müssen.

Wie ist die neue Sicht vom Aas fressenden Pekingmenschen mit diesen Befunden zu vereinbaren? Boaz selbst betont, die europäischen Fundstellen seien etwas jünger, sodass sich die Vormenschen weiterentwickelt haben könnten. Denkbar auch, dass die Evolution in Asien und Europa unterschiedlich verlaufen ist.

Für den Frankfurter Paläoanthropologen Friedemann Schrenk kommt die Demontage des Pekingmenschen „schon etwas überraschend". Doch er glaubt, dass die neue Sicht der Forschung gut tut. Manche der Aussagen der Amerikaner, so die Deutung des massigen Schädels als Schutz vor Knüppeleien, kann er allerdings nicht nachvollziehen.

Erst nagten Hyänen am Knochen, dann die Hominiden

Dass die Menschen die Höhle von Zhoukoudian doch zeitweise bewohnt hätten, sei durchaus möglich, meint Bräuer. Dafür sprächen auch die mehr als 10 000 Relikte von Steinartefakten. Und da die Funde sich über mehrere Hunderttausend Jahre erstrecken, könnten Menschen und Hyänen dort abwechselnd gehaust haben. Boaz hält

munter dagegen: Die fast vollständigen Knochenrelikte in der Höhle stammten von Hyänen. Reste von Hominiden finden sich nur wenige, die zudem zu verschiedenen Individuen gehören und fast immer angenagt sind. Demnach seien die menschlichen Knochen von Hyänen dort hineingeschleppt worden. Dafür sprechen auch die Schnittspuren an den Knochen, die Boaz und seine Mitarbeiter untersucht haben und die eindeutig zeigen: Zuerst haben die Hyänen an den Knochen genagt. Erst danach säbelten die Hominiden mit ihren Steinmessern daran herum.

Gerade in solchen akribischen Analysen der amerikanischen Anthropologen sieht Friedemann Schrenk einen Fortschritt, denn „das trägt dazu bei, die Diskussion zu versachlichen". Zu häufig wurden Funde früher mit einem bestimmten kulturellen Ansatz begutachtet, wurde von vornherein etwas hineininterpretiert und trugen Forscher ideologische Scheuklappen.

Dem chinesischen Nationalstolz hilft das alles wenig. Mag man dann eben aus Afrika stammen, nun gut. Aber der Pekingmensch bloß so ein armseliger Aasfresser? Das darf nicht sein.

Aus: DIE ZEIT Nr. 24, 3. Juni 2004

Es gibt Geschichten aus der Archäologie, die lesen sich wie Kriminalromane. Die Geschichte von **Ralf W. Schmitz** und **Jürgen Thissen** auf der Suche nach Neandertalerknochen ist so eine. Die beiden studierten Ur- und Frühgeschichte, Geologie, Paläontologie und Geographie an der Universität Köln. In den 1980er-Jahren hatte die Universität den Versuch unternommen, im legendären Neandertal nach weiteren Fossilien zu suchen – erfolglos. „Jürgen Thissen und ich saßen als junge Studenten im Seminar, in dem das enttäuschende Ergebnis präsentiert wurde", erinnert sich Schmitz. „Da ist uns aufgefallen, dass eine wesentliche Quelle nicht hinreichend gewürdigt wurde: die Originalbeschreibung von Carl Fuhlrott aus dem Jahre 1859, in der die Fundstelle und die geologischen Verhältnisse dort genau geschildert sind. Mit dieser Beschreibung, einigen alten Zeichnungen, Fotos und Postkarten sind wir 1997 noch einmal losgezogen." Der Plan: Die beiden wollen im Neandertal den Abraumschutt von jener Höhle wieder finden, in der einst die wohl berühmtesten Knochen der Paläoanthropologie entdeckt worden waren – darunter das Schädeldach mit dem markanten Überaugenwulst.

Ralf Schmitz und Jürgen Thissen suchen im Auftrag des Rheinischen Amtes für Bodendenkmalpflege – und finden mitten im Tal, tief unter einem ehemaligen Schrottplatz verborgen, aufschlussreiche fossile Spuren: Werkzeuge, Jagdbeute aus den verschiedensten Zeiten und achtzehn menschliche Skelettfragmente.

Schmitz und Thissen gelingt das Unvorstellbare: Sie finden weitere Teile des berühmten Neandertalerfossils von 1856. „Erst zwei Jahre nach unserer Grabung hatten wir Gelegenheit zu schauen, ob da etwas zusammenpasst" erinnert sich Schmitz. „Zunächst schien da überhaupt nichts zu passen. Dann haben wir irgendwann ein kleines Knochenstück aus unserem Bestand genommen, und das fügte sich wie angegossen ins linke Kniegelenk des alten Funds." Das Puzzle wird immer vollständiger. Bei einer Nachgrabung im Jahr 2000 entdecken Schmitz und Thissen ein fünf Zentimeter großes Stück der Augenhöhle, das an die Schädelkalotte passt. Es sind noch Knochen im Sediment verborgen, gewiss auch Steinwerkzeuge. Das Bodendenkmalamt hat beschlossen, den sogenannten Zeugenblock zu erhalten, für spätere Forschergenerationen. Die bereits ausgegrabenen Neandertalerknochen dienen derweil der molekularen Evolutionsforschung: Ihre DNA soll die Frage beantworten, ob wir heute noch Neandertalergene in uns tragen.

Ralf W. Schmitz   Jürgen Thissen

Sind die Neandertaler unsere Vorfahren?

Von Ralf W. Schmitz und Jürgen Thissen

Zwei konträre wissenschaftliche Theorien versuchen die mensch-
heitsgeschichtliche Entwicklung des *Homo sapiens* zu erklären: das
Multiregionale Modell und das Out-of-Africa-2-Modell (auch Mo-
nogenetisches Modell genannt). Die Vertreter beider Richtungen
nehmen an, dass sich vor über 1,5 Millionen Jahren, ausgehend von
Afrika, der *Homo erectus* über die gesamte Alte Welt verbreitete
(Out-of-Africa-1-Modell). Weitgehende Einigkeit besteht auch darüber, dass sich aus diesen Menschen regional unterschiedliche Bevölkerungen entwickelten, wie zum Beispiel die Neandertaler Europas.
Damit sind die Gemeinsamkeiten beider Modelle jedoch bereits erschöpft; die weitere Entwicklung zum anatomisch modernen Menschen wird sehr unterschiedlich beschrieben.

Die Anhänger des Multiregionalen Modells um den amerikanischen
Anthropologen Milford Wolpoff gehen davon aus, dass sich der anatomisch moderne Mensch an verschiedenen Orten der Alten Welt jeweils aus den archaischen Vorgängerpopulationen entwickelt hat
(multiregionale Kontinuität). Für Europa etwa gilt der Neandertaler
als Vorfahre der heutigen Europäer. Nach Ansicht der Multiregionalisten ist es einem interkontinentalen Genfluss – also dem Kontakt
zwischen den Populationen Asiens, Afrikas und Europas – zuzuschreiben, dass die Ergebnisse der jeweiligen regionalen Entwicklung so ähnlich sind.

Hingegen sehen die Vertreter der Out-of-Africa-2-Theorie, hier in
vorderster Linie der englische Anthropologe Chris Stringer, Afrika
als ausschließlichen Ort der Menschwerdung, wo sich schon sehr
früh die Entwicklung des *Homo sapiens* aus archaischen Vorfahren
(*Homo erectus*) vollzogen hat. Spätestens vor 40 000 Jahren sollen
dann anatomisch moderne Menschen nach Europa eingewandert sein
und die dort lebenden Neandertaler ersetzt haben (*replacement*). Diesem Modell zufolge haben die Neandertaler keinen oder nur einen
sehr geringen genetischen Beitrag zur Entstehung der heutigen Europäer geleistet.

Eine vermittelnde Position zwischen den beiden Hauptmodellen bezieht unter anderem der amerikanische Anthropologe Fred H. Smith,
der eine afrikanische Entstehung des anatomisch modernen Menschen annimmt und eine spätere wesentliche Vermischung mit den
Neandertalern diskutiert. Der Widerstreit der verschiedenen Schulen

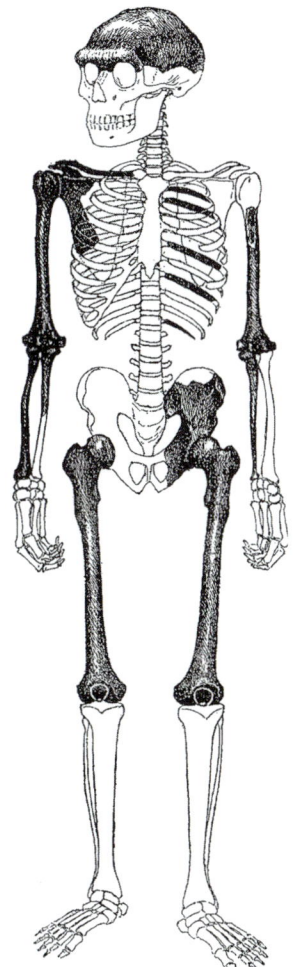

Skelettschema mit den 1856
geborgenen Knochen des
Neandertalers (schwarz).

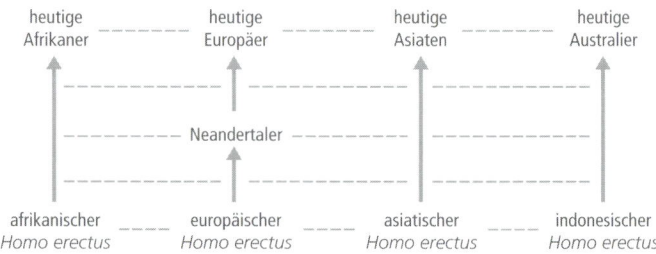

| heutige Afrikaner | heutige Europäer | heutige Asiaten | heutige Australier |

Multiregionales Modell

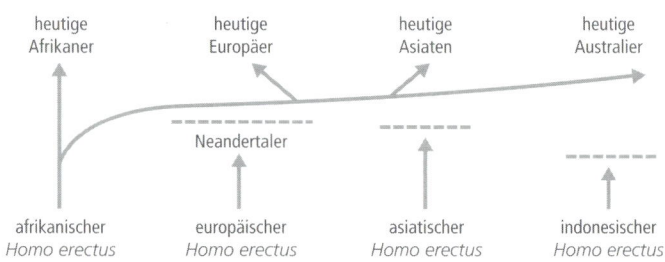

Out-of-Africa-2-Modell

Multiregionales Modell (oben) und Out-of-Africa-2-Modell (unten).

ist nach wie vor Gegenstand internationaler Tagungen, und keine Theorie vermag schon jetzt alle Fragen zu beantworten, die sich zur menschheitsgeschichtlichen Entwicklung und zum Schicksal der Neandertaler stellen. Welche Vorstellung wird schließlich Recht bekommen – die der Kontinuität (*continuity*) oder die des *replacement*? Die Bemühungen der Anthropologen, die verschiedenen Hominiden aufgrund ihrer Skelettmorphologie einzustufen, sind oft mit vielfältigen Schwierigkeiten behaftet, was teils am fragmentarischen Erhaltungszustand vieler Fossilien, teils aber auch am Ringen um verbindliche Merkmale der unterschiedlichen Menschenformen liegt. So erwies sich selbst für den Neandertaler, die am besten erforschte fossile Menschenform überhaupt, die Definition eindeutiger Merkmale als recht schwierig. Beispielsweise fand man die als neandertalerspezifisches Merkmal beschriebene Lücke zwischen dem hintersten Backenzahn und dem aufsteigenden Kieferast auch bei Jungpaläolithikern unserer Art. Selbst die Definition der Morphologie des anatomisch modernen Menschen – bezogen auf die gesamte Weltbevölkerung – ist schwierig. So fallen zum Beispiel nach Wolpoff die Schädel der australischen Aborigines aus der Variationsbreite des anatomisch modernen Menschen gemäß der Definition von Stringer und Andrews heraus.

Seit etwa zwanzig Jahren beteiligen sich verstärkt Molekularbiologen an der Diskussion. Ihr Ziel war zunächst eine Klärung des Verwandtschaftsgrades der heute auf der Erde lebenden Völker. Bereits 1953 hatten James Watson und Francis Crick die Struktur jenes Mo-

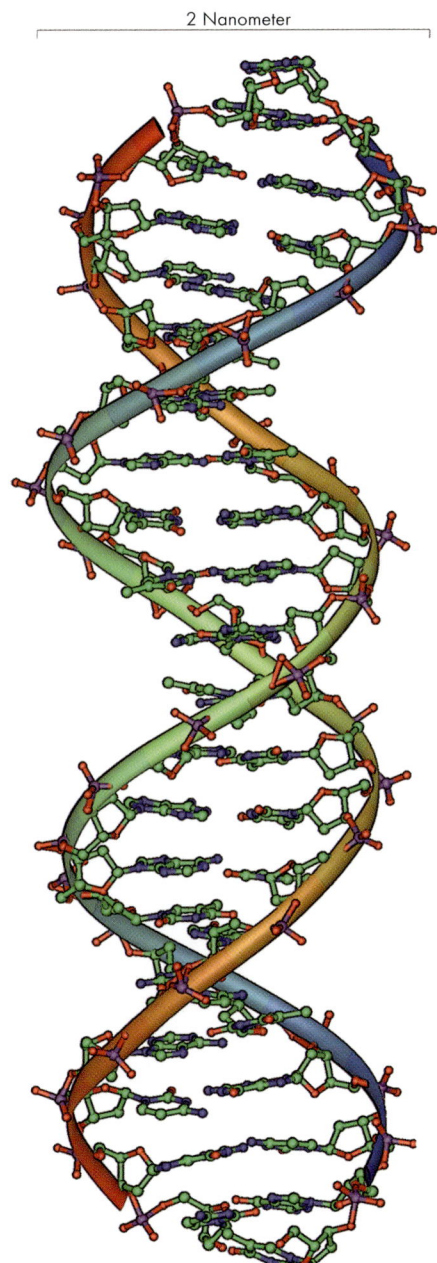

2 Nanometer

Strukturmodell eines Ausschnitts aus der DNA-Doppelhelix mit 20 Basenpaaren.

Porträt

Watson, James Dewey, amerikan. Biochemiker, * 6.4. 1928 Chicago; ging nach einem Forschungsaufenthalt in Kopenhagen (1950/51) an das Cavendish Laboratory in Cambridge (England), seit 1961 Professor in Cambridge (Mass.); Arbeiten über Strahlenauswirkungen auf Viren; klärte 1952 den Aufbau der Proteinhülle des Tabakmosaikvirus auf und stellte 1953 zusammen mit Francis H. C. Crick auf der Grundlage der durch Röntgenstrukturanalyse erhaltenen Daten das Doppelhelix-Modell (Watson-Crick-Modell) der Desoxyribonucleinsäure (DNA) auf. Watson wurde in breiten Kreisen durch sein Buch *Die Doppel-Helix* (1968) bekannt. Er erhielt 1962 zusammen mit Crick und Maurice H. F. Wilkins (1916–2004) den Nobelpreis für Medizin.

Porträt

Crick, *Francis Harry Compton*, britischer Biochemiker, * 8.6.1916 Northampton, † 28.7.2004 San Diego; ab 1949 wissenschaftlicher Mitarbeiter am Medical Research Council Laboratory of Molecular Biology in Cambridge, ab 1977 Professor am Salk Institute in La Jolla (Calif.). Crick vermutete bereits Ende der 1940er-Jahre aus Studien von Röntgenbeugungsaufnahmen eine Helixstruktur des α-Keratins. 1953 Vorstellung des Watson-Crick-Modells, 1962 zusammen mit Watson und Wilkins Nobelpreis für Medizin (s. o.)

leküls beschrieben, das die genetische Information eines Lebewesens in sich trägt: die DNS (Desoxyribonucleinsäure) oder DNA (*deoxyribonucleic acid*). Die im Kern jeder Zelle unseres Körpers enthaltene DNA hat vier Bausteine (Basen): Adenin, Cytosin, Guanin und Thymin. Die DNA besteht aus Doppelsträngen, in denen sich die Bausteine A und T sowie C und G jeweils paarweise gegenüberliegen. In der spezifischen Abfolge der vier Basen, der sogenannten Basensequenz, ist die Erbinformation codiert. Insgesamt umfasst das menschliche Genom rund drei Milliarden Basenpaare, die auf 23 Chromosomenpaare verteilt sind; je ein Chromosom eines Paares wird vom Vater, eines von der Mutter ererbt.

In der ersten Hälfte der 1960er-Jahre wurde entdeckt, dass nicht nur der Zellkern DNA enthält, sondern auch die im Zell- oder Cytoplasma befindlichen „Kraftwerke" der Zelle, die Mitochondrien. Allerdings erfolgt die Weitervererbung der mitochondrialen DNA (mtDNA) ausschließlich mütterlicherseits, denn während es sich bei der Eizelle um eine vollständige Zelle handelt, die auch Mitochondrien enthält, ist der in die Eizelle eindringende Kopf eines Spermiums im Prinzip nicht mehr als ein Zellkern. Bei der Vervielfältigung jeder DNA können Fehler auftreten, sogenannte Mutationen. Außerdem führen auch normale Umwelteinflüsse gelegentlich zu Schäden, die, falls sie nicht repariert werden, bestehen bleiben. Solche Mutationen können dann weitervererbt werden und sind beim Vergleich der DNA-Sequenzen verschiedener Individuen als Unterschiede erkennbar.

In den Mitochondrien treten derartige Fehler und Schäden häufiger auf, weil die Reparaturmechanismen dort weniger effizient arbeiten als im Zellkern. In der gleichen Zahl von Generationen entstehen also in der mtDNA mehr Mutationen als in der Kern-DNA. Durch diese größere Anzahl an Unterschieden eignet sich mtDNA gut zum Vergleich naher Verwandter und ansonsten nahezu identischer Organismen – zum Beispiel verschiedener Populationen derselben Art oder verschiedener menschlicher Individuen.

Ein entscheidender weiterer Schritt für die Forschung war die Erkenntnis von Allan Wilson und Vincent Sarich in Berkeley, dass die Anzahl solcher Abweichungen in der mtDNA, durch die sich zwei Arten unterscheiden, die Zeitdauer widerspiegelt, die seit der Trennung der beiden Arten vergangen ist. Diese gleichermaßen simple wie geniale Idee war die Geburt der molekularen Uhr. Deren praktische Anwendung ließ nicht lange auf sich warten: Eine in den späten 1970er-Jahren durch Wesley Brown durchgeführte Studie an mtDNA aus 21 Plazenten von Müttern unterschiedlicher geographischer Herkunft ergab, dass sich die einzelnen Gruppen nur durch sehr wenige Mutationen unterschieden. Dies ließ darauf schließen, dass sich die verschiedenen Menschenpopulationen erst vor relativ kurzer Zeit ge-

Was ist eigentlich ...

Basensequenz, lineare Aufeinanderfolge der Nucleinsäurebasen in DNA oder RNA. Die Basensequenz natürlicher Nucleinsäuren ist schriftartig und folgt daher weder einer statistischen (zufallsmäßigen) Reihenfolge noch einem völlig geordneten Muster i. S. von monoton immer wiederkehrenden gleichen Bausteinen. Die Basensequenz kann durch basenspezifische chemische Abbaureaktionen ermittelt werden und ist inzwischen von einer Reihe von Genen bekannt.

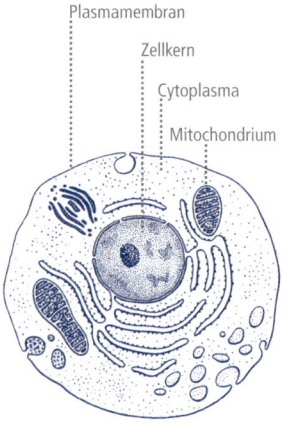

Plasmamembran

Zellkern

Cytoplasma

Mitochondrium

Aufbau einer eukaryotischen Zelle.

trennt hatten. Browns Arbeiten wurden auf der breiteren Basis von 147 Individuen durch Wilsons Doktorandin Rebecca Cann weitergeführt. 1987 publizierten Cann, Wilson und Mark Stoneking in *Nature* ihren berühmten Artikel *Mitochondrial DNA and Human Evolution*, der sofort für ungeheures Aufsehen sorgte.

Die untersuchten DNA-Sequenzen unterschieden sich unabhängig davon, von welchem Kontinent die Proben stammten, nur durch wenige Abweichungen – die separaten genetischen Wurzeln reichen also nicht sonderlich tief. Den größten Grad der Abweichung wiesen die afrikanischen Bevölkerungen auf, was nur bedeuten konnte, dass deren molekulare Uhr bereits länger läuft und alle anderen Populationen aus der afrikanischen hervorgegangen sind. Das Team nahm daher an, dass die Wurzeln der heutigen Menschheit in Afrika liegen, und datierte die Gruppe unserer gemeinsamen Vorfahren auf rund 200 000 Jahre. Dies bedeutete insgesamt eine Bestätigung des Out-of-Africa-2-Modells. In den Medien reduzierten sich die für diese Zeit angenommenen weiblichen Vorfahren des gleichen mtDNA-Typs bald auf eine einzelne Frau, die man „Eva" (*mitochondrial Eve*) nannte – eine Verzerrung, die bis heute fortlebt. Teils durch begründete methodische Kritik wurden in den folgenden Jahren weitere Untersuchungen an mitochondrialer, aber auch an Kern-DNA angeregt, die das erste Ergebnis in seinen Grundzügen zu bestätigen vermochten.

Gen-Archäologie

Bereits in der ersten Hälfte der 1980er-Jahre hatten sich Wilson und seine Mitarbeiter auch mit der Untersuchung von DNA aus Resten ausgestorbener Tiere beschäftigt, um Informationen über deren Stellung im Tierreich zu erhalten. Dabei hatten sie mit einem generellen Problem zu kämpfen: Nach dem Tod eines Lebewesens kommt es mit fortschreitender Zeit durch biologischen Abbau und chemisch-physikalische Einflüsse zu einem Zerfall der DNA, sodass diese schließlich nur noch in einer vergleichsweise geringen Anzahl von kurzen Abschnitten vorliegt. Dennoch gelang ihnen 1984 die sensationelle Aufklärung eines alten zoologischen Problemfalles. Bis dahin war unklar gewesen, ob das vor rund 100 Jahren ausgerottete afrikanische Quagga (das letzte Quagga war 1883 im Amsterdamer Zoo gestorben), wie vielfach angenommen, tatsächlich ein enger Verwandter des Pferdes war oder eher zur Gruppe der Zebras gehörte. Aus einem kleinen Stück eingetrockneten Muskelgewebes von einem der wenigen erhaltenen Quagga-Felle ließ sich genug mtDNA für eine Analyse gewinnen. Diese belegte, dass das Quagga eng mit dem Zebra verwandt war.

Was ist eigentlich …

Quagga [hottentottisch, über Afrikaans kwagga], *Equus quagga quagga*, von den Buren ausgerottete, südlichste Unterart und Nominatform des Steppen-Zebras; nur Kopf, Hals und Vorderrücken zebraartig gestreift; sonst braun, Beine weiß. Anfang des 19. Jahrhunderts gab es noch große Quaggaherden in den Steppen Südafrikas bis zum Kapland. Die Buren schossen das Quagga zu Tausenden; das Fleisch diente der Ernährung, die Felle wurden zu Leder (für Getreidesäcke!) gegerbt. Das letzte freilebende Quagga wurde 1878 erlegt; im Amsterdamer Zoo starb das letzte Quagga am 12.8.1883. Der Nachwelt erhalten blieben nur einige Felle, wenige Schädel sowie 3 Fotos in Museen.

■ Was ist eigentlich ... ■

molekulare Archäologie [von franz. *molécule* = kleine Masse, zu latein. *moles* = Masse, griech. *archaios* = alt und *logos* = Kunde], mit molekularbiologischen Untersuchungsmethoden arbeitende Archäologie, von dem amerikanischen Molekularbiologen Allan Wilson und dem schwedischen Molekularbiologen Svante Pääbo begründet. Sie erforscht im Unterschied zur molekularen Paläontologie v. a. die Geschichte der Menschheit. Zur Gewinnung von DNA sind am besten kompakte Knochenstücke geeignet. Weitere untersuchte Objekte sind aufgenommene Nahrung, Gifte usw. (z. B. in 45 000 Jahre altem Kot von Neandertalern oder in Speiseresten aus steinzeitlichen Tontöpfen). Mit dem chemisch und/oder biologisch vermehrten Erbmaterial lassen sich z. B. auch Verwandtschaftsbeziehungen zwischen Museumsstücken (z. B. Quagga und Zebra, Beutelwolf und Beuteltiere Australiens) bestimmen. Auch die Antikörpertechnik kann zur Gewinnung von Daten aus vergangenen Zeitaltern herangezogen werden.

Porträt

Mullis, *Kary Banks*, amerikan. Biochemiker, * 28.12. 1944 Lenoir (N.C.); ab 1972 an verschiedenen Instituten und in der Industrie, seit 1987 Berater für Nucleinsäurechemie bei mehreren Gentechnikfirmen; erhielt 1993 zusammen mit Michael Smith (1932–2000) den Nobelpreis für Chemie für die bahnbrechende Entwicklung der Polymerase-Kettenreaktion (1983), eminentes Verfahren der modernen Molekularbiologie zur Vervielfältigung von DNA, mit dem sich aus geringsten Ausgangsmengen genetischen Materials mithilfe des Enzyms Polymerase durch Kettenreaktion größere, genaueren Analysen (z. B. in der Mikrobiologie, Genetik, forensischen Biochemie, Gerichtsmedizin) zugängliche Mengen an DNA gewinnen lassen.

Parallel zu den Arbeiten des Berkeley-Teams begann im schwedischen Uppsala eine ungewöhnliche wissenschaftliche Karriere. Neben den Arbeiten für seine molekular-virologische Doktorarbeit beschäftigte sich Svante Pääbo dort mit der Möglichkeit, DNA aus ägyptischen Mumien zu gewinnen. Da er auch Ägyptologie zu seinen Studienfächern zählte, fand er offensichtlich einen Zugang zu den entsprechenden Museumskuratoren, die ihm einige Proben aus ihren Fundstücken überließen. Tatsächlich gelang es Pääbo, aus einer fast 2 500 Jahre alten Mumie DNA-Fragmente zu isolieren – der Beginn der Gen-Archäologie. Vor allem aufgrund des natürlichen DNA-Abbaus erschien es kaum möglich, aus noch älterem Gewebe eine ausreichende Menge DNA zur Untersuchung zu gewinnen. Zu jener Zeit waren die Forscher noch darauf angewiesen, die DNA-Bruchstücke durch Einpflanzung in Bakterien vervielfältigen zu lassen. Doch dann half eine geniale Idee weiter. Während einer nächtlichen Autofahrt hatte der amerikanische Biochemiker Kary Mullis

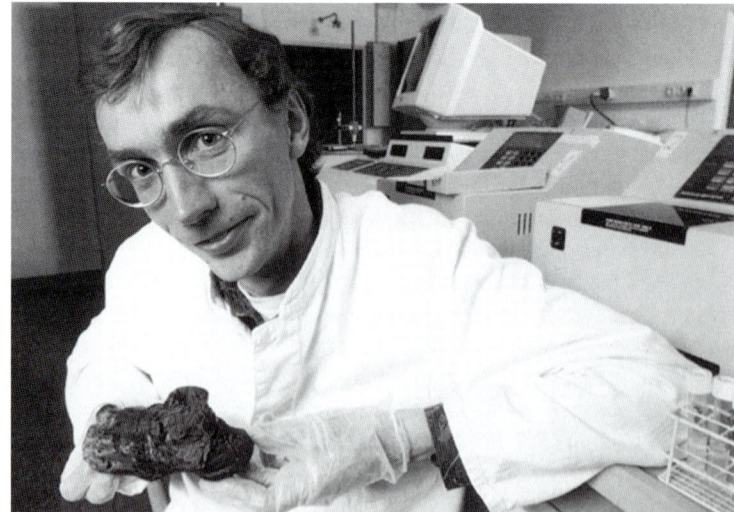

Der schwedische Molekularbiologe Svante Pääbo.

den Einfall, die natürliche Verdopplung von DNA-Strängen im Labor nachzuahmen. Wenn man DNA zunächst durch Erhitzen in ihre beiden Einzelstränge trennt, sollte bei anschließender Abkühlung aus den zugesetzten DNA-Bausteinen Adenin, Cytosin, Guanin und Thymin unter Zuhilfenahme des hitzebeständigen Enzyms Polymerase an jedem der Einzelstränge das entsprechende Gegenstück synthetisiert werden. Diese DNA-Stränge hätten sich somit verdoppelt. Dabei sollte besonderen Startmolekülen, die man Primer nennt, die Aufgabe zufallen, speziell den zu vervielfältigenden Abschnitt zu markieren und die Reaktion in Gang zu setzen. Mullis ging davon aus, dass in 30 Durchläufen in etwa drei Stunden weit über eine Milliarde identischer Kopien entstehen würden.

Die Idee der Polymerase-Kettenreaktion oder PCR (*polymerase chain reaction*) war eine geradezu umwälzende Erfindung für Gentechnik und Evolutionsbiologie, und sie wurde zehn Jahre später schließlich mit dem Nobelpreis für Chemie ausgezeichnet. Mullis verließ 1986 seine bisherige Biotechnikfirma und erhielt für das von ihm entwickelte Verfahren eine Prämie von 10 000 Dollar. Nach fünf Jahren wiederum verkaufte sein früherer Arbeitgeber das Patent der Polymerase-Kettenreaktion für 300 Millionen Dollar an einen Schweizer Pharma-Multi.

Mit der Entwicklung der PCR war neben effektiverem Arbeiten an moderner DNA auch der Grundstein für eine anwendbare Paläogenetik gelegt, denn nun konnte man alte DNA in ausreichender Menge für die Analysen kopieren. Allerdings werden bei dieser Technik gegebenenfalls auch Verunreinigungen durch moderne DNA mitkopiert, sodass bereits die kleinste Hautschuppe ausreicht, um ein falsches Ergebnis hervorzurufen. Daher müssen insbesondere alle Arbeiten an menschlicher DNA von der Probenentnahme bis zur PCR unter absolut sterilen Bedingungen stattfinden.

■ Was ist eigentlich ... ■

Evolutionsbiologie, Teilgebiet der Biologie, das aus der Verknüpfung zahlreicher biologischer Disziplinen, ursprünglich speziell der Populationsbiologie (Demökologie), mit der Darwinschen Evolutionstheorie hervorgegangen ist. Forschungsrichtungen und Konzepte wie *life-history*-Theorie, Adaptation und Coevolution, aber auch Artbildung, Arthybridisierung und bestimmte Aspekte der Parasitologie sind traditionelle Bereiche der Evolutionsbiologie. Diese beschreibt und untersucht biologische Prozesse unter Einbezug der Selektionstheorie und Neutralitätstheorie, der molekularbiologischen Grundlagen von Form- und Funktionsveränderung und der gesamten übrigen „organismischen" Biologie sowie der paläobiologischen Befunde und der Kenntnisse der Erdgeschichte und des Paläoklimas. I. w. S. zählt man heute in der Biologie selbst Probleme der Stammbaumentwicklung und der Evolution von Entwicklungsgenen zur Evolutionsbiologie (d. h. Bereiche, die nichts mit der Populationsbiologie zu tun haben). Soweit speziell Probleme der Wechselwirkungen zwischen verschiedenen Arten sowie zwischen Arten und abiotischer Umwelt untersucht werden, ist eine enge Verzahnung zur Evolutionsökologie gegeben.

Wilsons Gruppe war eine der ersten, die die neue Methode anwendeten, und es lag nahe, dass Pääbo nach Abschluss seiner Doktorarbeit bald nach Berkeley wechselte. Es folgten weitere erfolgreiche Experimente an Gewebeproben des Quagga und aus 4 400 Jahre alten Mumien. Dabei arbeitete man durchweg an Resten von Weichteilgeweben. Da jedoch die meisten Überbleibsel von Lebewesen nur noch aus Knochen bestehen, stellte sich die Frage, ob auch aus solchem alten Knochenmaterial DNA extrahiert werden kann. Den ersten Erfolg in dieser Richtung vermeldeten Erika Hagelberg und Bryan Sykes von der Universität Oxford im Jahre 1989, und weitere Ergebnisse anderer Teams – unter anderem zu den verwandtschaftlichen Beziehungen der ausgestorbenen neuseeländischen Riesenvögel, der Moas – sollten folgen.

Die Fünf-Prozent-Chance

Offensichtlich hatte es sich in der Arbeitsgruppe Pääbo bereits herumgesprochen, dass jemand wegen einer Analyse an einem Neandertalerfund das Labor besuchen würde. Nun, so weit war es noch lange nicht. Es ging zunächst darum, die prinzipielle Durchführbarkeit eines solchen Vorhabens zu erörtern. Die recht erfolgreiche Untersuchung der Schnittspuren auf dem Schädeldach des Neandertalers hatte bei der Bonner Museumsdirektion bewirkt, dass weitere Vorschläge zur interdisziplinären Neubearbeitung des Fundes gerne aufgegriffen wurden. So hatte ich inzwischen die Düsseldorfer Gerichtsmediziner Peter Pieper und Wolfgang Bonte an der Analyse der Schnittspuren beteiligt und den Göttinger Pathologen Michael Schultz für die Untersuchung auf Verletzungen, Krankheiten und Mangelerscheinungen gewinnen können. Weiterhin waren verschiedene Gespräche wegen spezieller Röntgen- und Datierungsverfahren geführt worden. Die Frage nach der Beeinträchtigung moderner Untersuchungsmethoden durch historische Konservierungsmittel schließlich fiel in das Ressort der Essener Präparatorin Heike Krainitzki, die mich vor dem Hintergrund dieser Fragestellung nach München begleitete.

Einige Monate zuvor hatte sich eine Idee in meinem Kopf festgesetzt: Ein Wissenschaftsartikel in der Frankfurter Allgemeinen Zeitung *hatte die wesentlichen Erfolge der sich entwickelnden Paläogenetik kurz umrissen und vor diesem Hintergrund auch die Arbeit des gerade nach München berufenen Molekularbiologen Svante Pääbo vorgestellt. In mir erwuchs die Frage, ob man das Problem der Verwandtschaft der Neandertaler mit dem anatomisch modernen Menschen nicht ebenfalls durch eine DNA-Analyse beleuchten könnte. Mit der zwei Tage später erfolgten telefonischen Anfrage, ob er den Versuch wagen wolle, stieß ich bei Svante Pääbo auf das erhoffte In-*

teresse, und wir vereinbarten einen Termin zum Gedankenaustausch in München.

Schon bald nach unserer Ankunft hatte ich den Eindruck gewonnen, dass dieser Raum des Institutes, den man mit knapp zehn Schritten zu durchmessen in der Lage war, etwas ganz Besonderes darstellte. Es handelte sich, wie die eingebaute Küchenzeile unschwer erkennen ließ, einerseits um den Aufenthaltsraum, andererseits belegte die kleine, mit mir unverständlichen Symbolen und Formeln beschriebene Wandtafel, dass hier auch Arbeitsbesprechungen stattfanden. Das Bücherregal gegenüber war prall gefüllt mit wissenschaftlichen Zeitschriften, die Couch vor dem Bibliotheksmöbel verriet durch die Anordnung einiger Wolldecken ihre letztnächtliche weitere Nutzung als Schlafstätte.

Dann betrat Svante Pääbo in Begleitung eines Mitarbeiters den Raum. Nach kurzer, freundlicher Begrüßung und Vorstellung besetzten wir zwei Seiten des quadratischen Tisches, den wir zunächst von einigen Keksdosen und einem großen Stapel Nature befreiten. Ich ging kurz auf die Entdeckungsgeschichte des Neandertaler-Fundes ein und beschrieb anhand einer Skizze die vorhandenen Knochen sowie deren Erhaltungszustand. Anschließend erläuterte Heike die verschiedenen Lacke, mit denen das Skelett ihrer Meinung nach seit seiner Entdeckung behandelt worden war. „Offensichtlich ist er nicht in heißem Leim getränkt worden", beendete sie die Vorstellung ihrer Befundaufnahme. „Das ist gut. Sonst hätten wir an diesem Punkt abbrechen können", verlieh Svante Pääbo seiner Erleichterung Ausdruck. „Wasser ist generell schlecht für die Erhaltung von DNA, und heißer Leim ..." Er macht eine wegwerfende Handbewegung.

Es war ein sehr entspanntes Klima, und schon nach kurzer Zeit hatten wir die förmliche Anrede abgelegt. Svante zeigte sich sehr interessiert, war aber dennoch zurückhaltend. Er erklärte einige methodische Grundlagen und führte aus, dass es in den letzten Jahren zwar gute Fortschritte gegeben habe, die teils extreme Fragmentierung der alten DNA aber nach wie vor ein großes Problem darstelle. Sein Mitarbeiter verdrehte die Augen und nickte heftig. „Wir haben auch die Schwierigkeit", fuhr Svante fort, „dass wir einfach noch nicht wissen, was die DNA manchmal trotz Erhitzung in der PCR zusammenhält und so eine Vervielfältigung verhindert. Wenn wir da etwas fänden, wären wir einen großen Schritt weiter." Er nahm einen kräftigen Schluck aus seiner Tasse, räusperte sich und stellte mit deutlich ernsterem Gesichtsausdruck die Frage nach dem Alter des Neandertalerfundes. „Er ist noch immer undatiert", musste ich einräumen, „sollte aber irgendwo zwischen 80 000 und 40 000 Jahren liegen." Svante nickte und führte aus, dass DNA selbst bei guten Erhaltungsbedingungen des Knochens zerfiele und nach vielleicht 100 000 Jahren vollständig zerstört wäre. Bei dem angenommenen Alter des Fun-

des wolle er eine Erhaltung von DNA zwar nicht ausschließen, aber auch nicht zu viel versprechen.

„Die Chance liegt bei 5 %", brachte er es schließlich auf den Punkt. „Hat es schon mal irgendjemand an einem Neandertaler versucht?", drängte es mich in Erfahrung zu bringen. Er lehnte sich zurück. „Es heißt, dass Erik Trinkaus ein Wirbelbruchstück von Shanidar zur Verfügung gestellt hat, doch es sieht wohl nicht so aus, dass es funktioniert. Das Knochenfragment soll aber auch schlecht erhalten gewesen sein." Er lächelte und fuhr fort: „Es wäre natürlich schön, wenn wir so etwas als Erste machen könnten." Ich lachte und gab ihm Recht. Eine Frage aber war aus Verantwortung gegenüber dem Fund unbedingt noch abzuklären, nämlich, ob der aus der Probe gewonnene Extrakt im Falle eines Fehlversuches aufbewahrt und später mit verbesserten Verfahren erneut getestet werden könnte. Svante bejahte dies, und somit gab es für mich keinen Grund mehr, das Unternehmen um fünf oder zehn Jahre zu verschieben.

Durch den anstrengenden Tag erschöpft, folgten wir gerne Svantes Einladung, mit dem Team essen zu gehen. Im italienischen Restaurant stürmten nun auch die Fragen einiger Mitarbeiter auf uns ein, die zuvor nicht an der Besprechung teilgenommen hatten. Obwohl ich später an jenem Abend reichlich müde in das Bett des institutseigenen Gästezimmers fiel, konnte ich nicht sofort einschlafen. War es überhaupt vertretbar, dem wertvollen Fossil eine Probe für eine DNA-Analyse zu entnehmen? Ich führte mir den zu erhoffenden Erkenntnisgewinn vor Augen und beschloss, den entsprechenden Antrag zu stellen. Fünf Prozent. Mir war klar: Wir würden dem Labor die bestmögliche Knochenprobe liefern müssen, die sich am Neandertaler aufspüren ließe.

(Ralf Schmitz)

Was ist eigentlich ...

Feldhofer Grotten, zwei Grotten im Neandertal, einem Tal der Düssel bei Mettmann nahe Düsseldorf; die kleinere ist die Typuslokalität der Überreste des 1856 gefundenen Neandertalers, *Homo neanderthalensis*. Bei Steinbrucharbeiten wurde die Grotte angeschnitten und von Arbeitern ausgeräumt. Die dabei entdeckten Knochen wurden vom Steinbruchbesitzer, der sie für Reste eines Höhlenbären hielt, dem Lehrer Johann C. Fuhlrott überlassen.

Die entsprechenden Recherchen gestalteten sich zeitintensiver als zunächst erwartet. Es war jedoch möglich, eine Reihe von Faktoren herauszuarbeiten, welche bei dem Neandertaler die Suche nach DNA vertretbar erscheinen ließen:

- Der Neandertaler war etwa 60 Zentimeter tief in das Sediment der Kleinen Feldhofer Grotte eingebettet gewesen. Wegen der beckenförmigen Vertiefung des Felsbodens der Grotte waren die Höhlensedimente besonders geschützt gelagert. Weiterhin hatte Johann Carl Fuhlrott berichtet, dass der „Eingang" vor der Zerstörung durch den Kalkabbau lediglich etwa 60 x 20 Zentimeter maß. Diese kleine Öffnung ist wahrscheinlich auf einen Versturz des Höhleneingangs unbestimmte Zeit nach der Bestattung zurückzuführen, und auch dies dürfte zur weitgehenden Abschottung von Witterungseinflüssen beigetragen haben.

- Selbst bei kleinen Höhlen stellt sich die Raumtemperatur auf die jeweilige Jahresdurchschnittstemperatur der entsprechenden Region ein. Gegenwärtig sind dies im Bergischen Land etwa 10 °C; zusätzlich ist zu berücksichtigen, dass die Höhle und damit das Skelett im Boden während der meisten Zeit den klimatischen Verhältnissen der letzten Kaltzeit unterworfen waren, für die eine noch wesentlich geringere Höhlentemperatur anzunehmen ist.

- Das Fundsediment wurde als einheitliche, dichte Lehmmasse beschrieben, die den Knochen fest anhaftete. Diese schützende Umhüllung muss den Einfluss von Luftsauerstoff auf die Skelettreste minimiert haben.

- Durch die Lage der Grotte im Massenkalk ist von einem basischen Einbettungsmilieu der Skelettreste auszugehen, das die Knochenerhaltung förderte.

- Durch die andauernde tektonische Heraushebung des Rheinischen Schiefergebirges und damit des Neandertaler Massenkalkes wurden auch die Höhlen über das Bachniveau der Düssel emporgehoben, sodass sie selbst bei Hochwasser nicht mehr überflutet werden konnten. Fuhlrott gab 1859 für die Kleine Feldhofer Grotte eine Höhe von rund 20 Metern über dem Talboden an.

- Die bereits durch den Bonner Anthropologen Hermann Schaaffhausen (1816–1893) diagnostizierte Verletzung des linken Armes des Neandertalers zog eine unterschiedliche Einsatzfähigkeit der beiden Arme nach sich und führte so zu einer Schwächung des linken Oberarmknochens (*Humerus*). Die Knochensubstanz des rechten Oberarmes ist hingegen deutlich kräftiger ausgebildet.

- Es sind Manipulationen der Schädelkalotte durch mittelpaläolithische Menschen belegt, die größeren Langknochen weisen jedoch keine Fragmentierung durch Zerschlagen auf. Durch die geringe Einbettungstiefe des Fundes blieb ein Zerbrechen dieser Knochen durch Sedimentdruck ebenfalls aus; schließlich überstand der robuste rechte *Humerus* auch die Ausräumung der Grotte durch die Arbeiter ohne wesentliche Beschädigungen. Somit dürfte die Angriffsfläche für DNA-schädigende Einflüsse sowohl während der Lagerung im Sediment als auch nach der Bergung wesentlich geringer gewesen sein, als dies für fragmentierte Knochen anzunehmen ist.

- Der sehr gut erhaltene rechte Oberarmknochen erhielt bereits relativ kurze Zeit nach der Bergung einen Lacküberzug, dem in den 1930er-Jahren eine weitere Lackierung folgte. Diese Behandlung entspricht zwar nicht mehr den heutigen konservatorischen Maßstäben, legt aber nahe, dass das Knochenmaterial vor Verunreinigungen aufgrund des häufigen Hantierens in den vergangenen 140 Jahren weitgehend geschützt war.

Porträt

Fuhlrott, *Johann Carl,* deutscher Naturforscher, * 31.12.1803 Leinefelde (Thüringen), † 17.10.1877 Elberfeld (heute zu Wuppertal); nach Tätigkeit als Lehrer an der Realschule in Elberfeld promovierte er 1835 in Tübings. Fuhlrott ist einer der Pioniere der Paläoanthropologie. Er erkannte die 1856 im Neandertal bei Mettmann (Feldhofer Grotten) gefundenen Knochen des Neandertalers als Reste eines fossilen Menschen. Diese Ansicht löste heftige Kontroversen aus, und erst gegen Ende des 19. Jahrhunderts wurde die Existenz des Neandertalers allgemein anerkannt. Nach Fuhlrotts Tod erwarb das Rheinische Landesmuseum Bonn die Skelettreste des Neandertalers.

Internet-Link

Zu den aktuellen Forschungen am Neandertaler:
www.rlmb.lvr.de/museum/forschung

- Für eine Durchtränkung der Knochen mit heißem Leim fanden sich keine Anhaltspunkte.

Aufgrund dieser Überlegungen erschien die Annahme gerechtfertigt, dass insbesondere die DNA im rechten Oberarmknochen des Neandertalers vor schädlichen Einflüssen wie größeren Wassermengen, hohen Temperaturen oder einem sauren Milieu sehr gut geschützt und eine wesentliche Kontamination des oft angefassten Fundes mit moderner DNA kaum zu befürchten war.

Parallel zu diesen Arbeiten hatte die Direktion des Rheinischen Landesmuseums Bonn auf der Basis einer detaillierten Projektbeschreibung Gutachten zur prinzipiellen Durchführbarkeit und zum wissenschaftlichen Wert des Vorhabens eingeholt. Da diese ebenfalls positiv ausfielen, stand der Probenentnahme nichts mehr im Wege. Ende Juni 1996 – seit der ersten Münchener Besprechung waren dreieinhalb Jahre vergangen – entnahm Heike Krainitzki, ausgerüstet mit klinischer Schutzkleidung und sterilisiertem Arbeitsgerät, aus dem rechten *Humerus* eine 3,5 Gramm schwere und 1,4 Zentimeter dicke Halbscheibe. Das Stück, kostbarer als Mondgestein, wurde natürlich persönlich nach München gebracht und den Genetikern übergeben. Nun gab es kein Zurück mehr.

Die anschließenden Experimente übertrug Svante Pääbo einem jungen Diplombiologen, der noch einen guten Aufhänger für seine Dissertation suchte: Matthias Krings. Er hatte die Zeit und die Energie, die äußerst aufwendigen Arbeiten durchzuführen, und rein methodisch würde seine Doktorarbeit auch im Falle eines Negativbefundes hinzugewinnen. Seine Analysen zielten ebenfalls auf die mitochondriale DNA ab, die aufgrund ihrer vergleichsweise geringen Länge von 16 569 Basenpaaren in den letzten zwei Jahrzehnten sehr gut erforscht worden war. Ein weiterer Vorteil der mtDNA bei der Untersuchung von fossilem Knochenmaterial ist folgender: Da auf einen Satz Kern-DNA einige Hundert bis 10 000 mtDNA-Stränge entfallen, sind die Chancen der Erhaltung von mtDNA entsprechend größer. Die Arbeiten der Genetiker konzentrieren sich insbesondere auf zwei besonders aussagekräftige Abschnitte der mtDNA: die „hypervariablen" Regionen I und II.

Der erste Schritt der Untersuchung galt den im Knochenmaterial des Neandertalers enthaltenen Aminosäuren. Da diese sich mit der Zeit abbauen, erlaubt die Aminosäureanalyse wichtige Aussagen zum „molekularen Erhaltungszustand" eines Knochens. Die in München gewonnenen Werte bestätigten den durch die vorhergehenden Recherchen vermuteten guten Erhaltungszustand der Knochensubstanz. Dies stellte allerdings noch immer keine Garantie für die DNA-Erhaltung dar. So verlief denn auch ein erster Versuch mit 0,1 Gramm Knochensubstanz negativ. Es zeichnete sich ab, dass – wenn über-

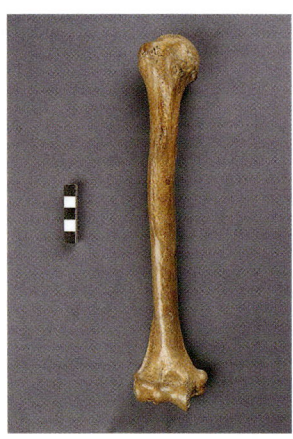

Der rechte Oberarmknochen von 1856.

Matthias Krings (links) und Ralf
W. Schmitz im Besprechungs-
und Pausenraum des Münchner
Instituts.

haupt – nur sehr wenig DNA die Jahrzehntausende überdauert hatte.
Vielleicht lag die in der ersten Teilprobe enthaltene Menge unterhalb
der Nachweisgrenze? Ein erneuter Anlauf mit 0,4 Gramm Substanz
sollte die Entscheidung bringen.

Im Oktober 1996 kristallisierte sich allmählich heraus, dass Matthi-
as möglicherweise nun doch eine Sequenz gefunden hatte, die zudem
Abweichungen von der mtDNA moderner Menschen zeigte. Als die
Hinweise immer deutlicher wurden, hielt Ralf es nicht länger aus und
eilte mit Heike nach München, wo er ein Wochenende lang bei den
entscheidenden Experimenten mitfieberte. Ins Rheinland zurückge-
kehrt, berichtete er erschöpft, aber glücklich, dass nun tatsächlich ei-
ne Sequenz mit deutlichen Unterschieden zu moderner mtDNA vor-
lag. Matthias hatte es also geschafft: Weltweit war es erstmals gelun-
gen, einen DNA-Abschnitt der Neandertaler zu sequenzieren – ein
historischer Augenblick. Hinzu kam, dass dies ausgerechnet am Ty-
pusexemplar, dem namengebenden Neandertaler aus der Kleinen
Feldhofer Grotte, gelungen war.

Doch nun hieß es Ruhe bewahren: Alle Beteiligten waren sich einig,
dass dieser erste Erfolg nur ein halber war. Erst wenn es ein weite-
res Mal gelingen würde, wenn im zweiten Versuch dasselbe Ergebnis
zutage käme, könnte man davon ausgehen, dass tatsächlich eine Ne-
andertalersequenz vorliegt.

Heike, Ralf und ich fuhren am 13. November – dem Tag der Entschei-
dung – nach München. Es schneite, als wir am frühen Nachmittag
ankamen. Wir gingen ins Institut, wo wir schon von Svante und Matt-
hias erwartet wurden. Bei den folgenden gemeinsamen Gesprächen,
die sich immer nur um das Eine drehten, sah man uns fünf ständig auf

201

Holz klopfen – wir beschworen nervlich angespannt das Gelingen des Projekts. Um 16 Uhr sollte die Sequenzierung gestartet werden.

Es war 16^{10} Uhr, als es endlich losging. Doch wir mussten Geduld aufbringen. „Bis der Versuch durchgelaufen ist, vergehen einige Stunden", sagte Matthias. Er und wir Niederrheiner beschlossen, uns die Zeit in einer Münchener Kneipe zu vertreiben. Wir aßen eine Kleinigkeit und tranken Kaffee. Gegen 18 Uhr kehrten wir kurz zurück, um nachzusehen, wie es lief – alles o.k.! Die letzten Stunden des Wartens verbrachten wir dann in einem weiteren Gastronomiebetrieb bei Pizza und Bier. Um 21 Uhr kehrte unsere Truppe – nach einem langen Tag schon ein wenig müde – wieder ins Labor zurück. Jetzt stieg die Spannung wieder.

Um 21^{28} Uhr war es dann soweit: Matthias kopierte die Sequenzdaten auf Diskette und ließ sie am PC ausdrucken. Ein letztes kollektives Klopfen auf Holz, dann Stille – nur der Drucker ratterte. Matthias nahm den Ausdruck an sich und – jubelte. Es war geschafft, die Reproduktion des Ergebnisses war gelungen. Wir fielen uns in die Arme, alle waren begeistert. Svante hatte leider keine Zeit dabei zu sein: Er war nach Hause gefahren. Ich holte drei Flaschen Champagner, den ich schon am Nachmittag in der Hoffnung auf Erfolg kaltgestellt hatte, aus dem Kühlschrank. Jetzt wurde gefeiert.

(Jürgen Thissen)

DNA vom namengebenden Neandertaler

Da die Münchener Arbeitsgruppe die Ergebnisse immer und immer wieder durchgesprochen hatte, war der letzte noch ausstehende Test eigentlich eine Formsache: die Wiederholung des Versuches in einem anderen Labor. Die entsprechende Teilprobe ging an das Labor von Mark Stoneking von der Pennsylvania State University, wo seine Schülerin Anne Stone die Experimente durchführte. Wie nach Matthias' sauberer Arbeit nicht anders zu erwarten war, erfolgte noch im Dezember die Bestätigung der bislang ältesten menschlichen DNA-Sequenz.

Nun konnten wir an eine Veröffentlichung denken. Svante hatte sich hierfür eine der weltweit renommiertesten Fachzeitschriften auserkoren, das molekularbiologische Journal *Cell*. Dessen bekanntermaßen äußerst harte Begutachtung von eingereichten Artikeln war bewusst als letzter Check vorgesehen, um gegebenenfalls noch kritische Kommentare von anderen führenden Genetikern und Biochemikern zu erhalten.

Am 11. Juli 1997 erschien der Beitrag *Neandertal DNA Sequences and the Origin of Modern Humans* und wurde in Bonn und London

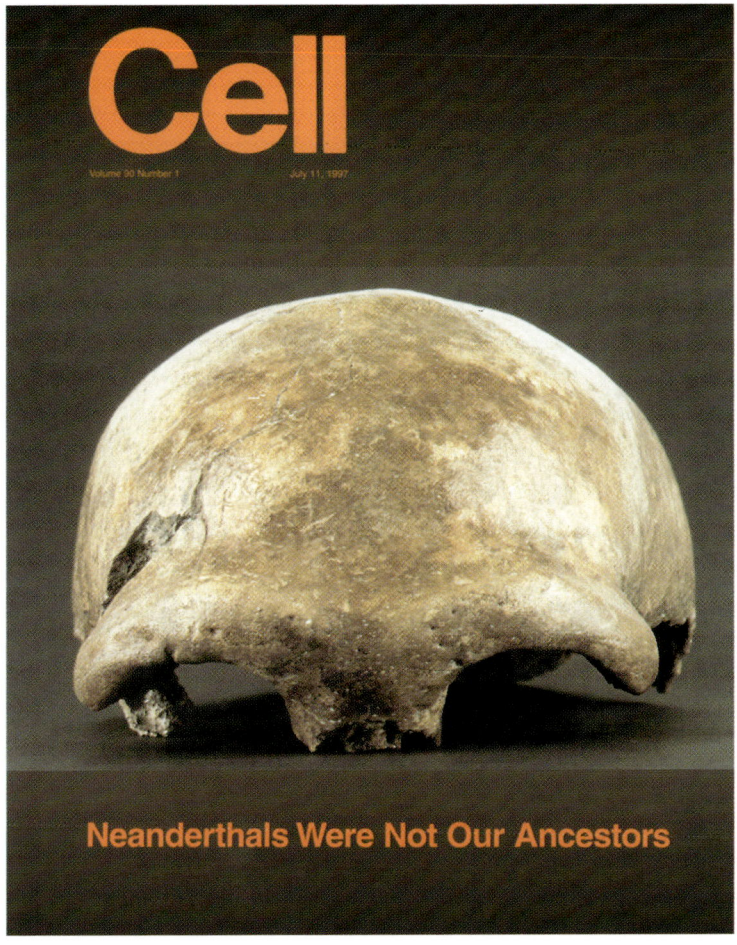

Das Titelblatt von *Cell* im Jahr 1997.

der Weltöffentlichkeit vorgestellt. Auf der Titelseite der *Cell*-Ausgabe prangte jene Schädelkalotte, die Johann Carl Fuhlrott 140 Jahre zuvor erstmals vorgestellt hatte. Die Nachricht jagte in Wort und Bild mehrfach um den Globus, leider allzu oft unter der Headline, die *Cell* ohne Absprache mit den Autoren als Bildunterschrift auf die Titelseite gesetzt hatte: *Neanderthals Were Not Our Ancestors* („Neandertaler waren nicht unsere Vorfahren"); die Aussage dieser Zeile führte unverzüglich zu einer erneuten heftigen Kontroverse innerhalb der wissenschaftlichen Gemeinschaft, insbesondere zwischen *replacement* und *continuity*-Anhängern.

Dabei wurde die reine Tatsache, dass es gelungen war, die erste DNA-Sequenz eines Neandertalers zu gewinnen, von Vertretern verschiedenster Fachdisziplinen durchweg als großer Fortschritt gewertet. Begriffe wie „Durchbruch" oder „Meilenstein" flossen auch aus

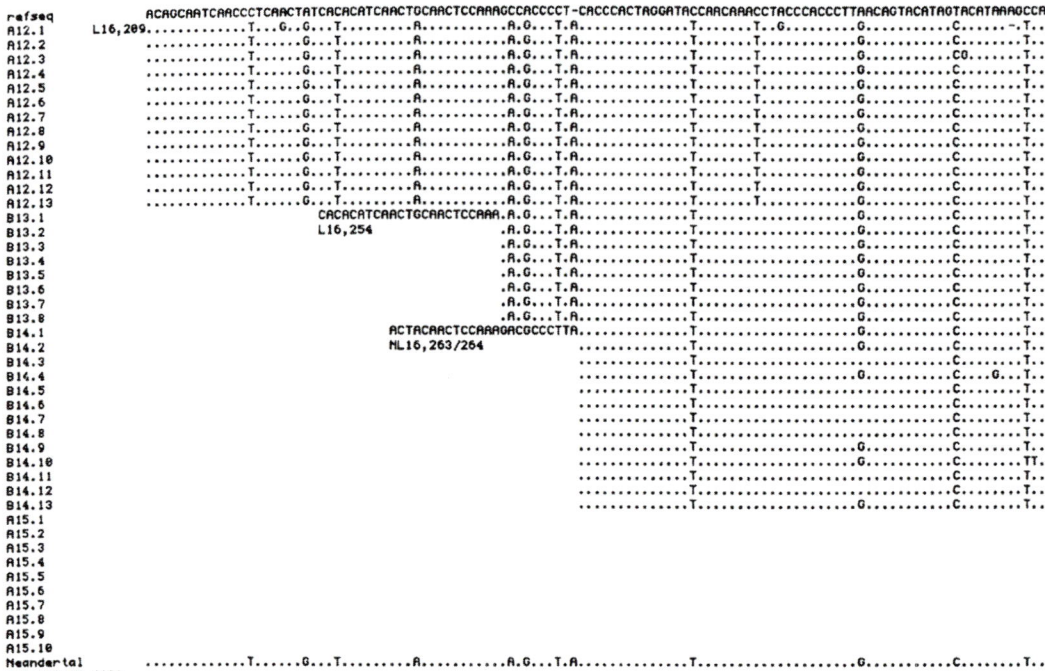

Ausschnitt aus der Neandertaler-DNA-Sequenz (unterste Reihe) mit Unterschieden zum modernen Menschen (oberste Reihe). Buchstaben stellen abweichende, Punkte identische Basen dar.

der Feder seriöser Fachkollegen, die das Resultat in eigenen Fachbeiträgen kommentierten.

Die veröffentlichte Sequenz stellt mit einer Länge von 379 Basen der hypervariablen Region I einen sehr aussagekräftigen Abschnitt der mtDNA dar und ließ sich mit der mtDNA moderner Menschen vergleichen. Dabei zeigte sich eine Reihe von Positionen mit abweichenden Bausteinen.

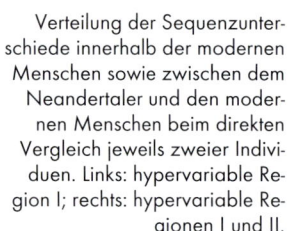

Verteilung der Sequenzunterschiede innerhalb der modernen Menschen sowie zwischen dem Neandertaler und den modernen Menschen beim direkten Vergleich jeweils zweier Individuen. Links: hypervariable Region I; rechts: hypervariable Regionen I und II.

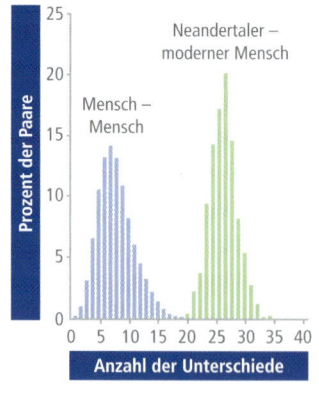

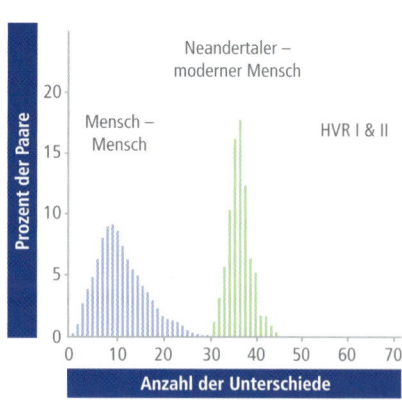

■ Neues vom Neandertaler ■

Zu den spannendsten Fragen rund um die Neandertaler gehört die Ernährung dieser Ur-Europäer. In den vergangenen Jahrzehnten festigte sich das Bild von erfolgreichen Jägern. So kennen wir eindeutige Belege für eine gut organisierte Jagd, bei der man die Tiere bisweilen auch unter geschickter Nutzung von Engstellen im Gelände erbeutete und mit großer anatomischer Sachkenntnis zerlegte. Durch derartige Befunde gilt die in der Literatur gelegentlich immer noch bemühte technologische und geistige Unterlegenheit der Neandertaler gegenüber den Cro-Magnon-Menschen als widerlegt.

Jedoch ist man häufig mit einem Kernproblem der Eiszeitarchäologie konfrontiert: die mangelhafte Erhaltung der Funde. Vielfach lösten ungünstige Bodenverhältnisse die Knochen erjagter Tiere auf. Pflanzenmaterial ist von diesen Prozessen noch häufiger betroffen, sodass es so gut wie nie überliefert ist. Damit erhalten Spekulationen über den Anteil pflanzlicher Nahrung oder einer Ergänzung des Speiseplans durch Fisch einen breiten Raum. Gerne wurden hierzu auch Vergleiche zu heutigen Naturvölkern aus Steppenlandschaften bemüht, die sich durch pflanzliche Nahrung und Fischfang ein gutes Stück Unabhängigkeit vom Jagderfolg verschaffen.

Auch für die wiederentdeckte Fundstelle im Neandertal ließ sich die Nahrungsgrundlage nur mangelhaft belegen. Seit einigen Jahren ist es jedoch möglich, mit turnhallengroßen Teilchenbeschleuniger-Massenspektrometer-Apparaturen einzelne Atome in Neandertaler-Knochen zu zählen und so die enthaltenen Mengen und Mengenverhältnisse stabiler Isotope von Kohlenstoff und Stickstoff sehr genau zu messen. Die Ergebnisse werden mit den Werten pflanzen- und fleischfressender Tiere von derselben Fundstelle verglichen. Die Analysen erfolgten in Zusammenarbeit mit Michael P. Richards vom Max-Planck-Institut für Evolutionäre Anthropologie, Leipzig. Hier sei die erneute Bereitschaft des Rheinischen Landesmuseums Bonn hervorgehoben, kleine Knochenproben des „alten" Neandertalers von 1856 und dem erst 1997 entdeckten zweiten Neandertaler bereitzustellen. Zum Vergleich dienten Tierknochen von derselben Fundstelle.

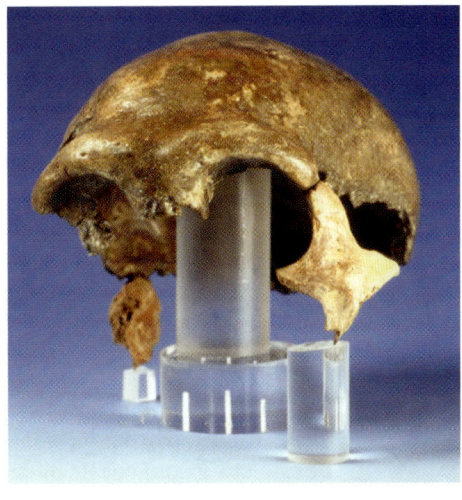

Anpassung des neu entdeckten Jochbeines aus der Grabung Neandertal 2000 an den Schädel von 1856.

Der Vergleich der Messwerte ließ an Eindeutigkeit nichts zu wünschen übrig: Er zeigte die größte Nähe der Neandertaler zu fleischfressenden Tieren, was bedeutet, dass diese Menschen sich vor rund 42 000 Jahren ganz überwiegend von Fleisch ernährten. Hierzu zählen auch Fett, Knochenmark, Innereien, Gehirnmasse und Blut. Hingegen spielten Pflanzen und Fisch (trotz der Nähe zum Düsselbach) keine nennenswerte Rolle. Dieses erste Ergebnis an mitteleuropäischen Neandertalern fügt sich nahtlos in das Bild anderer Untersuchungen an Funden aus West- und Südosteuropa.

Ungeklärt sind aber nach wie vor die Ursachen für diese extreme Fleischdiät der Neandertaler. Im Gegensatz hierzu nutzten die nachfolgenden, in der gleichen eiszeitlichen Umwelt lebenden Cro-Magnon-Menschen – wie heutige Naturvölker – auch pflanzliche Nahrung, Fische und andere Wassertiere. Die aktuellen Forschungen zeigen auch einmal mehr, dass die pauschale Anwendung völkerkundlicher Daten auf die Neandertaler nicht möglich ist. Zu einmalig ist ihre Entwicklungsgeschichte, vielleicht auch ihr Stoffwechsel. Waren die Neandertaler vielleicht schlechtere Nahrungsverwerter als ihre Nachfolger und daher abhängig von der Verfügbarkeit großer Fettmengen?

Sollten aktuelle genetische Untersuchungen an Neandertalern tatsächlich eine schlechtere Energieverwertung dieser Menschen offenbaren, so hätte die Forschung damit einen möglichen Faktor des noch immer ungeklärten Verschwindens der europäischen Ureinwohner enthüllt.

Ralf W. Schmitz, Tübingen, im August 2008

Die Untersuchung von fast tausend heutigen Menschen verschiedener Kontinente ergab, dass sich diese, unabhängig von ihrer Herkunft, im analysierten Sequenzabschnitt auf durchschnittlich acht Positionen unterscheiden. Im Vergleich hierzu weicht die Neandertaler-mtDNA im Mittel in 27 Positionen ab. Damit liegt der Neandertaler aus der Kleinen Feldhofer Grotte ganz am Rande der Variationsbreite der mtDNA der heute auf der Erde lebenden Menschen.

Eine wichtige Frage war auch, wie groß der Unterschied jeweils zu modernen Menschen verschiedener Kontinente ist: Den Forderungen der Multiregionalisten zufolge hätte der Neandertaler als angenommener Vorfahre der heutigen Europäer mit diesen enger verwandt sein müssen als mit modernen Menschen anderer Kontinente. Es zeigte sich aber, dass der untersuchte Neandertaler von den heute auf verschiedenen Kontinenten lebenden Menschen jeweils gleich weit entfernt ist, also den Europäern keinesfalls näher steht als irgendeiner anderen modernen Population.

Insgesamt deuten die Ergebnisse darauf hin, dass die späten Neandertaler ohne Beitrag mitochondrialer DNA zum heutigen menschlichen Genpool ausstarben und somit nicht zu den Vorfahren der jetzt lebenden Menschen gehören. Inzwischen ist es außerdem gelungen, aus der 1996 entnommenen Probe auch 341 Basen der hypervariablen Region II der mtDNA zu erhalten. Durch diese zusätzliche Sequenz konnten die ersten Ergebnisse grundlegend bestätigt und präzisiert werden.

Ähnliches gilt für die Altersbestimmung des letzten gemeinsamen Vorfahren von Neandertaler und anatomisch modernem Menschen auf der Basis der molekularen Uhr: Diese Berechnungen basieren auf dem durchschnittlichen genetischen Abstand zwischen heutigem Menschen und Schimpansen sowie der Annahme, dass deren letzter gemeinsamer Vorfahre vor etwa vier bis fünf Millionen Jahren lebte.

Für den Neandertaler und heutige Menschen ergaben die Analysen, dass der letzte gemeinsame Vorfahre der beiden vor etwa einer halben Million Jahren lebte. Es ist davon auszugehen, dass es sich dabei um den entwickelten *Homo erectus* handelte, den man gemäß einer anderen Terminologie auch als *Homo heidelbergensis* bezeichnet. In Afrika waren aus dieser Menschenform zunächst der frühe und dann der späte archaische *Homo sapiens* hervorgegangen; für die Zeit ab etwa 150 000 Jahren vor heute lässt sich dort der anatomisch moderne *Homo sapiens* nachweisen. Auch Europa brachte eine vom entwickelten *Homo erectus* ausgehende Linie hervor, die über die Stationen Ante-Neandertaler und Prä-Neandertaler schließlich zu den Späten Neandertalern der letzten Kaltzeit führte. Demzufolge stellen der anatomisch moderne Mensch und der Späte Neandertaler die am weitesten voneinander entfernten Endpunkte zweier Entwicklungslinien dar.

Bedingt durch die klimatischen Großzyklen des Eiszeitalters und die daraus resultierenden Verlagerungen der Klimazonen sind jedoch geographische Verschiebungen von Populationen anzunehmen, sodass ein wiederholter Genfluss zwischen Afrika und Europa wahrscheinlich ist. Dessen Nachweis dürfte allerdings schwer zu führen sein: Die Erstbesiedlung Europas – „Out of Africa 1" – verrät sich durch das erstmalige Auftreten von Menschen in dieser Region, und die Ankunft des anatomisch modernen Menschen im Zuge von „Out of Africa 2" vor etwa 40 000 Jahren ist ebenfalls durch eindeutige Fossilien gekennzeichnet. Wie steht es jedoch um die vielleicht nach Dutzenden zählenden hypothetischen kleineren „Out of Africas", die genetisches Material in die Populationen von *Homo heidelbergensis*, Ante- und Prä-Neandertalern eingebracht haben könnten? Diesen Genfluss für die frühen und mittleren Abschnitte der beiden Entwicklungslinien nachzuweisen, dürfte derzeit äußerst schwierig, wenn nicht sogar unmöglich sein, da sich einerseits die Unterschiede zwischen afrikanischen und europäischen Populationen noch nicht so deutlich herausgebildet hatten, andererseits der Fossilbestand aus der Zeit zwischen 500 000 und 150 000 Jahren vor heute noch immer sehr lückenhaft ist. Selbst ein sporadisches Auftreten des anatomisch modernen Menschen in Europa zwischen 100 000 und 40 000 vor heute ist denkbar, doch sind die bisher bekannten Skelettreste nicht älter als 38 000 Jahre.

Spätestens zu dieser Zeit erreichten die anatomisch modernen Menschen ausgehend vom Nahen Osten – hier waren die Neandertaler bereits abgelöst worden – zunächst Südosteuropa und drangen im weiteren Verlauf jener ersten Phase, die bis vor etwa 35 000 Jahre dauerte, bis nach Frankreich vor.

Für diesen Abschnitt ist eine mehrere Jahrtausende während Koexistenz von Neandertalern und anatomisch modernen Menschen innerhalb derselben Großräume bei zunächst noch langsamem Schwinden der Neandertalerpopulationen anzunehmen. Dabei dürfte es zu Wechselwirkungen zwischen den unterschiedlichen Individuen und Gruppen sowie einer gegenseitigen kulturellen Beeinflussung gekommen sein. Ein Beleg für diese Annahme sind unseres Erachtens die Schmuckgegenstände von Arcy-sur-Cure, die in dieser Form sonst nur von Fundplätzen des jungpaläolithischen anatomisch modernen Menschen bekannt sind.

Ob es in der Phase des Nebeneinander auch zu genetischen Vermischungen gekommen ist, kann derzeit noch nicht beantwortet werden. Das erste mtDNA-Ergebnis spricht zwar gegen einen solchen Vorgang, doch sind auch andere Möglichkeiten vorstellbar: So könn-

Was ist eigentlich ...

Genfluss, ein Evolutionsfaktor, durch den die Allelhäufigkeit in benachbarten Populationen verändert wird – eine gegen die ortsspezifische Selektion gerichtete Kraft. Unter Genfluss versteht man den Eintrag von Genen einer Population in den Genpool einer anderen durch Migration. Migration und Genfluss werden deshalb sehr häufig synonym verwendet, sie sind es aber *per definitionem* nicht. Der Genfluss bewirkt eine Verringerung der genetischen Divergenz, d. h., die Individuen der durch Genfluss verbundenen Populationen nähern sich derselben Allelfrequenz/Genfrequenz an. Je schwächer die Abgrenzung der einzelnen Populationen, umso größer ist der Genfluss, und umso kleiner ist der genetische Unterschied zwischen den Populationen. Ist der Genfluss sehr hoch, dann sind die beiden Populationsstichproben als eine Population aufzufassen. Genfluss ist wichtig für eine Anpassung an sich verändernde Umweltbedingungen, weil durch ihn neue Allele von anderen Subpopulationen eingetragen werden, welche die genetische Variation der Population erhöhen.

Atlantischer Ozean · Nordsee · Salzgitter-Lebenstedt · Engis · Neandertal · Spy · Weimar-Ehringsdorf · Ganovcé · Arcy-sur-Cure · Vindija · St. Césaire · La Chapelle aux Saints · Le Moustier · La Ferrassie · Krapina · Iberische Halbinsel · Hortus · Saccopastore · Monte Circeo · Schwarzes Meer · Kilk-Koba · Kaspisches Meer · Teshik Tash · Zafarraya · Forbes Quarry · Mittelmeer · Shanidar · Kebara · Nordafrika · Persischer Golf

▲ Fundort
··· Verbreitungsgebiet der Neandertaler
— maximale Vereisung vor 18000 Jahren

Verbreitung des Neandertalers.

ten beispielsweise die aus derartigen Verbindungen resultierenden Nachkommen (Hybriden) unfruchtbar gewesen sein, was zu einem Erlöschen der Neandertalergene mit diesen Mischlingen geführt hätte. Ebenso gut könnte das Erbgut der Neandertaler im Laufe der folgenden Jahrzehntausende wieder verlorengegangen sein; auch in diesem Falle ließe sich die Vermischung im heutigen Genpool nicht mehr nachweisen. Der gesicherte Nachweis von Hybriden dürfte am insgesamt immer noch geringen europäischen Fossilbestand aus jener Zeit kaum zu erbringen sein.

Ab etwa 35 000 Jahren vor heute kam es durch die weitere Ausbreitung des *Homo sapiens* offensichtlich zu einer extremen Abdrängung der Neandertaler in die Randgebiete Europas; die jüngsten Hinweise finden sich im Süden der Iberischen Halbinsel. In der Höhle von Zafarraya konnte man unter anderem einen etwa 32 000 Jahre alten Unterkiefer eines Neandertalers bergen; Moustérien-Geräte aus jüngeren Schichten desselben Fundortes sind rund 27 000 Jahre alt. Sind diese Daten korrekt, so dürften die Funde von Zafarraya zu den letzten Spuren der Neandertaler gehören. Noch deutlicher als in Zafarraya stellt sich die Frage nach der Zuverlässigkeit der Datierungen im Fall zweier Fossilbruchstücke aus Vindija in Kroatien. Der Unterkiefer und das Schädelfragment wurden zwischenzeitlich in Oxford mit der ^{14}C-Methode (Radio-Karbon-Methode) auf ein Alter von rund 30 000 Jahren datiert. Man wertet sie nun als erneuten Hinweis darauf, dass in einigen Regionen Europas Neandertaler bis weit in die Zeit des anatomisch modernen Menschen überdauerten. Während dies für das Rückzugsgebiet auf der Iberischen Halbinsel belegt ist, erscheint dieselbe Annahme für das bedeutend früher vom anatomisch modernen Menschen erreichte Südosteuropa eher unwahrscheinlich.

Es ist nach heutiger Sicht jedenfalls wahrscheinlich, dass die weitere Verdrängung eine zunehmende Ausdünnung des Ncandertalergenpools nach sich zog, bis die Ureinwohner Europas schließlich von der Bühne der Evolution abtraten.

Grundtext aus: Ralf W. Schmitz und Jürgen Thissen *Neandertal. Die Geschichte geht weiter*; Spektrum Akademischer Verlag.

Zurück aus der Steinzeit

Der Neandertaler soll auferstehen. Paläogenetiker rekonstruieren sein Genom. Auch das erste Säugetier wird im Rechner wiederbelebt

Ulrich Bahnsen

Sie waren lange Zeit der große Wurf der Schöpfung. Über 200 000 Jahre herrschten sie in Europa und Asien, in einem Reich, so groß wie das römische Imperium auf der Höhe seiner Macht. Dann kam der moderne Mensch, und die Neandertaler fielen dem ersten Genozid der Geschichte zum Opfer. Gegen den Eindringling aus Afrika hatten Europas Ureinwohner keine Chance. Dezimiert durch Hunger und Kriegszüge, womöglich geschwächt durch eingeschleppte Seuchen, retteten sich versprengte Horden in entlegene Refugien beim heutigen Gibraltar. Dort verlieren sich ihre Spuren. *Homo neanderthalensis* hörte auf zu sein. *Homo sapiens* blieb der einzige Überlebende der Gattung *Homo*.

Knapp 30 000 Jahre später sitzen drei Nachkommen der steinzeitlichen Invasoren in einem Leipziger Labor beisammen. Bei Kaffee und Plätzchen feilen Svante Pääbo, Direktor am Max-Planck-Institut für evolutionäre Anthropologie (EVA), sein Abteilungsleiter Michael Hofreiter und ihr amerikanischer Gast, der Genomforscher Edward „Eddie" Rubin, an einem kühnen Projekt: Der erschlagene Bruder aus der Steinzeit soll auferstehen. Gewissermaßen.

Im Verbund mit Rubins Expertengruppe am Lawrence Berkeley National Laboratory in Berkeley, Kalifornien, haben die Leipziger Max-Planck-Forscher damit begonnen, die Erbanlagen des Neandertalers zu sichten. Ihr Ziel ist die Rekonstruktion seines Genoms. Der aufwändige Forschungsfeldzug sei mehr als nur ein wissenschaftliches Muskelspiel, versichert Rubin. „Erstens: Wir werden eine Menge über den Neander-

taler lernen. Zweitens: Wir werden eine Menge über die Einzigartigkeit des Menschen lernen. Und drittens: Es ist einfach cool."

Vor wenigen Jahren wäre das Projekt undenkbar gewesen

Das kann man nicht bestreiten, denn noch vor wenigen Jahren wäre das Vorhaben zu Recht in das Reich zweitklassiger Hollywood-Szenarien verwiesen worden. Doch nun, seit Paläontologen, Informatiker und Molekulargenetiker ihre Kräfte in dem brandneuen Forschungsfeld der Paläogenomik bündeln, rücken die genetischen Baupläne längst ausgestorbener Kreaturen in Griffweite der Forscher. Zwar bleibt die Auferstehung von Dinosauriern wie im Film Jurassic Park vorerst Science-Fiction. „Das ist derzeit nicht realistisch", sagt der Berliner Genomforscher Hans Lehrach. Theoretisch aber sei nun die Neuerschaffung ausgestorbener Kreaturen immerhin vorstellbar, meint der Direktor am Max-Planck-Institut für molekulare Genetik.

Vor allem rasante Fortschritte der Bioinformatiker und die neueste Generation computergestützter Analyseautomaten in den Genlabors ermöglichen den Forschern jetzt Zeitreisen in die evolutionäre Vergangenheit. Seither hoffen sie, die Entwicklung des Lebens bis zu seinen molekularen Bausteinen, ihrer Abfolge in den DNA-Sequenzen der Erbmoleküle rekonstruieren zu können. Endlich würden harte Fakten über das Wirken der Schöpfung geschaffen, sagt Lehrach.

Das Lob gilt nicht allein Pääbos Paläotruppe. Auch jenseits des Atlantiks, in Webb Millers Computerlaboren, rechnen Programme weit zurück in die Vergangenheit des Lebens. Bei 125 Millionen Jahren vor unserer Zeit sollen die Rechner an der Penn State University stehen bleiben und ein gleichsam biblisches Wunder vollziehen, versichern der Bioinformatiker Miller und seine Mitstreiter David Haussler und Mathieu Blanchette. Auch sie wollen eine Auferstehung ins Werk setzen. Noch dieses Jahr soll in ihren Datenbanken *Eomalia scansoria* zu virtuellem Leben erwachen – eine Kreatur aus der Kreidezeit.

Das erste echte Säugetier der Erdgeschichte soll auferstehen

Damals, vor 125 Millionen Jahren, war das Erdklima feucht und warm. In den subtropischen Wäldern herrschten die Dinosaurier, erste Blütenpflanzen entstanden. Und in den Bäumen lebte *Eomalia*. „Das waren kleine, kaum zehn Zentimeter lange pelzige Tierchen", sagt der Paläontologe Thomas Martin vom Forschungsinstitut Senckenberg in Frankfurt am Main. Mit ihren spitzen Zähnen fingen sie Insekten. Und doch war der unscheinbare Käferfresser ein besonderes Tier. „*Eomalia* ist das älteste bekannte Fossil eines plazentalen Säugers", sagt der Mammalia-Experte Martin. Es ist das erste echte Säugetier der Erdgeschichte.

Eomalia starb schon bald aus. Vor drei Jahren fanden Grabungstrupps seine versteinerten Knochen in alten Sedimentschichten in der chinesischen Provinz Liaoning. Sein großes Geheimnis ist verloren: das Genom. Nur in abgewandelter Form überlebte sein Erbgut in den Verwandten, die ihm folgten. Schließlich gingen aus dem Insektenfresser die großen Säugetierlinien hervor, wie Huftiere, Nager, Primaten. Sie haben, in zahlreichen Details verändert, umgebaut, ergänzt oder teilweise verstümmelt, die Gene des Winzlings aus der Kreidezeit

in die Gegenwart getragen. Auch in jedem menschlichen Genom steckt das Vermächtnis des Ursäugers. Der Konstruktionsplan des Menschen ist, 125 Millionen Jahre nach *Eomalia*, nur eine De-luxe-Version jenes anzestralen Protogenoms.

Nun soll der Vorfahre *Eomalia* auferstehen. Nicht als lebendige Kreatur. Das Team von David Haussler, Direktor des Center for Biomolecular Science and Engineering an der University of California in Santa Cruz, rekonstruiert seine Erbanlagen. In Großrechnern entsteht – *resurrectio in silico* – die gesamte Erbinformation des Ursäugers. „Ich will wissen, wie wir Menschen aus diesem kleinen, nachtaktiven Pelztier entstanden sind, bis in jedes molekulare Detail", erklärt Haussler, „jetzt ist die Zeit gekommen, es herauszufinden."

Gelingt das spektakuläre Projekt, so können die Forscher durch die Jahrmillionen Schritt für Schritt die Wandlungen der Urerbinformation en détail verfolgen. Auf noch wertvollere Beute hoffen die Forscher beim Vergleich mit Mensch, Neandertaler und Schimpanse. Der Abgleich, so spekulieren die Gelehrten, könnte beantworten, warum der Mensch so anfällig ist für Malaria, Alzheimer und Krebs.

DNA-Moleküle überdauern bestenfalls 60 000 Jahre

Doch Hausslers Forscherteam hat ein Problem. Jeder Versuch, aus Millionen Jahre alten Fossilien verwertbare Erbmoleküle zu isolieren, wäre illusorisch. DNA-Moleküle überdauern bestenfalls 60 000 Jahre in versteinerten Knochen. Selbst dann sind sie angegriffen, kleingehackt, von chemischen Prozessen verändert. Wie aber erforscht man ein Erbgut, wenn überhaupt keine Erbmoleküle mehr vorhanden sind?

Die Wissenschaftler nutzen den Umstand, dass die Urgene noch immer in jedem neuzeitlichen Genom stecken. Durch Vergleiche lassen sich die Verwandtschaftsverhältnisse von verschiedenen Säugetiergenomen und die zeitliche Abfolge der Genentstehung entschlüsseln. Diese gewaltige Rechenarbeit bewältigen die machtvollen Analyseprogramme auf Webb Millers Großrechnern.

Die von ihm und seinem Kollegen Mathieu Blanchette geschaffenen Rekonstruktionsprogramme können nicht nur die riesige Datenmenge ganzer Genome verarbeiten und sie miteinander vergleichen. Sie besitzen zudem die Fähigkeit, die natürlichen Veränderungen ganzer Genome im Verlauf der Evolution zu simulieren: den Austausch einzelner Bausteine, aber auch die gewaltigen Umbauprozesse im Erbgut, bei denen ganze Chromosomenblöcke in andere Chromosomen verschoben werden, sich in anderen Fällen verdoppeln oder ganz verloren gehen.

Haussler und Miller füttern ihre Programme mit den riesigen Datensätzen der bereits entzifferten Genome verschiedener Säugetiere. Aus diesem Datenmeer, versichern die Forscher, können die Rechner schließlich *Eomalias* gesamten Genbestand zurückverfolgen, jene Kollektion von Erbanlagen, der auch der Mensch über 100 Millionen Jahre später seine Existenz verdankt.

Mit Bewunderung und Neid blicken die deutschen Kollegen auf das Unternehmen. „Toll", sagt Matthias Platzer vom Jenaer Institut für Molekulare Biotechnologie, „eine frappierende Idee, und sie wird funktionieren." Leider seien solche Vorhaben hierzulande nicht realistisch. „Die USA sind noch immer das Paradies."

Den Testlauf hat der Evolutionsrechner bestanden. Die Forscher speisten ihr Programm mit dem sogenannten CFTR-Locus von 20 Säugetieren, darunter auch dem des Menschen. Nachdem der Rechner die mehr als eine Million DNA-Bausteine lange Chromosomenregion analysiert hatte, lieferte er prompt *Eomalias* Ur-CFTR-Locus ab. Zwar entspricht das nicht einmal einem Promille des gesamten Genoms des Ursäu-

gers, doch nach Kontrollrechnungen bescheinigten die Genarchäologen ihrem Ergebnis im Fachblatt *Genome Research* 98 Prozent Akkuratesse.

Das Urchromosom 15 ist bereits grob kartiert

Millers Doktoranden Jian Ma liegt inzwischen eine grobe Version des Urchromosoms 15 vor. Im Erbgut manch moderner Art liegen alle Informationen dieses Chromosoms noch dicht beieinander, bei anderen hat die Evolution die Erbmoleküle verstreut: Bei Ratten und Mäusen verteilen sich die Gene vom Urchromosom 15 auf fünf Chromosomen, beim Hund auf zwei, während sie beim Menschen zum größten Teil auf dem Chromosom 13 landeten. Zum Jahresende soll das komplette Urgenom berechnet sein – allerdings nur mit 90-prozentiger Genauigkeit.

Von den Daten erhoffen sich Wissenschaftler vieler Fachrichtungen neue Erkenntnisse, von der Evolution bis hin zur Krebsbekämpfung. Doch bis sie mit Hausslers Ergebnissen wirklich arbeiten können, wird es eine Weile dauern. „Die brauchen präzise Genomdaten von 20 heutigen Säugetieren, um das Urgenom akkurat zu berechnen", erklärt der Genomanalytiker Matthias Patzer. „Und die gibt es noch nicht." Nur acht Säuger-Genomprojekte listet das U. S. National Genome Research Institute als beendet auf: Mensch, Ratte, Katze, Elefant, Kaninchen, Spitzmaus, Gürteltier und Igel. Millers Doktorand Jian Ma ist gleichwohl zuversichtlich: „Je mehr Daten hinzukommen, desto besser werden wir."

Für die Zukunft hat Hausslers Team ein Vorhaben parat, das wirklich an Jurassic Park erinnert: Um die Funktion des errechneten Urgenoms zu testen, so spekulieren die US-Forscher, könne man große Abschnitte von *Eomalias* errechneter Erbinformation chemisch synthetisieren und mit gentechnischen Verfahren in Mäuse verfrachten. Im einfachsten Fall würden die Mäuse einen veränderten Stoffwechsel haben, im spektakuläreren Fall anders aussehen. Nicht undenkbar, dass so, Schritt für Schritt, dereinst der Ursäuger leibhaftig wiederaufersteht. „Das ist eine aufregend neue Art, unsere Ursprünge zu erforschen", begeistert sich der Forscher, „eine DNA-basierte Archäologie."

Mit solchen Unwägbarkeiten müssen sich Rubin, Pääbo und Hofreiter in ihrem Neandertaler-Projekt nicht herumschlagen. Sie können auf echte Erbmoleküle aus der Steinzeit hoffen – verborgen in den fossilen Knochen des europäischen Urvolks. Denn die sind viel jünger als *Eomalia*s Skelett. Hunderte dieser nur einige Zehntausend Jahre alten Fossilien lagern in den Stahlschränken der Museen und paläontologischen Institute.

Die Zeit für den Neandertaler ist gekommen

Pääbos Paläogenetiker haben bereits damit begonnen, ein Bröckchen eines Fossils zu zermahlen, um dessen Erbmoleküle mit chemischen Verfahren herauszulösen. Der Rest, die Entzifferung der Geninformation, ist Routine. Für diese Aufgabe hat das Team eine neue Generation von Laborrobotern auserkoren, eine Entwicklung der US-Company 454 Life Sciences. Die 454-Sequencer, so verspricht das Unternehmen, sollen demnächst die Entzifferung eines ganzen Säugergenoms für weniger als 100 000 Euro ermöglichen.

Erst Anfang Juni präsentierte das Rubin/Pääbo-Team in *Science* einen Vorgeschmack auf die Leistungsfähigkeit der Technik: Aus einem Zahn und einem Stück versteinerten Knochens des vor 40 000 Jahren ausgestorbenen Höhlenbärens isolierten die Forscher auf Anhieb mengenweise uralte DNA-Bruchstücke – genug Puzzlesteine, um das Erbgut des riesigen Höhlenbewohners wieder zusammenzusetzen. Nur je rund

hundert Genbausteine umfassten die Bruchstücke, die das Team aus dem Knochenmaterial herauspressen konnte. Etwa 200 000 dieser Fragmente ließen die Forscher von den Maschinen entziffern.

Aber das Bärenexperiment sei nur *proof of principle* gewesen, sagt Rubin, um die Geldgeber von der Machbarkeit des Neandertaler-Genomprojektes zu überzeugen. „Die Technologie ist da", sagt der Genomforscher, „jetzt ist die Zeit gekommen, den Neandertaler zu machen."

Die Forscher können das fertig entzifferte Genom des Menschen als Vorlage nutzen. Stück für Stück werden sie die winzigen Genfragmente aus den fossilen Knochen mithilfe der menschlichen Blaupause positionieren. Bis zu 100 Millionen von ihnen werden sie brauchen, bis das Genpuzzle Neandertaler komplett ist. „Wir kennen das Menschengenom und bald auch das des Schimpansen. Daher können wir jetzt solide Vorhersagen über das Neandertaler-Genom machen", prophezeit Rubin, „das wird einfach."

Die Ergebnisse erwarten nicht nur die Paläontologen mit Spannung. Mancher Wissenschaftler hofft, aus den steinzeitlichen Erbanlagen Rückschlüsse auf biologische Eigenschaften der Neandertaler zu ziehen – bis hin zu seinen intellektuellen Kapazitäten, seiner Sprachbegabung. Und sollte sich dessen Erbgut doch in grundlegenden Punkten, etwa bei der Zahl seiner Chromosomen, vom Menschen unterscheiden, wäre auch gesichert, dass er kein direkter Vorfahr des Menschen war. Ebenso erwiesen wäre dann, dass sich beide Menschentypen nie vermischen konnten.

Die Rasterfahndung soll endlich auch enthüllen, wo im komplexen Geflecht der Gene das Elixier des Menschlichen zu suchen ist, die biologische Basis für unseren Geist. Jene Waffe, mit der der moderne Mensch einst den Neandertaler bezwang.

Aus: DIE ZEIT Nr. 28, 7. Juli 2005

D as Tor in die Vergangenheit öffnet sich auf Knopfdruck. Als das stählerne Gatter surrend zur Seite gewichen ist, betritt **Gerd-Christian Weniger** die Brücke, die über die Düssel führt. Der Direktor des Neanderthal-Museums malt mit wenigen Worten die prähistorische Situation aus: Das enge Tal, das der Fluss in den weichen Kalkstein gegraben hat. Steil aufragende Felswände auf beiden Seiten. Neun Höhlen, weit über der Talsohle gelegen und nur von oben erreichbar.

Der Gast sieht heute von alledem nichts mehr. Der Kalk wurde abgebaut. Die Steinbrucharbeiter haben ganze Arbeit geleistet. Der Fels ist zurückgewichen, das Tal an einzelnen Stellen fast 400 Meter breit. Die Höhlen sind zerstört. Noch bis 2008 darf im Neandertal Kalk abgebaut werden. Immer pünktlich um elf Uhr wird gesprengt. An solchen Tagen, sagt der Direktor, wackle das Museum.

Gerd-Christian Weniger wird 1953 in Ledde/Westfalen geboren. Er studiert Ur- und Frühgeschichte, Zoologie und Ethnologie in Münster und Tübingen. 1981 promoviert er in Tübingen. Seine langjährige Ausgrabungs- und Forschungstätigkeit führt ihn nach Kanada, Spanien und in die USA. Weniger habilitiert 1990 in Köln.

1993 übernimmt er die Leitung der wissenschaftlichen Planungsgruppe des Neanderthal-Museums. Seit 1996 ist Weniger Direktor des Museums. Er lehrt als Außerplanmäßiger Professor am Institut für Ur- und Frühgeschichte an der Universität Köln, ist Autor und Herausgeber zahlreicher Schriften zur Steinzeitarchäologie und Kulturanthropologie. Das „Projekt Menschwerdung" in seiner ganzen Vielschichtigkeit reizt und fasziniert ihn.

Weniger erzählt weiter: Hier die Felswand mit den Feldhofer Grotten, dort das vom Fluss glatt geschliffene Kalkplateau, auf das Arbeiter im Steinbruch die Sedimente aus den Höhlen warfen, eine Mischung aus Kalkschutt und Lehm – und Knochen. Hier wurde es 1856 entdeckt, das berühmteste deutsche Fossil: der Neandertaler.

Zu seinen Lebzeiten muss die tiefeingeschnittene Schlucht sehr still gewesen sein. Heute lockt der Neandertaler Gäste ins Tal, immerhin 150 000 im Jahr. Sie schreiten langsam die 400 Meter lange gestreckte Spirale empor, die den Ausstellungsraum des Museums bildet, vorbei an der eigenen Geschichte, die Weniger und seine Kollegen hier präsentieren. Am Ende, in der Cafeteria, öffnet sich der Blick ins Tal noch einmal – Urzeit mit Messer und Gabel.

Gerd-Christian Weniger

Werkzeug und Wissen – auf dem Weg zum kulturfähigen Menschen

Von Gerd-Christian Weniger

> Siehe, ich habe den Schmied geschaffen, der die Kohlen im Feuer
> anbläst und Waffen macht nach seinem Handwerk; und ich habe
> auch den Verderber geschaffen, um zu vernichten.
>
> Jes. 54,16

Wie kein anderes Produkt menschlicher Kreativität sind die Zeugnisse unserer technischen Entwicklung im prähistorischen und historischen Kontext allgegenwärtig. Den mit Abstand größten Teil der Humanevolution ist der Mensch nur als *Homo faber*, nur durch seine Werkzeuge überhaupt sichtbar. Über die Werkzeugbenutzung und Werkzeugherstellung konnte das „natürliche Mängelwesen" seine Anpassung verbessern. Diesen technischen Fähigkeiten verdankt es der Mensch, dass er alle Klimazonen der Erde besiedeln konnte und vor etwa zehntausend Jahren in die Arktis vorstieß, außer der Antarktis den letzten bis dahin noch menschenleeren Lebensraum.

Technik im engeren Sinne korrespondiert mit dem Begriff Artefakt und bezieht sich auf die Herstellung und Verwendung künstlicher Gegenstände und Werkzeuge. Diese künstlichen Organe, die in einem ständigen Lernprozess herausgebildet wurden, sind nicht in gleicher Weise ein Teil von uns wie die körperlichen. Werkzeuge sind exteriorisierte Organe. Sie sind austauschbar, sind ausleihbar und können sogar öffentliches Eigentum sein. Diese nach außen verlagerten Organe dienen zur Manipulation der Umwelt und verbessern die Anpassung des Menschen. Anfänglich erfolgte mit der technischen Entwicklung eine Optimierung anthropogener Handlungsmöglichkeiten unter den Bedingungen der natürlichen Umwelt. Im Zuge der voranschreitenden kulturellen Evolution wurde aus Anpassung an die Umwelt immer stärker Aneignung der Umwelt. Das Leben mit und in Artefakten wurde den Menschen zur „zweiten Existenz", und so mündete das immer brisanter werdende Spannungsverhältnis zwischen Artefakt und natürlicher Umwelt in die Definition der zwei Kategorien Kultur und Natur. Unsere technische Potenz und die mit ihr gewachsene Vorstellung von der Beherrschbarkeit der Welt haben unsere Selbstwahrnehmung verändert. Wir wähnen uns heute losgelöst vom natürlichen Geschehen der Biosphäre und weisen uns eine solitäre Position zu. Wir sind hin und her gerissen zwischen dem Gefühl des Ausgesetztseins in der Welt und der Überzeugung, die Welt machtvoll in unseren Händen zu halten.

Was ist eigentlich ...

Artefakt [von latein. *arte factum* = mit Kunst gemacht], Kunstprodukt, hier Bezeichnung für Steine, Knochen und Ähnliches aus urgeschichtlichen Perioden, an denen menschliche Bearbeitung erkennbar ist; Technik (Ausführung) wichtig für Zuordnung zu den einzelnen Kulturstufen.

kulturelle Evolution, beruht im Gegensatz zur genetischen Evolution der Organismen auf der Fähigkeit, nicht angeborenes, sondern durch Erfahrung bedingtes Verhalten von einem erfahrenen Artgenossen durch Nachahmung oder symbolische Vermittlung (Sprache, Schrift) zu übernehmen. Wenn durch Nachahmung Erfahrungen und Erlerntes über Generationengrenzen hinweg weitergegeben werden, spricht man von Traditionenbildung. Zum Informationsfluss durch Vererbung von Genen kommt bei der kulturellen Evolution also der Informationsfluss durch Lernen hinzu. Die Weitergabe erlernter Information kann dabei über die Mitglieder der Population, ja sogar über Artgrenzen hinausgehen. Auch kann erlernte Information rascher und durch unmittelbare Erfahrung zielgerichtet abgewandelt werden – im Gegensatz zur „zufälligen" Mutation der Erbsubstanz. Auf diesen Unterschieden beruht der viel schnellere Verlauf der kulturellen Entwicklung im Vergleich zur genetischen Evolution. Wichtig für die Entwicklungen der Kulturen des Menschen wurde eine weitere Steigerung der Informationsweitergabe durch Entwicklung einer erlernten Symbolsprache und später der Schrift, die eine Konservierung von anwachsendem Wissen ermöglicht und es von der Speicherkapazität des Gehirns unabhängig macht. Für die Entwicklung einer materiellen Kultur bilden der schon bei einigen Tieren vorkommende Werkzeuggebrauch und die auf den Menschen beschränkte Herstellung von Geräten die Grundlage.

Der manipulatorische Einsatz der Werkzeuge veränderte von Beginn an nicht nur die natürliche Umgebung, sondern wirkte zugleich nach innen auf das biologische System des Menschen. Die Herstellung und Handhabung von Artefakten stimulierte durch Rückkoppelungen im motorischen System kognitive Prozesse und beschleunigte die biologische Gehirnentwicklung. Diese Selbstbezüglichkeit des Systems war für die Evolution des Menschen von zentraler Bedeutung. Impulse gingen nicht mehr ausschließlich von der natürlichen Umgebung aus, sondern wurden zunehmend im System selber produziert. Die manipulatorische Macht des Artefaktes veränderte die strukturellen Bedingungen der Evolution. Das Objekt der Evolution versuchte sich zunehmend in der Rolle des Subjekts.

Der Mensch als Techniker

Die Fähigkeit zu schneiden war ein fundamentaler Schritt in der technischen Entwicklung der Menschen. Schimpansen nutzen Werkzeuge vor allem zur Optimierung bereits vorhandenen natürlichen Verhaltens. In diesem Sinne sind Werkzeuge bei unseren nächsten Verwandten meist nur spezielle Verlängerungen der natürlichen Körperteile. Das Schneiden mit der scharfen Kante eines Steinwerkzeuges hatte dagegen eine völlig neue Qualität. Sie ging über eine bloße Verlängerung oder optimale Nutzung der Organe weit hinaus. Schneiden war in der biologischen Grundausstattung des Menschen gar nicht vorgesehen. Mit der schneidenden Kante ihrer Steinwerkzeuge bahnten sich Menschen einen Weg aus der Enge biologischer Handlungsanweisungen und öffneten einen Kosmos neuer Werkzeuge und Werkstoffe: Fleisch, Haut, Fell, Knochen, Sehnen, Geweih oder Holz und viele andere pflanzliche Werkstoffe konnten erstmals sinnvoll bearbeitet und geformt werden. Uns ist diese Fertigkeit heute so selbstverständlich, dass wir morgens beim Aufschneiden unseres Brötchens keinen Gedanken mehr daran verschwenden. Erst wenn das Messer abrutscht und in unser eigenes Fleisch schneidet, spüren wir, dass wir mit dem Messer ein fremdes, nicht körpereigenes Organ führen, das sich gerade deshalb auch gegen den eigenen Körper richten kann. Das Schneiden war die erste nachweisbare technische Innovation in der Humanevolution mit unerhörten Folgen für die weitere Entwicklung. Da sich Steinwerkzeuge problemlos auch über Millionen von Jahren erhalten, sind sie die umfangreichsten Hinterlassenschaften des frühen Menschen und seiner Aktivitäten.

Ihre Dauerhaftigkeit macht sie zu wertvollen fossilen Zeugnissen. Wie keine andere archäologische Fundgattung haben Steinwerkzeuge das Verhalten der frühen Menschen konserviert. Mit einem umfangreichen Arsenal von Untersuchungstechniken rücken Archäolo-

Diverse Faustkeile.

gen diesen harten und spröden Realia zu Leibe. Das Elektronenraster-
mikroskop gehört inzwischen ebenso dazu wie ausführliche Experimente. Oberflächen, Kanten und Werkstoffe werden millimetergenau analysiert und miteinander verglichen, wodurch Herstellungs-
und Benutzungsprozesse an einer Vielzahl von Merkmalen ablesbar
werden. Besonders spannend ist das Puzzlespiel mit den Abschlag-
produkten, denn bei guten Erhaltungsbedingungen können durch das
An- oder Aufeinandersetzen von Abschlägen der komplette Herstel-
lungsprozess und die Wege eines Werkzeuges innerhalb eines Fund-
platzes von der Rohknolle bis zu den einzelnen Endprodukten über

zehn oder zwanzig Etappen zurückverfolgt werden. In spektakulären Fällen ist es sogar gelungen, verschiedene Teile desselben Werkzeuges, die an unterschiedlichen Fundplätzen deponiert waren und später ausgegraben wurden, wieder zusammenzufügen. Archäologen schreiben heute Biographien von Steinwerkzeugen. Das Erscheinungsbild dieser Werkzeuge, die zu Tausenden wie tot in den Vitrinen der archäologischen Museen liegen, ist unscheinbar, ihr Informationswert ist enorm. Die vielen Analysemöglichkeiten, die von der archäologischen Forschung in den vergangenen zwei Jahrzehnten entwickelt worden sind, machen Steinwerkzeuge zu außergewöhnlichen Archiven, deren Informationen nach Zehntausenden oder Hunderttausenden von Jahren heute wieder abgerufen werden können. Herstellungs- und Benutzungsdauer eines Steingerätes definieren eine bestimmte Handlungseinheit, die nur wenige Minuten oder mehrere Wochen umfassen konnte. Sie ist ein Stück Geschichte innerhalb

Die steinzeitlichen Technokomplexe und Menschenformen.

Altpaläolithikum				Mittelpaläolithikum		Jungpaläolithikum		Mesolithikum und Neolithikum
2,6–0,3 Mio.				0,3–40 000		40 000–12 000		
		Faustkeil-Industrie						
Hackgeräte, Abschläge	Geröllgeräte, Abschläge	einfache Fertigung	sorgfältige Bearbeitung	Abschlag-, Klingen-Industrie		Klingen-Industrie	sauber bearbeitete Stein-, Holz- und Knochenwerkzeuge	Ackerbaugeräte, erste Metallwerkzeuge
Australopithecus H. rudolfensis	H. rudolfensis H. habilis	H. erectus	spätarchaischer H. sapiens	Neandertaler		H. sapiens sapiens		
erste Steingeräte in Äthiopien; Verwertung von Kadavern	Transport von Werkzeugrohstoffen; Steinabschläge, als Schneidgeräte verwendet, um Kadaver zu entfleischen; Zertrümmerung von Markknochen	Gebrauch des Feuers; einfache Hütten	zelt- bzw. hüttenähnliche Behausungen; Kleidung, Jagdspeere	Bestattungen mit Grabbeigaben (?); Verwendung von Farbstoffen		Schmuck aus Tierzähnen, Muscheln und Elfenbein; Beginn der Eiszeitkunst; Höhlenmalerei, Kleinplastik; Nähnadeln	Speerschleuder, Harpune, Pfeil und Bogen	Keramik; Städte mit Straßennetzen und anderer Infrastruktur; Handelswege; Domestikation von Wildtieren; Metallgewinnung
2,5–1,8 Mio.	2,1–1,5 Mio.	1,8 Mio. –40 000	0,35–0,1 Mio.	220 000–27 000		150 000–heute		

der Geschichte, und unter günstigen Bedingungen erkennen wir durch sie die Ideen eines handelnden Individuums.

Der Begriff Steinzeit drängte sich aufgrund dieses Erhaltungsphänomens der frühen archäologischen Forschung geradezu auf und hat seine Ursprünge in antiken Vorstellungen eines Zeitalters des Steins am Beginn der menschlichen Kultur. Paläolithikum, Mesolithikum und Neolithikum sind die großen chronologischen und kulturellen Phasen der Steinzeit. Die zeitliche Dauer und die Bedeutung der Begriffe sind sehr unterschiedlich. Das Paläolithikum lässt mit einer Dauer von mehr als zwei Millionen Jahren die beiden anderen Phasen deutlich hinter sich. Das Neolithikum als letzte Phase der Steinzeit bezeichnet bereits eine bäuerliche Lebensweise im Gegensatz zur Lebensform des Jagens und Sammelns während des Paläolithikums. Die Bedeutung des Werkstoffes Stein wird dadurch noch unterstrichen, dass er selbst über diese entscheidende kulturelle Grenze hinweg unverzichtbar war. Das Mesolithikum meint eine kurze Übergangsphase zwischen den beiden Lebensformen in Europa, die im Wesentlichen noch durch eine Versorgung durch die Jagd gekennzeichnet war. Allein schon aus Gründen der Praktikabilität wurde das Paläolithikum in ein Alt-, Mittel-, und Jungpaläolithikum unterteilt. Den kürzesten Abschnitt von vierzigtausend Jahren bis zehntausend Jahren vor heute umfasst das Jungpaläolithikum, dessen Definition gut begründet ist. Erheblich schwieriger stellt sich die Trennung zwischen dem Alt- und Mittelpaläolithikum dar. Die Grenze zwischen beiden chronologischen Einheiten ist fließend, da technologische Unterschiede auf Optimierungen bereits vorhandener Werkzeuge und bekannter Herstellungsprozesse beruhten. Die abschließende Grenze dieser beiden Phasen wird zwischen dreihundert- und zweihunderttausend Jahren vor heute gezogen.

Spaltbares Gestein war während neunundneunzig Prozent unserer Entwicklungsgeschichte der zentrale Rohstoff für die Werkzeugherstellung. Durch den Schlag mit einem Schlagstein oder einem Geweihschlegel wurden grobkörnige Gesteine wie Quarzit und Quarz oder feinkörnige Gesteine, die unter dem Sammelbegriff Silex oder Feuerstein zusammengefasst werden, bearbeitet. Es war zweifellos eine außergewöhnliche kognitive Leistung, in Geröllen die scharfen Schneidekanten eines Werkzeuges zu erkennen. Dem *Homo habilis* wird diese Leistung als erstem Hominiden zugeschrieben. Eine noch früher einsetzende Nutzung von Steingeräten kann aber nicht ausgeschlossen werden. Von den ersten Geröllgeräten mit einfacher Schneidekante führte ein langer Weg über den Faustkeil des *Homo erectus* bis zu den kleinen hauchdünnen Messern am Ende des Paläolithikums vor zehntausend Jahren. Auf diesem Weg dienen die Steinwerkzeuge zusammen mit den Werkzeugen aus organischem Material dem Archäologen als kulturelle Marker, denn über ihre chronologische und regionale Variabilität wird erstmals auch eine kulturelle

Was ist eigentlich ...

Geröllgeräte, *Pebble-tools*, einfachster Typ von Steinwerkzeugen, bei dem Flussgerölle einseitig (*Choppers*) oder wechselseitig bearbeitet wurden (*Chopping-tools*). Geröllgeräte stellen den ältesten erkennbaren Typ von Steinwerkzeugen überhaupt dar. Sie kennzeichnen die sog. Oldowan-Kultur, die vor ca. 2 Millionen Jahren in Afrika verbreitet war. Als Hersteller der ältesten Geröllgeräte kommen *Homo rudolfensis* und *Paranthropus* infrage. Geröllgeräte haben sich in manchen Gegenden (z. B. Tasmanien) bis in die Neuzeit gehalten.

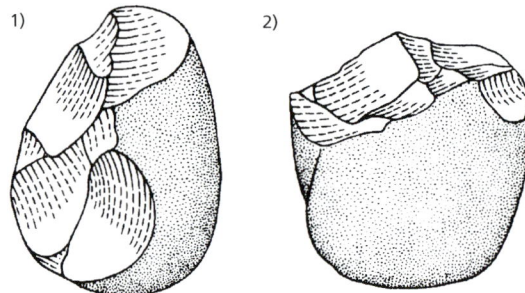

Geröllgeräte. 1) Einseitig bearbeiteter *chopper*, 2) wechselseitig bearbeitetes *chopping-tool*.

Identität sozialer Einheiten fassbar. Es sind die Veränderungen im Werkzeugbestand, die den groben Raster biologischer Menschenformen, der aus Zeitbausteinen von mehreren Zehntausend oder Hunderttausend Jahren zusammengesetzt ist, in kleinere Einheiten gliedern. Die funktionalen Variablen der Werkzeuge gingen mit kulturellen Normierungen Hand in Hand, und es wird ein zunächst noch diffuser Prozess von Geschichtsbildung wahrnehmbar.

Feuer und Wärme

Der Mikrokosmos aus Kleidung und Haus konnte seine spezifische ökologische und psychologische Bedeutung in der Auseinandersetzung des Menschen mit seiner Umwelt nur in der Kombination mit dem Feuer gewinnen. Feuer war als Energieträger ein essenzieller

Der Gebrauch von Feuer – ein wichtiger Meilenstein in der Evolution des Menschen.

Baustein der Technikgeschichte und Wegbereiter kultureller Prozesse: Der Gebrauch des Feuers war ein qualitativer Sprung. Seine Nutzung markierte eine klare Grenze zwischen Tier und Mensch. Kein anderes Unterscheidungskriterium erreicht in der Diskussion über unsere Abgrenzung vom Tier diese Ausschließlichkeit. Menschen sind die einzigen Lebewesen, die zusätzlich zur Nahrungsenergie weitere Energie verbrauchen und dies bereits seit Millionen von Jahren. Obwohl Jäger- und Sammlergemeinschaften vollständig auf den solaren Energiekreislauf angewiesen waren, verbrauchten sie neben der Nahrungsenergie bereits das Zehnfache an zusätzlicher Energie – vor allem für die Feuererzeugung. Auf dem Weg vom Primaten zum kulturfähigen Menschen erfolgte ein sprunghafter Anstieg des Energieverbrauchs.

In allen Mythen weltweit wird der Gewinnung des Feuers durch den Menschen besondere Beachtung geschenkt. Feuer gelangte durch eine heroische Tat oder als kostbares Geschenk der Götter in den Besitz der Menschen. Tatsächlich müssen seine Qualitäten überirdisch gewirkt haben: Als „künstliche Sonne" spendete es Licht und Wärme zugleich und machte Menschen von dem tages- und jahreszeitlich schwankenden Energieangebot der Sonne unabhängig. Sein Schein schützte die frühen Hominiden der offenen Graslandschaften vor ihren wichtigsten Nahrungskonkurrenten und ihren gefährlichsten Gegnern, den großen Raubkatzen. In der offenen Savanne war ein Rückzug in die Sicherheit der Bäume nicht mehr möglich.

Das Lagerfeuer wurde zum Fluchtpunkt, schuf Orientierung in der Landschaft und definierte den anthropogenen Standpunkt im Naturraum. Als Zentrum und Sammelpunkt war es Anreger der gruppendynamischen Prozesse in den frühen Gemeinschaften. Auch Menschen der Moderne können sich der meditativen Macht eines flackernden Lagerfeuers nicht entziehen, das reflexartig altes Hominidenerbe wachruft. Feuer wurde bei der Zubereitung der Nahrung eingesetzt, deren Verteilung eine eminente soziale Bedeutung hatte, und optimierte die Ernährung. Feuer hatte aber auch im technischen Bereich sehr früh in der Humanevolution großen Einfluss auf die Herstellung von Werkzeugen und die Modifikation von Werkstoffen.

Homo erectus war der Prometheus der frühen Menschheitsgeschichte. Er musste das Feuer aus Afrika mitbringen, um im winterkalten Eurasien überhaupt bestehen zu können. Wahrscheinlich war er seit mindestens mehr als einer Million Jahren in der Lage, das Feuer routiniert zu nutzen. Unklar ist allerdings, ob Menschen zu diesem Zeitpunkt Feuer schon selbst erzeugen konnten oder ob sie es noch als Schatz hüten mussten, der von Lagerplatz zu Lagerplatz transportiert wurde.

Was ist eigentlich ...

Feuer, die Licht- und Wärmeentwicklung bei einer rasch verlaufenden (chemischen) Reaktion (meist Oxidation). Erscheinungsformen des Feuers sind Flamme und/oder Glut. Bei den Naturvölkern ist das Feuer allgemein bekannt; es dient zur Erwärmung und Nahrungszubereitung sowie zu kultischen, technischen und landwirtschaftlichen Zwecken (z. B. Brandrodung). Die Kenntnisse über seine Erzeugung, Bewahrung und kontrollierte Verwendung waren ein entscheidender Schritt bei der kulturellen Evolution des Menschen (Selbstdomestikation). Der älteste, allerdings umstrittene Nachweis des Feuergebrauchs durch Menschen ist 1,4 Millionen Jahre alt und stammt aus Chesowanja in Kenia. Älteste unzweifelhafte Nachweise aus der Höhle von Escale (Bouches du Rhône, Südfrankreich) sind ca. 700 000 Jahre alt.

221

Frühe Jamon-Keramik.

Fundstellen der Neandertaler zeigen regelmäßig die Reste von Feuerstellen, die teilweise auch mit Steinen umbaut waren. Neandertalern diente das Feuer nicht nur als Wärmequelle und für die Zubereitung der Nahrung, sondern auch bereits in technischen Prozessen: Lanzenspitzen aus Holz wurden über dem Feuer gehärtet. Die Schlageigenschaften von Silexmaterial wurden durch Erhitzen im Feuer verbessert. Schäftungskitt wurde über dem Feuer geschmeidig gemacht. Dieser multifunktionale Einsatz von Feuer nahm im Jungpaäolithikum weiter zu: Kleine Tonfiguren aus tschechischen Fundstellen wurden gebrannt. Farbmineralien für die Felsmalereien wurden durch Rösten in verschiedene Rottöne gebracht. In Tranlampen wurde Fett mit einem Docht verbrannt, sodass neben Fackeln erste Lampen nachweisbar sind.

Die fast dreißigtausend Jahre vor heute erstmals nachweisbare Technik der Keramikherstellung wurde nach dem Ende der Eiszeit im Neolithikum zu einem gängigen Verfahren. Eine Million Jahre lang hatten sich Menschen mit der Domestikation des Feuers begnügt. Mit dem Neolithikum ab etwa zehntausend Jahren vor heute wurde die Nutzung des Feuers aus dem engeren Haushaltsbereich herausgeführt, und in seiner Hitze konnte erstmals im großen Stil ein künstlicher Stoff geschaffen werden. In der Keramik wurden die natürlichen Bestandteile Ton und Magermittel zusammengeführt und durch den Brennvorgang in ein Kunstprodukt transformiert. Die Synthese der Keramik war ein epochaler Schritt, ein weiterer Baustein des anthropogenen Mikrokosmos. Tongefäße wurden zu Alltagsgeräten und stellen Archäologen heute wegen der riesigen Mengen von Keramik im Siedlungsschutt vor ernsthafte Probleme. Durch den Brennprozess im offenen Feldbrand, in Meilern oder in Öfen bei Temperaturen von 600 bis 900 Grad Celcius entstand aus dem Ton die keramische Substanz. In den Brennöfen wurde die Kraft des Feuers erstmals potenziert. Die Entwicklung der Metallverarbeitung war ein logischer Schritt im technologischen Prozess, den das Feuer nun eröffnete. Die Temperatur der Öfen konnte noch besser kontrolliert werden, und Metalle, die man anfangs, ab achttausend Jahren vor heute, im Vorderen Orient nur kalt gehämmert hatte, wurden durch das Schmelzverfahren von kostbaren Schmuckstücken zu Gebrauchsgegenständen des täglichen Bedarfs. Kupfer wurde verhüttet und schließlich mit Zinn zu Bronze legiert, die Stein als Werkstoff für Gebrauchsgegenstände ablöste. Um fünftausend Jahre vor heute waren die Metalle Gold, Silber, Kupfer, Eisen und Blei in Gebrauch. Das Eisen nahm bald die Stelle der Bronze ein und wurde im ersten vorchristlichen Jahrtausend zu dem wichtigsten Metall in der Werkzeugherstellung. Es hatte in vielen Kulturen einen sakralen Charakter, war mit heiliger Kraft geladen, und seine Schmiede, die als Meister des Feuers galten, waren ambivalente Gestalten, die man gleichzeitig ehrte und fürchtete. Auch das Glas, das vor etwa sechstausend Jahren im alten Ägypten erfunden wurde, gehörte zu diesen frühen Kunststoffen, die nur durch die technische Nutzung des Feuers entstehen konnten.

Die Zähmung des Feuers und seiner ungeheuren Macht, die menschliche Kraft weit überstieg, war ein gefährliches Unterfangen. Das Spiel mit dem Feuer barg von Beginn an ein hohes Risiko, das nicht völlig beherrschbar war. Im technischen Prozess konnte es über die bisher übliche, mechanische Modifikation von Werkstoffen hinaus die transformierende Kraft der Menschen um ein Vielfaches steigern. Ihre manipulatorische Macht und ihr Selbstbewusstsein wuchsen weiter. Der Meister des Feuers wurde zum Meister der Umwelt und musste die verzehrende Kraft des gezähmten Feuers ständig nähren. Einfache Agrargesellschaften von den neolithischen Siedlern bis zu

Was ist eigentlich ...

Keramik [von griech. *keramos* = Ton, Töpferware], im allgemeinen Sprachgebrauch sowohl die Herstellung von Tonwaren in Töpferei und Keramikindustrie als auch die hierbei hergestellten Produkte. Die Töpferei gehört zu den ältesten menschlichen Techniken. Die ältesten Nachweise stammen aus dem Jamon in Japan und sind älter als 10 000 Jahre v. Chr. entstanden. Babylonier kannten bereits 1 600 v. Chr. das Glasieren von Ziegeln. Altgriechisch-attische Vasen waren mit eisenhaltigen Illitüberzügen schwarz glasiert. Die Römer erfanden die *terra sigillata*, oxidierend gebranntes rotes Geschirr mit dicht gesintertem Illitüberzug. Seit ca. 600 n. Chr. wurde von den Chinesen ein Weich-Porzellan hergestellt, mit künstlerischen Höhepunkten in der Sung- (960–1127) und Ming-Periode (1368–1644). Seit dem Hochmittelalter ist in Europa das Steinzeug bekannt, seit dem 15. Jh. Fayence und Majolika, etwas später das Delfter Steingut. Im Jahr 1709 gelang in Dresden die Herstellung von Hart-Porzellan. Weitere Rohstoffe über die Tonminerale hinaus (z. B. Carbide, Nitride, Oxide, Silicide) und der Einsatz neuer Technologien (z. B. Pulvermetallurgie) haben die Vielfalt keramischer Werkstoffe sowie ihre Anwendung stark erweitert.

223

den frühen antiken Staaten verbrauchten etwa das Fünfundzwanzigfache ihres Bedarfes an Nahrungsenergie für die Erhaltung der wirtschaftlichen Prozesse. Der steigende Energiebedarf wurde durch die technischen Umwandlungsprozesse noch angeheizt. Durch den Einsatz von Nutzpflanzen und Nutztieren wurden in diesen Gesellschaften Energieproduktion und Energieentnahme erstmals eigenständig gesteuert. In entwickelten Gesellschaften – wie den frühen antiken Staaten – wurde zusätzlich der Energiefluss von Wind und von Wasser genutzt. In diesen modifizierten Solarenergiesystemen bestand ein kleiner Spielraum für technologische Innovationen. Der entscheidende qualitative Sprung vollzog sich erst im 18. und vor allem im 19. Jahrhundert mit der Nutzung der fossilen Energieträger Kohle, Öl und Gas. Die Wärme-Kraftkoppelung durch die Dampfmaschine nutzte erstmals die „bewegende Kraft des Feuers". Sie ermöglichte den Durchbruch in neue gesellschaftliche und technische Dimensionen. Einen weiteren Schub bewirkte der Stromstoß der elektrischen Energie. Die Macht des Feuers konnte nun, transformiert, auf den Weg geschickt und an einer beliebigen Stelle im System wieder abgerufen werden – Strom kam aus der Steckdose. Das Distanzphänomen – die Möglichkeit, an einem Ort aktiv in die Umwelt einzugreifen, ohne direkt physisch präsent zu sein – hat die technische Entwicklung des Menschen von Beginn an begleitet und erfuhr hier seine bisher machtvollste Ausprägung.

In zwei Millionen Jahren Feuernutzung ist das Risiko dieser herausragenden Kulturtechnik immer noch eine Bedrohung und Gefährdung, da Menschen in der Hoffnung auf ihre Kontrollfähigkeiten ständig technologische Grenzen überschreiten.

Am Ende des industriellen Zeitalters erfolgt unter Einsatz neuester Technologien eine reflexive Rückbesinnung auf das solare Energiesystem, das vier Millionen Jahre lang auf dem Weg über die Erzeugnisse der von der Sonne am Leben gehaltenen Kreisläufe in der Biosphäre die Grundlage der menschlichen Existenz war. Die Solartechnologie ist der Versuch, über intelligentes Sammeln den Energiebedarf direkt an der Quelle aller Energie des planetaren Systems zu decken.

Vom Alleskönner zum Spezialisten

Den weitaus längsten Teil der Humanevolution war das Individuum auf seine persönlichen Fähigkeiten und Talente zur Beschaffung und Herstellung von Alltagsgegenständen und Werkzeugen angewiesen. Das Prinzip der Selbstversorgung war in Verbindung mit der Subsistenz des Jägers eine Form der Unspezialisiertheit, die erst gegen Ende des Paläolithikums einen archäologisch fassbaren Wandel erfuhr.

Die Herstellung eines einfachen Faustkeils kann heute bei entsprechend intensiver Einweisung, bei gutem Rohmaterial und durchschnittlichen handwerklichen Fähigkeiten im Laufe etwa einer Woche erlernt werden. Für die Erlernung der Levallois-Technik sind bereits mehrere Wochen Schulung und Training erforderlich. Einige Steinwerkzeuge des Jungpaläolithikums lassen sogar die Existenz von Technikspezialisten vermuten. Insbesondere die großflächig überarbeiteten, symmetrischen Blattspitzen sind in ihren technischen Anforderungen so aufwendig, dass nur wenige Fachleute mit jahrelanger Erfahrung sie mit einer komplizierten Schlag- und Drucktechnik herstellen konnten. Die Stücke erfordern heute im Experiment eine Herstellungsdauer von drei bis sieben Stunden. Sie müssen neben der mechanischen Bearbeitung im Feuer kontrolliert erhitzt und wieder abgekühlt werden. In der Steinbearbeitung wird durch diese Stücke ein ausgewiesenes Spezialistentum erkennbar. Auch die Beispiele der Höhlenmalerei und der mobilen Kleinkunst machen deutlich, dass sich gegen Ende des Paläolithikums eine erste Arbeitsteilung im Produktionsprozess anbahnte. Diese Entwicklung wurde im Neolithikum noch verstärkt durch den bergmännischen Abbau von Feuerstein und die Entstehung enger Verteilungsnetze, über die Feuerstein mehrere Hundert Kilometer weit gehandelt wurde.

Durch die Herausbildung von Spezialisten begann eine immer schneller fortschreitende Arbeitsteilung zwischen Herstellung und Verwendung. Erst durch die Überschüsse an Agrarprodukten der frühen Ackerbaugemeinschaften konnten Spezialisten freigestellt werden für bestimmte Produktionsbereiche, die nicht unmittelbar mit der Nahrungsproduktion zusammenhingen. Handwerker, die spezielles Erfahrungswissen erworben hatten, bildeten den Ausgangspunkt der Technikspezialisierung. Den ersten echten Technikspezialisten, der

Was ist eigentlich ...

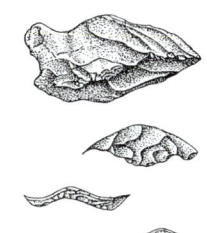

Levallois [benannt nach einem Stadtteil von Paris], Levalloisien, Geräteindustrie mit symmetrisch geformten Abschlaggeräten, die von einem speziell vorbereiteten schildkrötenförmigen Steinkern (sog. Schildkern) so abgespalten werden, dass sich Retuschen weitgehend erübrigen. Diese Technologie stellt eine bedeutende Entwicklung in der kulturellen Evolution dar, da beträchtliche kognitive Fähigkeiten erforderlich sind, um einen Abschlag in der Vorstellung vorzuformen und da sie die Erfindung der Klingentechnologie vorwegnahmen. Vorkommen im jüngeren Mittel- bis mittleren Jungpleistozän Europas, Afrikas und Westasiens, zeitlich parallel zum Acheuléen und Moustérien.

Höhlenmalerei aus Altamira. Die Höhle wurde von ca. 16 000 bis zu ihrem Einsturz um 11 000 v. Chr. genutzt.

eine langwierige Ausbildung benötigte, verkörperte der Schmied. Während Keramik noch in jedem einzelnen Haushalt produziert wurde und zum System der Selbstversorgung gehörte, war die Metallverarbeitung von Beginn an eine Tätigkeit weniger. Das große Wissen des Schmiedes um Magisches wie das Feuer und den Transformationsprozess des Erzes gaben ihm eine besondere Stellung im Sozialverband vieler Gemeinschaften.

Noch in der Antike beruhte technisches Wissen auf Erfahrungen, die tradiert wurden, und mit Ausnahme der Himmelskörper wurde die Alltagswelt als mathematisch nicht berechenbar angesehen. Man war davon überzeugt, dass die Welt eine Ordnung hatte und Gesetzmäßigkeiten folgte. Allerdings war man gleichfalls davon überzeugt, dass die Gesetze der Alltagswelt keiner strengen Präzision unterlagen. Da Messgeräte zur Erfassung der Ordnung des Lebendigen gänzlich fehlten, konnte sich keine Sensibilität für die Exaktheit der Lebensprozesse entwickeln. Das Experiment als aktiver Eingriff in die Natur und als Quelle wissenschaftlicher Erkenntnis wurde daher gering geschätzt, während das theoretische Denken als überzeugendster Beweis der menschlichen Ratio und als einzige Form der Wissenschaft galt. Die berauschende Entdeckung der Ratio als einem Werkzeug zur Durchdringung der Welt ließ die Bedeutung der Hand, die Werkzeuge führte, im Bewusstsein der antiken Philosophen zurücktreten. Indem man die Welt dachte, gewann man Macht über sie und erkannte ihre Zusammenhänge. Das Wissen von der Welt wurde höher geschätzt als das Können in der Welt. Die wissenschaftlich-philosophische Durchdringung der Welt war als Leitwissenschaft dem Können auch weit vorausgeeilt und hatte keine Chance, in dem geringen technischen Wissen jener Zeit Bestätigung zu finden.

Erst mit der Renaissance und der Entwicklung präziser, wissenschaftlicher Apparate gewann mathematische Exaktheit an Bedeutung für die Entwicklung der Wissenschaft, wobei humanistisches Denken und handwerkliche Tradition eine fruchtbare Verbindung eingingen. Leonardo da Vinci verkörperte wie kein zweiter das Bildungsideal der Zeit, den *uomo universale*. Als Künstler und Ingenieur schuf er ständig Brücken zwischen Kunst, Wissenschaft und Technik. Als ein Meister der Beobachtung erschloss er sich durch genaue künstlerische Dokumentation der Natur physikalische und biologische Einsichten. Seine Entwürfe und Vorstellungen waren mit den technischen Möglichkeiten jener Zeit nicht realisierbar und eilten der Gegenwart weit voraus. Er knüpfte damit an die Ideen des englischen Naturphilosophen Roger Bacon an, der lange vor Leonardo im 13. Jahrhundert bereits technische Utopien entwickelt hatte.

Bis in die frühe Neuzeit hinein bestand seit der Antike dieses „Realisierungsdefizit". Techniker und Technik waren gefangen im Käfig ihrer begrenzten Möglichkeiten und wurden von den führenden Köp-

Porträt

Leonardo da Vinci, ital. Maler, Zeichner, Bildhauer, Architekt, Musiker, Naturforscher und Ingenieur, * 15.4. 1452 Vinci (bei Florenz), † 2.5.1519 Schloss Cloux (bei Amboise); arbeitete überwiegend in Florenz und Mailand; als universaler Geist der bedeutendste Vertreter und Vollender der Hochrenaissance in ihrer Verbindung von Kunst und Wissenschaft und ihrem Streben nach allseitiger menschlicher Vervollkommnung; wesentlich für sein Werk sind eine für seine Zeit neue Hinwendung zur Naturbeobachtung, zu Erfahrung und Experiment. Leonardo da Vinci gilt als Mitbegründer der experimentellen Naturwissenschaften; seine Studien erstrecken sich auf den Gesamtbereich der Naturwissenschaften, insbesondere Anatomie, Embryologie, Paläontologie, Biomechanik, Geographie und Kartographie, Mechanik, Strömungsforschung, Geometrie, Optik, Akustik. Die Pläne und Konstruktionen Leonardo da Vincis (z. B. Kräne, Kanalisation, Hochstraßen, Riesengeschütze, Luftschrauben, Flugzeuge, Unterseeboote) eilen ihrer Zeit weit voraus; sie scheiterten meist an den begrenzten Möglichkeiten der damaligen Technologie.

fen der Zeit als nicht ebenbürtig empfunden. Indem die Technik an Komplexität und Handlungsmöglichkeiten gewann, war sie allmählich in der Lage, das wissenschaftliche Denken aufzunehmen und umzusetzen; sie wurde immer stärker zu einem Partner der Wissenschaft und damit eine Projektwerkstatt der Zukunft.

Wissenschaftliches Denken und technisches Können sind inzwischen eng verwoben und haben aus der Welt der Menschen eine artifizielle Welt gemacht, die weitgehend nach den Regeln menschlicher Rationalität abzulaufen hat. Die vielfachen Verwerfungen im anthropogenen System lassen diese von Menschen erdachte Welt aber keineswegs in den Bahnen der Vernunft oder entlang moralisch-ethischer Orientierungen laufen – ihre Beherrschbarkeit bleibt weiter eine Illusion. Der Philosoph Jürgen Mittelstraß hat diese moderne Welt die Leonardo-Welt genannt: Sie lebt von der Rationalität des menschlichen Handelns, dem Bemühen, Objektivität herzustellen, von der Distanz zwischen Mensch und Umwelt. Wissenschaft, Technik und Kultur sind in der Leonardo-Welt untrennbar miteinander verbunden.

Die unglaubliche technische Dynamik der westlichen Welt entstand aus der Objektivierung der Natur, deren Abläufe über mechanistische Wirkungsmodelle erfasst und für Menschen erklärbar gemacht wurden. Diese Objektivierung der Natur zog ihre rücksichtslose Aneignung unter dem Gesichtspunkt maximaler ökonomischer Verwertbarkeit nach sich. In den vergangenen einhundert Jahren hat dieser ökonomische Prozess die menschliche Produktivität im Fertigungsbereich um dreitausend Prozent gesteigert. Zugleich ist das reale Pro-Kopf-Einkommen weltweit fast ebenso schnell gestiegen wie die Produktivität. Der technologische Wandel getreu dem Motto, getan wird, was machbar ist und was Gewinn verspricht, wurde zum Motor der Moderne und hat inzwischen das letzte Objekt des Begehrens im Fokus. In den modernen Biowissenschaften macht sich der Mensch selber zum Objekt und damit zugleich zum Projekt. Er tritt als Optimierer der Evolution und der eigenen Körperlichkeit auf.

Die Leonardo-Welt ist trotz oder gerade wegen eines rasenden Fortschritts eine Risikowelt geblieben. Zweifel an der eigenen Macht versuchen wir nicht mehr durch religiöse Vorstellungen zu bannen wie noch die ersten Schmiede. Wir vertrauen vielmehr auf die Ratio, die Berechenbarkeit unseres Handelns. Die innovativen Potenziale des Fortschritts richten sich aber immer wieder auch gegen den Menschen, da eine souveräne Kontrolle des eigenen menschlichen Handelns und erst recht der komplexen Prozesse der Biosphäre bis heute fehlen. Im Laufe der vergangenen zweitausend Jahre hat sich das Verhältnis der beiden zentralen Parameter wissenschaftlicher Erkenntnis umgekehrt. Diese technische Innovation hat die Vernunft längst abgehängt, sie eilt kurzatmig hinter dem technischen Fort-

Zum Weiterlesen …

Jürgen Mittelstraß, *Leonardo-Welt. Über Wissenschaft, Forschung und Verantwortung* (Suhrkamp 1992)

Porträt

Bacon, *Roger*, engl. Naturforscher, Naturphilosoph und Philologe, * um 1214 bei Ilchester, † 1292 Oxford; kehrte nach zeitweiliger Tätigkeit als Professor der Philosophie in Paris nach Oxford zurück; originaler Denker der mathematisch-naturwissenschaftlich-sprachlichen Oxforder Schule; verband augustinische Illuminationslehre mit einem Empirismus und fand im Experiment die einzige Wahrheitsgarantie; erforschte die Gesetze der Optik und beschäftigte sich u. a. mit Astronomie, Astrologie, Magnetismus sowie mit Mineralen und Metallen.

schritt her und bemüht sich, nachzudenken in der Hoffnung, doch noch Orientierung zu schaffen und Sinnhaftigkeit zu vermitteln.

Als handlungsorientiertes Wesen, das Entscheidungen kurzfristig nach einem monokausalen Ursache-Wirkungszusammenhang trifft, bleibt dem Menschen des 21. Jahrhunderts kaum eine andere Strategie. Ein Handlungsmuster, das vier Millionen Jahre erfolgreich war, kann nicht in einhundert Jahren dem rasenden Fortschritt der Technikwelt angepasst werden. In dieser Leonardo-Welt ist das Ideal, das ihr Namensgeber einst verkörperte, ohnehin längst untergegangen. Denn Wissen wurde durch Information, die ständig und überall abrufbar ist, und durch Verarbeitungskompetenz ersetzt. Den Ursprung und den Wert der Information kann der Wissensanwender nicht mehr überprüfen, weil die Informationswelt eine Expertenwelt ist, die in kleinste Teilchen atomisiert wurde – wie die physikalischen Bausteine des Kosmos. Menschen haben sich dadurch weiter denn je von der Universalität entfernt. Die Technikentwicklung erfolgt nicht mehr im Kontext religiöser oder philosophischer Sinnstiftung und Deutung, da Sinnhaftigkeit vor allem über Nutzenmaximierung definiert wird. Während die Information wächst, schwindet das Wissen. Es ist uns gelungen, in zweitausend Jahren abendländischer Wissenschaftsgeschichte durch Rationalität und technische Intelligenz die Welt in immer mehr Einzelteile zu zerlegen. In diesem Labyrinth der Teilchen sind wir auf der Suche nach einer Anleitung, die zerdachte Welt wieder zusammenzufügen.

Im Wissensstrom

Seit ihrer Entstehung war die Sprache das mächtigste Instrument menschlichen Denkens. Alles was über die Welt gewusst und gedacht wurde, konnte über Sprache vermittelt und über sie im lebenden Organismus gespeichert werden. Wissen wurde über Hunderttausende von Jahren nur durch die mündliche Überlieferung von Generation zu Generation weitergegeben. Alte Menschen waren als personifiziertes Gedächtnis der Gesellschaft die Knotenpunkte in diesem Wissenstransfer. Durch sie wurden alle kulturellen Techniken und das gesamte Wissen, das sich über die Generationen hinweg akkumuliert hatte, bewahrt und abrufbar gehalten. Nur über sie war kultureller Wandel überhaupt erfahrbar. Diese Form der Informationsspeicherung hatte einen entscheidenden Nachteil: Solange der Wissenstransfer an das flüchtige Wort gekoppelt war, konnte der Wissensstrom der Generationen immer wieder versiegen. Das Wissen der Menschen war ständig gefährdet. Sogar aus unserer eigenen abendländischen Kultur kennen wir dieses Phänomen, dessen bestes Beispiel die Vermittlung der antiken Überlieferung ist. Das Wissen der griechischen Philosophen war mit dem Zusammenbruch des Römischen Reiches, der um 400 einsetzte, spätestens aber nach der Schließung der Athener Philosophenschule im Jahr 529 in Europa im Grunde verloren. In den Wirren der Völkerwanderungszeit versiegte im Westen der Strom dieses Wissens, das nur im Islam weiterlebte, der ein ausdrückliches Gebot zur Naturforschung im Koran fixiert hatte. So waren es arabische Wissenschaftler, die auf den antiken Fundamenten Astronomie, Mathematik – und Medizin weiterentwickelten. Über Andalusien im Westen und Byzanz im Osten blieb der Kontakt mit dem Abendland erhalten. Und als die Türken 1453 Byzanz eroberten, emigrierte ein Teil der dortigen Gelehrten nach Italien. Erst auf diesem Umwege gelangte das antike Wissen nach einer Unterbrechung von tausend Jahren wieder mitten nach Europa und schuf die Grundlage der Leonardo-Welt.

Wenn die Tradierung des spätantiken Wissens bereits so immens schwierig war, um wieviel schwieriger und lückenhafter muss der Wissenstransfer erst in den frühen Phasen der Menschheit, mit ihren kleinen verstreut lebenden Gemeinschaften gewesen sein. Neu gewonnenes Wissen, technische Innovationen waren bis zur Erfindung der Schrift an Personen gebunden, sofern sie nicht in Objekten ihren Niederschlag gefunden hatten. Im ungünstigen Fall konnten einer Gemeinschaft wichtige Kenntnisse und Erkenntnisse mit dem Tod eines Menschen verlorengehen. Ein Grund für die aus heutiger Perspektive extrem langsame kulturelle Entwicklung im Paläolithikum war dieser immer wieder auftretende Wissensverlust durch das Aussterben kleiner Populationen. Die Rekombinationsmöglichkeiten des anthropogenen Wissens waren wegen der geringen Anzahl von Individuen und der geringeren Kontaktfrequenz deutlich niedriger als in staatlich organisierten Systemen. Trotzdem war die orale Tradition in der Lage, einen beeindruckenden Informationstransfer auch über große zeitliche Distanzen und Räume zu gewährleisten. Über die Mobilität der paläolithischen Menschen und die Ausdehnung ihrer Kommunikationsnetze sind wir durch die Verteilung von Silexmaterial und andere Objekte wie zum Beispiel Schmuckschnecken gut informiert. Das Silexrohmaterial stammt auf vielen Fundplätzen neben lokalen Quellen aus Entfernungen bis zu einhundert oder auch einhundertfünfzig Kilometern. Diese Distanzen wurden wahrscheinlich durch Mitglieder der Jäger- und Sammlergruppen während des jahreszeitlichen Wanderns zwischen den verschiedenen Fundplätzen zurückgelegt. Daneben sind aber auch Schmuckschnecken gefunden worden, die auf die Kleidung, auf Beutel oder andere Untergründe genäht waren. Aus Mitteleuropa haben wir viele Zeugnisse, dass solche Objekte teilweise vom Atlantik oder der Mittelmeerküste kamen. Sie müssen über ein Tauschnetz zwischen den verschiedenen Gruppen gewandert sein und haben dabei große Entfernungen bis zu tausend und mehr Kilometern zurückgelegt. Dieses Netz muss zehntausend und mehr Jahre bestanden haben, da es teilweise noch im Mesolithikum intakt war. Dass über diese Verbindung auch Ideen und Informationen zirkulierten, wird durch Objekte der mobilen Klein-

Venus von Willendorf.

kunst bestätigt. Die sogenannten Venusfigurinen des Jungpaläolithikums hatten, ausgehend von Mitteleuropa, eine Verbreitung von Frankreich bis in die Ukraine über mehrere Tausend Kilometer. Sie wurden einer gestalterischen Norm folgend jeweils lokal hergestellt und belegen die Transferkapazitäten der Kommunikationsstrukturen jungpaläolithischer Gemeinschaften. Auch ohne technische Transporthilfen waren die Gruppen von Jägern in der Lage, Informationen durch ihre Tauschbeziehungen weit über ihre jährlichen Schweifgebiete hinaus zu senden und zu empfangen.

Im Neolithikum wurden die Lebensform stationär und die lokalen Bezugssysteme bedeutend enger. Aber durch professionelle Handelsbeziehungen wie bei der Lieferung von Silexrohmaterial, das in vorgefertigten Barren von den Bergwerken bis zu tausend Kilometer weit gehandelt wurde, waren Verbindungen gewährleistet, die durch die Nutzung von Haustieren beim Transport des Materials und durch die Erfindung des Rades noch technisch unterstützt wurden.

Die mündliche Überlieferung war zweifellos ein mächtiges Werkzeug der Speicherung und Tradierung von Informationen und leistet noch heute neben vielen anderen Kommunikationsformen einen wesentlichen Beitrag im Alltagsleben, indem Erfahrungswissen über verschiedene Generationen hinweg weitergegeben wird. Eine Ergänzung erfuhr sie gegen Ende des Paläolithikums, als neben dem gesprochenen Wort zum ersten Mal eine externe Informationsfixierung archäologisch nachweisbar ist. Diese Externalisierung wird in den Bildern und Zeichen der Höhlenkunst und der mobilen Kleinkunst fassbar. Aber auch in diesen neuen Medien war die Informationsvermittlung ohne die Begleitung des gesprochenen Wortes nicht eindeutig. Eine Tatsache, die der archäologischen Forschung bei dem Versuch einer Deutung der paläolithischen Kunst immer wieder schmerzlich bewusst wird. Mit der Sesshaftwerdung und dem Beginn einer produzierenden Wirtschaftsform erlangte die externe Informationsspeicherung erstmals ökonomische Bedeutung. Überschüsse mussten verwaltet werden und bedurften einer Buchführung. Im Neolithikum des Vorderen Orients finden sich geometrische Tonmarken, sogenannte Zählsteine, die wahrscheinlich der Eins-zu-eins-Zuordnung von Gütern dienten. Im Gegensatz zum Paläolithikum war die Zuweisung dieser Informationen nun eindeutig und unabhängig vom gesprochenen Wort.

In Mesopotamien und Ägypten entstand um 3 000 vor Christus die Schrift zeitgleich mit vergleichbaren Entwicklungen im Industal und führte zur weiteren Vereinheitlichung der Informationsübertragung. Diese Entwicklung erfuhr mit der alphabetischen Schrift, die an der Wende zum 1. Jahrtausend vor Christus durch die Phönizier erfunden wurde, eine zunehmende Standardisierung. Auch hier waren erneut ökonomische Vorteile für die kulturelle Weiterentwicklung und Beschleunigung entscheidend. Denn als seefahrendes Händlervolk hatten

Sumerische Keilschrift-Tontafel.

die Phönizier wie keine andere Gruppe im östlichen Mittelmeergebiet großes Interesse an einer zuverlässigen Kommunikation mit ihren verschiedenen Handelspartnern. Über Griechenland breitete sich die Buchstabenschrift nach Rom aus. Mit ihr stand ein universell kombinierbarer Zeichenvorrat zur Verfügung, der sich nun nicht mehr auf ein Bild bezog, sondern auf den Laut. Information war jetzt an jedem beliebigen Ort fixierbar und konnte in Form der Schrift zirkulieren und von anderen Personen abgerufen werden. Die Gegenwart konnte selektiv aufbewahrt werden und die Vergangenheit ließ sich rekapitulieren, ohne auf individuelles Erfahrungswissen zurückgreifen zu müssen. Das Wissen wurde dauerhafter als jemals zuvor. Unabhängig von Personen konnte es in dem externen Speichermedium Text durch Raum und Zeit reisen. Allerdings waren in Mesopotamien und Altägypten nur deutlich weniger als zehn Prozent der Bevölkerung des Lesens kundig. Selbst im antiken Athen und in Rom war die Mehrzahl der Menschen Analphabeten, und um 1800 waren in Deutschland noch weniger als vierzig Prozent der Bevölkerung schriftkundig.

Neben der größeren Dauerhaftigkeit erforderte das Medium Schrift aber auch eine andere Wahrnehmung der Welt, denn die Medien, in denen wir kommunizieren, verändern unsere Sichtweise auf die Welt und schaffen neue Vorstellungen von ihrem Zustand. Nicht alles, was gesagt wird, kann auch niedergeschrieben werden. Die schriftliche Aufzeichnung zwingt zur spezifischen Reflexion, zur Abstraktion und er-

231

fordert größere Präzison als eine rein sprachliche Kommunikation, die zudem durch Tonfall, Mimik und Gestik weitere Erklärungsmöglichkeiten bietet.

Den gesellschaftlichen Durchbruch erfuhr die Schrift aber erst, als sie durch ein technisches Medium, den Buchdruck mit beweglichen Lettern, allgemein verfügbar wurde und nicht nur ein großes Informationsbedürfnis stillte, sondern auch ökonomisch verwertbar wurde. Herausgelöst aus dem Kontext von Herrschaft und Macht wurde sie allmählich ein allgemeines gesellschaftliches Gut – ihre Demokratisierung begann. Um 1500 existierten in Europa etwa zwanzig Millionen Bücher zusammen mit achtzig Millionen Menschen. Im 16. Jahrhundert wurden bereits zweihundert Millionen Bücher gedruckt. Mit der Entstehung der bürgerlichen Lesekultur im 18. Jahrhundert entwickelte sich das Buch zum kulturellen Leitmedium.

Im 20. Jahrhundert wurde durch die technisch erzeugten Bilder neben der Schrift eine zweite Form der Vermittlung und Speicherung von Wissen geschaffen. Die Flut dieser Bilder ist heute überwältigend und suggeriert eine besondere Realität und Authentizität. Bilder haben einen entscheidenden Vorteil: Sie entsprechen unserem biologischen Wahrnehmungsapparat besser als die Schrift. Seit Millionen von Jahren haben alle Hominiden ihre Welt vor allem über bildliche Informationen erfahren. Erst seit fünftausend Jahren nutzt ein Teil der Menschheit die Schrift als neues Medium. Bild und Schrift werden heute durch die digitale Datenspeicherung zusammengeführt und gleichzeitig aus ihren traditionellen Speicherformen herausgedrängt. Die Unübersehbarkeit des menschlichen Wissenskosmos wächst. Damit wächst auch der Wunsch nach Vertrautheit und Verständlichkeit – es wächst die Macht der Bilder. Denn das Augenwesen Mensch vertraut seit Millionen Jahren am liebsten und immer noch – vielleicht sogar immer mehr – auf das, was es sehen kann. Diese Vorliebe erweist sich in der Welt der technischen Bilder als potenzielle Gefahr. Denn die Artifizialität des menschlichen Mikrokosmos ist im Bereich der Kommunikation zweifellos am weitesten fortgeschritten. Die virtuelle Bilderwelt, vierundzwanzig Stunden allgegenwärtig, ist ein Kunstprodukt, ein Unort in der realen Welt, in dem Menschen versuchen sich einzurichten. Die Beschleunigung der Kommunikation bewirkt die Auflösung von Zeit und Raum.

Was werden wir im 21. Jahrhundert sein: zappelnde Fische im weltweiten Kommunikationsnetz oder Nachbarn im globalen Dorf? Wirkt digitale Nähe allmählich so verbindend, dass daraus ein globales Verantwortungsgefühl erwachsen kann? Oder bedroht sie nur unsere kulturelle Vielfalt und damit ein grundlegendes Prinzip der Humanevolution?

Grundtext aus: Gerd-Christian Weniger *Projekt Menschwerdung. Streifzüge durch die Entwicklungsgeschichte des Menschen*; Spektrum Akademischer Verlag.

Wunderwaffen aus Schöningen

Sportler testen den Speer des *Homo erectus* – und werfen damit erstaunlich präzise

Kai Michel

Die Schrebergärtner am Stadtrand von Schöningen pusten mit dem Haarföhn in den Kugelgrill und ziehen stattliche Fleischfetzen aus der Marinade. Wissen die Grillmeister wohl, was für ein Jagdgemetzel sich nur einen Speerwurf von ihrem Zaun entfernt dereinst ereignet hat? Dort, wo das gigantische Loch des Braunkohletagebaus klafft, lag vor rund 400 000 Jahren ein See. Was damals an seinem Ufer geschah, lässt sich nur erahnen. Im Gebüsch verbarg sich ein Trupp Vormenschen, Typ *Homo erectus*. Ob sie die Wildpferde in einen Hinterhalt getrieben oder tagelang auf der Lauer gelegen hatten, bis die Pferde zur Tränke kamen – man weiß es nicht. Man kann sich urmenschliches Gebrüll dazudenken, stellt man sich vor, wie sie aus der Deckung sprangen und sich über ihre Beute hermachten. Über das Ende des Jagddramas allerdings ist kein Zweifel möglich: Knochen und Schädel von zwanzig Pferden fand der Archäologe Hartmut Thieme, dazwischen acht Speere aus Fichtenholz – die ältesten vollständig erhaltenen Jagdwaffen der Menschheit.

„In 400 000 Jahren Speerwerfen hat sich nicht viel geändert", scherzt der Sportschau-Veteran Dieter Adler, der heute einen sehr speziellen Wettbewerb kommentiert. Im Schöninger Stadion, unweit der archäologischen Stätte, haben sich Schaulustige eingefunden, um Speerwerfern zuzusehen, wie sie mit dem Jagdwerkzeug früher Hominiden zurechtkommen. Am Absperrband hängen Schilder: „Spielfeld nicht betreten – Lebensgefahr". Dahinter stellt Adler den Speerwerfer Raymond Hecht vor, der mit 92,60 Meter den deutschen Rekord hält. Zwar will der sich heute wegen einer gerade auskurierten Verletzung nicht richtig ins Zeug legen und verzichtet auf die Spikes. Doch als Oliver Willand, Seniorenmeister von 2001, mit dem nachgebauten Schöninger Speer mächtig ausholt, packt ihn der Ehrgeiz. „Der feuert ihn ganz schön raus", kommentiert Dieter Adler Hechts prähistorischen Wurf: 64,91 Meter. Mit dem modernen Carbon-Speer schafft er es auch nur einen halben Meter weiter.

Die Kopien fliegen, die Originale dürfen schwimmen

Einer, der bereits früher Nachbauten der Schöninger Speere durch die Gegend schmeißen ließ, ist Hermann Rieder, der emeritierte Direktor des Instituts für Sport und Sportwissenschaft der Universität Heidelberg. Rieder war in den 1950ern selbst Deutscher Meister im Speerwerfen und trainierte später den Olympiasieger von 1972, Klaus Wolfermann. Er erzählt von seinen Erfahrungen in Sachen experimenteller Archäologie: „Die mittlere Länge der gefundenen Speere entspricht dem heutigen Damen-Wettkampfspeer von 2,20 Meter, auch das Gewicht von rund 600 Gramm kommt hin." An Gelatineblöcken hatte er die Eindringtiefe der Speere getestet: Das moderne Geschoss schaffte 29 Zentimeter, sein prähistorischer Ahn sechs weniger.

Die Originale liegen wohlbehütet im niedersächsischen Landesdenkmalamt in Hannover, der Arbeitsstelle von Hartmut Thieme, ihrem Entdecker. Genauer gesagt, schwimmen sie dort in lichtdichten Edelstahltanks, die mit destilliertem Wasser gefüllt sind. Die kleine Stadt Schöningen aber, zehn Kilometer von Helmstedt im ehemaligen Zonenrandgebiet gelegen, leidet unter Phantomschmerzen. Nur der Abdruck, den ein Speer im paläolithischen Schlamm hinterlassen hat, ist in der kleinen Ausstellung „Archäologische Spurensuche" am Rande des Tagebaus zu sehen. Auch wenn man daran erkennt, wie sorgsam der Speer gearbeitet ist, wie vorzüglich seine Spitze aus dem Holz getrieben wurde und wie das Holz sich unter dem Sedimentationsdruck leicht verbog, verirren sich am Tag gerade mal zehn, selten dreißig Besucher ins ehemalige Schöninger Gefängnis. Wer will schon etwas ansehen, was gar nicht da ist?

Stephan Lütgert möchte das ändern. Als Geschäftsführer des Fördervereins „Schöninger Speere. Erbe der Menschheit" entwickelte der promovierte Archäologe eine Vision, die der strukturschwachen Region neue Identität verleiht: Ein „Forschungs- und Erlebniscenter" soll den Touristen die Speere präsentieren und was tapfere Archäologen sonst den mehr als dinosauriergroßen Baggern vor der Schippe wegschnappten. „Wenn Sie berühmte archäologische Fundstätten wie Lascaux oder Neandertal besuchen", sagt Lütgert, „dann wird Ihnen dort auch etwas geboten. Warum soll das in Schöningen anders sein?" Es ist ein langer Weg bis dahin.

Eigentlich muss die Steinzeit Holzzeit heißen

Einen Vorgeschmack mit Speerduplikaten gibt es heute. „Vom Steinzeitjäger zum Leistungssportler" heißt der von Lütgert auf die Beine gestellte Wettbewerb, in dessen Rahmen Hecht und Co jetzt nicht mehr in die Weite schmeißen. Die Jagddistanz mit Speeren betrug ja nur 15 Meter: Jenseits davon, haben die Experimentalarchäologen ermittelt, fehlte es an Durchschlagskraft.

Deshalb üben sich die Athleten nun im Zielwerfen auf einen röhrenden Hirsch. Strohballen geben dem tierischen Pappkameraden Halt. Werden die Hominiden im Sportdress ihn erlegen können, so wie damals ihre Vorfahren die frühen Equiden?

Alle treffen wie die Weltmeister! „Die Wurf- und Flugeigenschaften der Speere sind phänomenal", sagt Rieder. „Wer solche Speere herstellen konnte, musste einen großen technischen Erfahrungsschatz besitzen." Das bestätigt eindrucksvoll die Relevanz des Fundes. Schon Thieme hatte darauf hingewiesen, dass die Speere unsere Sicht auf den *Homo erectus* grundlegend verändern: Bisher belegte ihn die Wissenschaft mit Vorliebe mit dem Adjektiv „tumb" und war überzeugt, erst der moderne Mensch sei zur Großwildjagd fähig gewesen. Als Aasfresser schnappte sich *Homo erectus* bloß ab und an ein Kleinstwild.

Die hölzernen Präzisionswaffen bringen den Archäologen und Archäotechniker Ulrich Stodiek noch auf einen anderen Gedanken. Das organische Material, mit dessen Hilfe *Homo erectus* seine Grilltafel zu decken pflegte, hat nur in den allerseltensten Fällen die Zeiten überdauert. Sind wir Ignoranten, wenn wir weiterhin von Steinzeit sprechen? Hätten sich alle Materialien gleich gut konserviert, sagt Stodiek, müsste es Holzzeit und nicht Steinzeit heißen.

In der Expertenrunde auf der Sportstätte brodelt wissenschaftliche Unruhe. Das Bild des modernen Menschen als erster Kulturträger steht auf dem Spiel: Konnte *Homo erectus* etwa Waffenherstellung und koordinierte Wildpferdjagd ohne sprachliche Kommunikation bewältigen? Was machte der Trupp mit dem Fleisch von zwanzig Pferden – beherrschte er schon die Vorratshaltung? Trocknete er das Fleisch oder räucherte es gar? Thieme fand Feuerplätze und einen Holzstab, der als „Bratspieß" gedient haben könnte. Und: Warum ließ *Homo erectus* die aufwendig hergestellten Speere zwischen den Resten zurück? Ein Jagdritual? War er ein spirituelles Wesen?

Mächtig regt sich der Jagdinstinkt

Ein weitläufiger Foschungsbedarf. Doch dafür fehlt das Geld. Nicht einmal die Speere sind wissenschaftlich aufgearbeitet. Deshalb steht Thieme den Museumsplänen Lütgerts auch skeptisch gegenüber. „Für mich haben andere Dinge Priorität." Es muss weiter gegraben werden. Unter höchstem Zeitdruck, der Bagger ist unerbittlich. Das organische Fundmaterial lagert bis dahin tiefgefroren in einem Lebensmittelkühlhaus. Das Personal fehlt an allen Ecken und Enden. Nun sollen der niedersächsischen Denkmalpflege weitere vierzig Stellen gestrichen werden.

Im Stadion von Schöningen geht es munter weiter. Jetzt dürfen auch die Besucher Speere schleudern. Die Kinder sind begeistert, durchlöchern erbarmungslos den Papp-Hirsch. Plötzlich geht ein Raunen durch die Menge. Ein Milan fliegt ganz niedrig über den Sportplatz. „Da oben ist das Wild", schreit jemand. Die Menge johlt wie einst wohl ihre Urahnen drunten am See. Mächtig regt sich der Jagdinstinkt. Der Greifvogel nimmt's gelassen und segelt davon.

Aus: DIE ZEIT Nr. 25, 9. Juni 2004

D as erklärte Lieblingstier von **Geoffrey F. Miller** ist der Pfau. Der weitgefächerte Schwanz der Pfauenmännchen fasziniert den Evolutionspsychologen. Wie konnte sich dieses schöne, aber höchst unpraktische biologische Konstrukt im Laufe der Evolution herausbilden? Es wachsen zu lassen, kostet enorme Ressourcen. Seine Länge und sein Gewicht hindern die Männchen an der Flucht vor Feinden. Kurz: Die natürliche Selektion sollte Männchen mit großen Pfauenrädern allmählich von der Erdoberfläche verschwinden oder besser noch gar nicht erst entstehen lassen.

Doch hier wählt nicht nur die Umwelt, welcher Pfau sich auf Dauer durchsetzt. Es sind die Weibchen, die selektieren. Und ein schöner, großer Schwanz signalisiert den Pfauendamen, dass sie ein starkes und gesundes Männchen vor sich haben.

Genau wie der Pfauenschwanz seien auch menschliche Intelligenz und Kreativität im Laufe der Evolution entstanden, ist Geoffrey Miller überzeugt: durch sexuelle Selektion. Denn für die Aufgaben in prähistorischen Zeiten sei das menschliche Gehirn deutlich überdimensioniert. Aber, so spekuliert Miller, vielleicht hatten Männer mit mehr Verstand und Sprachwitz für Frauen den höheren Unterhaltungswert und damit die besseren Fortpflanzungschancen.

Miller wird 1965 in Cincinnati, Ohio, geboren. Er studiert an der Columbia University und promoviert an der Stanford University in Kognitionspsychologie. Seine akademische Karriere führt ihn unter anderem an das Max-Planck-Institut für Psychologische Forschung in München, an die Universitäten von Sussex und Nottingham, an die University of California in Los Angeles sowie an das Centre for Economic Learning and Social Evolution am University College London und an die London School of Economics. Heute lehrt und forscht er an der University of New Mexico.

Geoffrey Miller vereint Psychologie und Evolutionsbiologie zur Evolutionspsychologie. In seinem Buch *The Mating Mind* erläutert er (mit sehr viel Sprachwitz) seine Theorie. Das Buch wird ein internationaler Erfolg. Nach dem amerikanischen Original aus dem Jahr 2000 erscheinen in rascher Folge Übersetzungen in zahlreichen Sprachen, darunter auch die deutsche Ausgabe (*Die sexuelle Evolution*).

Geoffrey F. Miller

Einfallsreiches Werben – der Ursprung menschlicher Kreativität

Von Geoffrey F. Miller

Viele Menschen denken bei „Evolutionspsychologie" gleich an „genetischen Determinismus". Dieser verbreitete Irrtum erschwert es zu verstehen, dass die menschliche Kreativität evolutionär erklärbar ist. Darwin stellte seine Theorie der natürlichen Selektion auf, um die Existenz komplexer Ordnungen wie etwa die Struktur des Auges zu erklären. Zu Kreativität gehört jedoch neuartiges, unvorhersehbares, nicht deterministisches Verhalten – das offensichtliche Gegenteil von Ordnung. Das Auge ist so konstruiert, dass parallele Lichtstrahlen auf einen Punkt gebündelt werden; Kreativität dagegen lässt Ideen in alle Richtungen auseinander streben. Kreativität scheint in ihren mentalen Prozessen wie in ihren kulturellen Produkten zu chaotisch, um eine biologische Adaptation im traditionellen Sinne zu sein. Wie also konnte sie sich entwickeln?

Im vorliegenden Beitrag zeige ich auf, wie die Evolution bei vielen Tieren unvorhersehbares Verhalten begünstigt, und vertrete zudem die Auffassung, dass diese „Befähigung zur Zufälligkeit" möglicherweise durch sexuelle und soziale Selektion verstärkt und zur mensch-

---

■ Was ist eigentlich ... ■

Evolutionspsychologie, evolutionäre Psychologie, Darwinsche Psychologie, eine Synthese von Psychologie und Evolutionsbiologie, die speziell den menschlichen Verstand, das Gehirn, aus evolutionärer Perspektive untersucht. Grundfragen der evolutionären Psychologie sind: 1) Warum ist der Verstand so und nicht anders, welche kausalen Prozesse haben ihn kreiert und geformt? 2) Wie ist der menschliche Verstand beschaffen, welches sind seine Mechanismen oder Komponenten und wie sind diese organisiert? 3) Welches sind seine Funktionen? Wofür wurde er geschaffen? 4) Wie interagiert die aktuelle, speziell die soziale Umgebung mit dem Verstand zusammen, um zu beobachtbarem Verhalten zu führen?

Kreativität, Begabung in Form unerwarteter, eigenwilliger und ungewöhnlicher Leistungen. Die Tatsache, dass das durch den IQ gemessene Denkvermögen bei Weitem nicht alle Aspekte erfasst, die als „begabt" eingestuft werden, postulierte Joy P. Guilford (1897–1988) ein anderes, abweichendes Denkvermögen, das kreative Denken. Er attestierte es Personen, die sich Neuem, Nicht-vor-Augen-Liegendem, Spekulativem öffnen. Die moderne Lernforschung sucht nach den charakteristischen Faktoren in der Persönlichkeit und in Lernumgebungen, die Kreativität fördern könnten, z. B. in der Arbeitstechnik des Brainstorming im Team. In der Biologie wird Kreativität unter evolutionären Gesichtspunkten gesehen, als kognitives Potenzial zur Bewältigung unbekannter Situationen oder zur Bewältigung alter Probleme mit besseren neuen Mitteln, modellhaft sichtbar im entspannten Feld des Spiels, beim Erkunden und unter fehlerfreundlichen Bedingungen.

Was ist eigentlich ...

Zufall, Bezeichnung für selten oder unerwartet auftretende, unerklärte oder unerklärbare, unsichere, unwiederholbare oder regellose Ereignisse. Man unterscheidet: 1) Zufall im objektiven Sinn (absoluter Zufall): für das Ereignis gibt es keine Ursache; z. B. der spontane Zerfall eines Atomkerns. 2) Zufall im subjektiven Sinn: für das Ereignis gibt es keine Erklärung, aber eine (noch nicht bekannte) Ursache; z. B. die Richtung einer ausgelösten Mutation, das Gen, das von einer Mutation betroffen wird, das Ergebnis einer Mutation, die Auswirkung einer Mutation, die Richtung der biologischen Evolution (nur scheinbar nicht zufällig durch Einwirkung der Selektion), die Verteilung der Chromosomen bei der Meiose, welches X-Chromosom inaktiviert wird.

Was ist eigentlich ...

Fitness, Adaptationswert, Selektionswert, Begriff zur Beschreibung der Fähigkeit eines Genotyps, möglichst häufig im Genpool der nächsten Generation vertreten zu sein. Individuen (Genotypen) mit einer hohen Fitness sind mit größerer, Individuen mit einer niedrigen Fitness mit geringerer Häufigkeit in der Population (im Genpool) der nächsten Generation vertreten. Die Selektion ist dabei die richtende Kraft, die die Zusammensetzung des Genpools bestimmt. Die Selektion kann z. B. über die Fertilität, den Paarungserfolg oder die Überlebensrate wirksam werden.

lichen Kreativität weiterentwickelt wurde. Wir werden erfahren, dass Verhaltensweisen oft nach einem evolutionären Plan – und nicht nach reinem Zufall „randomisiert" werden. Kreativität ist mehr als eine bloße Begleiterscheinung chaotischer neuraler Aktivität in großen Gehirnen: Sie entwickelte sich zu einem bestimmten Zweck, teils als Indikator für Intelligenz und Jugend, teils als ein Weg, um unsere Neugierde anzusprechen. Wenn wir begreifen, wie natürliche Selektion unvorhersehbare Strategien in Konkurrenzsituationen begünstigen kann, können wir vielleicht besser nachvollziehen, wie sexuelle Selektion die positive Unvorhersehbarkeit von Kreativität und Humor bei der Partnerwerbung bevorzugen konnte.

Evolution kontra genetischer Determinismus

Seit sich die ersten Nervensysteme entwickelt haben, bemüht sich die Evolution, den „genetischen Determinismus" zu überwinden – die direkte Kodierung von Verhalten durch Gene. Kein Wissenschaftler glaubt, dass Gene jede einzelne Verhaltensweise, die ein Organismus in seinem Leben zeigt, vorprogrammieren. Die Evolution vermeidet diese Vorprogrammierung, indem sie Tiere mit Sinnesorganen ausstattet, um wahrzunehmen, was in der Umwelt vor sich geht, und mit Reflexen, damit diese Sinne die Bewegungen beeinflussen können. Dank dieser Sinne und Reflexe kann das Verhalten Variablen der Umwelt viel schneller registrieren, als die genetische Evolution es kann. Eine entscheidende Variable ist das Vorkommen von Nahrung.

Die Augen eines Plattwurmes nehmen wahr, dass sich an einem bestimmten Ort Nahrung befindet, ohne darauf warten zu müssen, dass die Plattwurmspezies den Glauben an ein dortiges Nahrungsvorkommen entwickelt. Glaubt man an die Existenz von Sinnesorganen und Rückenmark, ist man kein genetischer Determinist im strengen Sinne.

Die Evolution beließ es nicht bei Augen und Rückenmark. Sie ließ die ersten Segmente von erstklassigem Rückenmark zu enormen Bastionen des Antideterminismus anschwellen, sogenannten Gehirnen, und fügte Schicht auf Schicht Gedanken und Gefühle zwischen Input der Sinnesorgane und Output der Motorik. Die Evolutionspsychologie soll nun analysieren, wie die Evolution diese mentalen Adaptationen konstruiert, die Umweltreize in Fitness fördernde Verhaltensweisen umwandelt. Je größer das Gehirn, desto kompliziertere Umweltreize kann es zur Lenkung des Verhaltens benutzen und desto ausgefeilter kann dieses Verhalten sein. In den großen, Generationen langen Zyklus der genetischen Evolution bauen Gehirne Millionen schnellerer Rückkopplungsschleifen ein. Sinnesorgane und

Gehirne machen in Sekundenschnelle neue Möglichkeiten aus, Überleben und Fortpflanzung zu fördern. Der einzige Grund ihrer Existenz besteht darin, es den Genen zu ersparen, sich bei jeder Veränderung der Umwelt ebenfalls verändern zu müssen.

Gene bestimmen nur selten spezifische Verhaltensweisen, bestimmen aber oft, wie Umweltreize Verhaltensweisen aktivieren. Viele Verhaltensweisen lassen sich recht gut voraussagen, wenn man weiß, was ein Organismus gerade wahrnimmt. Diese Voraussagbarkeit resultiert aus dem Bedarf an optimalen Lösungen: In jeder Umweltsituation gibt es oft eine optimale Reaktion. Tiere, die das Richtige tun, überleben und pflanzen sich erfolgreicher fort; Tiere, die vom optimalen Verhalten abweichen, sterben oft. Dieser Druck in Richtung auf optimales Verhalten macht viele Verhaltensweisen vorhersehbar.

Es gibt jedoch auch Situationen, in denen es ganz und gar nicht ratsam wäre, vorhersehbar zu handeln – beispielsweise wenn es darum geht, einem hungrigen Raubtier zu entkommen. Die Selektion kann Schaltkreise im Gehirn bevorzugen, die Reaktionen randomisieren, um ein adaptiv unvorhersehbares Verhalten zu erzeugen. Die Vorteile der Randomisierung wurden zuerst von Spieltheoretikern wirklich erfasst.

Das „Kopf-Wappen-Spiel"

John von Neumann besaß – selbst im Vergleich zu anderen ungarischen Mathematikern – einen erstaunlich kreativen Geist. Im Alter von 30 Jahren, im Jahre 1933, hatte er bereits die moderne Definition der Ordinalzahlen (Ordnungszahlen) entwickelt, eine axiomatische Begründung der Mengenlehre formuliert und ein Standardlehrbuch zur Quantenphysik verfasst. Während seiner Mitarbeit am Manhattan Project kam er zu einer entscheidenden Erkenntnis zum Bau einer funktionierenden Atombombe. Von ihm stammt zudem ein grundlegendes Konzept der Computerwissenschaft, die „Von-Neumann-Architektur". Dies waren jedoch nur Aufwärmübungen für seine Arbeit an der Spieltheorie, die zur Grundlage sowohl der modernen Wirtschaftswissenschaften als auch der modernen Evolutionsbiologie wurde.

Von Neumann erkannte, dass sich viele Spiele am besten spielen lassen, wenn man seinen jeweils nächsten Zug randomisiert. Man stelle sich ein „Kopf-Wappen-Spiel" vor. In diesem Spiel gibt es zwei Spieler, und jeder hat eine Münze. In jeder Runde wählt jeder Spieler heimlich Kopf oder Wappen: Beide legen die Münze mit Kopf oder Zahl nach oben unter ihre Hand. Dann werden die Münzen gezeigt. Wenn der erste Spieler dieselbe Seite nach oben gedreht hat wie der zweite Spieler (etwa wenn beide Münzen mit der Kopfseite

nach oben liegen), dann gewinnt der erste Spieler den Penny des anderen. Passen die Münzen nicht zusammen (wenn also die eine Wappen, die andere Kopf zeigt), dann muss der erste Spieler dem zweiten einen Penny geben. Die erste Runde ist nicht so interessant, aber bei einer Wiederholung lassen sich Prognosen über das Verhalten des Gegenspielers abgeben. Die Möglichkeit der Vorhersage macht das Kopf-Wappen-Spiel zu einem strategisch komplizierten Spiel.

Die Rollen der zwei Spieler scheinen verschieden, aber im Grunde haben sie beide dasselbe Ziel: Sie wollen voraussagen, was der Gegner tun wird, und dann das jeweils Richtige tun (dieselbe oder die andere Münzseite nach oben wenden), um die Runde zu gewinnen. Es kommt allein darauf an, die Absichten des Gegenspielers herauszufinden. Die ideale Offensivstrategie ist, fehlerfreie Vorhersagen zu machen: Finde anhand des bisherigen Verhaltens heraus, wie der Gegenspieler vorgeht, übertrage diese Strategie auf den nächsten Schritt, stelle die Prognose und gewinne das Geld. Diese Strategie der Vorhersage lässt sich jedoch leicht durchkreuzen: Man spielt unvorhersehbar. Von Neumann schrieb: „Wenn man das Kopf-Wappen-Spiel mit einem wenigstens einigermaßen intelligenten Gegner spielt, so wird man nicht versuchen, dessen Absichten zu durchschauen, sondern man wird sich darauf konzentrieren zu verhindern, dass man selbst durchschaut wird, indem man in unregelmäßiger Weise in den aufeinanderfolgenden Partien bald „Kopf", bald „Wappen" spielt."

Vorder- und Rückseite eines amerikanischen Silberdollars.

Vor allem wenn ein Spieler in der Hälfte der Runden „Kopf" und in der anderen „Wappen" spielt, kann der Gegenspieler, wie gut seine Prognosen auch sein mögen, in diesem Spiel bestenfalls sein Geld wieder herausbekommen. Diese Strategie des Zur-Hälfte-Kopf-und-zur-Hälfte-Wappen-Spielens ist ein Beispiel für die von Spieltheoretikern sogenannte „gemischte Strategie", weil sie die Spielzüge unvorhersehbar mischt. In ihrem wegbereitenden Buch *The Theory of Games and Economic Behavior* (*Spieltheorie und wirtschaftliches Verhalten*) aus dem Jahre 1944 bewiesen John von Neumann und Oskar Morgenstern ein wichtiges Theorem. Grob gesagt wiesen sie nach, dass bei jedem Spiel zwischen konkurrierenden Spielern, das mehr als ein Gleichgewicht hat, die beste Strategie eine gemischte ist. Viele wichtige Spiele haben mehr als einen Gleichgewichtspunkt. Aus der Evolution wissen wir, wie wichtig Konkurrenz ist. Das Theorem besagt unter anderem, dass zwei Tiere, die miteinander zu tun und unterschiedliche Interessen haben, ihr Verhalten am besten randomisieren. Wenn Vorhersehbarkeit zum Verlust einer Münze führt, empfiehlt sich Unvorhersehbarkeit. Wenn Vorhersehbarkeit zum Verlust des eigenen Lebens an ein Raubtier führt, ist Unvorhersehbarkeit dringendst empfohlen.

Strategische Zufälligkeit in der Biologie

Im Jahre 1930 wies Sir Ronald Fisher nach, dass Tiere ein ähnliches Spiel spielen wie das Kopf-Wappen-Spiel. Sie müssen eine Strategie entwickeln, um zu bestimmen, ob sie männliche oder weibliche Nachkommen hervorbringen. Wenn ein Tier bereits wüsste, welches Geschlecht in der folgenden Generation dringender benötigt wird, könnte es einen Vorteil daraus ziehen, das seltenere, gefragtere Geschlecht hervorzubringen. In einer rein weiblichen Population hätte es ein Männchen sehr gut, es könnte seine Gene im gesamten Genpool der Population verbreiten. Dasselbe gilt für ein Weibchen in einer rein männlichen Population. Sollten also Tiere versuchen, ihre evolutionären Gegenspieler durch Vorhersagen auszutricksen? Fisher sagte nein. Wie im Kopf-Wappen-Spiel ist das Beste, was sie tun können, ihr Verhalten zu randomisieren, indem sie zur Hälfte Männchen und zur Hälfte Weibchen hervorbringen. Das Geschlechterverhältnis ist aus strategischen Gründen ausgeglichen, nicht weil irgendein biologisches Gesetz besagt, dass es ein 50:50-Verhältnis geben muss. Auf der Verhaltensebene erfassten die Biologen den Nutzen der Zufälligkeit erst später. Im Jahre 1950 veröffentlichte Michael Chance den Klassiker *The Role of Convulsions in Behavior*. Forscher rätselten lange über die Tatsache, dass Laborratten manchmal in merkwürdige Zuckungen verfielen, wenn Labormitarbeiter zufällig mit ihren Schlüsselbunden klimperten. Warum sollten bestimmte Geräusche Zuckungen auslösen, die offenbar nachteilig sind, da sich die Ratten an den Käfigwänden verletzen? Chance fand heraus, dass die Ratten auf das Schlüsselklimpern reagierten, als kündigte es das Herannahen eines gefährlichen Raubfeindes an. Bot man ihnen in den Käfigen Verstecke an (kleine Rattenhäuschen), liefen sie einfach ins Versteck, wenn die Schlüssel klimperten. Nur wenn sie sich nicht verstecken konnten, verfielen sie in Zuckungen. Diese hatten sich vielleicht eher als Verhalten zur letzten Verteidigung entwickelt denn als pathologische Erscheinung. Wilde Zuckungen, auch ein „Todeskampf", erschweren es Raubfeinden, die zappelnde Beute zu packen und festzuhalten. Chance – dessen Name ihm alle Ehre machte (englisch für „Zufall") – vertrat die Auffassung, dass die Ratten Verteidigungsstrategien entwickelt hatten, die sich Zufälligkeit zunutze machen.

Bald nach Chance Arbeit über Ratten fand Kenneth Roeder heraus, dass Fledermaustöne ein ähnlich randomisiertes Verhalten bei Nachtfaltern auslösen können. Fledermäuse fressen Nachtfalter und orten ihre Beute, indem sie hochfrequente Töne ausstoßen und dem Ultraschallecho lauschen. Ein Nachtfalter, der plötzlich von einer Ultraschallwelle getroffen wird, kann sich ziemlich sicher sein, dass dicht hinter ihm ein aufgesperrtes Fledermausmaul folgt. Nachtfalter vollführen in dieser Situation vielerlei völlig unvorhersehbare Ausweich-

Porträt

Fisher, *Sir Ronald Aylmer*, engl. Genetiker und Statistiker, * 17.2.1890 East Finchley (heute zu London), † 29.7.1962 Adelaide (Australien); ab 1933 Professor für Eugenik am University College London, 1943–1957 Professor für Genetik an der University of Cambridge (England); Mitbegründer der Populationsgenetik und der modernen mathematischen Statistik, in der er u. a. den F-Test (mit der nach ihm benannten Fisher-Verteilung) entwickelte; auch bedeutende Arbeiten zur Biometrie; untersuchte das Rhesussystem (Rhesusfaktor) und die Evolutionsmechanismen in Populationen unterschiedlicher Größe (Fishers Prozess, Fishers Regel); Mitbegründer der „Synthetischen Evolutionstheorie".

bewegungen; sie taumeln und fliegen Loopings und Sturzflüge. Nachtfaltergene für vorhersehbares Verhalten wurden meist in Fledermausmägen verdaut und nicht an kleine Nachtfalter weitergegeben.

Proteisches Verhalten

Im Jahre 1970 postulierten die britischen Ethologen P. M. Driver und D. A. Humphries, diese Verhaltensweisen von Ratten und Nachtfaltern seien Beispiele von „proteischem Verhalten". Sie benannten diese Form adaptiven, unvorhersehbaren Verhaltens nach dem Flussgott Proteus aus der griechischen Mythologie. Viele Feinde versuchten, Proteus zu fangen, der seinen Häschern aber entkam, indem er ständig die Gestalt wechselte – er verwandelte sich nacheinander in ein Tier, eine Pflanze, eine Wolke und einen Baum. Drivers und Humphries' Buch *Protean Behavior: The Biology of Unpredictability* aus dem Jahre 1988 enthält eine detaillierte Theorie zum randomisierten Verhalten, gestützt durch viele verschiedene Feldbeobachtungen. Unglücklicherweise stellen sie nicht die Verbindung zu den gemischten Strategien der Spieltheorie her; darum entfalteten diese Propheten des genetischen Indeterminismus nicht den Einfluss in der Evolutionstheorie, den sie verdient hätten.

Die Logik des Proteismus ist einfach. Wählte ein Kaninchen auf der Flucht vor einem Fuchs immer den scheinbar kürzesten Fluchtweg, würde sein immer gleiches Verhalten seinen Fluchtweg für den Fuchs besser vorhersehbar machen, sein Körper würde mit größerer Wahrscheinlichkeit verspeist und seine Gene mit geringerer Wahrscheinlichkeit weitergegeben. Vorhersehbarkeit wird durch feindliche Tiere, die zu Voraussage fähig sind, bestraft. Anstatt in einer ge-

■ Fragestellungen der Ethologie ■

Die Frage, warum sich ein Organismus in einer bestimmten Situation in voraussagbarer Weise verhält, lässt sich auf verschiedene Weise beantworten, und dementsprechend fächert die Ethologie in verschiedene Teildisziplinen auf. Man spricht von Grundfragen der Ethologie, die man als Fragen nach den unmittelbaren und nach den letzten Ursachen in zwei Gruppen einteilen kann. Der Suche nach den unmittelbaren Ursachen obliegt die Verhaltensphysiologie. Sie erforscht die einem Verhalten zugrunde liegenden physiologischen Abläufe – all das, was also als unmittelbare Ursache (proximate Ursache) ein Verhalten bewirkt. Dazu zählt auch das Verständnis der Verhaltensgenetik und der Entwicklung (Ontogenese). Mit diesen Fragekomplexen vernetzt sind auch die Fragen nach den gewissermaßen grundlegenden oder letzten Ursachen (ultimate Ursache): Welche Selektionsbedingungen bewirkten die Entwicklung eines bestimmten Verhaltens, warum führt Lernen fast immer zu einer Anpassungsverbesserung, und schließlich, wie entwickelte sich ein bestimmtes Verhaltensmerkmal im Laufe der Stammesgeschichte? Für die Rekonstruktion des stammesgeschichtlichen Werdegangs nutzt die Ethologie die in der Morphologie entwickelte Methodik des Vergleichens (Artenvergleich).

Gefahr im Verzug.

raden Linie zu fliehen, schlagen Kaninchen oft unregelmäßige Haken – ein proteisches Fluchtverhalten, durch das sie viel schwerer zu fangen sind. Wie die Nachtfalter entwickelten die Kaninchen wahrscheinlich besondere Gehirnmechanismen, um ihren Fluchtweg zu randomisieren.

Die proteische Flucht ist wahrscheinlich die am weitesten verbreitete und erfolgreichste Adaptation, um nicht zur Beute von Raubfeinden zu werden; praktisch alle beweglichen Tiere zu Lande, zu Wasser und in der Luft wenden sie an. Der Proteismus erklärt, weshalb es schwieriger ist, die Bewegungen einer Stubenfliege in den nächsten zehn Sekunden vorherzusagen als die Kreisbahn des Saturn in den nächsten zehn Millionen Jahren. Proteismus besteht jedoch nicht nur in Fluchtverhalten. Die Wirksamkeit fast jedes Verhaltens lässt sich steigern, indem seine Einzelheiten für evolutionäre Gegenspieler unvorhersehbar gemacht werden. So setzen auch Raubtiere Proteismus ein, um ihre Beute zu verwirren. Wenn ein Wiesel es auf eine Wühlmaus abgesehen hat, führt es gelegentlich einen „verrückten Tanz" auf. Das Wiesel springt wie wild umher, jagt seinen eigenen Schwanz, schüttelt den Kopf, leckt seine Pfoten und nähert sich dabei immer mehr der verwirrten Beute. Die scheinbar sinnlose Abfolge merkwürdiger Bewegungen verblüfft die Wühlmaus. Sie wird in einem Netz der Verwirrung gefangen. Jäger der australischen Aborigines vollführten ähnlich wilde Tänze, um die von ihnen gejagten Kängurus zu hypnotisieren. Vielleicht taten unsere Vorfahren es ihnen gleich.

Wie Proteismus funktioniert

Proteismus bedeutet nicht, dass all unsere Gehirnzellen willkürlich in völliger cortikaler Anarchie Signale abfeuern. Die Zufälligkeit wird unserem Verhalten je nach Situation auf einer bestimmten Ebene hinzugegeben.

Wenn man „zufällig" flüchtet, ist der Fluchtweg durch die Umwelt vielleicht unvorhersehbar, aber auf vielen anderen Ebenen bleibt die Ordnung bestehen: Koordinierte Nervenimpulse aktivieren Muskeln, koordinierte Muskelbewegungen bewegen Gliedmaßen, koordinierte Gliedmaßenbewegungen sorgen für eine effiziente Gangart, und die Koordination zwischen Auge und Fuß vermeidet Hindernisse.

Proteismus beinhaltet die strategische Fähigkeit, Zufälligkeit dann einzusetzen, wenn man sie braucht, um das eigene Handeln unvorhersehbar zu machen. Er bedeutet keine sklavische Unterwerfung unter Fortuna, die Göttin des Glückes. Proteismus nimmt hier die menschliche Kreativität vorweg, denn zur Kreativität gehört das strategische Nutzen von Neuheiten, um eine soziale Wirkung zu erzielen, nicht die zufällige Kombination zufälliger Ideen in chaotischer Weise.

Die Fähigkeit zum Proteismus in einer bestimmten Situation bedeutet nicht, dass man fähig ist, sich in jeder Situation wie ein Zufallsgenerator zu verhalten. Psychologen beschäftigen sich seit den 1950er-Jahren mit den Fähigkeiten des Menschen zur „Zufälligkeit", wobei sie aber meist Tests mit Papier und Bleistift benutzen, die natürliche, proteische Fähigkeiten gar nicht berühren. Fordert man beispielsweise Personen auf, eine beliebige Reihe von „Kopf" und „Wappen" aufzuschreiben, fallen sie bei statistischen Tests auf Zufälligkeit durch: Sie alternieren zu stark (Kopf, Wappen, Kopf, Wappen) und produzieren keine genügend langen Serien (Kopf, Kopf, Kopf, Kopf). Mitte der 1970er-Jahre, nach Dutzenden von Experimenten zur Erzeugung zufälliger Serien, glaubten die Psychologen schließlich, dass Menschen bei der Randomisierung ihrer Antworten hoffnungslose Versager sind.

Diese Tests gaben jedoch meist keinen echten Anlass, zufällig zu handeln. Gibt es solche Anlässe, dann schneiden die Menschen deutlich besser ab. In den 1980er-Jahren fand der Psychologe Alan Neuringer heraus, dass Ratten und Menschen fast ideale Zufallssequenzen erzeugen können, wenn gute Bedingungen und gute Anreize für ihr Handeln gegeben sind. Auch die soziale Situation spielt eine Rolle. Wie Amnon Rapoport und David Budescu feststellten, gelingt Personen das Randomisieren sehr gut, wenn sie das Kopf-Wappen-Spiel mit echtem Geld spielen. Man muss sie nicht einmal auffordern, ihr Verhalten zu randomisieren. Sie tun es von sich aus, um unvorhersehbar zu sein.

Normale Menschen können recht gut randomisieren, autistische Menschen jedoch nicht. Der Psychologe Simon Baron-Cohen fand heraus, dass Autisten ihre Strategien bei Spielen wie dem Kopf-Wappen-Spiel nur sehr schlecht randomisieren können. Seiner Vermutung zufolge fehlt ihnen die „Theorie des Geistes", mithilfe derer normale Menschen die Annahmen und Wünsche anderer Menschen verstehen. Autisten können offenbar nicht erkennen, dass andere Vorhersagen darüber treffen können, was sie als Nächstes tun werden, und wechseln daher Kopf und Wappen in völlig vorhersehbarer Weise ab. Das Randomisieren der eigenen Strategien in neuartigen Situationen setzt offenbar die Fähigkeit voraus zu erkennen, dass der Gegenspieler die eigenen Schritte vorauszusagen versucht. Kaninchen müssen natürlich nicht den Geist des Fuchses verstehen, um unvorhersehbare Haken zu schlagen, weil Kaninchen Schaltkreise im Gehirn entwickelt haben, die dazu dienen, das seit evolutionären Urzeiten bestehende Spiel von Jagd und Flucht zu spielen. Sie benötigen keine Theorie des Geistes, um im Zickzack zu laufen, wenn sie Angst haben. Proteismus braucht vielleicht nur dann eine Theorie des Geistes, wenn wir evolutionär neuartige Spiele wie das Kopf-Wappen-Spiel spielen.

Die „Wütendes-Tier-Strategie"

Despoten haben sich in der Geschichte schon immer einer Form des sozialen Proteismus bedient, um ihre Macht zu erhalten: Mit unvorhersehbaren Wutausbrüchen versetzen sie ihre Untergebenen in Angst und Schrecken. Caligula und Hitler, aber auch Joan Crawford steigerten angeblich allesamt ihre Macht mit dieser Wütendes-Tier-Strategie, die Untergebene gehorsam hält, indem sie diese mit hochgradiger Unsicherheit belastet.

Bei der Wütendes-Tier-Strategie kann jede noch so kleine Beleidigung Vergeltung nach sich ziehen. Aber Wütendes-Tier-Despoten nehmen nicht den Aufwand an Zeit und Energie auf sich, eine immer gleich niedrige Wutschwelle zu haben – die Unsicherheit trägt am meisten zur Einschüchterung der Untergebenen bei. Despotismus ist die Macht, *willkürlich* über Leben und Tod von Untergebenen zu entscheiden. Wenn ein Despot nicht nach Belieben Menschen töten kann, ist er kein echter Despot. Und wenn er nicht Menschen nach Belieben tötet, kann er seinen Status als Despot wahrscheinlich nicht aufrechterhalten. Sozialer Proteismus ist die Grundlage despotischer Macht.

Die Wütendes-Tier-Strategie ist einfach das dramatischste Beispiel dafür, wie Unvorhersehbarkeit soziale Vorteile einbringen kann. Die Vorteile einer unvorhersehbaren Bestrafungsschwelle gelten auch für sexuelle Eifersucht, Gruppenkriege und moralistische Aggression, die antisoziales Verhalten bestraft. Unbeständigkeit, Launenhaftigkeit, Wankelmut und Grillenhaftigkeit können weitere Manifestaonen sozialen Proteismus sein. Die Fähigkeit von Menschen und Menschenaffen zu adaptiv unvorhersehbarem Sozialverhalten bedarf jedoch noch weiterer Erforschung. Angesichts der Bedeutung gemischter Strategien in der Spieltheorie und der Tatsache, dass sich viele soziale Interaktionen als Spiele betrachten lassen, wäre es verwunderlich, wenn randomisierte Verhaltensweisen im sozialen Miteinander der Menschen keine wichtige Rolle spielten.

Unterscheiden sich die Menschenaffen von den Tieraffen durch ihre verbesserte Fähigkeit zu sozialen Prognosen, liegt der Schluss nahe, dass sie auch verbesserte Fähigkeiten zu sozialem Proteismus entwickelt haben. In welchem Zusammenhang steht dies mit menschlicher Kreativität? Die Wütendes-Tier-Strategie klingt sexuell abstoßend und wirkt nicht wie eine Verhaltensweise, die von der sexuellen Auswahl bevorzugt werden könnte. Ich werde jedoch darlegen, dass die Fähigkeiten zu taktischem Randomisieren, die der Wütendes-Tier-Strategie zugrunde liegen, durch sexuelle Selektion in Richtung Kreativität, Verstand und Humor weiterentwickelt wurden. Es gibt mindestens drei Möglichkeiten, wie sozialer Proteismus der menschlichen Kreativität den Weg zu ihrer Evolution geebnet haben könnte. Eine hat mit den für die Kreativität verantwortlichen Gehirnmechanismen zu tun, die zweite mit sexuell selektierten Indikatoren für proteische Fähigkeiten und die dritte mit Verspieltheit als Indikator für Jugend.

Zufallsgehirne

Der soziale Proteismus ließ möglicherweise eine Reihe von Gehirnmechanismen für die Randomisierung entstehen, die vielleicht abgewandelt wurden und dann für die menschliche Kreativität eine wichtige Rolle spielten. Proteismus beruht auf der Fähigkeit, unvorhersehbar und schnell stark variierende Alternativen zu erzeugen. Kreativitätsforscher stimmen darin überein, dass Kreativität auf genau diesen Mechanismus angewiesen ist, sind sich aber nicht einig, ob sie ihn „divergentes Denken" oder „Fernassoziation" oder sonst wie nennen wollen. Bereits im Jahre 1960 beharrte der Psychologe Donald Campbell auf der Bedeutung der Zufälligkeit für die Kreativität. Er sah eine Analogie zwischen kreativem Denken und genetischer Evolution: Beide funktionieren durch das Zusammenspiel von „blinder Variation" und „selektiver Erinnerung". Wie sich das Gehirn unter Rückgriff auf wohldurchdachte Aspekte von Beurteilung, Bewertung und Gedächtnis „selektiv erinnern" kann, liegt auf der Hand. Aber wie kann es massenhaft „mutierte" Ideen hervorbringen, wenn Kreativität gefordert ist?

Was ist eigentlich ...

sexuelle Selektion [von latein. sexus = Geschlecht; sexualis = geschlechtlich], geschlechtliche Zuchtwahl, eine Form der Selektion, auf die bereits Charles R. Darwin (1859) hingewiesen hat. Die sexuelle Selektion wird zur Erklärung der evolutiven Entstehung von sexualdimorphen Signalstrukturen wie Prachtkleidern (Paradiesvögel), Geweihbildungen und anderen sekundären Geschlechtsmerkmalen herangezogen. Die Ausbildung einer solchen Signalstruktur beeinflusst den Fortpflanzungserfolg. Sexuelle Selektion kann entweder intrasexuell (Signalstruktur „imponiert" gleichgeschlechtlichen Artgenossen) oder intersexuell (Signalstruktur „imponiert" dem Geschlechtspartner) wirksam werden.

Vielleicht wurden Gehirnareale, die sich ursprünglich für den Proteismus entwickelt hatten, für die Zwecke der Kreativität umgewandelt. Statt Fluchtwege und soziale Strategien zu randomisieren, wurden diese Areale möglicherweise so umgebaut, dass sie fortan Ideen nach dem Zufallsprinzip aktivierten und rekombinierten. Wie alle Formen des Proteismus erfolgte diese zufällige Aktivierung wohl auf Ebene des entsprechenden Verhaltens. Improvisiert man Jazzmusik, aktiviert man vermutlich zufällige Melodiefragmente und wählt sehr schnell und unter Verwendung verschiedener unbewusster Filter aus. Man aktiviert keine zufälligen Erinnerungen an Lebensereignisse, zufälligen Gliedmaßenbewegungen oder zufälligen moralischen Ideale.

Derzeit ist eine solche Theorie noch kaum zu überprüfen; mit den Fortschritten in Neurowissenschaften und Verhaltensgenetik wird jedoch auch dies einfacher werden. Die Theorie, nach der sich Kreativität vom Proteismus ableitet, unterstellt, dass einige Gehirnsysteme sowohl beim Kopf-Wappen-Spiel als auch beim Erledigen verschiedener kreativer Aufgaben aktiv sein müssen und dass einige der Gene, die mit einer hohen Begabung zum Randomisieren bei strategischen Spielen einhergehen, auch eine ausgeprägte Kreativität versprechen (natürlich erst nach Überprüfung der allgemeinen Intelligenz). Diese Theorie der Zufallsgehirne ist allerdings nicht besonders befriedigend, weil sie nicht die Selektionsdrücke benennt, die Kreativität begünstigten. Um dies zu tun, müssen wir uns fragen, warum die Evolution wohl verstärkte Demonstrationen der für Proteismus benutzten Gehirnsysteme begünstigt.

Kreativität als Demonstration von Proteismus

Ein zweiter Weg, zwischen Proteismus und Kreativität eine Verbindung herzustellen, ist die Indikatortheorie. Wenn der Proteismus für Überleben und Fortpflanzung unserer in Gruppen lebenden Vorfahren von Bedeutung war, entstanden durch Partnerwahl die üblichen Anreize, ihn zu berücksichtigen. Vor allem müssten Individuen, die eine höhere Begabung für sozialen Proteismus zeigten, als Sexualpartner bevorzugt worden sein, weil ihre Nachkommen diese Begabung erbten und dadurch soziale Vorteile hatten. Nachdem sich die sexuelle Selektion erst einmal auf Proteismus als Kriterium für die Partnerwahl konzentriert hatte, entstanden wahrscheinlich zuverlässige Indikatoren für Proteismus. Jedes soziale Verhalten, das die Fähigkeit zur Randomisierung klar demonstrierte, wurde zunehmend in die Partnerwerbung integriert. Bestimmte Formen alltäglicher Kreativität, besonders Humor, könnte man als Demonstrationen von Proteismus betrachten. Sie nutzen die Fähigkeit zur Randomisierung für die Partnerwerbung, nicht für die Konkurrenz. Wenn Ihre Gedankengänge einem potenziellen Sexualpartner faszinierend unvorhersehbar erscheinen, zeigen Sie damit vielleicht auch, dass Ihre sozialen Strategien für soziale Konkurrenten vernichtend unvorhersehbar sein können. Demonstrationen von Kreativität machen Unvorhersehbarkeit attraktiv, nicht einschüchternd. Vielleicht entwickelte sich Kreativität durch sexuelle Selektion als zuverlässiger Indikator für die Fähigkeit zu sozialem Proteismus.

Diese Theorie stellt zum Teil dieselben Prognosen wie die erste Hypothese über Gehirnsysteme für die Randomisierung. Sie unterstellt, dass Individuen mit geringem sozialen Proteismus wahrscheinlich wenig kreativ sind. Ich finde jedoch auch diese Idee nicht ganz befriedigend, weil Fähigkeiten zu sozialem Proteismus unter Umständen weniger wichtig sind als andere Fähigkeiten. Soll zwischen zwei Individuen eine Wahl getroffen werden, von denen eines bei seinen Angriffen gut randomisieren kann und das andere so stark ist, dass jeder seiner Angriffe erfolgreich verläuft, dann fällt sie möglicherweise auf das starke Individuum. Der soziale Konkurrenzdruck war vielleicht stark genug, um gute Randomisierungsfähigkeiten zu begünstigen, aber es ist fraglich, ob er so stark war, dass die sexuelle Selektion spezifische Indikatoren für Proteismus bevorzugte. Betrachten wir nun eine dritte Möglichkeit, Proteismus und Kreativität miteinander zu verknüpfen.

Was ist eigentlich ...

soziales Lernen, *social learning*, Bezeichnung für Lernen vom Artgenossen oder von Individuen einer anderen Art durch soziale Anregung oder Nachahmung von Wahrgenommenem. Die Aktivierung zum sozialen Lernen geht von der Anwesenheit und dem Verhalten von Artgenossen oder vertrauten Interaktionspartnern aus. In der Gruppe geht dem sozialen Lernen eine soziale Anregung in Form von Stimmungsübertragung und Verhaltens-Synchronisation (bei Flucht vor Raubfeinden, bei der Abstimmung des Fortpflanzungszyklus) voraus, in der direkten Interaktion zusätzlich die Beobachtung und Nachahmung des Verhaltens vertrauter Sozialpartner. – Soziales Lernen kann zur Grundlage für eine objektabhängige Tradition werden, indem erlernte Verhaltensweisen über Generationen hinweg erhalten bleiben.

Verspieltheit als Jugendindikator

Die meisten Säugetiere sind in ihrer Jugend niedlich, verspielt und einfallsreich und werden mit der Zeit verbissene, pragmatische Gewohnheitstiere. Ashley Montagu und viele andere Wissenschaftler beobachteten, dass sich der Mensch manche Aspekte der jugendlichen Verspieltheit bis ins Erwachsenenalter bewahrt. Dies gilt als eines der wichtigsten Zeichen von Neotenie beim Menschen, also der gegenüber der körperlichen Reifung verlangsamten geistigen Reifung. Traditionell erklärt man die menschliche Neotenie damit, dass eine verlangsamte kognitive Entwicklung eine längere nützliche Lernphase zulässt. Gewiss gab es im Verlauf der hominiden Evolution gute Gründe dafür, dass manche Formen sozialen Lernens bis ins Erwachsenenalter hinein erhalten blieben. Dies begründet meiner Meinung nach aber nicht, weshalb daraus jene allgemeine Verspieltheit wurde, die wir bei erwachsenen Menschen, nicht aber bei erwachsenen Schimpansen beobachten.

Verspieltheit kostet viel Zeit und Energie. Die Biologen mussten sogar lange nach möglichen Vorteilen suchen, die die Nachteile des Spielverhaltens selbst für Jungtiere ausgleichen konnten. Inzwischen stimmt man darin überein, dass das Spiel bei Tieren zum größten Teil

Übung ist. Spielerisches Kämpfen, spielerische Verfolgung und spielerische Flucht sind Möglichkeiten, einige der wichtigsten Fertigkeiten zu üben, die adulte Individuen für Konkurrenz, Nahrungssuche und zum Schutz des eigenen Lebens brauchen. Sind aber diese grundlegenden Fertigkeiten erst einmal erlernt, welcher mögliche Selektionsdruck mag dann anhaltende Verspieltheit bis ins Erwachsenenalter begünstigen?

Ein Anhaltspunkt ist die Tatsache, dass erwachsene Menschen nicht in allen Situationen gleich verspielt sind. Wenn menschliche Jäger und Sammler auf Nahrungssuche sind, bewegen sie sich nicht spielerisch wie John Cleese im *Ministry of Silly Walk*s-Sketch von Monty Python. Sie gehen mit derselben schweigenden, ruhigen Effizienz umher wie jedes andere adulte Säugetier, das seinen Lebensunterhalt bestreitet. Finden sie sich jedoch in einer sozialen Gruppe – besonders einer gemischtgeschlechtlichen – zusammen, dann können sie durchaus herumhüpfen, hopsen und springen.

Spielerisches, kreatives Verhalten könnte als Indikator für Jugendlichkeit dienen. Sein Bestehenbleiben bis ins Erwachsenenalter des Menschen ist vielleicht keine Begleiterscheinung der Neotenie, sondern Ergebnis direkter sexueller Selektion auf Jugendindikatoren. Wir wissen bereits, dass sich die großen Brüste der Frau möglicherweise als Jugendindikatoren entwickelt haben. Dieselbe Argumentation ließe sich auf Verspieltheit und Kreativität anwenden: Wenn die Verspieltheit normalerweise bei allen Säugetieren mit zunehmendem Alter abnimmt, ist sie womöglich ein zuverlässiger Indikator für Jugendlichkeit, Gesundheit und Fruchtbarkeit.

Verspieltheit ist zudem ein Indikator für allgemeine Fitness. Spielen kostet so viel Energie und Zeit, dass sich die Biologen sogar fragten, wie es sich je auch nur bei Jungtieren entwickeln konnte. Diese Kosten werden für adulte Individuen nicht geringer – sie nehmen eher zu. Juvenile Individuen konkurrieren lediglich um das Überleben, geschlechtsreife müssen dagegen zusätzlich sexuell konkurrieren und sich um ihre Nachkommen kümmern. Somit sind die Kosten der Verspieltheit für Erwachsene, die ihre Zeit und Energie auf so viele Dinge verwenden müssen, vielleicht sogar noch höher als für Jungtiere – und steigen mit zunehmendem Alter weiter an. Erwachsene mittleren oder höheren Alters verfallen oft wieder in jugendliche Verspieltheit, wenn sie sich in einen neuen Partner verlieben, obgleich ihre Verspieltheit dann meist nicht mehr dieselbe überschäumende körperliche Energie aufweist wie bei jungen Erwachsenen. Die Kosten für Verspieltheit nehmen also mit den Jahren generell zu, und dies macht Verspieltheit zu einem möglichen zuverlässigen Indikator für Jugend, Fruchtbarkeit, Energie und Fitness.

Dennoch, Kreativität ist eine geistige Fähigkeit, Spiel hingegen eine physische Manifestation von Kreativität. Man kann leicht nachvollziehen, dass die sexuelle Selektion stundenlanges Umherlaufen und spielerisches Verhalten als Fitnessindikator bevorzugen konnte. Weniger klar ist, wie die ruhigeren Formen der Kreativität begünstigt werden konnten. Sie manifestieren sich nicht unbedingt in Bewegungen des ganzen Körpers. Vielleicht werden sie meist bei der verbalen Partnerwerbung demonstriert, die weniger Energie kostet. Kreativität kann auch durch Kunst oder Musik zur Schau gestellt werden, die mäßig viel Energie erfordern.

Es gibt jedoch recht gute Beweise dafür, dass selbst weniger körperbetonte Formen der Kreativität als Energieindikatoren dienen können. Der Psychologe Dean Keith Simonton entdeckte einen engen Zusammenhang zwischen kreativen Leistungen und produktiver Energie. Bei kompetenten Fachleuten jedes Gebiets scheint die Wahrscheinlichkeit eines Erfolgs bei jedem denkbaren Unterfangen ziemlich gleich zu sein. Simontons Daten belegen, dass hervorragende Komponisten nicht etwa einen höheren Prozentsatz hervorragender Musik komponieren als gute Komponisten – sie produzieren einfach insgesamt mehr Werke. Personen, die auf einem kreativen Gebiet besonders erfolgreich sind, erweisen sich fast immer als besonders produktiv. Hans Eysenck wurde nicht deshalb zu einem berühmten Psychologen, weil all seine Werke herausragend waren, sondern weil er über 100 Bücher und 1 000 Aufsätze verfasste, von denen einige eben herausragend waren. Schreibt jemand nur zehn Artikel, ist die Wahrscheinlichkeit geringer, einen Volltreffer zu landen. Picasso fertigte im Laufe seines Lebens 14 000 Gemälde an, von denen einige sicher sehr gut, die meisten allerdings nur mittelmäßig sind. Die Ergebnisse von Simonton sind erstaunlich. Die konsequente Vorstellung von der Wahrscheinlichkeit des Erfolgs klingt befremdlich, und selbstverständlich gibt es Ausnahmen von dieser Regel. Simontons Daten zur kreativen Leistung sind jedoch die umfassendsten, die je gesammelt wurden, und auf jedem von ihm untersuchten Gebiet war die kreative Leistung ein guter Indikator für die Energie, Zeit und Motivation, die in kreative Tätigkeiten gesteckt wurden.

Kreativität und Intelligenz

Es gibt einen Zusammenhang zwischen dem Abschneiden von Personen in Kreativitätstests und ihrem Abschneiden in Standard-Intelligenztests. Der Zusammenhang ist mäßig und nicht vollständig. Insbesondere scheint hohe Intelligenz eine notwendige, aber nicht allein ausreichende Bedingung für ausgeprägte Kreativität zu sein. Kreativitätsforschern zufolge haben für ihre „Kreativität" berühmte Perso-

┌─ ■ **Was ist eigentlich ...** ■ ──────────────────────────────────

Intelligenztest, IQ-Test, Überprüfung verschiedenster kognitiver Fähigkeiten des Menschen mithilfe standardisierter Aufgaben – meist unter Zeitdruck. Neben spezifischen kognitiven Fähigkeiten, wie z. B. verbale und räumliche Fähigkeiten, Gedächtnis und Informationsverarbeitungsgeschwindigkeit, wird auch versucht, einen übergreifenden g-Faktor, der die allgemeinen kognitiven Fähigkeiten erfassen soll, zu ermitteln. Ein häufig verwendeter IQ-Test ist der Hamburg-Wechsler-Intelligenztest, der 10 Untertests, wie einen Wortschatztest, Bilderergänzungstest, Analogietest und Mosaiktest, umfasst. Intelligenztests müssen an den jeweiligen Kulturkreis und an das Alter angepasst werden. Die Tests können menschliche Intelligenz nicht vollständig erfassen; darum wird z. B. in der Verhaltensgenetik Intelligenz operational definiert, als das, was der Intelligenztest misst. Diese Testintelligenz wird als Intelligenzquotient (IQ) ausgedrückt, ihr Mittelwert liegt per definitionem bei 100. Das Instrumentarium Intelligenztest wird auch deswegen kritisiert, weil es Fähigkeiten wie soziale Intelligenz, praktische Intelligenz oder emotionale Intelligenz nicht oder zu wenig berücksichtigt.

Intelligenzquotient, Abk. IQ, gebräuchlichstes Intelligenzmaß, ein reines Vergleichsmaß, das angibt, wie die intellektuelle Leistungsfähigkeit einer Person relativ zu derjenigen einer vorab bestimmten Vergleichsgruppe liegt. Deren durchschnittlicher IQ wird auf 100 festgesetzt. Falls beispielsweise eine Person einen IQ von 100 aufweist, so hat die Hälfte aller Personen eine gleich große oder größere Intelligenz. Wie der Mittelwert der Intelligenz wird auch die Intelligenzverteilung an einer Vergleichsgruppe normiert. Zwischen den IQ-Werten 85 und 115 liegen ungefähr 68 % der Vergleichsgruppe. Über einem IQ von 130 spricht man von Hochbegabten (etwa 2–3 %), unter einem IQ von 70 von Minderbegabten (2–3 %). Da der IQ kein absolutes Maß der Intelligenz ist, sondern eine relative Position widerspiegelt, werden zur Interpretation eines persönlichen Testergebnisses spezielle Normwerte zur Verfügung gestellt, die die Einordnung des individuellen IQ nach Alter, Geschlecht, Schulart usw. erlauben.

└──

nen gewöhnlich einen IQ von mindestens 120. Die Ergebnisse psychologischer Untersuchungen belegen, dass Kreativität ein recht guter Indikator für allgemeine Intelligenz ist und nicht nur für Jugendlichkeit und Fähigkeit zum Proteismus.

Die Verhaltensgenetik hat Ähnliches zu berichten. Die Erblichkeit der Kreativität ist viel geringer als die der allgemeinen Intelligenz. Nach Untersuchungen, die sich mit Kreativität und Intelligenz gleichzeitig befassen, scheint die Erblichkeit der Kreativität fast ausschließlich von der Erblichkeit der Intelligenz getragen zu werden. In dieser Hinsicht gleicht Kreativität der Größe des Wortschatzes: Sie scheint selbst erblich zu sein, ist es aber wahrscheinlich nur, weil sie so stark von der höchst erblichen allgemeinen Intelligenz abhängt.

Internet-Link

Informationen über zahlreiche deutschsprachige Intelligenztests: www.psychologie-aktuell.net/intelligenztest.html

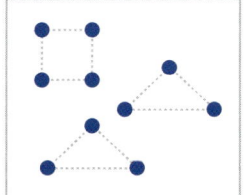 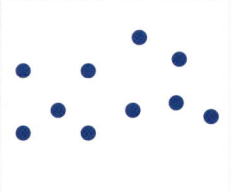 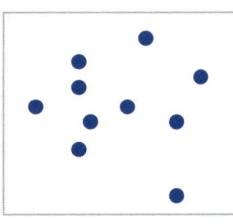

Kulturunabhängiger Intelligenztest. Die Aufgabe besteht darin, das Quadrat und die beiden Dreiecke so in das Punktemuster einzuzeichnen, dass jeder Punkt nur einmal verwendet wird.

Was ist eigentlich ...

g-Faktor, allgemeiner Faktor. In der von Charles Spearman (1863–1945) begründeten Zweifaktorentheorie die allgemeine, umfassende Grundlage aller Intelligenzleistungen. Danach besitzen alle Individuen einen allgemeinen Intelligenzfaktor (Generalfaktor) in unterschiedlicher Ausprägung. Eine Person könnte in Abhängigkeit ihrer *g*-Ausprägung als allgemein intelligent oder als allgemein leistungsschwach beschrieben werden. Nach Spearman ist der *g*-Faktor die Hauptdeterminante der Leistungen in Intelligenztests. Zusätzlich tragen spezifische Faktoren – die *s*-Faktoren – nur zu bestimmten Fähigkeiten oder Tests bei.

Was also ist diese „allgemeine Intelligenz"? Was Psychologen als „allgemeine Intelligenz" oder „*g*-Faktor" bezeichnen, wird sich vielleicht als ein Hauptbestandteil der biologischen Fitness erweisen. In diesem Fall spiegelt die hohe Erblichkeit der Intelligenz möglicherweise zum Teil die Erblichkeit der Fitness selbst wider. Einige Befunde sprechen für eine solche Verbindung von allgemeiner Intelligenz und biologischer Fitness. Eine an der University of New Mexico durchgeführte Studie ergab eine 20-prozentige Korrelation zwischen dem Abschneiden in einem Intelligenztest und der gemessenen Körpersymmetrie. Die Körpersymmetrie wird oft als Näherungswert für erbliche Fitness herangezogen; dieses Ergebnis lässt also darauf schließen, dass zwischen allgemeiner Intelligenz und erblicher Fitness eine Verbindung besteht. Intelligenz ist zudem bekanntermaßen positiv mit Körpergröße, körperlicher Gesundheit, Langlebigkeit und sozialem Status gekoppelt. Diese wechselseitigen Verbindungen entstehen vielleicht, weil all diese Merkmale in gewissem Maße mit der biologischen Fitness zusammenhängen. Diese Frage bedarf jedoch noch eingehender Forschung.

Wird die Kopplung von Intelligenz und Fitness bestätigt, kann jeder Intelligenzindikator auch als zuverlässiger Fitnessindikator wirken. Trifft dies zu, kann auch jedes kreative Verhalten, das auf Intelligenz angewiesen ist, als Fitnessindikator dienen.

Neophilie

Kreativität entstand möglicherweise als sexuell selektierter Indikator für die Fähigkeit zu proteischem Verhalten, für jugendliche Energie und Intelligenz, aber dies erklärt noch immer nicht, was das Besondere an der Kreativität ist. Kreative Menschen sind so bezaubernd, weil sie voller Überraschungen stecken. Sie schaffen Neues. Sie sind unvorhersehbar, aber auf eine gute Art. Um zu erklären, was Kreativität psychologisch so anziehend macht, sollten wir vielleicht einen Blick auf den Reiz des Neuen werfen.

Die Neophilie, eine Vorliebe für Neues, ist in den Gehirnen der Tiere tief verankert. Gehirne sind Vorhersagemaschinen. Sie lassen ein internes Modell vom Geschehen in der Welt ablaufen und werden aufmerksam, wenn die Welt von diesem Modell abweicht. Abweichungen vom Erwarteten erregen Aufmerksamkeit. Aufmerksamkeit steuert das Verhalten dahin, die Welt den eigenen Bedürfnissen anzupassen, oder sie steuert das Lernen dahin, das eigene Weltmodell der Wirklichkeit anzupassen. Beide Funktionen der Aufmerksamkeit sind für die Effektivität von Nervensystemen als Systeme zur Verhaltenssteuerung entscheidend, und beide sind darauf angewiesen, dass Abweichungen vom Erwarteten wahrgenommen werden. Die Fähig-

Die männlichen Seidenlauben-
vögel bauen farbenprächtige,
aufwendige Balznester, um die
Weibchen zu beeindrucken.

keit, solche Abweichungen wahrzunehmen, lässt sich selbst bei sehr
kleinen, primitiven Nervensystemen nachweisen.

Die große Aufmerksamkeit für alles Neue ist eine der grundlegenden
psychologischen Vorlieben, welche die Evolution von Signalen in
der Partnerwerbung beeinflusst haben könnten. In *Die Abstammung
des Menschen* beobachtete Darwin: „In einigen Fällen scheint bloße
Neuheit als Zauber gewirkt zu haben." Darwin sah in der Suche nach
Neuem eine unbezähmbare Kraft bei der sexuellen Selektion, die für
die rasche Evolution sexualspezifischen Schmuckes verantwortlich
sein konnte. Im Laufe der Zeit kamen direktere Beweise für Neophilie bei der Partnerwerbung hinzu. Die Weibchen verschiedener Vogelarten ziehen Männchen vor, die ein größeres Gesangsrepertoire
mit größerer Vielfalt und mehr Neuheiten zum Besten geben. Eine
solche neophile Partnerwerbung erklärt vielleicht die Kreativität von
männlichen Amseln, Nachtigallen, Schilfrohrsängern, Spottdrosseln,
Papageien und Hirtenmainas.

Primaten sind besonders neophil – sie erweisen sich als verspielt,
neugierig und erfindungsreich. Menschenaffen im Zoo langweilen
sich schnell; sie benötigen eine besonders abwechslungsreiche Umgebung und viele andere Menschenaffen, mit denen sie soziale Gruppen bilden können. Wir wissen noch nicht, ob diese Neophilie ihre
sexuelle Auswahl beeinflusst, aber die Primatologin Meredith Small
behauptete: „Das einzige bleibende Interesse, das bei der gesamten
Primatenpopulation zu beobachten ist, ist ein Interesse an Neuem
und an Abwechslung." Schimpansenweibchen gehen manchmal beträchtliche Risiken ein, um sich mit Männchen zu paaren, die nicht
zu ihrer eigenen Gruppe gehören.

Als unsere Vorfahren größere und gewitztere Gehirne entwickelten, nahm vielleicht auch ihre Neophilie zu. Langeweile wurde unangenehmer. Sexualpartner, die sich nach ein paar Tagen oder Wochen als Langweiler erwiesen, konnten nicht jene langfristigen Beziehungen aufbauen, die nennenswerte Fortpflanzungserfolge einbrachten. Weniger kreative Köpfe, die ihren Sexualpartnern auf Dauer weniger Neues zu bieten hatten, hinterließen weniger Nachkommen. Dies genügte schon für die Evolution der Kreativität.

Die kognitive Vielfalt eines einzelnen kreativen Individuums kann die körperliche Vielfalt einer Reihe kurzfristiger Sexualpartner ersetzen. Dies bedeutet nicht, die Kreativität hätte sich als „Paarbindungsmechanismus" entwickelt. Individuen, die langfristig das Interesse eines Sexualpartners behalten wollten, fanden es vielmehr strategisch wirksam, sich in ihrer Beziehung kreativer, verspielter und innovativer zu geben. Im Grunde verhinderten sie so, dass ihre Partner aus Langeweile in den Armen anderer landeten.

Die attraktiven Formen des Neuen bedienen sich meist eines typisch menschlichen Tricks, nämlich der kreativen Neukombination erlernter symbolischer Elemente (etwa von Wörtern, Noten, Bewegungen und optischen Symbolen), um neue Arrangements mit neu entstehenden Bedeutungen zu schaffen (wie Geschichten, Melodien, Tänze und Gemälde). Dank dieses Tricks sprechen die Darbietungen in der menschlichen Partnerwerbung nicht nur die Sinne des anderen an, sondern erzeugen neue Ideen und Gefühle in dessen Geist, wo sie den größten Einfluss auf die Partnerwahl entfalten werden. Um auf der kognitiven Ebene Neues zu schaffen, muss man auf der Wahrnehmungsebene standardisierte Signale verwenden.

Kreativität ist nicht nur ein Fließband, das zufällige Ideen ausspuckt. Sie ist auf selektive Erinnerung ebenso angewiesen wie auf blinde Variation. Die Fähigkeit, Neues zu schaffen, wird nur dann zu interessanter Unterhaltung führen, wenn sie mit einem umfangreichen Grundwissen, virtuoser Ausdruckskraft und guter kritischer Urteilskraft zusammenfällt. Sie verlangt auch die nötige soziale Intelligenz, um herauszufinden, wie man eine neue Idee verständlich ausdrückt. Wie jeder Autor weiß, sind es zwei grundverschiedene Dinge, einen Gedanken zu haben und ihn so zu Papier zu bringen, dass er in einem anderen Kopf neu entsteht. Eine kreative Darbietung verlangt auch Können und Motivation, nicht nur Inspiration.

Was ist eigentlich ...

soziale Intelligenz, Einsicht in soziale Zusammenhänge sowie beim Menschen Voraussicht der Folgen eigenen Handelns (Empathie, Moral, Perspektivenübernahme, Schuld). Die Vielzahl an angeborenen Motiven, die für soziale Primaten charakteristisch ist, kann nur durch Lernen und v.a. bei Höheren Primaten (Menschenaffen) durch Entscheidungen mithilfe intellektueller Leistungen konsistent und zweckvoll abgestimmt werden. Bei Entscheidungen in Bezug auf einen Artgenossen fließen Verwandtschaftsgrad, Alter, Geschlecht und die eigenen Erfahrungen mit ihm ein, bei Höheren Primaten auch Beobachtungen und Wissen um dessen Bindungen, Koalitionen, Freundschaften und Feindschaften.

Kreative Problemlösung kontra kreative Darbietung

Die Kreativitätsforschung konzentriert sich weitaus stärker auf kreative Problemlösungen als auf kreative Darbietungen in der Partnerwerbung. Man kann sich leicht vorstellen, dass die natürliche Selektion Tiere bevorzugt, die ihre Überlebensprobleme kreativer lösen. Viele Kreativitätsforscher schlagen vor, die Kreativität einer Idee an zwei Kriterien zu messen: Neuartigkeit und Nützlichkeit. Nützlichkeit betrifft die Eignung einer Idee zur Lösung eines genau definierten Problems. Neuartigkeit ist etwas Beiläufiges; sie spiegelt wider, wie schwer das Problem zu lösen und wie selten dies daher in der Vergangenheit gelungen ist. Nach dieser Problemlösungssicht geht es bei der menschlichen Kreativität um dasselbe wie in den Forschungs- und Entwicklungsabteilungen eines Unternehmens. Das verträumte In-den-Himmel-Starren muss früher oder später etwas einbringen: Das Neue kann nicht als Selbstzweck gerechtfertigt werden, sondern nur als Mittel, ansonsten schwer erreichbare Lösungen zu finden. Besonders die kognitive Psychologie befasst sich mit Problemlösungen. Seit Herbert Simons Arbeit zu künstlicher Intelligenz und Problemlösungen in den 1950er-Jahren hat die kognitive Psychologie immer mehr die Kreativitätsforschung übernommen. Kreativität gilt manchmal fast nur noch als eine Möglichkeit, Probleme von leicht überdurchschnittlicher Schwierigkeit zu lösen. Man kann die Welt durchaus als Gemisch aus Problemen und Lösungen betrachten, was aber recht eintönig ist. Man könnte sogar die Partnerwerbung als Problem bezeichnen und Darbietungen als eine Lösung. Doch diese problemfixierte Sicht erfasst nicht, worum es bei der menschlichen Kreativität eigentlich geht – und ganz besonders bei den Darbietungen in der Partnerwahl.

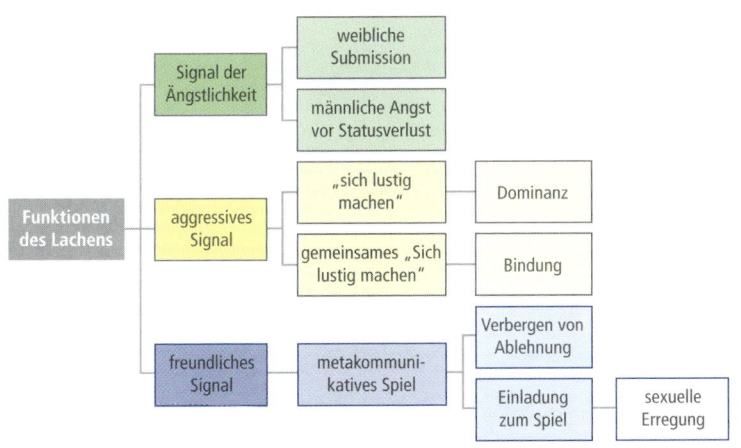

Die verschiedenen Funktionen des Mehrzweckverhaltens „Lachen".

255

Was ist eigentlich ...

Humor, fast ausschließlich auf soziale Situationen begrenztes Gefühl der Freude – meist von Lachen begleitet – über ein unerwartetes Ereignis, das zunächst verunsichert, sobald es aber durchschaut ist, als bewältigt erlebt wird. Die mittelbare Zweckursache des Humors wird in einem Training kognitiver Flexibilität angesichts unerwarteter Vorkommnisse gesehen; Humor (bzw. diese Flexibilität) wirkt sozial attraktiv. Denn um befreit lachen zu können, muss die meist realitätsverzerrte Perspektive einer Darstellung oder eines Geschehnisses verstanden werden. Humor ist nicht allein auf den Menschen begrenzt: In der Gebärdensprache trainierte Menschenaffen benutzen mitunter bewusst falsche Zeichen oder unkorrekte Zeichenfolgen zur Erstellung unsinniger Botschaften und brechen angesichts der überraschten Reaktionen in stummes Lachen aus. Ein hochentwickelter sozialer Intellekt, die Fähigkeit zur Perspektivenübernahme, individuelles Kennen der Gruppenmitglieder untereinander sind Voraussetzungen für Humor.

Denken wir an die beim Slapstick geforderte Kreativität. Die großen Ausdruckskomiker der Stummfilmära, Buster Keaton (1895–1966) und Harold Lloyd (1893–1971), suchten keine Problemlösungen. Ganz im Gegenteil. Ihre Begabung bestand darin, aus unproblematischen Alltagssituationen kunstvolle, einfallsreiche Darbietungen von Tollpatschigkeit zu machen. Das Erklettern einer Leiter wurde zur Gelegenheit, dutzendweise ungeeignete Möglichkeiten zu erforschen, wie ein menschlicher Körper mit einer Leiter und dem Fußboden zusammentreffen kann. Komik zeigt, auf wie viele Arten etwas schiefgehen kann – sie lebt davon, Erwartungen nicht zu erfüllen, nicht davon, Probleme zu lösen.

Wenn wir die Evolution der Kreativität betrachten, sollten wir unsere Aufmerksamkeit vielleicht mehr auf den Humor und weniger auf technische Erfindungen lenken. Ich glaube, dass der in der Evolution der Kreativität entscheidende Fitnessnutzen eher in neophilem Gelächter als in technophilem Gewinn bestand. Lachen mag als zu dünner Faden erscheinen, um daran einen so großartigen Schmuck wie die menschliche Kreativität aufzuhängen, aber es stellt einen wichtigen Teil des menschlichen Wesens dar. Lachen ist in unserer Spezies allgegenwärtig und mimisch sowie stimmlich unverwechselbar. Es tritt in der Kindheit spontan auf und ist äußerst angenehm. Lachen hat alle Eigenschaften einer psychologischen Adaptation.

Das Würdigen von Humor erweist sich zudem als wichtig bei der Partnerwahl. Der Wert, den Menschen in aller Welt auf Sinn für Humor legen, ist einer der bedeutendsten und erstaunlichsten Befunde der evolutionspsychologischen Forschung. Sinn für Humor ist sogar

Lachen gehört zum Menschsein.

eine der wenigen menschlichen Eigenschaften, die zumindest im englischsprachigen Raum in Kontaktanzeigen eine eigene Abkürzung hat (GSOH, *good sense of humour*). Vielleicht können wir nun endlich verstehen, weshalb Sinn für Humor von Singles auf Partnersuche so oft gewünscht und so oft als Eigenschaft angegeben wird. Die Fähigkeit zur Komik beweist kreative Fähigkeiten. Sie spricht unsere ausgeprägte Neophilie an. Sie bewahrt uns vor Langeweile. Kreativität ist ein zuverlässiger Indikator für Intelligenz, Energie, Jugend und Proteismus. Humor ist attraktiv – und deshalb hat er sich entwickelt.

Die Evolution des Menschen als romantische Komödie

Ich glaube, wir lernen viel über die menschliche Kreativität aus der Beobachtung, dass romantische Komödien erfolgreichere Filme sind als Dokumentationen über das Leben großer Erfinder. Dies ist nicht nur so, weil romantische Komödien attraktive junge Leute zeigen, die erfolgreich Partnerwerbung betreiben, indem sie sich die Neophilie des anderen zunutze machen. Es liegt auch daran, dass romantische Komödien Teil unseres eigenen Aufwands in der Partnerwerbung sind. Wir können Hollywood-Drehbuchautoren (indirekt) dafür bezahlen, dass sie unsere gewünschten romantischen Partner zum Lachen bringen. Unsere Vorfahren konnten das jedoch nicht, und auch heute reicht es nicht aus. Erweist sich ein Mann bei dem Gespräch nach dem Film als Langweiler, sagt seine Begleiterin vielleicht: „Ich habe mich gut amüsiert, aber lass uns einfach gute Freunde sein." Liebe kann man nicht kaufen. Man muss sie anregen, zum Teil durch Humor, die wichtigste Bühne für die Präsentation der eigenen Kreativität.

Die Theorien zur Evolution des Menschen sind wissenschaftliche Hypothesen, aber auch Geschichten. Um eine gute neue Hypothese zu entwickeln, kann es hilfreich sein, eine Geschichte aus einem bisher übergangenen Genre zu wählen. Die traditionellen Evolutionsgeschichten würde man größtenteils als Actionabenteuer, Kriegsgeschichten oder politische Intrigen verfilmen. Als Besetzung käme einem automatisch Mel Gibson in den Sinn, der in einen Lendenschurz aus Fell gekleidet mit stählernem Blick, glänzenden Brustmuskeln und kernigen Clangenossen für die Unabhängigkeit von den Neandertalern kämpft.

Ich plädiere jedoch für die romantische Komödie als dasjenige Genre, das uns am wenigsten in die Irre führt, wenn wir uns die Evolution des Menschen als Geschichte vorstellen. Meine Begründung ist, dass die Menschen in Action- und Kriegsfilmen und in Politthrillern meist einfach sterben. In romantischen Komödien aber werden sie manchmal schwanger. Evolution ist ein Epos über viele Generationen, darauf angewiesen, dass mehrere Paare umeinander werben und Kinder bekommen. Actionabenteuer erfüllen zwar besser Aristoteles' Beharren auf der Einheit von Zeit und Ort im klassischen Drama, aber wir sollten vielleicht mehr Wert auf Darwins Beharren auf unsere ununterbrochene Abstammungskette legen. Man könnte sich die menschliche Evolution als Jahrmillionen während Version von *Leoparden küsst man nicht* vorstellen, in der Urahnen von Katharine Hepburn und Cary Grant sich in einer Mischung aus Slapstick, Wortgefechten und unterhaltsamen Abenteuern mit wilden Tieren ineinander verlieben. Die Evolution mag herzlos sein, aber humorlos ist sie nicht.

Grundtext aus: Geoffrey F. Miller *Die sexuelle Evolution*. Spektrum Akademischer Verlag (amerikanische Originalausgabe: *The Mating Mind;* Doubleday/Random House; übersetzt von Jorunn Wissmann).

Partnerwahl – Von wegen innere Werte

Wie finden Männer und Frauen zueinander? Psychologische Untersuchungen zeigen: Auch noch nach 10 000 Jahren Kultur achtet der Mensch bei der Partnerwahl vor allem auf Äußerlichkeiten

Ivo Marusczyk

Sanfte Schlager aus der Kuschel-Rock-Kollektion schnulzen sich durch den Raum. Dunkles Holz und Spiegel an den Wänden; ein Ventilator im Kolonialstil verquirlt Zigarettenrauchfäden. Kurz vor 19 Uhr, es ist früh für einen Kneipenabend. Nach und nach tröpfeln ein paar Männer und Frauen herein und schälen sich aus ihren Jacken. Der Wirt dimmt das Licht.

Mittendrin steht eine aufgekratzte Enddreißigerin im rosa Blazer. Sie hakt Namen ab, verteilt Prosecco-Gläser und Wangenküsschen: Gabrielle Freissle hat in der Vorstadtkneipe in München-Schwabing ein Speed-Blind-Date organisiert. Das heißt: Begegnungen im Takt der Stoppuhr und nach genauen Spielregeln. Sieben Männer treffen sieben Frauen und haben dann jeweils sieben Minuten Zeit zum Small Talk. Danach können sie auf einem Zettel verdeckt ankreuzen, ob sie den anderen wiedersehen möchten.

Die Singles haben 29 Euro in den Abend investiert

Noch läuft eine unsichtbare Grenze durch den Raum – wie am ersten Abend in der Tanzschule. Die Männer stehen an der Bar, die Frauen sammeln sich gegenüber in kleinen Grüppchen. Ein schlanker Rothaariger sucht hinter dem Tresen Deckung. Alle paar Sekunden nippt er an seiner Sektflöte – und wendet sich verlegen ab, wenn er sich beim Schauen ertappt fühlt. Nur Dieter, Ende 40, lehnt betont lässig an seinem Barhocker. Seine Geheimratsecken haben schon den größten Teil des Schädels erobert, und sein Bauch spannt offensichtlich das Hemd. Trotzdem taxiert er die Damen völlig unverhohlen.

Die Frauen stecken die Köpfe zusammen. „Warst du schon mal hier? Wie war es denn beim letzten Mal?" Handtäschchen werden geknetet, Haarsträhnen und Blusen zurechtgezupft. Auf beiden Seiten sind keinesfalls nur Mauerblümchen erschienen: Viele Akademiker, durchweg gepflegtes Äußeres. Aber alle haben genug vom Single-Dasein. Deswegen haben sie 29 Euro in den Abend investiert.

Angeblich hat ein New Yorker Rabbi vor fünf Jahren zum ersten Speed-Date-Abend aufgerufen – er wollte damit junge Frauen und Männer innerhalb seiner Gemeinde verkuppeln. Daraus wurde weltweit eine Geschäftsidee mit hartem Wettbewerb. Und ein Medienphänomen. Jetzt entdecken sogar Psychologen die Kuppelabende als das perfekte Experiment für eine der großen Menschheitsfragen: Was bringt Männer und Frauen zusammen? Wie suchen wir aus, wen wir uns aussuchen?

Zwei Denkschulen stehen in Konkurrenz

Noch immer stehen hier zwei konträre Denkschulen in Konkurrenz. Die „Gegenstück-Hypothese" besagt, dass Menschen einen Partner suchen, der ihnen ähnlich ist. In sozialem Status und Intelligenz, Hobbys oder im Kinderwunsch. Also: „Gleich und Gleich gesellt sich gern."

Im Gegensatz dazu behaupten Evolutionspsychologen, dass alle Männer und alle Frauen ähnliche Präferenzen haben. Und dass daher alle um die attraktivsten Partner buhlen. Das wird nur dadurch abgemildert, dass jeder seinen eigenen „Marktwert" einigermaßen kennt und keinen zu „teuren" Partner wählt, um nicht andauernd einen Korb zu kassieren.

Speed Dates könnten das Rennen zwischen diesen Theorien entscheiden. Sie liefern Daten in Fülle: Ein Forscherteam der University of Pennsylvania konnte die Entscheidungen von mehr als 10 000 suchenden Singles auswerten. Und auch der deutsche Großstadt-Single ist ins Visier der Wissenschaft geraten. „Wir konnten Menschen bei der Partnersuche in einer kontrollierten Situation beobachten", sagt Lars Penke von der Berliner Humboldt-Universität, „bisher waren wir immer auf die künstliche Welt der Laborversuche angewiesen." Gemeinsam mit seinen Kollegen Peter Todd vom Max-Planck-Institut für Bildungsforschung, Barbara Fasolo von der London School of Economics und Alson Lenton von der Universität Edinburgh hat er die Partnerwahl bei einem Kuppel-Abend in München unter die Lupe genommen.

Intelligenz und Humor des Partners sollten passen

Zunächst sieht es nach einem Sieg der ersten These aus. Singles wünschen sich einen Partner, der zu ihnen passt. Die Fragebögen, die Penke und Todd vor dem Speed Date verteilt haben, ergeben ein eindeutiges Bild: Die Partnersuchenden halten vor allem nach übereinstimmendem finanziellen Status, Gesundheit, Kinderwunsch und ähnlichen elterlichen Eigenschaften Ausschau. Auch die Intelligenz und der Humor des Partners sollten passen.

Das wäre immerhin ein beruhigender Befund: Hurra, der Mensch hat sich vom Tier abgehoben. Er lässt sich nicht vom buntes-ten Federkleid, dem gewagtesten Balztanz, vom schönsten Gezwitscher oder größten Geweih beeindrucken. Er schaltet das Gehirn ein, bevor er entscheidet, mit wem er seine Gene mischen will. Frauen schielen nicht mehr nach dem breitschultrigsten Mammutjäger im Höhlendorf. Männer lassen sich nicht nur von vollen Lippen, wogenden Busen und wallenden blonden Locken animieren.

Aber das ist nur das geschönte Selbstbild der Probanden. Beim Speed-Date-Abend in München ist es Dieter, der Dicke mit der Halbglatze, der diese Illusion zerstört. Kurz vor der ersten Small-Talk-Runde verzieht er das Gesicht zu einem kumpelhaften Macho-Grinsen und raunt: „Das können wir uns doch sparen." Wieso? „Ich weiß doch jetzt schon, von wem ich was will."

Nur wenige Minuten haben die Blitz-Dater, um herauszufinden, was in ihrem Gegenüber steckt. Bei manchen Veranstaltern schlägt der Gong sogar schon nach fünf oder gar drei Minuten. Drei Minuten Small Talk über Sport und Freizeit, Beruf und Reisen. 180 Sekunden, um sein Vis-à-vis abzuklopfen, zu bewerten und einzuordnen. Ihn oder sie anzuflirten, vielleicht auch zu überzeugen.

Viele Gespräche ähneln sich

Viele Gespräche klingen ähnlich. „Hallo, ich bin … Was machst du denn so? Wieso bist du eigentlich hier?" – „Och, ich dachte, man kann's ja mal versuchen. Ich kenne noch nicht so viele Leute in der Stadt. Ganz nett hier, oder?"

Alle paar Minuten bimmelt Gabrielle eine neue Runde ein. Dann muss es schnell gehen. Platz tauschen, lächeln, Namen notieren und Eindrücke sortieren. Nadine, etwas gelangweilt, verbringt ihre Samstagabende am liebsten mit einer DVD auf der Couch. Sarah, ziemlich aufgebrezelt, angeblich Stammgast in einer Schicki-Disco. Warum sie hier ist?

„Hier lernt man auch mal andere Männer kennen." Dann Julia, jung, schöne lange Haare, etwas schüchtern, betreibt Taekwondo. Oder war das Pia? Manche haben sich schon eine Geschichte zurechtgelegt. Die dann meistens nach schlechtem Werbespot klingt. Aber noch schlimmer sind die Männer, sagen die Frauen: „Manche texten einen völlig zu. Einer wollte gleich wissen, was beim zweiten Date läuft."

An der Fußhaltung lässt sich die Sympathie sofort ablesen

Gabrielle sitzt in der Mitte des Raumes, die Stoppuhr in der Hand, und beobachtet, was unter den Tischen passiert. „An der Fußhaltung kann ich sofort ablesen, ob eine Grundsympathie da ist. Nach 20 Sekunden weiß ich, ob's klappt." Psychologen versuchen, aus der Satzmelodie ihre Schlüsse zu ziehen. Amerikanische Forscher haben sogar einem Computer beigebracht, auf das Auf und Ab der Stimme und auf die „positiven Gesprächsverstärker" zu achten. Das sind die Mhms, Ahas und Ohs, mit denen wir Interesse signalisieren. Überraschenderweise konnte der Computer daraus den Erfolg eines Gesprächs vorhersagen – ohne den Inhalt zu verstehen.

Die Uhr tickt, die Glocke reißt unbarmherzig einen netten Plausch auseinander – oder sie setzt einer zähen Aneinanderreihung von Floskeln und Allgemeinplätzen ein gnädiges Ende. Sieben Minuten können ewig dauern. Erst wenn der Countdown abläuft, kann jeder seinem Gegenüber noch einmal zulächeln – und ihm im Verborgenen einen Korb geben: Kreuz bei „Nein". Einer der großen Vorteile des Speed Dating. Überraschung und Ernüchterung kommen erst am nächsten Tag per Mail.

Auch die Psychologen waren überrascht, als sie die Ja- und Nein-Kreuzchen auswerteten. Denn was die Teilnehmer sich vorgenommen hatten, galt beim ersten Flirt offenbar schon nicht mehr. Von dem Vorsatz, sich

nach einem passenden Partner umzusehen, blieb fast nichts übrig. Nur ein einziges Kriterium entschied über „Ja" oder „Nein": die äußerliche Attraktivität des Gegenübers.

„Ich war selber erschrocken, wie ernüchternd die Daten waren", erinnert sich Penke. „Wir konnten die Zahl der Kreuze, die eine Teilnehmerin bekommen hat, zu 85 Prozent durch ihre Attraktivität und ihr Alter erklären." Auch ob Männern ein „Ja" vergönnt war, hing vor allem vom Äußeren ab. Mitarbeiter der Dating-Agentur hatten dafür insgeheim Punkte verteilt. Und mit ihrer Wertung genau vorhergesagt, wer wie oft zum Wunschpartner auserkoren wurde.

Vor allem Männer achten immer noch vorwiegend auf die Hülle

Doch sollten sieben Minuten nicht reichen, um zumindest einen kleinen Blick unter die Oberfläche zu werfen? Vielleicht ein bisschen Schönheit im Charakter aufzuspüren? Eine romantische Illusion! Die suchenden Singles halten sich an Äußerlichkeiten. Die jungen Schönen sammeln reihenweise Einladungen. Status und Einkommen, Intelligenz oder Kinderliebe spielen plötzlich keine Rolle mehr. „Die Vorlieben, die die Menschen vorher im Fragebogen angegeben hatten, haben überhaupt nichts mit ihrer tatsächlichen Auswahl später zu tun", resümiert Penke. Vor allem die Männer achten beim Kennenlernen immer noch vorwiegend auf die Hülle.

Die Ergebnisse aus den USA decken sich ebenso mit der Wahl der deutschen Singles: „Der Charakter hatte nur sehr wenig Einfluss auf die Chancen eines Mannes und überhaupt keinen auf die Chancen der Frauen", heißt es in einer Studie der University of Pennsylvania.

Zu einer realistischen Selbsteinschätzung sind Männer offenbar nicht fähig. Sich, ökonomisch gesprochen, auf die Exemplare mit einem Marktwert ähnlich dem eigenen zu beschränken, kommt ihnen nicht in den

Sinn. Doch nicht nur bei Claudia Schiffer würde jeder sein Glück versuchen. Auch am unteren Ende der Skala scheinen die Herren beinahe beliebig zuzugreifen: „Die Auswahl der Männer deutet auf eine Art Schwellenmechanismus hin", fasst Penke zusammen. „Wenn die Frau eine gewisse Mindestattraktivität hatte, haben fast alle Männer ihr ein ‚Ja' gegeben."

„Die Frauen sind wählerischer", ergänzt Todd. Zu den untersuchten Fast-Dating-Sitzungen kamen jeweils zehn bis zwanzig Männlein und Weiblein. Die Männer vergaben durchschnittlich sieben „Ja"-Kreuzchen. Die Frauen wollten aber nur drei Männer wiedersehen. Die amerikanischen Forscher haben genauer nachgerechnet: Je niedriger der Body-Mass-Index einer Frau war, desto weniger potenzielle Partner fanden vor ihren Augen Gnade. Frauen können sich auf dem Single-Markt offenbar gut selbst einschätzen – und wählen sich aus den vielen Bewerbern einen mit einem Wert aus, der mit ihrem vergleichbar ist.

Männer wetteifern, Frauen wählen aus

Mit ihren Jas und Neins in Kreuzchenform geben die Speed Dater letztlich Darwin Recht. Der hatte behauptet: „Males compete – females choose." („Männer wetteifern – Frauen wählen aus.") Noch immer gelten die Regeln, die wir uns in Jahrmillionen der Evolution angeeignet haben. Weiche Gesichtszüge verraten den Östrogenspiegel der Frauen – gute Chancen auf Nachwuchs. Ein kantiges Gesicht lässt auf einen hohen Testosteronspiegel schließen – Gewähr für einen starken Versorger. Alles andere ist Märchenstunde. Ein paar Tausend Jahre Kulturgeschichte konnten diese Regeln nicht umstoßen.

Insofern hatte Dieter tatsächlich Recht. Wir brauchen keine sieben Minuten, um uns einen Eindruck zu verschaffen. Schon nach Sekunden machen wir uns ein erstes Bild vom Gegenüber. Das mag oberflächlich erscheinen. Doch genau darauf ist der Mensch trainiert. Und er liegt oft gar nicht so schlecht mit seinem Blitzurteil. Aussehen und Kleidung, Stimme und Auftreten, Haltung und Reaktionen des anderen geben uns entscheidende Hinweise. „Was Menschen nach 30 Sekunden über einen völlig Unbekannten sagen, stimmt erstaunlich präzise mit der Selbsteinschätzung der Beurteilten überein", sagt Penke.

Auch am Single-Abend in der Münchner Vorstadt sind mittlerweile alle Urteile gefällt. Gabrielle sammelt die gelben Zettel ein, riskiert einen kurzen Blick auf die Kreuzchen, lächelt und lässt die Blätter in ihrer Tasche verschwinden. Erleichterung bei den Speed Datern.

Einige werfen die Jacken über und verabschieden sich hastig. Andere bleiben noch in der Kneipe. Männer und Frauen sitzen jetzt gemischt. Keiner traut sich, direkt zu fragen. Einer der älteren Männer versucht, auf Nummer sicher zu gehen, und verteilt insgeheim seine Visitenkarte an die Damen. Für alle Fälle.

Der Startvorteil der jungen Schönen mag ungerecht sein – aber gerade damit kommt ein Speed Date dem Kennenlernen in der freien Wildbahn nahe. Auch im Café oder auf einer Party, in der Disco oder im Bahnabteil muss man sich erst einmal dafür entscheiden, einen Menschen überhaupt kennenlernen zu wollen.

Lächeln hilft bei der Partnersuche

Um den ersten Eindruck etwas aufzupolieren, gibt es wenige Möglichkeiten. Kleidung und Auftreten spielen eine Rolle. „Wir haben nicht einzeln untersucht, welchen Einfluss Stimme, Körpersprache oder Augenkontakt hatten", sagt Todd. „Aber wie oft jemand lächelt, trägt sicher auch zur Attraktivität bei." Penke ergänzt: „Die Stimme spielt eine wichtige Rolle. Beim Mann ist eine tiefe Stimme zum Beispiel ein Signal für Testosteron. Die genauen Parameter müssen wir noch erforschen."

Ein Trost bleibt den Singles, die keine Telefonnummer erobert haben: Wenn es darum geht, aus dem Flirt eine richtige Partnerschaft zu knüpfen, haben attraktive Menschen dieselben Probleme wie sie. Vielleicht sogar noch größere.

„Attraktivität", erklärt Penke, „beeinflusst den ersten Eindruck sehr stark. Das sagt aber noch lange nichts oder nur sehr wenig darüber aus, wie es weitergeht. Vor allem nicht, ob sich eine stabile emotionale Bindung entwickelt." Manche nennen es auch Liebe.

Aus: ZEIT Wissen 2/2005

Keith Harrisons Biografie liest sich so abenteuerlich wie die kaum eines anderen Naturforschers. Wer sonst könnte neben einem Zoologiestudium in Nottingham eine abgeschlossene juristische Ausbildung an der Cambridge University vorweisen?

Doch der Reihe nach: Harrison studiert und promoviert in Zoologie an der University of Nottingham. Von dort geht er an das Natural History Museum in London. Sammlungsreisen führen ihn ins Ausland, unter anderem an den Titicaca-See in Bolivien.

Eine kurze Zeit lang arbeitet Keith Harrison in Afrika am National Museum of Kenya, damals unter der Leitung des berühmten Paläoanthropologen Richard Leakey. Während seiner Forschungstätigkeit entdeckt Harrison nahezu 50 zuvor unbekannte Spezies, drei neue Arten werden nach ihm benannt. „Ich könnte noch ein bisschen stolzer darauf sein", sagt Harrison, „wenn nicht eine davon ein völlig unbedeutender kleiner Parasit wäre, der in einem mikroskopisch kleinen Bewohner der Tiefsee lebt."

In den 1990er-Jahren – es wird immer schwerer, Mittel für die zoologische und evolutionsbiologische Forschung zu beschaffen – beschließt Harrison, einen neuen Karriereweg einzuschlagen und studiert Recht an der Cambridge University. Obwohl er zunächst eine Position als Anwalt anstrebt, lässt ihn die Wissenschaft nicht los. Er wird zum Manager eines nationalen britischen Forschungsprogramms, das die Tiefsee erkunden soll. „Selbst heute, im 21. Jahrhundert, haben wir genauere Karten der Mondoberfläche als vom Boden der Tiefsee", klagt Keith Harrison. Das Programm bringt Biologen, Geologen, Chemiker und Ozeanographen zusammen, die vor allem unterseeische Vulkane untersuchen, sogenannte Black Smokers. Hier herrschen in mehr als drei Kilometern Tiefe Temperaturen von bis zu 400 Grad Celsius.

Schon am Natural History Museum in London beginnt Harrison, für ein breites Publikum zu schreiben, doch die Idee für sein erstes eigenes Buch trägt er fast 20 Jahre lang mit sich herum: Er will erklären, warum der menschliche Körper so aussieht, wie er aussieht. „Ich glaube, in der Zeit von meiner ersten Idee bis heute haben sich unsere Körper evolutionär nicht sonderlich verändert", scherzt Harrison. „Das Buch dürfte also für jeden hilfreich sein, der sich im Spiegel betrachtet."

Keith Harrison

Ist die Evolution des Menschen am Ende?

Von Keith Harrison

Die natürliche Selektion schläft nie. Darum gelangt auch die Evolution als ihr Ergebnis nie an einen Endpunkt.

Unser Körper und seine Funktionen werden sich vermutlich weiter verändern – aber in welche Richtung? In den Science-Fiction-Geschichten der 1950er-Jahre stellte man die Menschen der Zukunft häufig mit Körpern dar, in denen sich frühere Entwicklungen fortsetzten. Da unser Gehirn im Verlauf der letzten Millionen Jahre an Volumen gewonnen hat, stellte man sich die Köpfe der Zukunft noch voluminöser vor. Da wir an Körpergröße zugelegt haben, wurden die zukünftigen Menschen als noch größer beschrieben.

Leider ist das Vorhersagen der Zukunft nicht ganz so einfach. Die Evolution besitzt keinen inneren Motor, der sie immer weiter auf demselben Weg vorantreibt. Für die Evolution ist das Morgen nie die automatische Fortsetzung des Heute. Wollen wir verstehen, wie sich unser Körper in Zukunft verändert, müssen wir versuchen vorherzusehen, wie sich die natürliche Selektion in der Welt von morgen verhalten wird. Dabei ist es vielleicht hilfreich, darüber nachzudenken, inwiefern unsere Urahnen in der Welt von gestern der natürlichen Selektion unterworfen waren, und sich dann zu fragen, ob sich diese Arten der Selektion auch heute noch signifikant auswirken.

„Viele kamen allmählich zu der Überzeugung, einen großen Fehler gemacht zu haben, als sie von den Bäumen heruntergekommen waren. Und einige sagten, schon die Bäume seien ein Holzweg gewesen, die Ozeane hätte man niemals verlassen dürfen."
(Douglas Adams, 1952–2001, engl. Schriftsteller)

Die Kreatur aus der schwarzen Lagune (Film aus dem Jahre 1954).

Natürlicher Schwund

Es ist nicht ungewöhnlich, dass ein Tier von Fressfeinden getötet wird. Auch unsere frühen afrikanischen Vorfahren fielen zweifellos solchen Fleischfressern zum Opfer, so wie es in einigen Teilen der Erde auch heute noch vorkommt. Vor Hunderttausenden von Jahren hingen solche Todesfälle möglicherweise mit bestimmten körperlichen Merkmalen der Beutetiere zusammen (wie beispielsweise Beinlänge), weswegen sich die Eliminierung einiger Individuen auf die körperliche Evolution der Überlebenden ausgewirkt haben kann. Dies war möglich, weil die gesamte Weltpopulation der Hominiden oder ihrer Vorfahren klein war.

Heute jedoch, wo die Weltbevölkerung knapp sieben Milliarden Menschen umfasst und viele Raubtiere kurz vor ihrer Ausrottung stehen, wirkt es sich bestimmt nicht signifikant aus, dass Menschen von Raubtieren getötet werden. Das Gleiche gilt für den Tod durch giftige Tierbisse und -stiche oder den Verzehr giftiger Pflanzen. Solche Unglücksfälle lassen sich leicht ausgleichen. Sie sind einfach zu selten, und es ist nicht davon auszugehen, dass die Opfer von heute alle ein gemeinsames körperliches Merkmal aufweisen, welches dann ausgelöscht würde. Diejenigen von uns, die solche Ereignisse überleben, sind nicht mehr die am besten angepassten Menschen, sondern nur die größten Glückspilze.

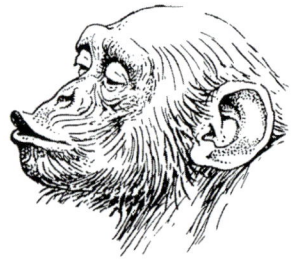

Soziale Unterstützung

Schimpanse (*Pan troglodytes*). Oben: Mimik des sozialen Kontakts.

Man könnte erwarten, dass unsere soziale Organisation der zukünftigen Evolution unserer Körper entgegenwirkt und es für die natürliche Selektion schwieriger wäre, Individuen aus einer Population zu entfernen, solange diese durch ihre Gemeinschaft geschützt werden. Ein ähnliches soziales Verhalten wie wir weisen jedoch auch unsere engsten lebenden Verwandten, die Schimpansen und Gorillas, auf, und auch unser gemeinsamer Urahn scheint bereits ein soziales Tier gewesen zu sein. Das bedeutet, dass sich Menschenkörper, Schimpansenkörper und Gorillakörper erst ausprägten, nachdem wir alle zu sozialen Tieren geworden waren. Das Entstehen komplexer persönlicher Beziehungen sowie die damit verbundene gegenseitige Unterstützung und gestiegene Lebenserwartung konnten die Veränderungen unserer körperlichen Erscheinung nicht aufhalten, während unsere drei Gruppen ihre jeweilige spezielle Lebensweise entwickelten.

Partnerwahl

Die kontinuierliche Weiterentwicklung unseres Körpers, nachdem wir zu sozialen Tieren geworden waren, war möglicherweise auch der Partnerwahl zuzuschreiben. Diese wird von zahlreichen Tierarten praktiziert. Nur wenige Spezies paaren sich mit dem erstbesten Vertreter des anderen Geschlechts, dem sie während der Fortpflanzungszeit begegnen. Bei einigen Spezies paaren sich die Weibchen nur mit dem dominanten Männchen einer Gruppe. Demnach stammen alle Jungen der Gruppe von dem dominanten Männchen ab und die nachfolgende Generation ähnelt ihm.

Bei solchen Spezies kämpfen die Männchen gegeneinander, um ihre Dominanz zu behaupten (Hirsche mit dem Geweih, Löwen mit Zähnen und Pranken). Es gibt keinen Grund anzunehmen, dass auch unsere Primatenvorfahren so gelebt haben, aber es existieren noch andere Formen der Partnerwahl. Bei einigen Spezies haben die Weibchen ein größeres Mitspracherecht, und die Männchen wetteifern zuweilen auf komplizierte Weise miteinander, um begehrte Weibchen für sich zu gewinnen. Dies ist bei Vögeln verbreitet, aber auch bei Säugetieren kommt es häufig vor, dass das Weibchen ein Männchen auswählt.

In den heutigen menschlichen Gesellschaften, die sich am europäischen Modell orientieren, fragt traditionellerweise der Mann eine Frau, ob sie ihn heiraten will. Das hat zwar den Anschein, als wähle der Mann die Frau aus, aber im Grunde entscheidet er nur, wen er fragt, und die Frau entscheidet, was sie antwortet. Hätten Frauen in

Zwei Hirsche beim Kampf.

der jüngeren Vergangenheit durchgängig Männer mit einem bestimmten Merkmal ausgewählt, so hätte sich dieses Merkmal wahrscheinlich in der nachfolgenden Generation verbreitet. Vielleicht ist es den Gesetzen der Partnerwahl zuzuschreiben, dass sich bei den Europäern, der hellhäutigsten Rasse, so viele unterschiedliche Haarfarben entwickelt haben.

Doch unabhängig davon, ob Partnerwahl in unserer jüngeren Evolution eine Rolle gespielt hat oder nicht, ist es kaum vorstellbar, dass sie unsere zukünftige Evolution beeinflussen wird. Dafür ist zum einen die Population zu riesig, und zum anderen sind die Merkmale – insbesondere die körperlichen –, auf die bei der Partnerwahl Wert gelegt wird, weltweit zu uneinheitlich.

Rassen

Nicht nur nach der Entwicklung sozialen Verhaltens veränderte sich die Gestalt unseres Körpers kontinuierlich, sondern auch noch, nachdem einige unserer Vorfahren Afrika verließen und die ganze Welt besiedelten. Daraus resultierten die heute erkennbaren Rassengruppen, die sich aufgrund der geographischen Isolation verschiedener Populationen in unterschiedlichen Umgebungen entwickelten. Wäre es möglich, dass die Unterschiede zwischen diesen Rassen in Zukunft noch prägnanter werden?

Dagegen spricht vor allem, dass wir in jüngerer Zeit Technologien wie Kleidung, feste Behausungen und Landwirtschaft erfunden haben. Diese sorgen dafür, dass wir den Einflüssen der Naturelemente, denen wir unsere Rassenmerkmale verdanken, in viel geringerem

Phänotypische Vielfalt der Menschen.

Maße ausgesetzt sind als früher. Mit der Zunahme von internationaler Kommunikation, Handel und dem relativ ungehinderten Austausch von Ideen und Informationen gleichen sich die Lebensbedingungen der Menschen überall auf der Erde immer mehr einander an. Einige von uns mögen wohlhabender sein als andere, aber das ist für die Evolution unserer Körper nicht signifikant.

Darüber hinaus werden in begrenzten Bereichen der Erde die Rassenunterschiede offenkundig immer stärker verwischt, weil es dort häufig Kinder aus Mischehen gibt. Das trifft insbesondere auf die USA und einige Teile Südamerikas zu, doch angesichts einer Weltpopulation von knapp sieben Milliarden Menschen ist die Zahl der Kinder, deren Eltern verschiedenen Rassengruppen angehören, verschwindend gering.

Wahrscheinlich werden sich die Unterschiede zwischen den menschlichen Rassen nicht mehr weiter verschärfen, doch ebenso wenig ist anzunehmen, dass sie in der näheren Zukunft ganz verschwinden.

Kultur

Mit den körperlichen Veränderungen entwickelten sich auch kulturelle Unterschiede. In einigen Gruppen machte die Technik schnell große Fortschritte; in anderen wurde die soziale Organisation immer komplexer. Menschen, die in Lehmhütten oder Zelten gelebt haben oder immer noch leben, als „primitiv" zu bezeichnen, ist schlichtweg falsch. Es mangelt ihnen unbestreitbar an Hightech-Geräten, aber weniger offensichtlich ist, dass ihre traditionellen sozialen Systeme viel reichhaltiger und vielschichtiger sein können als die verarmten und oberflächlichen Familienbande etwa im technisierten Nordeuropa. Die Gesellschaften Nordeuropas haben die Pflege weitverzweigter Verwandtschaftsbeziehungen zugunsten der Kernfamilie aufgegeben. Oder können Durchschnittseuropäer die Namen ihrer acht Urgroßeltern oder ihrer Vettern und Cousinen zweiten Grades nennen?

Diese unterschiedlichen Schwerpunkte haben in verschiedenen Regionen der Erde unterschiedliche menschliche Gesellschaften erzeugt. Ist es denkbar, dass diese Kulturen auf Dauer getrennt bleiben und sich schließlich zu separaten Menschenarten mit deutlich unterschiedlichen Körpern entwickeln?

Historisch gesehen haben Menschen ausgesprochen rasch separate Gruppen gebildet. Die Entstehung von Rassen, kulturellen Unterschieden und der Vielzahl von Sprachen verdeutlichen dies. Selbst innerhalb von Sprachgruppen reden Menschen, die nur einige Kilometer voneinander entfernt wohnen, sehr unterschiedlich und mit jeweils deutlichem Dialekt, und das gilt auch für Wohlstandskulturen

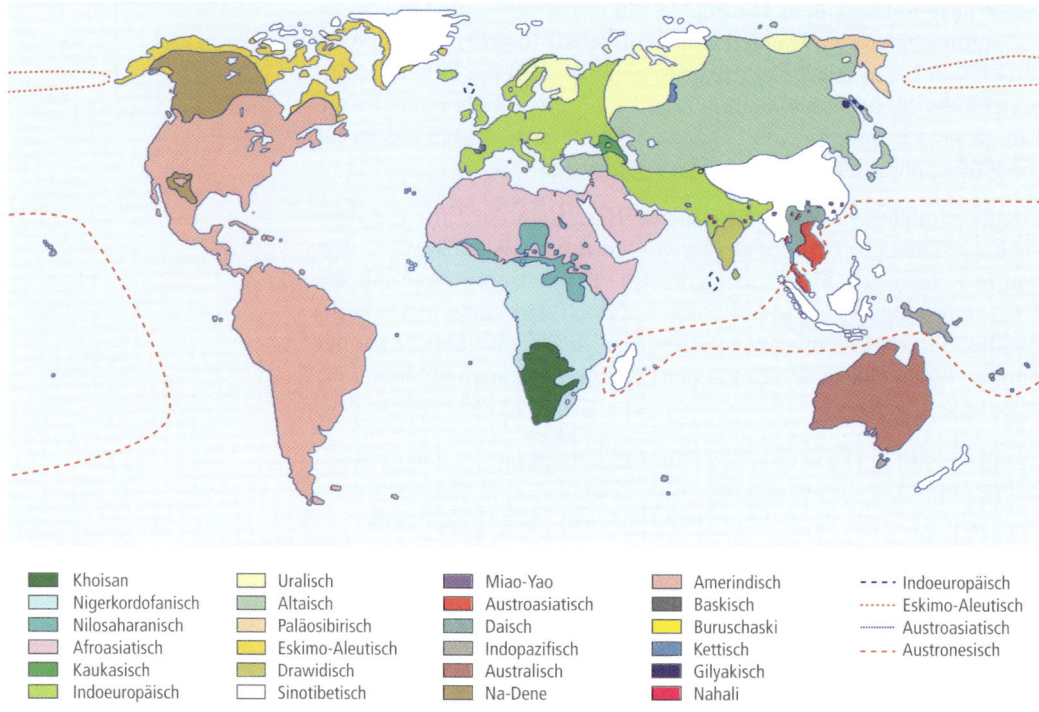

🟩 Khoisan	🟨 Uralisch	🟪 Miao-Yao	🟥 Amerindisch	- - - - Indoeuropäisch
🟦 Nigerkordofanisch	🟩 Altaisch	🟥 Austroasiatisch	⬛ Baskisch	⋯⋯⋯ Eskimo-Aleutisch
🟩 Nilosaharanisch	🟧 Paläosibirisch	🟦 Daisch	🟨 Buruschaski	⋯⋯⋯ Austroasiatisch
🟪 Afroasiatisch	🟨 Eskimo-Aleutisch	🟫 Indopazifisch	🟦 Kettisch	- - - - Austronesisch
🟩 Kaukasisch	🟫 Drawidisch	🟥 Australisch	🟪 Gilyakisch	
🟩 Indoeuropäisch	⬜ Sinotibetisch	🟫 Na-Dene	🟥 Nahali	

Die wichtigsten Sprachfamilien
auf der Erde.

mit ausreichend Transportmöglichkeiten und hoher Mobilität. Dennoch haben Sprachen und die Tendenz, mit Partnern aus der gleichen Sprachgruppe Kinder zu haben, zu keiner Zeit dazu geführt, *Homo sapiens* in zwei oder mehr Spezies mit entsprechenden körperlichen Unterschieden aufzuspalten. Die Entwicklung menschlicher Rassen im Laufe der vergangenen 60 000 Jahre betraf rein oberflächliche Merkmale, und die Sprachgruppen außerhalb Afrikas sind wohl noch viel später entstanden. Die Menschen gehören einfach noch nicht lange genug verschiedenen Gruppen an, um mehrere Spezies gebildet zu haben.

Heute entwickelt sich die Welt immer mehr zu einer globalen Kultur und es ist zu erwarten, dass kulturelle Einflüsse auf die Evolution unseres Körpers eher an Bedeutung verlieren.

Krankheit und Krieg

Viel interessanter ist die Frage, ob sich das Erscheinungsbild von Individuen über die gesamte menschliche Spezies hinweg aufgrund von Krankheiten verändert. Eine natürliche Selektion durch Krankheiten stellte für unsere Vorfahren vermutlich eine ernstzunehmende Gefahr dar, und zweifellos zählen auch heute Krankheiten weltweit zu den häufigsten Todesursachen. Dass man dennoch nur sehr schwer vorhersagen kann, inwiefern krankheitsbedingte Todesfälle das Erscheinungsbild unserer Spezies verändern könnten, liegt daran, dass Menschen an allen möglichen Gebrechen sterben können, aber anscheinend nur sehr wenige mit irgendwelchen anatomischen Gegebenheiten unseres Körpers zusammenhängen. Ob man beispielsweise an Malaria erkrankt, hängt nicht von der Schuhgröße ab oder von einem fliehenden Kinn.

Mit fortschreitender globaler Erwärmung und der Zunahme des internationalen Flugverkehrs ist zu erwarten, dass sich Krankheiten und Insekten, die Krankheitserreger übertragen, immer stärker auch in Gebieten ausbreiten, die vorher nicht befallen waren; dies wiederum kann für Kulturen und Kontinente ohne natürliche Resistenzen böse Folgen haben. Würde das die Fortpflanzungsrate ganzer Generationen signifikant vermindern, so könnte dadurch in einigen Bereichen auch die physische Evolution des Menschen beeinflusst werden. Dass es zu spürbaren Auswirkungen käme, ist jedoch unwahrscheinlich.

Würde eine natürliche Selektion durch Krankheiten evolutionäre Prozesse bewirken, so wären dies vermutlich innere Veränderungen unseres Immunsystems oder der Biochemie unseres Körpers. Selbst dann wäre aber eine weltweite Epidemie mit unzähligen Todesopfern erforderlich, um die Überlebenden aus fast sieben Milliarden Menschen umzugestalten, und das ist höchst unwahrscheinlich. Zumindest hoffen wir alle, dass es unwahrscheinlich ist. Überdies würden wir unsere medizinischen Abwehrwaffen ins Feld führen, die die befallenen Personen hoffentlich retten könnten. Gehen wir jedoch von den derzeitigen Zuständen aus – wie bei der aktuellen AIDS-Epidemie –, stünden weltweit bestenfalls hier und da wirksame Medikamente zur Verfügung und schlimmstenfalls überhaupt keine. Derzeit ist AIDS die vierthäufigste Todesursache nach Herzkrankheiten, Schlaganfällen und Atemwegserkrankungen (die allesamt vor allem ältere Menschen betreffen). Bisher sind insgesamt über 25 Millionen Menschen an AIDS gestorben und über 33 Millionen tragen das Virus in sich, die meisten davon in Afrika südlich der Sahara. Die Zahl der weltweiten Infektionen steigt weiter an und es bleibt abzuwarten, wann das Ende der Epidemie erreicht ist. Doch obwohl sie bereits weitreichende Verhaltensänderungen bewirkt hat, wird jedoch auch hier vermutlich nicht die Grenze überschritten, ab der sich die äußere Erscheinung unserer Spezies ändern würde.

Genau wie Krankheiten können auch Kriege Millionen Menschen töten. Eine ihrer grässlichen Erscheinungsformen, die man heutzutage als „ethnische Säuberung" bezeichnet, kann die gezielte Massenver-

„Die Zukunft der Menschheit hängt nicht mehr davon ab, was sie tut, sondern mehr denn je davon, was sie unterlässt."
(John Irving, *1942, amerik. Schriftsteller)

	Todesursache	Todesfälle (in Mio)	%
1.	Herzerkrankungen	7,208	12,6
2.	Schlaganfall	5,509	9,7
3.	Atemwegserkrankungen	3,884	6,8
4.	HIV/AIDS	2,777	4,9
5.	COPD (chronisch obstruktive Lungenerkrankungen)	2,748	4,8
6.	Durchfallerkrankungen	1,798	3,2
7.	Tuberkulose	1,566	2,7
8.	Malaria	1,272	2,2
9.	Krebs der Bronchien/Lunge	1,243	2,2
10:	Verkehrsunfälle	1,192	2,1

Die zehn häufigsten Todesursachen weltweit.

Quelle: World Health Report 2003, WHO.

nichtung bestimmter Bevölkerungsgruppen sein. Doch auch wenn dies verheerende Auswirkungen auf die betroffenen Gruppen und theoretisch deren Gene hat, ist es bei einer Weltbevölkerung von 7 Milliarden unwahrscheinlich, dass solche Kriege die körperliche Gestalt der gesamten Spezies verändern könnten.

Neue Erfindungen

Unsere heutige Umwelt ist nicht mehr diejenige, in der sich unser Körper einst entwickelt hat. Die Atmosphäre ist den Einflüssen von chemischen Emissionen ausgesetzt. Wir verändern die chemische Zusammensetzung unserer Nahrung immer stärker durch Rückstände von Pestiziden, Konservierungsstoffe und künstliche Aromen. Alle menschlichen Körper werden 24 Stunden am Tag mit elektromagnetischer Strahlung bombardiert (das heißt, mit Rundfunk- und Radarsignalen sowie ähnlichen Emissionen, die von einem Sender *abstrahlen*, also nicht mit radioaktiver Strahlung im Sinne von Uran – keine Panik). Unser Körper wird überschüttet mit Funk- und Fernsehübertragungen in einem weiten Frequenzbereich, die uns von Satelliten oder Sendern in unserer Nähe erreichen, von Mobiltelefonen und anderen Kommunikationsmedien sowie mit elektrischen Feldern, die von den unzähligen uns umgebenden Stromgeräten ausgehen – vom elektrischen Licht über Staubsauger und Küchengeräte bis hin zu Computern.

Wir sind uns dieses Bombardements gar nicht bewusst, weil wir nie Sinnesorgane zu seiner Wahrnehmung besessen haben, denn bis zum 20. Jahrhundert war es gar nicht vorhanden. Werden wir nun entsprechende Sinnesorgane entwickeln? Nur, wenn die Strahlung unsere Fortpflanzungsfähigkeit beeinflussen würde, und dazu müsste sie schon früh im Leben unsere Gesundheit oder unmittelbar unsere Fortpflanzungsorgane angreifen. Für beides gibt es derzeit keine Beweise, aber es wäre töricht, diese neuen Umweltfaktoren und ihre Auswirkungen nicht weiterhin kritisch im Auge zu behalten.

Die Elektrizität hat unser Leben bereits auf eine Weise verändert, auf die unsere Evolution nie vorbereitet war. Indem wir helles künstliches Licht nutzen, das billig und leicht verfügbar ist, können wir die Länge eines Tages nun unabhängig von der Jahreszeit ausdehnen – aber das hat seinen Preis. Unser Körper reagiert von Natur aus auf Helligkeitsunterschiede. Während der Wintermonate in den gemäßigten Breiten, wenn die Tage erheblich kürzer werden, würde ein Mensch ohne Zugang zu künstlichem Licht häufig bis zu 16 Stunden am Stück schlafen. Mit künstlichem Licht lässt sich diese Zeit mehr als halbieren. Die Nutzung von elektrischem Licht zur künstlichen Verlängerung des Tages kann zu einer Störung der normalen Rhythmen der Hormonproduktion führen. Hormone sind die chemischen Boten des Körpers, die Änderungen unseres allgemeinen physiologischen Zustands herbeiführen oder bestimmte Organe beeinflussen, und die steigende oder sinkende Produktion einiger Hormone verläuft nach einem täglichen Rhythmus. Selbst wenn diese Störung keine direkte Folge der Lichtzufuhr ist, kann sie doch auftreten, wenn wir unsere Aktivitäten über das normale Maß hinaus fortführen und die innere Uhr unseres Körpers ignorieren. Diese Uhr wird auch durch Langstreckenflüge gestört, die unseren gewohnten Tag-Nacht-Zyklus unterbrechen.

"Oft ist die Zukunft schon da, ehe wir ihr gewachsen sind." (John Steinbeck, 1902–1968, amerik. Schriftsteller)

Diese Störungen beeinträchtigen uns, weil sich die Evolution unseres Körpers, einschließlich unseres Stoffwechsels, in einem stabilen Kreislauf von Tag und Nacht, Licht und Dunkelheit vollzogen hat. Ob sich unsere Fähigkeit, in die natürlichen Rhythmen des Körpers einzugreifen, auf unsere Evolution auswirken wird, hängt davon ab, ob ausreichend viele Menschen davon betroffen sind und ob die Störung unser Fortpflanzungsvermögen beeinträchtigt. Aber selbst wenn Milliarden Menschen betroffen wären und ihre Fortpflanzungsfähigkeit darunter leiden würde – was beides absolut unwahrscheinlich ist –, besäßen die Leute, die ständig bis in die Nacht Überstunden im Büro machten oder mit dem Flieger verreisten, wohl kein gemeinsames vererbtes Merkmal, an dem sich die Veränderung manifestieren könnte. Demnach ist in dieser Hinsicht keine Auswirkung auf die zukünftige Evolution der menschlichen Anatomie zu erwarten. Es ist ja nicht so, dass nur Menschen, deren Augen sehr eng zusammenstehen, ständig Überstunden machen oder nur Personen ohne Ohrläppchen internationale Flüge buchen.

Gentechnisch veränderte Organismen

Unsere Spezies hat in jüngster Zeit die Fähigkeit entwickelt, die genetische Zusammensetzung anderer Spezies direkt zu ändern und gentechnisch veränderte Organismen (GVOs) zu erzeugen. Manche Leute sind der Meinung, dies sei das Gleiche, wie die Merkmale anderer Spezies durch selektive Züchtungen zu modifizieren, was wir bereits seit Tausenden von Jahren tun, aber das ist Unsinn. Mit selektiven Züchtungen lässt sich beeinflussen, welche Kuhgene unsere Kühe tragen oder welche Hundemerkmale unsere vierbeinigen Freunde aufweisen sollen. Bei der genetischen Modifikation übertragen wir jedoch Gene von einer Spezies zur anderen. Wenn wir ein Gen von einem Fisch isolieren, das einen natürlichen Frostschutz in seinem Blut erzeugt, und es in eine Tomate einsetzen, damit diese beim Transport im Kühlwagen keinen Gefrierschaden davonträgt, tun wir etwas, das mit selektiven Züchtungen nur sehr schwer zu erreichen wäre.

Auf der ganzen Welt wird heftig über das Für und Wider solcher Aktionen gestritten. Gene sind Verbände von Molekülen, die sich gemeinsam entwickelt haben. Sie agieren als Gesamtheit, und durch die Interaktion der von ihnen erzeugten Gewebe entsteht das Endprodukt. Es sind zahlreiche Untersuchungen unter äußerst strengen Sicherheitsbedingungen erforderlich, um sicherzustellen, dass ein eingepflanztes Gen nur ein einziges klar umrissenes Ergebnis hervorbringt, das den übrigen Wirtsorganismus oder spätere Generationen dieses Organismus nicht beeinträchtigt.

Internet-Link

Informationen zu Gentechnik bei Lebensmitteln: www.transgen.de

Viele Menschen äußern ihre Sorge über die möglichen Auswirkungen von GVOs auf die Gesundheit des Menschen oder die Umwelt. Der Verzehr von modifizierter DNA aus GVOs oder daraus hergestellten Produkten schadet unserer Gesundheit wahrscheinlich nicht – Menschen haben schon immer die DNA anderer Spezies zu sich genommen. Jedes Mal, wenn wir eine Banane oder ein Hähnchen verspeisen, essen wir fremde DNA. Wir verdauen sie einfach. Unsere Evolution hat uns in die Lage versetzt, DNA zu verdauen, und künstlich hergestellte Genkombinationen erwartet vermutlich das gleiche Schicksal.

Trotzdem ist es möglicherweise etwas anderes, die modifizierten Erzeugnisse zu verspeisen. Die Modifikation der genetischen Zusammensetzung könnte theoretisch zu Modifizierungen der Zellen führen und chemische Verbindungen produzieren, die in den naturbelassenen Pflanzen so nicht vorkommen.

Diese wiederum könnten langfristige Gesundheitsschäden oder allergische Reaktionen hervorrufen. Vermutlich testen Labore, die GVOs herstellen, ihre Produkte in klinischen Tests auf diese beiden

Einige gentechnisch veränderte Pflanzenarten (Auswahl). Links oben: Weizen, links unten: Sojafrucht, rechts: Raps.

möglichen Auswirkungen, bevor sie Freisetzungsversuche mit GVO-Nutzpflanzen starten.

Würde die von Menschen geschaffene DNA von gentechnisch modifiziertem Getreide auf wilde Pflanzenpopulationen überspringen, so ließen sich die Folgen für die Umwelt unmöglich vorhersagen. In der Vergangenheit hat es noch nie etwas Vergleichbares gegeben – bis heute hat im Labor modifizierte DNA niemals existiert. Demzufolge verfügt niemand über relevante Erfahrungen, die eine verlässliche Risikoeinschätzung erlauben würden.

Wir müssen uns die Frage stellen, ob das unkontrollierte Ausbreiten neuer Genkombinationen in der Umwelt allgemein den Verlauf der körperlichen Evolution des Menschen beeinflussen könnte. Dies lässt sich nicht abschätzen.

Möglicherweise blieben sämtliche schädlichen Einflüsse auf die Umwelt beschränkt – wo sie so gut wie sicher unumkehrbar wären –, aber welche Folgen eine solche Veränderung der Umwelt für unsere Spezies hätte, lässt sich nicht vorhersagen.

Auch hier verfügt bisher niemand über irgendwelche Erfahrungen, auf die sich eine Prognose stützen könnte.

Gentechnisch veränderte Menschen

In unserer Zeit verfügen Ärzte über viele medizinische Verfahren, um Paaren zu einem Kind zu verhelfen. Fruchtbarkeitsexperten arbeiten mit Medikamenten zur Anregung des Eisprungs, *in-vitro*-Fertilisation (IVF) oder der Lagerung eingefrorener Embryos zur späteren Implantierung. Paare, die ihre Gene ohne diese Hilfe nicht an die nächste Generation hätten weitergeben können, haben nun die Chance, gesunde Babys zu bekommen.

Man kann den Standpunkt vertreten, dass medizinische Hilfe beim Fortpflanzungsprozess nichts Unnatürliches ist. Unsere Spezies ist ein Produkt der Natur – nichts, was wir tun, kann jemals unnatürlich sein. Selbst das Begraben der Landschaft unter wuchernden Stadtzentren aus Beton und Glas ist nicht unnatürlicher als das Verhalten anderer Spezies, die den Meeresboden unter einem wuchernden Korallenriff begraben, oder, wie Biber, die die Landschaft durch den Bau eines Damms überfluten. Einige Menschen halten medizinische Eingriffe in den Fortpflanzungsprozess zwar für nicht wünschenswert, aber Wünsche sind ein anderes Thema. Ärzte sind einzig und allein dafür da, die Funktionen des Körpers in Ordnung zu bringen, wenn er seine Arbeit aus eigener Kraft nicht mehr leisten kann. Wir bitten Ärzte selten darum, von einem Eingriff in den natürlichen Blutungsprozess oder den „Tod-durch-Grippe-Prozess" abzusehen.

„Noch sind wir zwar keine gefährdete Art, aber es ist nicht so, dass wir nicht oft genug versucht hätten, eine zu werden."
(Douglas Adams, 1952–2001, engl. Schriftsteller)

Doch nun sehen wir uns mit einer ganz anderen Form von Intervention konfrontiert – der Gentechnik und der bewussten Selektion von Merkmalen für unsere Kinder. Wir haben schon immer Entscheidungen getroffen, die in gewissem Sinne das Aussehen unserer Kinder betreffen, aber dafür haben wir bisher das Verfahren der Partnerwahl genutzt („Glatze unerwünscht") oder gelegentlich die seit kurzem vorhandenen Möglichkeiten, unter den Eigenschaften von Samenspendern eine Wahl zu treffen. Nun aber zeichnet sich ab, dass wir die Merkmale unserer Kinder mit dem Einzug der sogenannten Designerbabys irgendwann direkt bestimmen können.

Man könnte zwar einwenden, dass es nicht unnatürlich ist, wenn wir das Erscheinungsbild der nächsten Generation bestimmen wollen („nichts, was wir tun, kann jemals unnatürlich sein"), aber dies birgt Gefahren für die Designerbabys. Wenn wir heute Merkmale auswählen, setzt das voraus, dass wir wissen, welche morgen wichtig sein

■ aus den BBC-News vom 9.4.2003 ■

Zellen des Nabelschnurblutes sollen Thalassämie eines Vierjährigen heilen
Berufungsgericht sagt „Ja" zu „Designerbaby"

Ein Gericht hat die Zeugung eines „Designerbabys" in Großbritannien erlaubt. Damit wurde ein früheres Urteil des Obersten Britischen Gerichtshofes aufgehoben. Die Zellen des Babys sollen den vier Jahre alten Sohn der Eltern heilen können. Der Sohn leidet an der Blutkrankheit Thalassämie, die Zellen des Nabelschnurblutes sollen Heilung bringen. Zusätzlich wurde den Eltern erlaubt, mithilfe der Präimplantationsdiagnostik Embryonen auf deren Eignung testen zu lassen.

Eine Zeitlang können dem Vierjährigen normale Bluttransfusionen helfen. Allerdings fürchten die Ärzte, dass sich dadurch zu viel Eisen im Körper ansammelt. Alternativ soll mit den aus der Nabelschnur des Embryos gewonnenen Stammzellen das Knochenmark erneuert werden, berichtet die BBC. Ein Embryo, der diese Erbkrankheit nicht trägt, muss allerdings erst gefunden werden. Zudem müssen die Eigenschaften des Embryonen-Gewebes jenes des Vierjährigen sehr ähnlich sein. Ob die Mutter nach der Implantation auch schwanger wird, ist fraglich. Kritiker fürchten, dass durch das Urteil alle Voraussetzungen gegeben sind, um „Design-Kinder" zu zeugen.

werden. Vielleicht beseitigen wir versehentlich Merkmale, die sich später einmal als überlebenswichtig herausstellen.

Designerbabys hat man auch früher schon in Erwägung gezogen, aber ohne die Möglichkeiten der Gentechnik musste man sich auf selektive Züchtungen von Menschen beschränken. So erfuhr in den 1930er-Jahren die Eugenik oder Rassenhygiene in Europa großen Zuspruch, der in einer erbitterten Kampagne der Nazis gipfelte, die eine arische Superrasse mit blonden Haaren und blauen Augen erschaffen wollten.

Abgesehen von dieser wahrhaft entsetzlichen Ablehnung menschlicher Variation war dieses Unterfangen grundlegend falsch konzipiert, da es eine stets gleichbleibende Umwelt voraussetzte. Inzwischen, fast 80 Jahre später, werden die Löcher in der Ozonschicht immer größer; blonde Menschen sind anfälliger für Hautkrebs, und blaue Augen funktionieren bei sehr hellem Sonnenlicht weniger gut als braune. Wenn wir die Atmosphäre weiter schädigen, sind es möglicherweise irgendwann die dunkelhäutigen, dunkelhaarigen, dunkeläugigen Individuen, die gesund bleiben und mehr Kinder bekommen, während die Zahl der blauäugigen Blonden auf der Welt mit jeder Generation schrumpft, weil gesundheitliche Probleme in ihren jüngeren Jahren die Chancen auf Fortpflanzung beeinträchtigen.

Dass so etwas geschieht, ist natürlich unwahrscheinlich – nicht zuletzt, weil blauäugige, blonde Menschen im Allgemeinen in den Teilen der Welt leben, wo man sich Sonnenschutzcreme, Sonnenbrillen und eine qualifizierte Gesundheitsfürsorge leisten kann. Dennoch bleibt die Tatsache bestehen, dass die Nazis das Loch in der Ozonschicht nicht vorhersahen.

Auch wir können nicht in die Zukunft blicken und sind dennoch bereit, nach unseren Wünschen geformte Babys in die Welt von morgen zu setzen. Welche Kriterien legen wir ohne dieses Wissen unseren Entscheidungen zugrunde? Wenn wir über die Wahl der Augenfarbe oder Körpergröße unseres zukünftigen Kindes reden – denken wir dann wirklich darüber nach, was für das Kind am besten wäre, oder haben wir dabei vor Augen, wie wir selbst gerne in einer Gesellschaft ausgesehen hätten, die von körperlichen Stereotypen besessen ist? Sollte nicht die Wahl eines wirksameren Immunsystems für unser Kind eine höhere Priorität besitzen?

Auch wenn Designerbabys Realität werden und wir irgendwann in der Lage sein sollten, Gestalt und Eigenschaften des menschlichen Körpers zu beeinflussen (falls diese Form der unmittelbaren genetischen Manipulation gesellschaftlich akzeptiert wird), ist davon auszugehen, dass dies nur wenige Menschen in einigen eher wohlhabenden Ländern betreffen würde. Die Wahrscheinlichkeit ist gering, dass sich die Evolution des menschlichen Körpers auf diese Weise in näherer Zukunft weltweit beeinflussen ließe; es könnten sich jedoch örtlich begrenzte genetische Kastensysteme entwickeln – ein Szenario, das bereits von einigen Science-Fiction-Autoren ausgelotet wurde.

Globalschaden

Beim Versuch vorherzusagen, in welche Richtung sich der menschliche Körper entwickeln wird, stoßen wir immer wieder auf dasselbe Problem. Die heutige Situation mit einer riesigen, über den gesamten Planeten ausgebreiteten Population unterscheidet sich grundlegend von den Umständen, die vorherrschten, als sich *Homo sapiens* aus einer kleinen Zahl an Individuen auf dem afrikanischen Kontinent entwickelte.

„Voraussagen soll man unbedingt vermeiden, besonders solche über die Zukunft."
(Mark Twain, 1835–1910, amerik. Schriftsteller)

Was auch immer die körperliche Gestalt unserer Spezies beeinflussen sollte, müsste über unermessliche Entfernungen hinweg wirken und zahllose Personen betreffen. Zurzeit sind wir nicht einmal in der Lage zu spekulieren, was das sein könnte.

Vielleicht müsste es schon mindestens eine globale Katastrophe sein – so etwas wie die Kollision mit einem Asteroiden oder einem Kometen oder eine gigantische Sonneneruption –, die die meisten Menschen auslöschen und nur kleine Populationen von Überlebenden hinterlassen würde, die dann die Erde wieder bevölkern könnten. Nur auf diese Weise ließe sich heute das Erscheinungsbild jedes einzelnen Vertreters unserer Spezies verändern. Sollten wir Glück haben, wird bei unserer Spezies in Zukunft also möglicherweise alles beim Alten bleiben – obwohl dies, da die Evolution nie schläft, auch eine naive Sichtweise sein kann.

Es sollte uns nicht überraschen, dass eine Vorhersage zur Entwicklung unseres Körpers unmöglich ist. Wir sind Teil des Lebens, und es gibt nichts Komplexeres als Lebewesen. Physik, Chemie, Geologie, Astronomie, ja sogar Meteorologie beschäftigen sich mit den einfachen Gegebenheiten der Natur. Die Biologie dagegen setzt sich mit außerordentlich komplexen Strukturen auseinander, die mit der Hilfe von physikalischen Gesetzen und Mathematik oft nicht vorhersagbar sind. In der Biologie gibt es zu viele Variablen, um Gewissheit zu erlangen. Wenn ich einen Stein fallen lasse, fällt er zu Boden. Wenn ich einen Vogel fallen lasse, weiß niemand, wo er landen wird.

Die Evolution nicht-menschlicher Körper

Wir wollen diesen Beitrag der Spekulationen mit einer Reise ins Weltall beenden. Die Vielfalt der Lebensformen auf der Erde ist zwar riesig, aber auf anderen Planeten und ihren Monden herrschen wieder jeweils völlig andere Umweltbedingungen. Sogar innerhalb unseres eigenen Sonnensystems ist die Erde einzigartig. Wenn Biologen Vermutungen über mögliches Leben auf anderen Planeten anstellen, meinen sie unweigerlich Leben wie das auf der Erde, aber niemand kann wissen, wie Leben sonstwo in der Galaxie aussehen mag. In anderen Sternensystemen gibt es möglicherweise kristalline Lebensformen, die 10 000 Jahre alt werden können, oder molekulare Lebensformen mit Lebensspannen von Sekundenbruchteilen. Nicht nur unsere Unkenntnis des Universums schiebt unseren Vermutungen einen Riegel vor, sondern auch unsere Vertrautheit mit der Erde. Es ist schwierig für uns, über den eigenen Horizont hinauszuschauen.

Unser Körper ist das Ergebnis einer langen und komplexen Reise mit zahlreichen Richtungswechseln, die jeweils auch ganz anders hätten erfolgen können. Der Weg zu unserem heutigen Aussehen führte über bilaterale Symmetrie, Kiefer und Zähne, Flossenpaare, vier Gliedmaßen, fünf Finger und Zehen, zwei Augen, Ellbogen und Knie, Hand- und Fußgelenke, das Leben auf Bäumen, vier Pfoten als Hände, Verlust des Schwanzes, aufrechtes Gehen sowie Hinterhände, die wieder zu Füßen wurden.

Dies wiederum sagt uns, dass außerirdische Lebewesen, wie immer sie auch aussehen mögen, auf keinen Fall kleine grüne Männchen oder mandeläugige „Greys" sind. Die Chance, dass eine andere Evolutionsgeschichte einen menschenähnlichen Körper erzeugt, ist praktisch gleich Null. Wir müssen uns nur andere Tierarten auf der Erde ansehen, um festzustellen, mit welcher Leichtigkeit die Evolution unterschiedliche Körperformen erschafft. Vergleichen wir nur einmal einen Menschen mit einem Oktopus oder einem Insekt oder einem Regenwurm oder einer Qualle. Nein – wenn eine fliegende Untertasse bei uns landen sollte und kleine grüne Männchen aussteigen, können wir hundertprozentig von zwei Dingen ausgehen: Sie stammen von der Erde und ihre Urahnen waren Fische.

Grundtext aus: Keith Harrison *Du bist (eigentlich) ein Fisch*. Spektrum Akademischer Verlag (englische Originalausgabe: *Your Body – The Fish that Evolved*; Metro Publishing/John Blake Publishing Ltd.; übersetzt von Martina Wiese).

Unsere nächsten Verwandten

Der Mensch ist die Krone der Schöpfung, denkt der Mensch. Vielleicht sind wir aber nur ein Zwischenergebnis der Evolution. Wie werden unsere Nachkommen in 50 000 Jahren aussehen?

Ulrich Bahnsen

Wir sind die einzigen Überlebenden. Seit die Neandertaler ausgestorben sind, ist *Homo sapiens* der letzte der einst weitverzweigten und Millionen Jahre alten *Homo*-Sippe. Und er ist ihr jüngster Spross. Erst 200 Jahrtausende sind vergangen, seit der Mensch in den Savannen des afrikanischen Kontinents entstand. Nur 10 000 Generationen lang hat er bisher auf dem Globus verbracht – sich dabei aber immer besser an seine Lebenswelt angepasst.

Das Ergebnis können wir heute im Spiegel betrachten. Aber ist das, was wir sehen, das endgültige Produkt der Jahrtausende währenden Verwandlung? Hat die menschliche Evolution schon ihre Endstation erreicht, oder befindet sie sich noch in voller Fahrt? Wird in 10 000, 20 000 oder 50 000 Jahren vielleicht eine neue Art aus dem *Homo sapiens* hervorgehen, der transhumane Mensch?

Die Evolution kennt weder Gut noch Böse

Stellt man Evolutionsforschern diese Fragen, kann man sich richtig unbeliebt machen. Die Evolution, sagen sie dann, hat kein Ziel. Es gibt keinen Schöpfungsplan, der Menschen vorgesehen hat. Und erst recht ist ihre Zukunft nicht vorbestimmt. Die Evolution kennt weder Gut noch Böse, sondern nur Effizienz und Zweckmäßigkeit. Sie bringt Lebewesen hervor, die sich auf ständig neue Lebensbedingungen besonders gut einstellen und deshalb ihre Gene auch besonders gut an ihre Nachkommen vererben können.

In Wahrheit aber sind sich die Evolutionsforscher selbst nicht so sicher, wohin die Reise führt. Untereinander streiten auch sie mit Leidenschaft über die Zukunft der Menschheit. Der Disput dreht sich vor allem um die Frage, ob wir überhaupt noch der Evolution unterliegen oder ob uns die Zivilisation mit all ihren medizinischen und technischen Errungenschaften nicht längst den Naturkräften entzogen hat. Einige meinen sogar, wir nähmen unser Schicksal mithilfe der Gentechnik bald selbst in die Hand.

Zu den Wissenschaftlern, die glauben, die natürlichen Selektionskräfte hätten ihre Wirkung auf die Menschen verloren, gehört der britische Evolutionsforscher Steve Jones. Sein Argument: In urtümlichen Jäger-und-Sammler-Gesellschaften starb jedes fünfte Kind im ersten Lebensjahr, und noch im 18. Jahrhundert erreichte in England nicht einmal die Hälfte der Menschen das fortpflanzungsfähige Alter. Inzwischen aber tendiert die Kindersterblichkeit in westlichen Staaten gegen null und ist auch in der restlichen Welt rückläufig. Das heißt, heute kann praktisch jeder Mensch Kinder bekommen – egal, ob er gesund ist oder krank, schlau oder dumm. Sogar diejenigen, die früher überhaupt keine Chance dazu gehabt hätten, bekommen heute Nachwuchs: Über drei Millionen Retortenkinder wurden in den vergangenen 28 Jahren geboren.

Auch körperliche Attraktivität spielt keine große Rolle mehr in der Evolution. Zwar mag sie ein Auswahlkriterium bei der Partnerwahl sein – aber welches Supermodel bekommt schon viele Kinder? Und an veränderte Umweltbedingungen schließlich muss sich der Mensch ohnehin nicht mehr anpassen – ob heiß oder kalt, die Zivilisation macht uns das Überleben unter allen Bedingungen angenehm, die der Planet zu bieten hat.

Andere Forscher halten dagegen, dass die genetischen Auslesemechanismen zumindest bis vor kurzem noch beim Menschen funktioniert haben. Das lasse sich sogar am Körperbau zeigen, sagt Jean-Jacques Hublin vom Leipziger Max-Planck-Institut für evolutionäre Anthropologie. „Das Skelett des frühen *Homo sapiens* war robuster als das heutiger Menschen, auch die Zähne waren kräftiger und größer." Dieser evolutionäre Trend könnte sich fortsetzen – in einer technisierten Zivilisation gibt es keine Umwelt mehr, die Menschen mit belastbarem Skelett begünstigt. Und seit sich die Menschheit von Burgern, Döner und Sahnetorten ernährt, ist auch ein kräftiges Gebiss nicht mehr überlebenswichtig. Haben wir bald also nur noch Zahnstummel im Mund?

Die Beweise finden sich in unserem Erbgut

Beweise dafür, dass die Evolution bis in die jüngste Vergangenheit noch den Menschen formte, finden sich schließlich auch in seinem Erbgut: Mehr als 700 Genregionen haben sich noch in den vergangenen zehn Jahrtausenden, also etwa seit der Erfindung der Landwirtschaft, verändert, berichtete ein Forscherteam um Jonathan Pritchard von der Universität von Chicago in diesem Frühjahr. „Selektion war ein wesentlicher Motor unserer Evolution", folgert Pritchard, „und es gibt keinen Grund, zu glauben, dass dieser Prozess beendet ist." Die Forscher stießen im Erbgut von Afrikanern, Europäern und Asiaten auf eine Vielzahl von veränderten Genen, darunter solche, die für die Hirnfunktion, das Verdauungssystem, die

Haar- und Knochenstruktur und den Geruchssinn zuständig sind.

Offenbar entwickeln sich allerdings nicht alle Menschen in dieselbe Richtung. Nur ein Fünftel der aufgespürten Genveränderungen fanden die Forscher bei Afrikanern, Europäern und Asiaten gleichermaßen, den Rest entdeckten sie nur bei jeweils einer der drei Rassen. So besitzen Europäer häufig eine Genvariante, die auch Erwachsenen das Verdauen von Milchzucker erlaubt. Asiaten und Afrikaner reagieren auf Milch meist mit Übelkeit. Die sogenannte Laktosetoleranz, glauben die Wissenschaftler, hat sich in Europa mit der aufkommenden Viehzucht und Milchwirtschaft durchgesetzt.

Besonders jung scheinen auch die Veränderungen in fünf Genen für die Hautpigmentierung zu sein. Blasse Haut dürfte für Europas Frühmenschen einen Überlebensvorteil dargestellt haben, weil sie auch unter der schwächeren Sonneneinstrahlung im Norden genug Vitamin D produziert. Pritchards Untersuchungen zufolge sind diese Genvarianten aber so spät entstanden, dass die Europäer vor 7 000 Jahren wohl noch die dunkle Haut ihrer aus Afrika eingewanderten Vorfahren besaßen.

Noch sind die Unterschiede zwischen den Menschen nicht gravierend. Noch kann sich jede Frau auf der Welt im Prinzip mit jedem Mann paaren. Werden sich die Menschen in Zukunft aber so weit auseinander entwickeln, dass tatsächlich unterschiedliche Arten entstehen? In der Natur passiert das etwa, wenn zwei Gruppen einer Art durch eine geographische Barriere wie ein Meer oder ein Gebirge getrennt sind. Irgendwann sind die genetischen Unterschiede durch unterschiedliche Umweltbedingungen oder durch zufällige, sich fortpflanzende Abweichungen (die sogenannte Genetische Drift) so groß, dass die beiden Gruppen sich nicht mehr gemeinsam fortpflanzen können. Pferd und Esel sind ein Grenzfall: Sie können zwar noch Nachkommen produzieren, doch sind diese stets unfruchtbar.

Eine Teilung der Menschheit ist unwahrscheinlich

Eine Teilung der Menschheit, aus der sich unterschiedliche Arten entwickeln könnten, erscheint im Zeitalter der Massenmobilität jedoch unwahrscheinlich. Eher kehrt sich die Entwicklung um: Wenn die ökonomische Globalisierung in eine reproduktive mündet, wenn die Menschen ihre Partner – via Internet-Dating und globalen Reiseverkehr – überall auf der Welt wählen können, verschwinden die Rassen, der „unihumane" Mensch entsteht. Genetisch betrachtet, sagt der amerikanische Biodiversitätsforscher Stuart Pimm, „werden wir immer homogener werden". Das bedeutet nicht, dass alle gleich aussehen werden. Wahrscheinlich wird es viel bunter: Blonde Asiaten, blauäugige Afrikaner und mandeläugige Europäer werden sich auf allen Kontinenten tummeln.

Die meisten werden allerdings schlecht sehen können. Denn Kurzsichtigkeit nimmt überall drastisch zu. Kurzsichtig wird zwar eigentlich nur, wer die genetische Veranlagung dafür in sich trägt. In den Jäger-und-Sammler-Gesellschaften der Vergangenheit war diese noch selten, weil Menschen mit schlechten Augen damals gefährlich lebten. Doch änderte sich das mit der Erfindung der Schrift – die Kurzsichtigen überlebten in der Nische der Schreibstuben. So erklären sich die Forscher, warum heute in manchen südostasiatischen Ländern nicht einmal mehr 20 Prozent der Bevölkerung gut sehen.

Den größten Einfluss auf seine Entwicklung könnte der Mensch selbst haben. „Menschen sind die einzige Art, die ihre gesamte Umwelt aktiv verändert", sagt Jean-Jacques Hublin. „Damit haben sie zwar viele Selektionskräfte der Natur außer Kraft gesetzt, doch die biologische Anpassung wird nun durch eine technologische ergänzt. Die Evolution läuft auch auf einer kulturellen Stufe weiter."

Schon mit der Erfindung der Landwirtschaft vor rund 10 000 Jahren hat der Mensch seine Evolution in neue Bahnen gelenkt. Seither ernährt er sich von Kulturpflanzen wie Kartoffeln und Reis, die kaum giftige Inhaltstoffe enthalten. Eine empfindliche Nase und eine sensible Zunge, die vor giftigen Wildpflanzen warnen, wurden überflüssig. Die Folge: Unsere chemischen Sinne verlieren an Schärfe. Rund 60 Prozent der etwa 1 000 Riechgene der Säugetiere sind beim Menschen bereits defekt. Und der Trend hält weiter an.

Die großen Seuchenzüge haben streng selektiert

Sesshaftigkeit und Viehzucht haben die Evolution der Menschheit auch auf andere Weise verändert: Als die Menschen dazu übergingen, in großen Gruppen nicht nur mit Ihresgleichen, sondern auch noch mit Haustieren zusammenzuleben, schlug die Stunde der großen Seuchen. In rascher Folge müssen damals Tierkrankheiten auf den Menschen übergesprungen sein: Nicht nur Masern, Tuberkulose oder Mumps – rund 60 Prozent aller menschlichen Infektionserreger stammen aus dem Tierreich.

Wie machtvoll die Selektion durch Infektionskrankheiten in die Evolution des Menschen eingegriffen hat, lässt sich noch heute nachvollziehen. In Malariagebieten ist etwa die Sichelzellenanämie verbreitet. Die Krankheit wird durch eine Veränderung des Globin-Gens verursacht. Sind das väterliche und das mütterliche Globin-Gen defekt, ist das Leiden tödlich, wenn aber nur eines der beiden betroffen ist, sind diese Menschen ziemlich wirksam gegen die Malariaerreger geschützt.

Die Spuren einer Seuche lassen sich auch im Erbgut der Europäer finden, es ist ein Defekt im Immunprotein CCR5. Der Genfehler hat, soweit bekannt, keine nachteiligen Folgen, doch er scheint seine Träger vor einem gefährlichen Mikroorganismus geschützt zu haben. Manche Experten glauben, dass es der Pesterreger war, doch vermutlich ist der CCR5-Defekt schon viele Tausend Jahre alt. Die Seuche, gegen die er schützte, muss verheerend gewütet haben, denn noch heute trägt jeder fünfte Europäer diese Mutation.

Dieses evolutionäre Erbe hat wohl auch dazu beigetragen, dass sich Aids in Europa nicht so massiv ausbreiten konnte wie andernorts. Denn zufällig sind Träger des CCR5-Defekts auch gegen HIV teilweise oder vollständig resistent. In Afrika dagegen kommt der Defekt praktisch nicht vor. Wird nicht bald ein Impfstoff gegen HIV gefunden, könnte sich auf dem Schwarzen Kontinent die Geschichte Europas wiederholen: millionenfaches Sterben, bis fast nur noch resistente Menschen übrigbleiben.

Die schnellste Evolution fand und findet im Kopf statt

Am schnellsten aber scheint die Evolution beim menschlichsten aller Organe verlaufen zu sein. Am Gehirn, das zeigen Befunde des Forscherteams von Bruce Lahn von der Universität von Chicago, arbeitet die Evolution noch immer. Neue Versionen zweier Gene, die bei der Entwicklung der Hirnarchitektur eine Rolle spielen, sind nach diesen Erkenntnissen erst vor wenigen Tausend Jahren entstanden und haben sich seither rasant verteilt. Zwar ist nicht sicher, welche Funktion die Gene ASPM und Microcephalin genau haben, angesichts ihrer weiten Verbreitung muss ein mächtiger selektiver Vorteil mit ihnen verbunden sein.

Durchaus denkbar also, dass das Gehirn in ferner Zukunft größer und noch leistungsfähiger sein wird als heute. Wie schnell die Natur das Denkorgan anschwellen lassen kann, zeigte ein berühmtes Experiment, das der Doktorand Anjen Chenn vor vier Jahren ebenfalls in Chicago durchführte. Als er Mäusen durch gentechnische Verfahren ein einziges zusätzliches Gen ins

Erbgut einschleuste, schwoll die Hirnrinde der Tiere so gewaltig an, dass sie wie ein menschliches Gehirn walnussartige Falten warf, weil sonst nicht genug Platz im Schädel gewesen wäre.

Bislang verhinderte ein „Nadelöhr" beim Menschen weiteres Hirnwachstum: Ab einer gewissen Schädelgröße passen Babys einfach nicht mehr durchs mütterliche Becken. Früher starben solche Säuglinge (und meist auch die Mutter), heute gibt es den Kaiserschnitt – einer Weiterentwicklung steht also nichts mehr im Weg.

Es ist gut möglich, dass der Mensch sich künftig nicht mehr auf den langsamen Mechanismus der Evolution verlässt, sondern das Aufrüsten seines Körpers selbst in die Hand nimmt – per Genmanipulation. Noch sind die Forscher nicht so weit, dass sie eine „Erbgutverbesserung" guten Gewissens ausprobieren könnten. Zu komplex ist das Zusammenspiel der Erbanlagen. Gerade Intelligenz und Psyche werden offenbar von Hunderten von Genen gesteuert. Zu forsche Eingriffe könnten fatale Folgen haben.

Die genetische Aufrüstung des Menschen ist denkbar

Doch die gentechnische Weiterentwicklung des Menschen wird kein Traum bleiben. Als Erstes werden Wissenschaftler womöglich unsere Lebensspanne verlängern. In den Versuchslabors tummelt sich schon seit Jahren ein Zoo gentechnischer Methusalems – Hefen, Fruchtfliegen, Würmer und Mäuse, die weit länger leben, als die Natur es vorsieht. Kaum ein Altersforscher bezweifelt noch, dass auf diese Weise auch Menschen älter werden können.

Die Sinne zu schärfen wäre vielleicht ein erstes Experimentierfeld für die technische Verbesserung des Menschen. Schon heute kommt eines von 3 000 Neugeborenen mit einer seltsamen Fähigkeit zur Welt: Synästhesie. Solche Menschen sehen Geräusche oder Gerüche als Farben oder Muster. Andere hören, was sie sehen, oder spüren, was sie schmecken. Synästhetiker sind ideale Kandidaten für künstliche Sinnesorgane: Detektoren für Magnetfelder etwa oder für infrarotes Licht. Wie würde die Welt aussehen, wenn die Temperatur aller Dinge sichtbar wäre?

Schon jetzt arbeiten Forscher an der Verbindung von Nervenzellen und Mikrochips. Werden die Menschen der Zukunft ihre Stimmungen über Hirnimplantate steuern? Mit elektronischen Implantaten können bereits heute Schwerstdepressive behandelt werden. Die Sonden werden in einer Hirnoperation millimetergenau eingepflanzt und steuern dann die elektrische Aktivität der verantwortlichen Nervennetze. Auch Menschen mit schweren Zwangsneurosen können die Hirnchirurgen so von ihrem Leiden weitgehend befreien.

Sogar Hirn und Computer beginnen die Wissenschaftler zu verbinden: Neurologen am Massachusetts General Hospital in Boston haben bei einem vom Hals abwärts gelähmten Patienten ein System namens Braingate in den motorischen Cortex des Hirns eingepflanzt. Der Mann kann nun – nur durch Gedankenkraft – den Cursor seines Computers bewegen, E-Mails öffnen, PC-Spiele bedienen und sogar einen Roboterarm bewegen. Noch wird Braingate nur an gelähmten Patienten getestet, doch die Menschen der Zukunft werden vielleicht ihre Hi-Fi-Geräte, Computer und Telefone nur mit Nervensignalen bedienen. Das Gehirn wird zum dritten Arm.

Solche futuristischen Möglichkeiten, meint der Anthropologe Hublin, würden auf Dauer zu verlockend sein. Das Projekt Menschenverbesserung werde früher oder später in Angriff genommen. „Die Frage ist nicht, ob, sondern wann."

Aus: ZEIT Wissen 5/2006

Nachwort:
Die Macht der Evolution

Von Josef H. Reichholf

Um es gleich vorweg zu sagen: Evolution ist keine Theorie, sondern eine Gegebenheit. Als solche kann sie ebenso wenig in Frage gestellt werden wie die Kugelgestalt der Erde, auch wenn sich diese unserem Zwergenblick entzieht, so lange wir nur mit eigenen Füßen auf dem Boden stehen. Evolution ist weit weniger geheimnisvoll als die Schwerkraft oder der elektrische Strom. Es wäre töricht, an deren Existenz zu zweifeln, nur weil man sie nicht versteht. Die allermeisten Menschen können „Strom" nicht erklären. Das hindert sie aber nicht daran, Elektrizität zu benutzen. Sie wissen auch, dass die Schwerkraft auf alles wirkt, gleichgültig, ob es sich um Lebendiges oder um Nicht-Lebendiges handelt. Von sich aus wird Wasser nie aufwärts fließen und auch der Vogel überwindet die Schwerkraft nur scheinbar.

Augenscheinliches erscheint uns selbstverständlich, zumal wenn wir im täglichen Umgang damit vertraut sind. An das nicht Offensichtliche müssen wir uns gewöhnen. Bereitwillig gehen wir über die Konsequenz neu gewonnener Einsichten hinweg und behalten die alte Ausdrucksweise bei, weil es leichter ist, vom Auf- und Untergang der Sonne zu sprechen als von der nicht spürbaren Drehung der Erde, die uns den Eindruck einer bewegten Sonne vermittelt. Genauso lassen wir den Mond zu- und abnehmen oder bei der Fahrt im Auto die Landschaft an uns vorbeirasen, obgleich beides in Wirklichkeit Unsinn ist.

Evolution ist nicht offensichtlich. Menschen wünschen sich Beständigkeit. Sie können und wollen den Wandel oft nicht sehen.

Evolution ist nicht offensichtlich. Bei der Kürze unseres Lebens wollen wir Beständigkeit und keinen allzu schnellen Wandel. Dennoch können wir uns ihm nicht entziehen. Warum fällt es vielen Menschen so schwer, mit der Evolution zurechtzukommen, obgleich wir wissen, dass auf Dauer nichts Bestand hat, auch wenn wir das noch so sehr anstreben. Liegen den immer wieder aufflackernden Debatten um die Evolution nur Missverständnisse zugrunde? Das mag zwar gelegentlich der Fall sein, meistens aber nicht.

Die Ablehnung entspringt vielmehr dem uralten Konflikt zwischen Glauben und Wissen, zwischen Erschaffen und Werden, zwischen Religio und Ratio. Evolution wird als Kränkung empfunden, weil sie das „Wunder Mensch" einer Natur zuteilt, die ganz offensichtlich alles andere als paradiesisch ist. Kräfte, die nicht zu bannen sind, toben im Innern der Erde unter der gar nicht so fest gefügten Kruste. Vulkane brechen mit zerstörerischer Gewalt aus. Erdbeben, Stürme und Überschwemmungen richten schreckliche Verheerungen an, Dürren bringen Verwüstung, Insektenstiche den Tod. Was sich in der Natur unter den anderen Lebewesen vor unseren Augen abspielt, ist gleichermaßen schaurig wie schön.

Allein der Gedanke, ohne Sonderstellung einfach ein Teil zu sein von dieser Welt, ruft heftige emotionale Widerstände hervor. Die Welt kann doch kaum mehr als eine Durchgangsstation zu Höherem, zu Besserem sein. Ein Leben voller Mühsal, Entbehrungen und Ängsten muss einen Sinn haben. Wozu sollte es sonst gelebt werden? Und wenn der Tod die Pforte zum Jenseits öffnet, wie bei den Erlösungsreligionen, ist es besonders schwer, mit der Wirklichkeit zurechtzukommen. Eine größere Wahrheit ist in Aussicht gestellt, die es zu erreichen gilt. Die Frage nach dem Sinn erhält auf diese Weise ihren (tieferen) Sinn. Dass sich dahinter vielleicht gar ein „Überlebensprogramm" ganz im Sinne Darwins versteckt, eröffnet der Evolutionsforschung ein spannendes, gleichwohl höchst gefährliches Thema: Ist Religion eine erfolgreiche Überlebensstrategie? Wichtige Fakten, wie die Zahl überlebender Kinder pro Generation, scheinen die Hypothese vom überlebenstüchtigen Glauben zu bestätigen. Gläubige haben mehr Nachkommen als Agnostiker! Doch ist diese Beobachtung auf biologische Ursachen zurückzuführen?

Wohl kaum. Angehörige von Religionsgemeinschaften fühlen sich in der Gesellschaft oft angegriffen und erniedrigt. Sie investieren in ihren Nachwuchs und in die Glaubensgemeinschaft aus Überzeugung und nicht über einen biologischen Automatismus. Die Kinderzahl als Faktum bleibt davon unberührt. Der Streit entzündet sich an der Interpretation. Was ist Ursache, was Wirkung? Vor allem aber, was ist die tiefere, weit in die Vergangenheit zurückreichende Ursache und was nur unmittelbare Verursachung? Oder, ganz allgemein ausgedrückt, was ist angeboren und was anerzogen?

Eine scharfe Trennung ist oft nicht möglich. Jahrzehntelang ist hierzu in Bezug auf angeborene Intelligenz der Kinder und die Bedeutung des Lernens gestritten und herumexperimentiert worden. Klare Lösungen wurden nicht gefunden. Weil Natur so ist, dass alles kontinuierlich weiter- und in Neues übergeht. Möglichkeiten zu Streit und Missverständnissen gibt es also viele. Es geht, von Extremfällen wie einer ganz wörtlichen Auslegung der Bibel abgesehen, meistens nicht um die Evolution als solche, sondern darum, wie sie zu verstehen ist. Es geht um die Theorie der Evolution.

Theorien sind die Erklärungen solcher Kräfte oder Mechanismen, die Elektrizität, Schwerkraft und andere Gegebenheiten der Natur, wie die Evolution, verursachen. Charles Darwin hatte vor eineinhalb Jahrhunderten nicht „die Evolution" entdeckt, sondern eine umfassende Theorie entwickelt, die den Verlauf der Evolution erklärt.

Charles Darwin hat nicht die Evolution entdeckt, sondern die Kräfte und Mechanismen, die sie verursachen und antreiben.

Sie beruht auf drei Hauptvorgängen. Jede Generation bringt etwas unterschiedliche Nachkommen hervor. Diese Variationen bilden die

Basis für den zweiten Schritt. Diesen vollzieht die (natürliche) Auslese oder Selektion. Ihrer Wirkung fallen eher solche Nachkommen zum Opfer, die nicht so gut zu ihrer Umwelt passen wie die anderen. Nicht alle Überlebenden, die sich selbst wieder fortpflanzen können, sind aber damit automatisch die „Besseren" oder die „Fittesten"; bei weitem nicht alle. Denn sowohl bei der Entstehung von Variation als auch bei der nachfolgenden Selektion ist immer der Zufall in mehr oder minder großem Umfang mit im Spiel.

Dem Zufall ist es zu verdanken, dass weiterhin Spielraum, in durchaus wörtlichem Sinne, verfügbar bleibt. Neue Variation geht daraus hervor und ein weiterer Schritt von Selektion. Dabei ändert sich allerdings so gut wie nichts. Ohne den dritten Schritt könnte sich auch gar nichts wesentlich verändern, weil die Selektion nur dazu führt, dass die Variation nicht zu groß wird. Variation und Selektion stabilisieren einander. Evolution kommt erst durch Änderungen in der Umwelt, in den Lebensbedingungen zustande. Solange sich die Umwelt nicht ändert, bleibt alles wie gehabt.

Darwin erkannte dies und zog daraus den Schluss, dass sich die Lebewesen an die Umwelt anpassen. In seiner Theorie ist Anpassung das Hauptergebnis der natürlichen Selektion. Sie wirkt umso stärker, je weiter sich die Umwelt vom bisherigen Gleichgewicht entfernt. Ungleichgewichte treiben die Evolution voran. Erreicht die Natur einen Gleichgewichtszustand, hört Evolution auf. Wer an die Beständigkeit der Schöpfung glaubt oder eine im Gleichgewicht befindliche Natur für den richtigen Zustand hält, muss Evolution ablehnen. Allenfalls wird sie als unbedeutende Randerscheinung akzeptiert, die an Äußerlichkeiten der Lebewesen mitunter ein wenig herumfeilt.

Zutage kommen sie immer wieder aufs Neue, die Variationen. Wie sonst hätten die Menschen in wenigen Jahrhunderten aus recht einheitlich aussehenden Felsentauben oder Wildkaninchen die Formenvielfalt der Haustauben und „Stallhasen" oder, mit mehr Zeitaufwand, aus dem Wolf alle Hunderassen züchten können – von den riesigen Bernhardinern und Doggen bis zu den kurz- und krummbeinigen Dackeln oder den Schoßhundzwergen? Die ganze Vielfalt steckte unsichtbar im Wolf und wir wissen nicht, was das Erbgut des Stammvaters aller Hunde noch alles enthält. Auch wir Menschen zeigen eine große natürliche Variation – und betrachten sie als besonderes Gut, das unsere Individualität zum Ausdruck bringt. Allzu starke Abweichungen werden als Missbildungen empfunden. Körperliche Behinderungen bedurften des Schutzes der Allgemeinheit, um daran ansetzende Diskriminierungen so weit wie möglich einzuschränken.

Darwin erklärte die Entstehung von Neuem in der Natur aus der endlosen Reihe kleiner Schritte von Variation und Selektion.

Variation und Selektion gibt es also ohne jeden Zweifel. Wie wichtig sind sie aber für den Prozess der Evolution? Können sie die Entstehung von „wirklich Neuem" erklären? Wie sollen aus am Boden herumlaufenden oder auf Bäume kletternden Echsen Vögel geworden sein? Wie aus Affen Menschen? Um dieses Kernstück der Evolutionstheorie drehen sich die Diskussionen, sofern sie einigermaßen vernünftig geführt werden. Darwin beantwortete diese auch ihn sehr bewegende Frage mithilfe der Erdgeschichte und ihrer äonenlangen Zeiträume. In einer endlosen Kette kleiner Schritte würden sich die Veränderungen aufbauen und anhäufen, bis schließlich daraus, rückblickend betrachtet, Neues entstanden ist.

So ganz zufrieden ist mit dieser Erklärung die moderne Evolutionsforschung dennoch nicht, auch wenn seit Darwins Zeit längst andere Zeitvorstellungen entwickelt worden sind, die noch viel weiter zurückreichen. Wo für Darwin Hunderttausende von Jahren reichen mussten, wissen wir inzwischen, dass es sich um Jahrmillionen handelt. Die Geschichte des Lebens reicht wenigstens dreieinhalb Milliarden Jahre zurück. Doch die Fossilien, die Lebewesen der früheren Zeiten hinterlassen haben, passen nicht so recht in den ganz allmählichen, kontinuierlichen – oder wie es heute genannt wird: „gradualistischen" – Vorgang. Es gibt ein zu Zeiten ziemlich heftiges Ab und Auf, das mit vielen anderen Befunden auf mehr oder minder katastrophale Ereignisse in der Erdgeschichte hinweist. Diese Abs und Aufs verursachten Massenaussterben und anschließend ziemlich rasche Neuentwicklungen. Stephen Jay Gould prägte dafür den Begriff des „unterbrochenen Gleichgewichts" und kritisierte die unter Biologen verbreitete, vorschnelle Erklärung aller Eigenschaften der Organismen als „Anpassung".

Eine andere Form von Selektion, die Darwin gleichfalls entdeckte und „sexuelle Selektion" nannte, bekräftigt die Vorbehalte gegen eine allzu umfassende „Anpassung". Das Prachtgefieder vieler Vogelmännchen kann nicht in gleicher Weise Anpassung sein wie das schlichte, tarnende Gefieder der Weibchen. Spielraum, recht weiten sogar, muss es geben, wie sonst könnten die unterschiedlichsten Tiere in denselben Lebensräumen miteinander existieren. Die Bäume unserer Wälder taugen für Grasmücken und Meisen, für Goldhähnchen und Zaunkönige und viele andere Vogelarten mehr, die von Insekten leben. Dank geringfügiger Unterschiede in der Lebensweise kommen sie miteinander aus.

Zwischen dem Körper der Lebewesen und der Umwelt bleibt ein weiter Bereich offen, in dem sich das Leben abspielt. Der Körper selbst, der Organismus mit seiner Innenwelt, ist dabei weit wichtiger als die leblose Außenwelt. Viele Lebensstile sind möglich im selben Lebensraum. Auch Vögel mit Prachtgefieder oder Hirsche mit gewaltigen Geweihen. Die zunehmende Lösung der Organismen vom Diktat der Umwelt kennzeichnet die Evolution stärker noch als die Anpassung, so wie sie Darwin erkannt hatte.

Mehr als die Anpassung an die Umwelt prägt die Loslösung der Organismen vom Diktat der Umwelt die Evolution.

Erst ein Jahrhundert nach Darwin war die Erforschung des Erbguts der Lebewesen weit genug gediehen, dass man die Gründe für die Variation erkannte. Inzwischen lassen sich die verursachenden Gene einzeln verorten, gegebenenfalls auch herausnehmen und in anderes Erbgut einbauen. Die moderne Gentechnik lieferte die umfassendsten und überzeugendsten Beweise für die Richtigkeit von Darwins Sicht.

Die per Zufall auftretenden Änderungen im Genom, die Mutationen, sammeln sich mit der Zeit an, so dass sie wie eine Art Uhr dazu benutzt werden können, die Zeit zu messen, die seit der Trennung von Arten oder von größeren Stammeslinien verstrichen ist. Daraus geht zum Beispiel hervor, dass wir uns von den nächstverwandten Schimpansen in nur gut einem Prozent genetisch unterscheiden und dass sich die Menschen- und die Schimpansenlinie vor etwa 5 bis 6 Millionen Jahren getrennt hatten.

Vieles andere mehr lässt sich der Molekulargenetik entnehmen. Das Spektrum reicht von der Erforschung der weit zurückliegenden Verwandtschaften der Lebewesen untereinander und dem Nachweis eines Ursprungs allen Lebens auf der Erde bis hin zu eindeutigen Vaterschaftsnachweisen und der kriminalistischen Identifikation von Menschen. Evolution, eine geradezu unheimlich rasche Evolution hält die Forschung in medizinischen Labors in Atem, weil sich nicht nur Viren, sondern auch Bakterien schneller verändern und weiterentwickeln als die Medikamente, die zu ihrer Bekämpfung zur Verfügung stehen. Im Bereich der Krankheiten ist Evolution der härteste, allgegenwärtige Gegner und kein Phantom, das sich erst in Jahrtausenden oder Jahrmillionen konkretisiert.

Bleiben bei diesen Erfolgen und dem Durchbruch in eine neue Sphäre der Forschung im Jahrhundert der Biologie überhaupt noch Fragen von grundsätzlicher Art zur Evolution offen? Ganz sicher genug, um Generationen von Evolutionsforschern herauszufordern. So wissen wir zwar viel über den Partner des Genoms in der lebenden Zelle, den Stoffwechsel, aber viel zu wenig, um die Wechselwirkung zwischen beiden auch nur annähernd zu durchschauen. Gegenwärtig scheint es noch so, als würde die im Erbgut gespeicherte Information alles steuern. Doch erstens trifft die Annahme, dass jedem Gen eine Eigenschaft zukommt, gar nicht so direkt wie anfänglich angenommen zu, und zweitens kann das Genom überhaupt nur tätig werden, wenn darum herum ein Stoffwechsel stattfindet. Im Virus ist das Genom inaktiv und weder lebendig noch tot. Zu arbeiten fängt es erst an, wenn es an eine passende „Wirtszelle" herangekommen ist.

Steht am Anfang des Lebens eine Symbiose zwischen Informationsträgern und Stoffwechslern, die die erste Zelle bildeten?

Spiegelt sich darin womöglich der Ursprung des Lebens? Hatten sich einst, vor dreieinhalb oder vier Milliarden Jahren, „Informationsträger" mit „Stoffwechslern" zusammengefunden und auf diese Weise die erste Zelle und das Leben hervorgebracht? Steht eine Symbiose ganz am Anfang? Der Schwerpunkt der gegenwärtigen Forschungen, auch solcher, die sich mit der Entstehung des Lebens befassen, liegt klar auf Seiten der Informationsträger. Sie sind die Vorstufen des Erbgutes. Aber wie differenziert sie auch ausgebildet sein mögen, sie benötigen einen Stoffwechsel, um „lebendig" zu werden. Umgekehrt braucht der Stoffwechsel nicht unbedingt und dauerhaft ein Genom zur Steuerung. Das zeigen unsere roten Blutkörperchen. Sie haben keinen Zellkern mit Genom, bleiben aber nach ihrer Bildung rund 100 Tage lebensfähig. Unentbehrlich sind sie für uns! Sie sollten noch viel gründlicher untersucht werden.

Wir müssen also wahrscheinlich noch weit mehr vom Stoffwechsel verstehen, um hinter das Anfangsgeheimnis des Lebens zu kommen. Aus lebloser Materie ging, so die Ansicht der allermeisten Evolutionsbiologen, das Lebendige hervor, als drei Grundeigenschaften zusammenpassten: die chemischen Reaktionen, eine hinreichend beständige, aber wandelbare Information und genügende Abgeschlossenheit durch eine Trennung von „innen" und „außen". Durch die Wandelbarkeit der Informationsträger ist Evolution möglich geworden. Warum entstand das Leben nur einmal auf der Erde und nicht mehrfach oder immer wieder neu? Gab es die besonderen Rahmenbedingungen nur in einer ganz bestimmten Zeit auf der noch jungen Erde? Für das Leben, so wie es gegenwärtig ist, kennen wir die Begrenzungen, die Stoffwechsel und Energiefluss vorgeben. Leben kann sich nicht beliebig entfalten. Die Evolution ist „kanalisiert". Deshalb erscheint sie uns gerichtet, weil nicht alles möglich ist.

Der Anfang des Lebens war ein Übergang; ein Phasenübergang in die Sphäre des Lebendigen aus der leblosen Natur. Gab es einen weiteren Phasenübergang zum „Geistigen"? Musste die Evolution zwangsläufig Geist hervorbringen? Handelte es sich bei der Entstehung des Geistes um eine Emergenz, um ein plötzliches Auftauchen? Oder war das stofflich nicht fassbare Geistige von Anfang an Begleiterscheinung und Wesensmerkmal der Materie an sich? Die Meinungen zu diesen Grundfragen gehen weit auseinander. Wer sich gleichsam von oben, von der philosophischen Betrachtungsweise nähert, wird die spontane und einmalige Emergenz bevorzugen, während die Vergleichende Verhaltensforschung von einer begleitenden Entwicklung ausgeht und dem Geist selbst eine Evolution zuschreibt. Geist zu haben ist kein Privileg des Menschen und die biologische Evolution ist nur Teilstück einer allumfassenden Evolution, die im Kosmischen begonnen hat, sich über das Leben fortsetzt und im Geist des Menschen sich seiner selbst bewusst geworden ist. Evolutionäre Erkenntnistheorie und Psychologie schließen sich nahtlos an die biologische Evolution an.

Die „großen Fragen" liegen, wie könnte es anders sein, an den Grenzen. Dort, wo Physik und Chemie lebendig werden oder Lebendes stirbt und wo Gehirne nachweisbar Gedanken produzieren, in diesen Grenzbereichen gibt uns die Evolution nach wie vor die größten Rätsel auf. Zudem laufen Entwicklungen in der Kultur so erstaunlich ähnlich wie die biologische Evolution ab, dass sich beide Forschungsbereiche, die Evolutionsbiologie und die Kulturwissenschaften, gegenseitig herausgefordert fühlen. Der Evolutionsforschung wird der Vorwurf gemacht, umfassende Gültigkeit zu beanspruchen. Die sich davon betroffen Fühlenden reagieren entsprechend heftig. Doch ist die Ausweitung des Wissens, wie sie die Naturwissenschaft mit ihrer Vorgehensweise anstrebt, tatsächlich eine Grenzüberschreitung? Das wäre nur dann der Fall, wenn die Grenzen in der Wirklichkeit existierten.

Die wissenschaftliche ähnelt der juristischen Vorgehensweise: Beweise durch Fakten und die erdrückende Last der Indizien ergeben das Urteil.

Das Ziel der naturwissenschaftlichen Forschung ist die fortschreitende Annäherung an die Wirklichkeit. Um die Realität geht es ihr und nicht um Wahrheit. Skepsis und Kritik treiben die Kenntnisse voran, die sie gewinnt, und nicht das dogmatische Festhalten an unumstößlichen Wahrheiten. Sie bereinigt Irrtümer von selbst. Das gehört zu ihrem Wesen. Wo es irgendwie geht, soll das Experiment die Annahme bekräftigen oder widerlegen. Wo nicht, wie in historischen Zeitläufen, wird die Fülle von übereinstimmenden Befunden und erfüllten Vorhersagen dazu in die Waagschale der Plausibilität geworfen. Darin entspricht die wissenschaftliche der juristischen Vorgehensweise: Beweise durch Fakten und die erdrückende Last der Indizien ergeben das Urteil. Die individuell gefühlte Wahrheit wird nur dann akzeptiert, wenn sie der Wirklichkeit entspricht.

Genau das ist die Grundmethode der Evolutionsforschung. Das Rad der Zeit kann sie nicht zurückdrehen und die Geschichte auch nicht ganz oder teilweise erneut ablaufen lassen, um zu sehen, ob es so kommen musste, wie es gekommen ist. Doch genügend experimentell geprüfte Teilstücke und plausible Vergleiche erfüllen diese Forderung. Sie decken sich im Ergebnis mit dem, was wir aus der menschlichen Geschichte wissen: Rückblickend ist es durchaus möglich, zu analysieren, warum sich dieses oder jenes ereignet hat und was die Ursachen gewesen sind. Vorhersagen lässt sich die Geschichte jedoch nicht. Die Evolutionsforschung stimmt in dieser Hinsicht weitestgehend mit der Geschichtsforschung überein. Sie kann Ursachen aufdecken, Entwicklungen plausibel erklären, aber die Zukunft nicht vorhersagen. Wissenslücken als Kritik gegen solche Forschungen anzuführen, ist völlig unangebracht. Die Wissenschaft hat als erkenntnisgewinnender Prozess nie Vollständigkeit beansprucht. Im Gegenteil! Lückenloses Wissen gibt es nicht.

Nochmals: Evolution ist keine Theorie, sondern Realität. Weder das Leben in den gegenwärtigen Formen und seiner so großartigen Vielfalt, noch die Flüsse und Berge, die Seen und Meere sind so geschaffen worden, wie sie sind. Die Versteinerungen im Kalk hoher Berge sind keine Launen der Natur, sondern Zeugen aus ferner Vergangenheit, als das Gestein noch Schlamm im Meer war. Erdbeben und Tsunamis sind keine Strafen für Menschen, sondern Folgen von Kräften, die unter der Erdkruste wirken. Die vielen ausgestorbenen Lebewesen und all das Grausige, Unangenehme und Lebensbedrohende sind wie auch der Tod keine Fehler, die ein intelligenter Schöpfer zwischendurch gemacht hat, sondern Teil der Natur, die so ist, wie sie ist, aber nicht so bleibt, weil sie sich fortwährend verändert. Allzu bibeltreuen Kreisen mag das nicht genügen, um die Größe ihres Gottes, an den sie glauben, zu beweisen. Sofern ein allmächtiger Gott überhaupt „beweisbedürftig" ist, weisen ihn die Wunder der Evolution sicherlich großartiger aus als eine Beschränkung auf das momentan Irdische mit allen darin enthaltenen Fehlern und Mängeln.

Evolution hat demzufolge mit Religion nicht mehr oder weniger zu tun wie Physik und Chemie, Mathematik und Geschichtswissenschaft, Medizin oder alle weiteren Formen von Wissenschaft. Wer die Evolution in Frage stellt, tut das gleichermaßen mit allen Wissenschaften. Wissenslücken und eine Vielzahl spannender Fragen haben sie alle. Mit ihrer Forschung bahnen sie alle den Weg in die Zukunft. Die Wissenschaft braucht keine Wissenschaftsgläubigkeit, um neues Wissen zu schaffen, sondern die geistige Freiheit, die dies ermöglicht.

Wissenschaft braucht keine Wissenschaftsgläubigkeit, um neues Wissen zu schaffen, sondern geistige Freiheit.

Und Fortschritte im Wissen sind nötiger denn je. Viel zu viele Menschen gibt es, die noch kein gutes, ja nicht einmal ein menschenwürdiges Leben führen. Es geht diesen Menschen schlechter als ihren fernen Vorfahren in der Steinzeit, die noch ein „naturgemäßes Leben" als Jäger und Sammler führten. Die „Anpassungen" an dieses Leben direkt in der Natur hat die Menschheit jedoch bereits weitestgehend aufgegeben. Die „Darwinsche Selektion" greift daher nicht mehr. Die meisten Menschen, die geboren werden, haben nun Aussichten zu überleben. Das war aller Wahrscheinlichkeit nach in der ganzen Menschheitsgeschichte noch nie so.

Das Humane verlangt sogar unseren größtmöglichen Widerstand gegen die blinde Kraft der natürlichen Selektion durch Krankheiten, Hunger, Naturkatastrophen und innerartlich-aggressive Vernichtung. Für eine bessere Zukunft sollen all diese Formen der natürlichen Auslese überwunden und die Krankheiten möglichst endgültig besiegt werden. Das anzustreben gebietet die Menschlichkeit. Gelingen kann diese emanzipatorische Verselbstständigung des Menschen jedoch nur, wenn er sich selbst und seine Herkunft gut genug kennenlernt.

Ob der Mensch dann seine eigene Weiterentwicklung in die Hand nehmen und gezielt steuern soll, an dieser Frage scheiden sich die Geister. Was soll, was kann und was darf nicht gemacht werden, auch wenn es machbar geworden ist? Auf solche Fragen geben die Forschungsergebnisse zum Werden der Organismen keine Antworten, sondern allenfalls Hilfestellungen. Die Natur bestimmt nicht, was sein soll, auch wenn es sich um unser eigenes Gewordensein handelt! Das Wissen, das erlangt wird, bedarf der Wertung.

Die Evolutionsforschung liefert uns die Schlüssel zum Verständnis für Vieles, auch zum Wesen des Menschen, was ohne Kenntnis von Geschichte und Vorgeschichte unverständlich bliebe. Daraus folgt jedoch nicht, dass es so – und nur so – richtig ist und so bleiben müs-

Gänzlich Neues kann auf dem Weg der biologischen Evolution nicht entstehen. Besseres können wohl nur wir Menschen ersinnen.

Josef H. Reichholf.
Leiter der Wirbeltierabteilung der Zoologischen Staatssammlung in München, lehrte als Professor an beiden Münchner Universitäten. Der angesehene Zoologe, Evolutionsbiologe und Ökologe wurde 2005 mit der Treviranus-Medaille des Verbands deutscher Biologen und 2007 mit dem Sigmund-Freud-Preis der Deutschen Akademie für Sprache und Dichtung für seine allgemeinverständlichen Beiträge zur Ökologie ausgezeichnet. Er hat zahlreiche Bücher veröffentlicht.

se. Die Evolution ist zukunftsblind. Veränderungen sind nur am Vorhandenen möglich und nur im Rahmen dessen, was überlebensfähig bleibt. Gänzlich Neues kann auf dem Weg der biologischen Evolution nicht entstehen. Besseres können wohl nur wir Menschen ersinnen.

Doch auch der Mensch sollte sich dessen bewusst sein, dass er ein Gewordener und nach den Zeitmaßstäben der Evolution „unterwegs" und nicht am Ziel angekommen ist. Wohin der Weg führt, bleibt offen. Zu einem neuen Menschen? Zu einem besseren? Die eigene Herkunft zu kennen, entwürdigt nicht. Niemand wird sich ausschließlich exzellenter Vorfahren rühmen können. Viele Menschen haben großartige Leistungen hervorgebracht, obwohl sie ihrer Abkunft nach nicht die besten Voraussetzungen dazu hatten. Wer meint, sich unserer Verwandtschaft zu den Primaten, die wir abschätzig „Affen" nennen, schämen zu müssen, sollte besser nicht zu sehr im eigenen Familienstammbaum nachforschen. Die Vergangenheit ist kein grundsätzliches Hindernis für eine bessere Zukunft.

Das Leben hat Katastrophen größten Ausmaßes überwunden. Mit gewaltigen Verlusten zwar, aber erfolgreich. Die Botschaft der Evolutionsforschung ist daher im Grundsatz optimistisch. Als wahrscheinlich erste Lebewesen auf der Erde könnten wir Menschen sogar den Beweis erbringen, dass gerichteter Fortschritt möglich ist und dass die Evolution nicht zukunftsblind bleiben muss.

Bild- und Textnachweise

Bildnachweise:

S. 2:	b) Wikipedia
S. 4 unten:	© Jonathan Blair/CORBIS
S. 15:	Kathy Chapman/Wikipedia
S. 39:	Public Library of Science
S. 44:	B.S. Thurner Hof/Wikipedia
S. 63:	Thomas Schoch/Wikipedia
S. 64:	National Institute of General Medical Sciences
S. 65:	U.S. Geological Survey
S. 69:	Wikipedia
S. 72:	Wikipedia
S. 81:	Raimond Spekking/Wikipedia
S. 85–87, 89, 96:	© Mick Ellison
S. 104:	© Forschungsinstitut und Naturmuseum Senckenberg Frankfurt, Foto: Erwin Haupt
S. 108:	Heinrich Harder/Wikipedia
S. 109:	arjecahn/Wikipedia
S. 111:	Heinrich Harder/Wikipedia
S. 124:	Hans Hillewaert/Wikipedia
S. 126 oben:	Giuseppe Zibordi/NOOA
S. 126 unten:	© Jürgen Tautz
S. 132:	© Stefan Sauer/dpa/Corbis
S. 133:	Paul Mannix/Wikipedia
S. 147:	© G. J. Sawyer und Viktor Deak
S. 148:	José Manuel Benito Álvarez/Wikipedia
S. 150:	© G. J. Sawyer und Viktor Deak
S. 151:	Georgisches Nationalmuseum, Tiflis/Wikipedia
S. 160:	Don Johanson/Wikipedia
S. 165:	© Universität Bari
S. 166:	© Morton Beebe/Corbis
S. 167:	Gerbil/Wikipedia
S. 168:	Nasa
S. 172:	© Enrico Ferorelli
S. 174:	Marco Schmidt/Wikipedia
S. 177:	© Donald Johanson, Institute of Human Origins
S. 191:	Wikipedia
S. 199:	© Rheinisches Landesmuseum Bonn, Foto: H. Lilienthal
S. 203:	© Cell
S. 205:	© Archiv Projekt Neandertal, St. Taubmann, Rheinisches Landesmuseum Bonn.
S. 217:	© Neandertal Museum
S. 222:	© Sakamoto Photo Research Laboratory/Corbis
S. 225, 230:	Matthias Kabel/Wikipedia
S. 231:	© Araldo de Luca/Corbis
S. 240:	Paul Anderson/morguefile.com
S. 243:	© Tom Brakefield/Corbis
S. 253:	© Michael & Patricia Fogden/CORBIS
S. 256:	Pieter Vleugels/morguefile
S. 265:	© Bettman/Corbis

S. 267:   Wikipedia
S. 268:   © Solus-Veer/Corbis
S. 272:   Tabelle, Quelle: World Health Report 2003, WHO
S. 275:   © www.transgen.de

Buchbeiträge aus:

Ward, *Der lange Atem des Nautilus* (1993), Kapitel 1; Mayr, *Das ist Biologie* (2000), Kapitel 9; de Duve, *Aus Staub geboren* (1995), Einleitung; Norell, *Auf der Spur der Drachen* (2006), Kapitel 10; Franzen, *Die Urpferde der Morgenröte* (2006), Kapitel 11; Dawkins, *Das egoistische Gen* (2006), Kapitel 1; Sawyer/Deak, *Der lange Weg zum Menschen* (2008), Einleitung von Ian Tattersall; Johanson/Edgar, *Lucy und ihre Kinder* (2006), Kapitel 4–11; Schmitz/Thissen, *Neandertal. Die Geschichte geht weiter* (2002), Kapitel 5; Weniger, *Projekt Menschwerdung* (2003), Kapitel Werkzeuge und Wissen; Miller, *Die sexuelle Evolution* (2001), Kapitel 11; Harrison, *Du bist (eigentlich) ein Fisch* (2008), Kapitel 15.

Index